나에게 어려운 것, 내가 모르는 것, 내가 이해되지 않는 것

<찐정리 이론서>는 저자가 직접 소방안전관리자 자격증을 취득하는 데에서 시작되어
수험생의 입장에서 어떤 것이, 왜 어려운지 공감할 수 있었다.

'비전공자'라는 문턱에서 포기하고 싶어지는 순간들을 딛고 일어서며
가장 쉽고 재밌게 풀어낼 수 있는 암기법을 구상할 수 있었고
누군가 홀로 고민하며 막막함에 가로막힐 때 작은 의지와 용기가 되고자
궁금한 점을 묻고 답할 수 있도록 만들어진 소통의 장은
이제는 책장을 넘어, **챕스랜드**라는 전우애로 똘똘 뭉친 소중한 인연들과
다 함께 합격의 기쁨을 나누는 대형 커뮤니티로 성장하게 되었다.

그 모든 과정을 함께 걸어주신 수험생분들의 정성스러운 마음에 보답하기 위해
더욱 지독하고 집요하게, 오랜 시간 진심을 담아 <찐정리>에 녹여 냈다.

몇 번이고, 이해가 될 때까지 돌려보고 또 돌려볼 수 있도록.
혼자 하는 공부가 더 이상 두렵지 않도록.
그것이 이 책과 내 영상의 탄생 이유이자, 변하지 않는 목적이다.

저자 서채빈

GUIDE
소방안전관리자 2급 찐정리 이론서

1 실제 시험 합격자의 모든 학습 노하우를 담았습니다.

2 설비 및 구조, 실기에 해당하는 부분을 단순히 요약한 것이 아닌
그림자료와 도표를 활용하여 이해를 동반한 암기가 가능하도록 정리했습니다.

3 유튜브 강의를 무료로 제공하고 있으며 카페를 통해 질문과 피드백이 가능합니다.

4 이미 본 자료를 통해 검증된 수 많은 합격 수기를 확인할 수 있습니다.

5 3회차 분량의 기출문제와 해설지가 제공되어 시험 대비에 유리합니다.

6 시험 당일, 가볍게 뜯어갈 수 있는 알찬 요약집 구성이 포함되어 있습니다.

1 응시자격

응시자격	1급, 2급, 3급까지의 소방안전관리자는 [한국소방안전원]의 강습을 수료한 사람이라면 누구나 시험 응시가 가능합니다. 다만 관련 학력 또는 경력 인정자에 한하여 바로 시험에 응시할 수도 있는데 이에 해당하는 자격 조건은 한국소방안전원에 명시된 사항을 통해 확인하실 수 있습니다.

2 시험 절차

구분		내용
취득절차	3급	한국소방안전원 강습 3일(24시간) → 응시접수 → 필기시험 → 합격 → 자격증 발급
	2급	한국소방안전원 강습 5일(40시간) → 응시접수 → 필기시험 → 합격 → 자격증 발급
한국소방안전원 강습	3급	8시간씩 3일간(총 24시간) 수강
	2급	8시간씩 5일간(총 40시간) 수강
	• 전국 각 지사에서 매월 진행 • 지역(지부)별 강습 및 시험 일정 : 한국소방안전원 홈페이지 '강습교육 신청' 참고	
응시 접수	한국소방안전원 홈페이지 및 시도지부 방문 접수	

※ 응시수수료 및 시험 일정은 한국소방안전원 홈페이지를 참고해주세요(www.kfsi.or.kr).

3 시험 안내

시험과목	문항 수	시험 방법	시험 시간	합격 기준
1과목	25	객관식 4지 선다형 1문제 4점	1시간(60분)	전 과목 평균 70점 이상
2과목	25			

4 합격자 발표

합격자 발표	가. 시험 당일 합격 통보 나. 만약 불합격하더라도 강습을 수료한 상태라면 재시험이 가능하기에 5일간의 강습을 수료하는 것이 중요합니다.

CONTENTS
소방안전관리자 2급 찐정리 이론서

Ⅰ. 이론과 개념 설명

PART 1	① 소방관계법령	14
	Part 1 - 1. 소방관계법령 복습 예제	41
	② 건축관계법령	46
	Part 1 - 2. 건축관계법령 복습 예제	60
PART 2	① 소방안전교육 및 훈련/소방계획의 수립	64
	② 화재대응 및 피난	74
	Part 2. 통합 복습 예제	78
PART 3	응급처치 개요	84
	Part 3. 복습 예제	88
PART 4	소방학개론	92
	Part 4. 복습 예제	104
PART 5	위험물·전기·가스 안전관리	110
PART 6	화기취급 감독 및 화재위험작업의 허가·관리	116
	Part 5 + 6. 복습 예제	128

Ⅱ. 설비 및 구조의 이해

PART 1 ǀ 소방시설의 종류 및 구조·점검 ① 소화설비		136
Part 1. 복습 예제		163
PART 2 ǀ 소방시설의 종류 및 구조·점검 ② 경보설비		168
Part 2. 복습 예제		182
PART 3 ǀ 소방시설의 종류 및 구조·점검 ③ 피난구조설비		186
PART 4 ǀ 소방시설 개요 및 설치 적용기준		194
Part 3 + 4. 복습 예제		196

Ⅲ. 이론과 개념 설명 Ⅱ : 복합개념 정리

PART 1 ǀ 작동기능점검표 및 소방계획서의 적용		204
PART 2 ǀ 업무수행 기록의 작성·유지		210

CONTENTS
소방안전관리자 2급 찐정리 이론서

Ⅳ. 기출예상문제

PART 1 ㅣ 시험대비 연습 1회차		216
Part 1. 정답 및 해설		229
PART 2 ㅣ 시험대비 연습 2회차		242
Part 2. 정답 및 해설		255
PART 3 ㅣ 시험대비 연습 3회차		270
Part 3. 정답 및 해설		282
PART 4 ㅣ [개편] 추가 30문제! MASTER CLASS		298
Part 4. 정답 및 해설		307

Ⅴ. 쉽게 뜯어보는 총정리

PART 1 ㅣ 쉽게 뜯어보는 총정리	320
PART 2 ㅣ 전설비책	358

I

이론과 개념 설명

- **PART1** ① 소방관계법령

  ② 건축관계법령

- **PART2** ① 소방안전교육 및 훈련/소방계획의 수립

  ② 화재대응 및 피난

- **PART3** 응급처치 개요

- **PART4** 소방학개론

- **PART5** 위험물 · 전기 · 가스 · 안전관리

- **PART6** 화기취급 감독 및 화재위험작업의 허가 · 관리

MEMO

PART 1

① 소방관계법령

Chapter 01 소방관계법령

■ 소방안전관리제도

인구가 도시를 중심으로 밀집하는 도시집중 현상이 가속되고, 위험물의 범람 및 건축물의 고층화·대형화로 인해 각종 재난, 재해 발생 시 피해 또한 대규모화되고 있다. 이에 따라 재난 예방과 피해 최소화를 위한 노력의 일환으로, 민간 소방의 최일선에 있는 관리자를 통해 재난에 효과적으로 대응, 국민의 생명 및 재산을 보호하기 위해 만들어진 제도이다.

■ 주요 발화 [화재발생] 요인(2025년 통계 기준)

① 부주의 > ② 전기적 요인 > ③ 기계적 요인

2025년도 발화요인별 화재발생 현황 통계자료를 통해 전기나 기계적인 결함 등에 의한 화재보다 부주의에서 비롯된 화재 발생률이 월등히 높다는 것을 알 수 있다.

> 📁 **Tip**
> 2025년에 발생한 화재 현황에서 가장 많은 비율을 차지하는 발화요인은 무엇인가?
> → [부주의]에 의한 화재 발생 건수가 가장 많았다.

■ 소방기본법 & 화재의 예방 및 안전관리에 관한 법률 & 소방시설 설치 및 관리에 관한 법률

구분	소방기본법	화재의 예방 및 안전관리에 관한 법률	소방시설 설치 및 관리에 관한 법률
의의	화재를 예방·경계하거나 진압하고 화재, 재난·재해, 그 밖의 위급한 상황에서의 구조·구급 활동 등을 통하여 국민의 생명·신체 및 재산을 보호함으로써	화재의 예방과 안전관리에 필요한 사항을 규정함으로써	특정소방대상물 등에 설치해야 하는 소방시설등의 설치·관리와 소방용품 성능관리에 필요한 사항을 규정함으로써
주목적	공공의 안녕 및 질서 유지와 복리증진에 이바지함	화재로부터 국민의 생명·신체, 재산을 보호하고 공공의 안전과 복리 증진에 이바지함	국민의 생명·신체, 재산을 보호하고 공공의 안전과 복리증진에 이바지함을 목적으로 한다.
공통목적	국민의 생명·신체, 재산을 보호 및 복리증진에 이바지		

- 소방**기본**법은 기본적으로 다들 무탈히 안녕들 하시도록 공공의 안녕 및 질서 유지와 복리증진에 이바지하는 것이 주목적이다.
- **화재예방** 및 안전관리법은 화재를 예방하는 것이니까 공공의 안전과 복리증진에 이바지함이 주목적이다.
- **소방시설** 설치 및 관리법은 역시나 소방시설등을 설치, 관리하는 것이므로 공공의 안전과 복리증진에 이바지함이 목적이다.
→ 원래 화재예방법과 소방시설법은 하나의 법 〈화재예방, 소방시설 설치·유지 및 안전관리에 관한 법률〉이었는데 분법되었다. 그래서 주목적이 같다.

■ 소방 용어

1) **소방대상물**: 건축물, 차량, 산림, 인공구조물(물건), 항구에 매어둔 선박, 선박 건조 구조물
   └ 항해중인 선박 X

2) **특정소방대상물**: 건축물 등의 규모·용도 및 수용인원 등을 고려해 소방시설을 설치해야 하는 소방대상물로서 대통령령으로 정하는 것

3) **소방시설**: 대통령령으로 정한 소화설비, 소화용수설비, 소화활동설비, 경보설비, 피난구조설비

4) **소방시설등**: 소방시설 + 비상구, 그 외 소방관련 시설(대통령령 지정)

5) **관계인**: 소방대상물의 소유자, 관리자, 점유자
   └ 소유자 - 건물주 / 관리자 - 관리소장 / 점유자 - 건물을 쓰고 있는 사람들(거주민 등)

6) **소방대**: 화재 진압 및 위급상황 발생 시 구조·구급활동을 행하기 위해 구성된 조직체
   (① 소방공무원 ② 의무소방원 ③ 의용소방대원)

7) **소방대장**: 위급상황 발생 시 소방대를 지휘하는 사람(소방서장·소방본부장)

8) **피난층**: 곧바로 지상으로 가는 출입구(출입문)가 있는 층
   └ 보통 지상 1층을 피난층으로 보지만, 만약 지하 1층도 지면과 맞닿아 피난 가능한 출입구가 있다면 해당 층도 피난층으로 볼 수 있다.

피난층

9) 무창층

지상층 **개구부** 면적의 총합이 해당 층 바닥면적의 **1/30** 이하인 층 [예] 백화점
└ '개구부'란 건축물의 환기, 통풍, 채광 등을 위해 만든 창이나 출입구 등의 역할을 하는 것

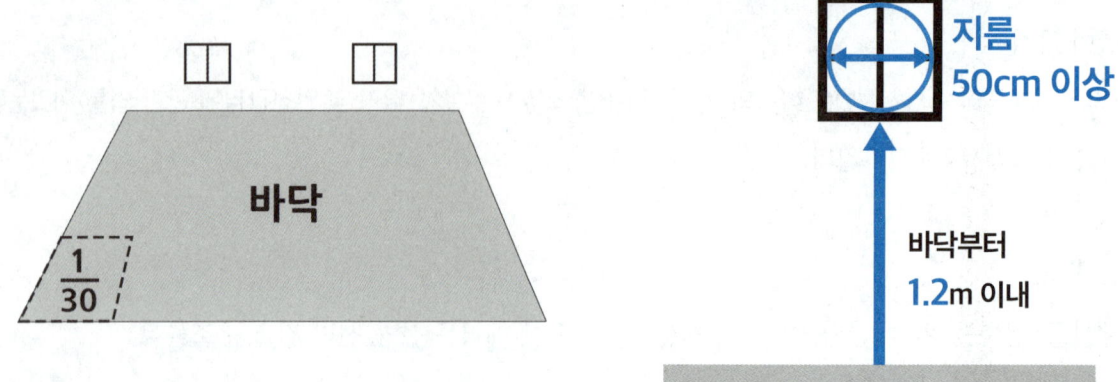

① 개구부의 크기 = 지름 50cm 이상의 원이 통과할 수 있어야 한다.
② 개구부의 하단(밑부분)이 해당 층의 바닥으로부터 1.2m 이내의 높이에 위치해야 한다.
③ 도로 또는 차량 진입 가능한 빈터를 향할 것, 창살 및 장애물이 없을 것, 쉽게 부술 수 있을 것

> 위급상황 발생 시 사람이 통과할 수 있는 최소한의 기준(허리둘레, 키 등)이라고 생각해보면 쉬워요.

■ **한국소방안전원**

설립목적
1. 소방 및 안전관리 기술의 향상·홍보
2. 소방 종사자의 기술 향상
3. 행정기관의 위탁업무 수행

안전원의 업무
1. **소방**기술과 **안전**관리에 관한 **교육·연구·조사**
2. **소방**기술과 **안전**관리에 관한 각종 **간행물 발간**
3. 화재예방과 안전관리의식 고취를 위한 **대국민 홍보**
4. 소방안전에 관한 **국제협력**
5. 소방업무에 관하여 행정기관이 **위탁**하는 **업무**
6. 그 밖에 **회원**에 대한 기술**지원** 등

📢 **Tip**
소방 기술이나 시설의 설립, 또는 위험물에 대한 허가 및 승인 등은 한국소방안전원의 업무가 아님!

소방안전관리대상물[특/1/2/3급]

소방안전관리자 및 소방안전관리보조자를 선임해야 하는 특정소방대상물의 구분은 다음과 같다.

(1층 = 약 4m)

구분	내용
특급 소방안전관리 대상물	1. (지하 제외) 50층 이상 또는 높이 200m 이상의 아파트 2. (지하 포함) 30층 이상 또는 높이 120m 이상의 특정소방대상물(아파트 X) 3. 연면적 10만m²(제곱미터) 이상의 특정소방대상물(아파트 X)
1급 소방안전관리 대상물	1. (지하 제외) 30층 이상 또는 높이 120m 이상의 아파트 2. (지상층) 층수가 11층 이상의 특정소방대상물(아파트X) 3. 연면적 15,000m² 이상의 특정소방대상물(아파트 및 연립주택 X) 4. 1,000t(톤) 이상의 가연성 가스를 취급·저장하는 시설
2급 소방안전관리 대상물	1. 옥내소화전설비, 스프링클러설비, 물분무등소화설비(호스릴 방식만 설치한 곳은 제외)를 설치하는 특정소방대상물 2. 가스 제조설비 갖추고 도시가스사업 허가를 받아야 하는 시설 또는 가연성 가스를 100톤 이상 1천톤 미만 저장·취급 하는 시설 3. 지하구, 공동주택(옥내소화전 또는 스프링클러 설치된 공동주택), 국보 지정된 목조 건축물
3급 소방안전관리 대상물	1. 특·1·2급에 해당하지 않는 것으로, 간이스프링클러설비 또는 자동화재탐지설비를 설치해야 하는 특정소방대상물
소방안전관리 보조자를 두는 소방안전관리 대상물	1. 300세대 이상의 아파트 → 300세대 초과될 때마다 1명 이상 추가로 선임 2. (아파트 제외) 연면적 15,000m² 이상의 특정소방대상물 → 연면적 15,000m² 초과될 때마다 1명 이상 추가로 선임(단, 소방펌프·화학차 등 운용 시 3만m² 초과 시 추가 선임) | 300~599세대 | 600~899세대 | 900~1,199세대 | 1,200~1,499세대 | | 보조자 1명 | 보조자 2명 | 보조자 3명 | 보조자 4명 | 예 아파트의 경우 300~599세대까지는 소방안전관리 '보조자' 1명을 선임해야 한다. 만약 1250세대의 아파트라면, 1250÷300 = 4.16으로 소방안전관리보조자를 최소 4명 이상 선임해야 한다. 아파트를 제외한 특정소방대상물의 경우 연면적이 33,000m²라면 33000÷15000 = 2.2로 소방안전관리보조자를 최소 2명 이상 선임해야 한다. 3. 그 외 공동주택 중 기숙사, 의료시설, 노유자시설, 수련시설, 숙박시설은 1명을 기본 선임 [단, 숙박시설 바닥면적 합이 1,500m² 미만이고 관계인 24시간 상주 시 제외]

■ 소방안전관리자의 업무

1) 소방계획서의 작성·시행(피난계획/대통령령으로 정하는 사항 포함)
2) 자위소방대 및 초기대응체계의 구성, 운영, 교육
3) 피난·방화시설, 방화구획의 유지·관리 ┐
4) 소방시설 및 소방관련 시설의 관리 ┤ 업무대행 가능
5) 소방훈련·교육
6) 화기취급의 감독
7) 화재발생 시 초기대응
8) (3), (4), (6)호 업무수행에 관한 **기록·유지**
   - **월 1회 이상** 작성·관리
   - 소방안전관리자는 기록 작성일로부터 **2년간** 보관
     (유지보수 또는 시정 필요 시 지체없이 관계인에 통보)
9) 그 밖에 소방안전관리에 필요한 업무

> 📁 소방안전관리대상물이 아닌(소방안전관리자를 선임하지 않는) 특정소방대상물의 관계인의 업무
> 1. 피난·방화시설, 방화구획의 유지·관리
> 2. 소방시설 및 소방관련 시설의 관리
> 3. 화기취급의 감독
> 4. 화재발생 시 초기대응
> 5. 그 밖에 소방안전관리에 필요한 업무
> → 소방계획서 작성은 소방안전관리대상물이 아닌 곳의 '관계인'이 해야 하는 업무가 아님!

■ 피난계획에 포함하는 항목

1) 화재경보의 수단 및 방식
2) 층·구역별 피난대상 인원의 연령별/성별 현황
3) 피난약자(어린이, 노인, 장애인 등)의 현황
4) 각 거실에서 옥외(옥상 또는 피난안전구역 포함)로 이르는 피난경로
5) 피난약자 및 피난약자를 동반한 사람의 피난 동선·방법
6) 피난시설, 방화구획 및 그 밖에 피난에 영향을 줄 수 있는 제반사항

■ 피난유도 안내정보 제공 방법

피난유도 안내 정보를 제공하는 방법은 다음 중 어느 하나에 해당하는 것으로 한다.
① 연 2회 피난안내 교육 실시
② 분기별 1회 이상 피난안내방송 실시
③ 피난안내도를 층마다 보기 쉬운 위치에 게시
④ 엘리베이터, 출입구 등 시청이 용이한 곳에 피난안내영상 제공

■ 소방안전관리 업무대행

가. 대통령령으로 정하는 소방안전관리대상물의 관계인은, 관리업자로 하여금 소방안전관리업무 중 대통령령으로 정하는 일부 업무를 대행하게끔 할 수 있다. 이 경우, 선임된 소방안전관리자는 관리업자의 대행업무 수행을 감독하고, 대행업무 외의 소방안전관리업무는 직접 수행해야 한다.

→ 이렇게 관리업자로 하여금 업무를 대행하게 하여 이를 감독할 수 있는 사람을 지정하여 소방안전관리자로 선임한 경우, 선임된 (대행 감독을 위한)소방안전관리자는 선임된 날부터 **3개월 내**에 **강습교육** 받아야 함!

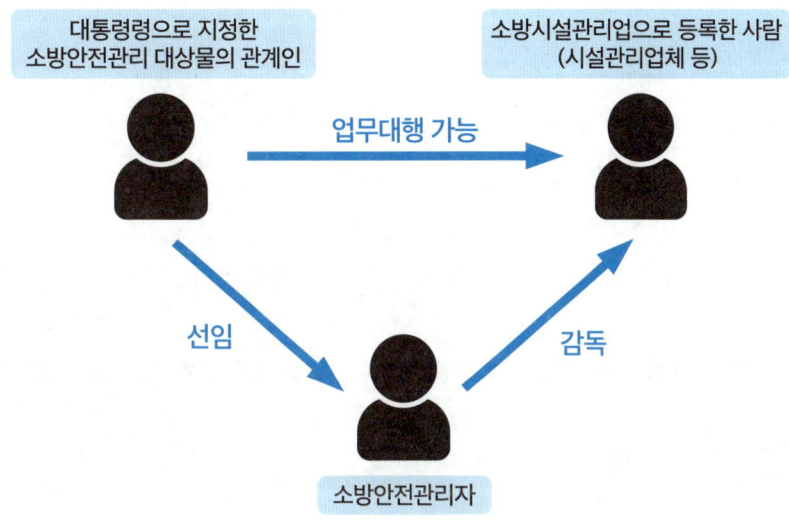

나. 대통령령으로 정하는 소방안전관리대상물 : (아파트 제외) 11층 이상, 연면적 15,000m² 미만인 1급소방대상물과 2·3급 소방대상물

(1) 2급 및 3급 소방안전관리대상물
(2) 지상층의 층수가 11층 이상인 1급 소방안전관리대상물
　　(연면적 만오천m² 이상인 특정소방대상물과 아파트 제외)

💬 **특급소방대상물**과 **연면적 15,000m² 이상**인 것은 **제외**

다. 대통령령으로 지정한 일부 업무
1) 피난·방화시설, 방화구획의 관리
2) 소방시설 및 소방관련 시설의 관리

예시

Q. 다음 중 대통령령으로 정하는 소방안전관리업무 대행 가능 대상물에 해당하는 것은?

① 지상으로부터 높이가 230m 이상인 아파트

② 아파트를 제외하고 지하 3층, 지상 28층인 특정소방대상물

③ 아파트를 제외하고 연면적 10,000m²의 층수가 12층인 특정소방대상물

④ 연면적 25,000m² 이상인 전시장

풀이

① 높이 200m 이상 아파트 = 특급 → 특급 불포함

② (지하 포함) 30층 이상 특정소방대상물 = 특급 → 특급 불포함

③ (연면적 1만 5천 제곱미터 '미만'이면서) 11층 이상 1급 ☑

④ 연면적 1만 5천 제곱미터 이상 특정소방대상물(1급) → 연면적 만오천² 이상인 특정소방대상물은 제외

따라서 대통령령으로 정하는 (업무대행 가능) 소방안전관리대상물의 범위에 속하는 것은 ③번만 해당.

소방안전관리자 및 소방안전관리보조자의 선임자격 기준[특/1/2/3급]

구분	바로 선임 가능한 자격 요건	시험 응시 자격이 주어지는 요건
특급 소방안전관리자	1. 소방기술사 또는 소방시설관리사 자격 보유자 2. 소방설비기사 자격을 보유하고 1급 소방대상물의 소방안전관리자로 5년 이상 근무한 경력이 있는 자 3. 소방설비산업기사 자격을 보유하고 1급 소방대상물의 소방안전관리자로 7년 이상 근무한 경력이 있는 자 4. <u>소방공무원 근무 경력이 20년 이상인 자</u> 5. 특급 소방안전관리자 시험에 합격한 자 위 사항 중 어느 하나에 해당하고 특급소방안전관리자 자격증을 발급받은 사람	가. 소방공무원 근무 경력이 10년 이상인 자 나. 1급 소방대상물의 소방안전관리자로 근무한 실무경력이 5년 이상인 자 다. 1급 소방안전관리자 선임 자격이 있으면서 특·1급 소방대상물의 소방안전관리 보조자로 근무한 경력이 7년 이상인 자 라. 대학에서 소방안전 관련 교과목을 12학점 이상 이수하고 1급 소방대상물의 소방안전관리자로 근무한 경력이 3년 이상인 자
1급 소방안전관리자	1. 소방설비기사 또는 소방설비산업기사 자격 보유자 2. <u>소방공무원 근무 경력이 7년 이상인 자</u> 3. 1급 소방안전관리자 시험에 합격한 자 위 사항 중 어느 하나에 해당하고 1급소방안전관리자 자격증을 발급받은 사람 또는 특급대상물의 소방안전관리자 자격증을 발급받은 사람	가. 소방안전관리학과 졸업 및 전공자로 졸업 후 2·3급 소방대상물의 소방안전관리자로 근무한 경력이 2년 이상인 자 나. 소방안전 관련 교과목을 12학점 이상 이수했거나 소방안전 관련 학과를 졸업하고 2·3급 소방대상물의 소방안전관리자로 근무한 경력이 3년 이상인 자 다. 2급 대상물의 '관리자' 실무경력 5년 이상 / 특·1급 '보조자' 실무경력 5년 이상 또는 2급 '보조자' 7년 이상인 자 라. 산업안전기사 또는 산업안전산업기사 자격을 보유하고 2급·3급 소방대상물의 소방안전관리자로 2년 이상 근무한 경력이 있는 자
2급 소방안전관리자	1. 위험물기능장, 위험물산업기사 또는 위험물기능사 자격 보유자 2. <u>소방공무원 근무 경력이 3년 이상인 자</u> 3. 2급 소방안전관리자 시험에 합격한 자 4. 「기업활동 규제완화에 관한 특별조치법」에 따라 소방안전관리자로 선임된 사람 위 사항 중 어느 하나에 해당하고 2급소방안전관리자 자격증을 발급받은 사람 또는 특/1급대상물의 소방안전관리자 자격증을 발급받은 사람	가. 소방안전관리학과 졸업 및 전공자 나. 의용소방대원 또는 경찰공무원 또는 소방안전관리보조자로 근무한 경력이 3년 이상인 자 다. 3급 소방대상물의 소방안전관리자로 근무한 경력이 2년 이상인 자 라. 건축사, 산업안전(산업)기사, 건축(산업)기사, 전기(산업)기사, 전기공사(산업)기사 자격 보유자

구분	바로 선임 가능한 자격 요건	시험 응시 자격이 주어지는 요건
3급 소방안전관리자	1. 소방공무원 근무 경력이 1년 이상인 자 2. 3급 소방안전관리자 시험에 합격한 자 3. 「기업활동 규제완화에 관한 특별조치법」에 따라 소방안전관리자로 선임된 사람 위 사항 중 어느 하나에 해당하고 3급소방안전관리자 자격증을 발급받은 사람 또는 특/1/2급대상물의 소방안전관리자 자격증을 발급받은 사람	가. 의용소방대원 또는 경찰공무원으로 근무한 경력이 2년 이상인 자
소방안전관리 보조자	1. 특·1·2·3급 소방대상물의 소방안전관리자 자격이 있거나, 소방안전관리 강습교육을 수료한 자 2. 소방안전관리대상물에서 소방안전 관련 업무 2년 이상 근무 경력자	-

▶ 특정소방대상물의 소방안전관리

① 소방안전관리대상물의 관계인은 소방안전관리자 자격증을 발급받은 사람을 소방안전관리자로 선임해야 한다.

② 다른 법령에 따라 전기, 가스, 위험물 등의 안전관리자는 소방안전관리업무 전담 대상물(특급/1급)의 소방안전관리자를 겸할 수 없다. (특별규정 있는 경우는 예외)

③ 소방안전관리대상물의 관계인은 소방안전관리업무를 대행하는 관리업자로 하여금 업무를 대행하게 할 수 있고, 이때 감독할 수 있는 사람을 지정해서 소방안전관리자로 선임할 수 있는데 이렇게 선임된 사람은 선임된 날부터 3개월 내에 강습교육을 이수해야 한다.

○ 관리 권원이 분리된 특정소방대상물의 소방안전관리

아래 기준에 해당하면서 그 관리의 권원이 분리된 특정소방대상물의 경우, 그 관리 권원별 관계인은 대통령령에 따라 소방안전관리자를 선임해야 한다.

권원이 분리된 특정소방대상물 해당 기준
1. (지하층 제외한) 층수 11층 이상 또는 연면적 3만 제곱미터 이상의 복합건축물
2. 지하가 (지하 인공구조물 안에 설치된 상점·사무실, 그 밖에 이러한 시설이 연속해서 지하도에 접하여 설치된 것과 그 지하도를 합한 것 예 지하상가 등)
3. 판매시설 중 도·소매시장 및 전통시장

■ 소방안전관리자 및 소방안전관리보조자 선임 등 기준

소방안전관리자를 선임하는 상황	기준일(기준이 되는 날)
증축 또는 용도변경으로 소방안전관리대상물로 지정된 상황	사용승인일 또는 건축물관리대장에 용도변경 사실을 기재한 날
신축, 증축, 개축, 재축(재해), 대수선, 용도변경으로 신규 소방안전관리자(또는 보조자)를 선임해야 하는 상황	사용승인일 (「건축법」에 따라 건축물을 사용할 수 있게 된 날)
특정소방대상물의 양수, 경매, 매각 등으로 권리를 취득한 상황	권리 취득일 또는 관할 소방서장으로부터 소방안전관리자(또는 보조자) 선임에 관한 내용을 안내받은 날 (단, 이전의 소방안전관리자 및 보조자를 해임하지 않고 유지하는 경우는 제외)
소방안전관리(보조)자 해임 및 퇴직으로 업무가 종료된 상황	소방안전관리자(또는 보조자)를 해임 또는 퇴직으로 근무 종료한 날
관리 권원이 분리된 특정소방대상물	관리 권원이 분리되거나, 소방본부장 또는 소방서장이 관리 권원을 조정한 날
소방안전관리 업무 대행자를 감독할 수 있는 사람을 소방안전관리자로 선임하고 그 계약이 해지(종료)된 경우	소방안전관리 업무대행이 종료된 날

(사용승인일, 건축물관리대장 기재일, 취득일, 소방안전관리자(및 보조자) 해임일, 업무대행 종료일 등) 기준이 되는 날로부터

1) **선임은 30일 내**로 / 선임 후 **신고는 14일 내**로 : **소방본부장 또는 소방서장**에게 신고한다.

2) **소방안전관리(보조)자로 선임된 경우** : 선임된 날로부터 6개월 내에 최초로, 이후 2년 주기로 '실무교육'을 필수로 이수해야 한다.

3) **선임**연기 신청 : 소방안전관리 강습교육 또는 시험이 선임해야 하는 기간 내에 없을 경우 2/3급에 한하여 선임연기 신청이 가능하다. (특/1급은 연기 불가!) → 해당 대상물의 관계인은 선임연기 신청서를 **소방본부장 또는 소방서장에게 제출**해야 하고, 소방본부장 또는 소방서장은 강습교육을 접수했는지, 또는 시험에 응시한 게 맞는지 그 여부를 확인해야 한다.

4) 소방본부장 또는 소방서장은 선임연기 신청서를 받은 경우, '3일 이내'에 소방안전관리(보조)자의 선임 기간을 정해서 관계인에게 통보해야 한다.

■ 소방안전관리자 현황표

1) 소방안전관리(보조)자를 선임한 경우에는 행정안전부령으로 정하는 바에 따라, 선임한 날로부터 14일 이내에 소방본부장 또는 소방서장에게 신고해야 하며, 소방안전관리대상물의 출입자가 알 수 있도록 아래의 사항들을 현황표로 게시해야 한다.

소방안전관리자 현황표(대상명: 챔대탑)

이 건축물의 소방안전관리자는 다음과 같습니다.

- □ 소방안전관리자: 서햄느 (선임일자: 23년 04월 19일)
- □ 소방안전관리대상물 등급: 1급
- □ 소방안전관리자 근무 위치(화재 수신기 위치): 송 103A

소방안전관리자 연락처: 010-0000-0000

[소방안전관리자 현황표에 포함되는 사항]
- 소방안전관리자의 이름, 선임일자, 연락처
- 소방안전관리대상물의 등급, 대상물의 명칭(대상명)
- 소방안전관리자의 근무 위치(화재 수신기 위치)

■ 건설현장 소방안전관리대상물

화재발생 및 화재피해의 우려가 큰 〈건설현장 소방안전관리대상물〉을 신축·증축·개축·재축·이전·용도변경 또는 대수선하는 경우, 소방안전관리자 자격증을 발급받은 자로서 건설현장 소방안전관리자 강습교육을 받은 사람을 〈건설현장 소방안전관리자〉로 선임하고 소방본부장 또는 소방서장에게 신고한다.

→ 소방시설공사 착공 신고일부터 건축물 사용승인일까지 선임한다.

1) 건설현장 소방안전관리대상물이란?

신축·증축·개축·재축·이전·용도변경 또는 대수선하려는 부분의 연면적의 합계가 15,000㎡ 이상인 것 또는 그러한 부분의 연면적이 5,000㎡ 이상인 것 중 다음 어느 하나에 해당하는 것

① 지하층의 층수가 2개 층 이상인 것
② 지상층의 층수가 11층 이상인 것
③ 냉동창고, 냉장창고 또는 냉동·냉장창고

2) 〈건설현장 소방안전관리자〉의 업무

① 건설현장의 소방계획서 작성
② 공사 진행 단계별 피난안전구역, 피난로 등의 확보와 관리
③ 초기대응체계의 구성, 운영, 교육
④ 건설현장 작업자에 대한 소방안전 교육 및 훈련
⑤ **임시소방시설**의 설치 및 관리에 대한 **감독**
⑥ 화기취급의 감독, 화재위험작업의 허가 및 관리
⑦ 그 밖에 건설현장의 소방안전관리와 관련하여 소방청장이 고시하는 업무

■ 근무자 및 거주자 등에 대한 소방훈련 등

1) 소방안전관리대상물의 관계인은
① 근무자 등에게 소방훈련 및 소방안전관리에 필요한 교육을 해야 하고
② 피난훈련은 그 소방대상물에 출입하는 사람을 안전한 장소로 대피시키고 유도하는 훈련을 포함해야 한다.

2) 소방안전관리업무의 전담이 필요한 특급 및 1급(업무대행 불가한 대상물!)의 관계인은 소방훈련 및 교육을 한 날부터 30일 내에 소방훈련·교육 실시 결과를 소방본부장 또는 소방서장에게 제출한다.

3) 연 1회 이상 실시하는데 단, 소방본부장 또는 소방서장이 필요를 인정하여 2회의 범위에서 추가로 실시할 것을 요청하는 경우에는 소방훈련과 교육을 실시해야 한다.

4) 소방훈련을 실시하는 경우, 관계인은 소방훈련에 필요한 장비 및 교재 등을 갖추어야 하며 소방훈련과 교육을 실시했을 때는 결과기록부에 기록하고 훈련과 교육을 실시한 날로부터 2년간 보관해야 한다.

5) 소방본부장 또는 소방서장은 불특정 다수인이 이용하는 대통령령으로 정하는 특정소방대상물의 근무자 등을 대상으로 불시에 소방훈련과 교육을 실시할 수 있는데, 이때 사전통지기간과 결과통보 기한은 다음과 같다.

- 사전통지기간: 소방본부장 또는 소방서장은 불시 소방훈련을 실시하기 10일 전까지 관계인에게 통지한다.
- 결과통보: 소방본부장 또는 소방서장은 관계인에게 불시 소방훈련 종료일로부터 10일 이내에 불시 소방훈련 평가결과서를 통지한다.

> 💬 [불시 소방훈련 및 교육] 불특정 다수인이 이용하는 대통령령으로 정하는 특정소방대상물?
> ① 의료시설, 노유자시설, 교육연구시설
> ② 그 밖에 화재 발생 시 불특정 다수의 인명피해가 예상되어 소방본부장 또는 소방서장이 소방 훈련·교육이 필요하다고 인정하는 특정소방대상물

> 📢 Tip
> 불시는 실시 전, 후로 10일 이내!

■ 소방시설등의 자체점검

1) **작동점검**: 인위적 조작으로 소방시설등이 정상 작동하는지 여부를 〈소방시설등 작동점검표〉에 따라 점검
2) **종합점검**: (작동점검 포함) 설비별 주요 구성 부품의 구조기준이 화재안전기준과 「건축법」 등 법령 기준에 적합한지 여부를 〈소방시설등 종합점검표〉에 따라 점검하는 것으로, 최초점검/그 밖의 종합점검으로 구분

① **최초점검**: 해당 특정소방대상물의 소방시설등이 신설된 경우
② **그 밖의 종합점검**: 최초점검을 제외한 종합점검

구분	점검 대상	점검자 자격(주된 인력)
작동점검	① 간이스프링클러설비 또는 자탐설비에 해당하는 특정소방대상물(3급 소방안전관리대상물)	(1) 관리업에 등록된 기술인력 중 **소방시설관리사** (2) 소방안전관리자로 선임된 **소방시설관리사 및 소방기술사** (3) 특급점검자(「소방시설공사업법」따름) (4) 관계인
작동점검	② 위 (① 항목)에 해당하지 않는 특정소방대상물	(1) 관리업에 등록된 기술인력 중 **소방시설관리사** (2) 소방안전관리자로 선임된 **소방시설관리사 및 소방기술사**
작동점검	③ **작동점검 제외** 대상 - 소방안전관리자를 선임하지 않는 대상 - 특급소방안전관리대상물 - 위험물제조소등	
종합점검	① 소방시설등이 **신설**된 특정소방대상물 ② **스프링클러설비**가 설치된 특정소방대상물 ③ **물분무**등소화설비(호스릴 방식만 설치한 곳은 제외)가 설치된 연면적 **5천㎡ 이상**인 특정소방대상물 [단, 위험물제조소등 제외] ④ 단란주점영업, 유흥주점영업, 노래연습장업, 영화상영관, 비디오물감상실업, 복합영상물제공업, 산후조리업, 고시원업, 안마시술소의 **다중**이용업 영업장이 설치된 특정소방대상물로 연면적 **2천㎡ 이상**인 것 (「다중이용업소 특별법 시행령」따름) ⑤ **제연**설비가 설치된 **터널** ⑥ **공공기관** 중 연면적(터널, 지하구의 경우 그 길이와 평균 폭을 곱하여 계산된 값)이 **1천㎡ 이상**인 것으로 옥내소화전설비 또는 자탐설비가 설치된 것 (단, 소방대가 근무하는 공공기관은 제외)	(1) 관리업에 등록된 기술인력 중 **소방시설관리사** (2) 소방안전관리자로 선임된 **소방시설관리사 및 소방기술사**

3) 점검 횟수 및 시기

구분	점검 횟수 및 시기 등
작동점검	작동점검은 연 1회 이상 실시하는데, • 작동점검만 하면 되는 대상물: 특정소방대상물의 사용승인일이 속하는 달의 말일까지 실시 • 종합점검까지 해야 하는 큰 대상물: 큰 규모의 '종합점검'을 먼저 실시하고, 종합점검을 받은 달부터 6개월이 되는 달에 작동점검 실시
종합점검	① 소방시설등이 신설된 특정소방대상물: 건축물을 사용할 수 있게 된 날부터 60일 내 ② 위 ①항 제외한 특정소방대상물: 건축물의 사용승인일이 속하는 달에 연 1회 이상 실시 　[단, 특급은 반기에 1회 이상] → 이때, 소방본부장 또는 소방서장은, 소방청장이 '소방안전관리가 우수하다'고 인정한 대상물에 대해서는 3년의 범위에서 소방청장이 고시하거나 정한 기간 동안 종합점검을 면제해 줄 수 있다. 단, 면제 기간 중 화재가 발생한 경우는 제외함. ③ 학교: 해당 건축물의 사용승인일이 1~6월 사이인 경우에는 6월 30일까지 실시할 수 있다. ④ 건축물 사용승인일 이후 「다중이용업소 특별법 시행령」에 따라 종합점검 대상에 해당하게 된 때(다중이용업의 영업장이 설치된 특정소방대상물로서 연면적 2천㎡ 이상인 것에 해당하게 된 때)에는 그 다음 해부터 실시한다. ⑤ 하나의 대지경계선 안에 2개 이상의 자체점검 대상 건축물 등이 있는 경우에는 그 건축물 중 사용승인일이 가장 빠른 연도의 건축물의 사용승인일을 기준으로 점검할 수 있다.

- 작동점검 및 종합점검은 건축물 사용승인 후 그 다음 해부터 실시한다.
- 공공기관의 장은, 소방시설등의 유지·관리 상태를 맨눈이나 신체감각을 이용해 점검하는 '외관점검'을 월 1회 이상 실시한 후, 그 점검 결과를 2년간 자체보관해야 한다. (단, 작동·종합점검을 실시한 달에는 외관점검 면제 가능)
→ 외관점검 시 점검자: 관계인, 소방안전관리자 또는 관리업자

4) 자체점검 결과의 조치 등

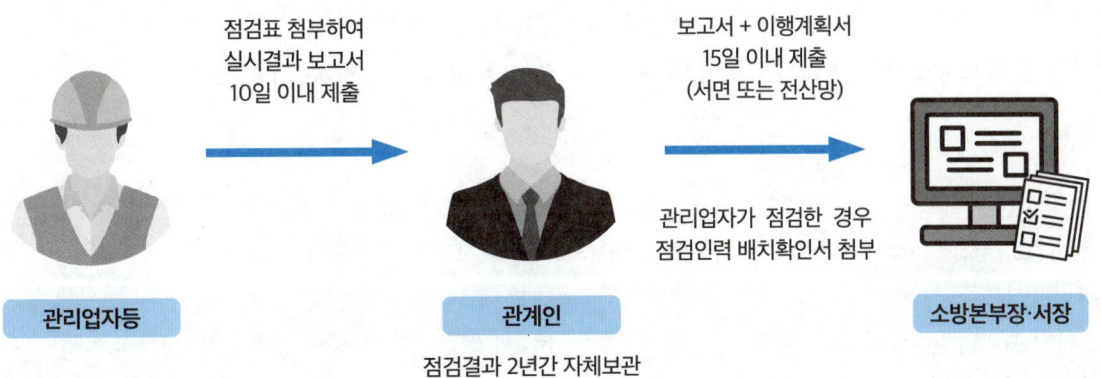

① <u>관리업자등</u>이 자체점검을 실시한 경우: 점검이 끝난 날부터 <u>10일</u> 이내에 [소방시설등 자체점검 실시결과 <u>보고서</u>]에 [소방시설등 <u>점검표</u>]를 첨부하여 <u>관계인에게 제출</u>한다.

② 관계인: 점검이 끝난 날부터 15일 이내에 [소방시설등 자체점검 실시결과 보고서]에 소방시설등의 자체점검결과 [이행계획서]를 첨부하여 서면 또는 전산망을 통해 소방본부장·소방서장에게 보고하고, 보고 후 그 점검결과를 점검이 끝난 날부터 2년간 자체 보관한다. (단! 관리업자가 점검한 경우에는 +점검인력 〈배치확인서〉도 첨부!)

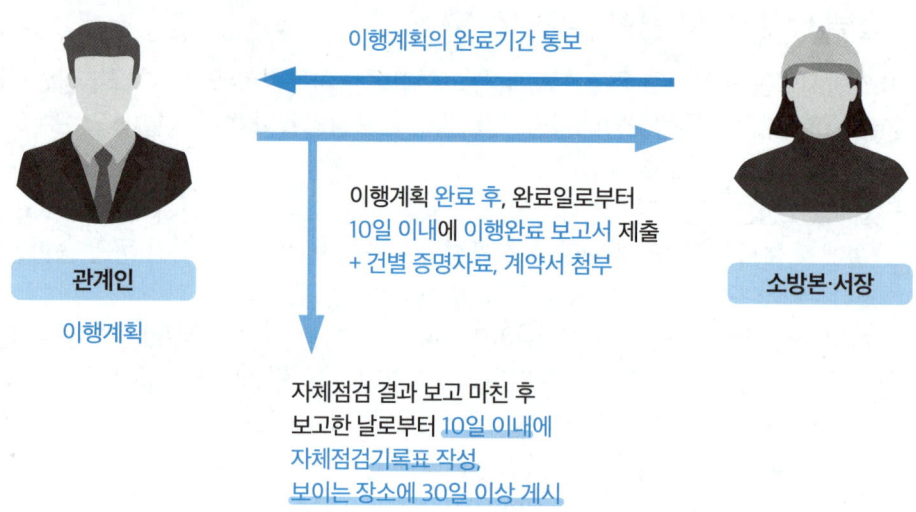

③ 〈이행계획서〉를 보고받은 소방본부장 또는 소방서장은 이행계획의 완료 기간을 다음과 같이 정하여 관계인에게 통보해야 하는데, 다만 소방시설등에 대한 수리·교체·정비의 규모 또는 절차가 복잡하여 기간 내에 이행을 완료하기 어려운 경우에는 그 기간을 다르게 정할 수 있다.
- 소방시설등을 구성하고 있는 기계·기구를 수리하거나 정비하는 경우: 보고일로부터 10일 이내
- 소방시설등의 전부 또는 일부를 철거하고 새로 교체하는 경우: 보고일로부터 20일 이내

④ 이행계획을 완료한 관계인은 이행을 완료한 날로부터 10일 이내에 소방시설등의 자체 점검결과와 〈이행완료 보고서〉에 〈이행계획 건별 전·후사진 증명자료〉와 〈소방시설공사 계약서〉를 첨부하여 소방본부장 또는 소방서장에게 보고해야 한다.

⑤ 자체점검결과 보고를 마친 관계인은 보고한 날로부터 10일 이내에 소방시설등 자체점검 〈기록표〉를 작성하여 특정소방대상물의 출입자들이 쉽게 볼 수 있는 장소에 30일 이상 게시해야 한다.

> 📢 CHECK!
> 관리업자등은 자체점검 결과 '중대위반사항'을 발견한 경우 즉시 관계인에게 알려야 하며 → 관계인은 자체점검 결과, 중대위반사항이 발견된 경우에는 수리와 같이 필요한 조치를 지체 없이 취해야 한다.
> • 중대위반사항?
> ① 소화펌프(가압송수장치 포함), 동력·감시제어반 또는 소방시설용 전원(비상전원 포함)의 고장으로 소방시설이 작동되지 않는 경우
> ② 화재 수신기 고장으로 화재 경보음이 자동으로 울리지 않거나 또는 화재 수신기와 연결된 소방시설의 작동이 불가한 경우
> ③ 소화배관 등이 폐쇄·차단되어 소화수 및 소화약제가 자동으로 방출되지 않는 경우
> ④ 방화문 또는 자동방화셔터가 훼손되거나 철거되어 본래의 기능을 하지 못하는 경우

예시

Q. ㈜왕건상사의 첫 작동점검 실시로 가장 적절한 시기는?

㈜왕건상사
- **용도** : 업무시설
- 스프링클러, 이산화탄소소화설비, 포소화설비 설치
- **연면적** 6,000m^2
- **완공일** : 2020년 7월 16일
- **사용승인일** : 2020년 8월 20일
- 점검 실시 기록 없음

풀이

1) 왕건상사는 스프링클러설비가 설치된 특정소방대상물로, **종합**점검 + **작동**점검 **실시 대상**
   (+물분무등소화설비가 설치된 대상물로 연면적 5천 이상인 것에도 해당)

2) 자체점검은 **사용승인일**을 기준으로, 그 다음 해인 2021년 8월에 첫 종합점검 실시
   √ '완공일'은 기준이 아니므로 ✱함정에 빠지지 않도록 주의!

3) 이후 **6개월**이 되는 2022년 2월에 첫 작동점검 실시
   → 따라서 왕건상사의 첫 작동점검 시기는 2022년 2월.

이후로도 매년 8월에 종합점검, 2월에 작동점검 실시 반복

■ 화재안전조사

주체	소방청장, 소방본부장 또는 소방서장(소방관서장)
대상	소방대상물, 관계지역 또는 관계인에 대하여
조사(확인) 사항 및 활동	• 소방시설등이 소방관계법령에 적합하게 설치, 관리되고 있는지 • 소방대상물에 화재 발생 위험이 있는지 등을 확인하기 위해 → 현장조사·문서 열람·보고 요구 등을 하는 활동

(1) 화재안전조사를 실시할 수 있는 경우

① 「소방시설 설치 및 관리에 관한 법률」에 따른 자체점검이 불성실하거나 불완전하다고 인정되는 경우

② 화재예방안전진단이 불성실하거나 불완전하다고 인정되는 경우

③ 화재예방강화지구 등 법령으로 화재안전조사를 하도록 규정되어 있는 경우

④ 국가적 행사 등 주요 행사가 개최되는 장소 및 그 주변의 관계 지역에 대하여 소방안전관리 실태 조사가 필요한 경우

⑤ 화재가 자주 발생했거나 발생할 우려가 뚜렷한 곳에 대한 조사가 필요한 경우

⑥ 재난예측 정보, 기상예보 등을 분석한 결과 소방대상물에 화재 발생 위험이 크다고 판단되는 경우

⑦ 위 ①부터 ⑥까지에서 규정한 경우 외에 화재, 그 밖의 긴급한 상황이 발생한 경우 인명 또는 재산 피해의 우려가 뚜렷이 드러난다고(현저하다고) 판단되는 경우

(2) 화재안전조사 항목

1. 화재의 예방조치 등에 관한 사항
2. 소방안전관리 업무 수행에 관한 사항
3. 피난계획의 수립 및 시행에 관한 사항
4. 소화·통보·피난 등의 훈련 및 소방안전관리에 필요한 교육에 관한 사항
5. 소방자동차 전용구역 등의 설치에 관한 사항
6. 시공, 감리 및 감리원의 배치에 관한 사항
7. 소방시설의 설치 및 관리 등에 관한 사항
8. 건설현장 임시소방시설의 설치 및 관리에 관한 사항
9. 피난시설, 방화구획 및 방화시설의 관리에 관한 사항
10. 방염에 관한 사항
11. 소방시설등의 자체점검에 관한 사항
12. 「다중이용업소 안전관리에 관한 특별법」, 「위험물안전관리법」 및 「초고층 및 지하 연계 복합건축물 재난관리에 관한 특별법」의 안전관리에 관한 사항
13. 그 밖에 소방대상물에 화재의 발생 위험이 있는지 등을 확인하기 위해 소방관서장(본서장)이 화재안전조사가 필요하다고 인정하는 사항

(3) 화재안전조사 방법 및 절차

▶ [방법]

① **종합조사** : 화재안전조사 항목 전부를 확인하는 조사

② **부분조사** : 화재안전조사 항목 중 일부를 확인하는 조사

▶ [절차]

---

1. 소방관서장은 조사계획을 소방관서 인터넷 홈페이지 또는 전산시스템을 통해 조사 계획을 공개해야 한다.
   - 조사계획 : 조사대상, 조사기간, 조사사유 등
   - 공개 기간 : 7일 이상

[단, 사전 통지 없이 화재안전조사를 실시하는 경우에 소방관서장은 화재안전조사를 실시하기 전에 관계인에게 조사사유 및 조사범위 등을 현장에서 설명해야 한다.]

---

2. 소방관서장은 화재안전조사를 위해 소속 공무원으로 하여금 관계인에게 다음의 사항들을 요구할 수 있다.
   - 보고 또는 자료의 제출 요구
   - 소방대상물의 위치·구조·설비 또는 관리 상황에 대한 조사·질문

---

(4) 화재안전조사 결과에 따른 조치명령
1. 소방관서장은 화재안전조사 결과에 따른 소방대상물의 위치·구조·설비 또는 관리상황이 화재예방을 위해 보완될 필요가 있거나, 화재가 발생하면 인명 또는 재산 피해가 클 것으로 예상되는 때에는 행정안전부령으로 정하는 바에 따라 관계인에게 그 소방대상물의 개수(고치거나 다시 만듦)·이전·제거, 사용 금지 또는 제한, 사용 폐쇄, 공사의 정지(중지), 그 밖에 필요한 조치를 명할 수 있다.
2. 소방관서장은 화재안전조사 결과 소방대상물이 법령을 위반하여 건축 또는 설비되었거나 소방시설등, 피난·방화시설(방화구획) 등이 법령에 적합하게 설치 또는 관리되고 있지 않은 경우에 관계인에게 위 1항에 따른 조치를 명하거나 관계 행정기관의 장에게 필요한 조치를 해줄 것을 요청할 수 있다.

■ 단독주택&공동주택
단독주택 및 공동주택의 소유자는 소화기 그리고 단독경보형감지기를 설치하도록 법적으로 제정되었다. (아파트 및 기숙사 제외)

■ 특별피난계단

〈구조〉 옥내 → 복도 → 부속실 → 계단실 → 피난층

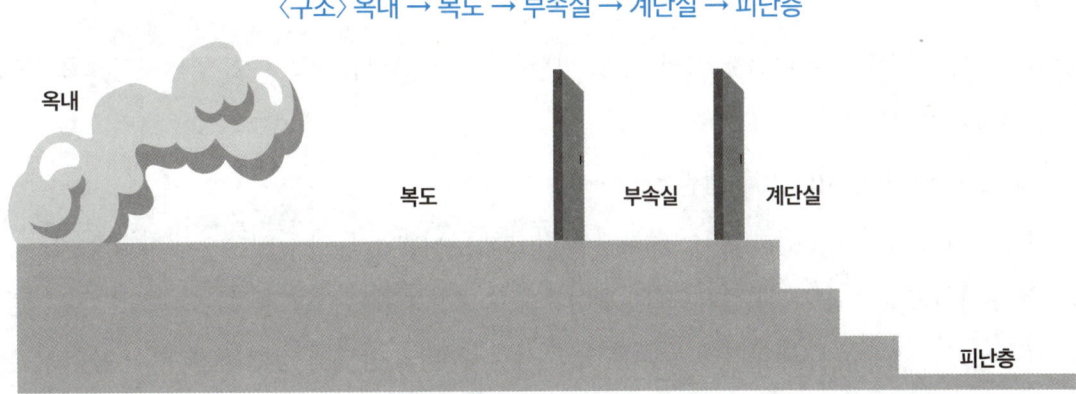

[특별피난계단]이란, 화재 발생 시 화재나 연기 등이 피난·방화시설에 끼치는 영향을 최소화하기 위해 설계된 피난계단의 종류로, 피난 시 이동 경로는 [옥내 → 복도 → 부속실 → 계단실 → 피난층]의 순서로 구성되어 있다.

> 📢 Tip
> 이 중, 옥내(건축물 내부)에서 계단실로 이어지는 공간 사이에 방화문을 이중 설치하여 화재나 연기 등이 번지는 것을 막아 보다 안전하게 대피할 수 있도록 구획된 공간을 부속실이라고 볼 수 있어요.

> 복습
> '피난층'이란, 곧바로 _____로(으로) 가는 _____(이)가 있는 층이다.

■ 피난·방화시설의 유지·관리 및 금지행위

「건축법」에서 규정하는 피난 및 방화시설은, 화재로부터의 안전 확보에 있어 아주 중요한 기능을 하므로 관계인이 의무적으로 유지·관리하도록 규정한다.

- 피난시설: 계단(직통계단, 피난계단 등), 복도, (비상구를 포함한)출입구, 그 밖의 옥상광장, 피난안전구역, 피난용 승강기 및 승강장 등의 피난 시설
- 방화시설: 방화구획(방화문, 방화셔터, 내화구조의 바닥 및 벽), 방화벽 및 내화성능을 갖춘 내부마감재 등

가. 〈피난·방화시설 관련 금지행위〉에 해당하는 내용은 다음과 같다.

① **폐쇄(잠금 포함)행위**: 계단, 복도 등에 방범철책(창) 설치로 피난할 수 없게 하는 행위, 비상구에 (고정식) 잠금장치 설치로 쉽게 열 수 없게 하거나, 쇠창살·용접·석고보드·합판·조적 등으로 비상(탈출)구 개방이 불가하게 하는 행위 - 건축법령에 의거한 피난/방화시설을 쓸 수 없게 폐쇄하는 행위

② **훼손행위**: 방화문 철거(제거), 방화문에 도어스톱(고임장치) 설치 또는 자동폐쇄장치 제거로 그 기능을 저해하는 행위, 배연설비 작동에 지장주는 행위, 구조적인 시설에 물리력을 가해 훼손한 경우

③ **설치(적치)행위**: 계단·복도(통로)·출입구에 물건 적재 및 장애물 방치, 계단(복도)에 방범철책(쇠창살) 설치(단, 고정식 잠금장치 설치는 폐쇄행위), 방화셔터 주위에 물건·장애물 방치(설치)로 기능에 지장주는 행위

④ **변경행위**: 방화구획 및 내부마감재 임의 변경, 방화문을 목재(유리문)로 변경, 임의구획으로 무창층 발생, 방화구획에 개구부 설치

⑤ **용도장애 또는 소방활동 지장 초래 행위**:

ㄱ. ①~④에서 적시한 행위로 피난·방화시설 및 방화구획의 용도에 장애를 유발하는 행위

ㄴ. 화재 시 소방호스 전개 시 걸림·꼬임 현상으로 소방활동에 지장을 초래한다고 판단되는 행위

ㄷ. ①~④에서 적시하지 않았더라도 피난·방화시설(구획)의 용도에 장애를 주거나 소방활동에 지장을 준다고 판단되는 행위

> 참고
> - 시건장치 = 잠금장치로, 방화문에 시건장치를 설치했다는 것은 잠금장치를 설치했다는 뜻이므로 금지행위에 해당해요~!
> - 기본적으로 '방화문'은 닫혀있어야 함(불길이 번지는 것을 막기 위함)

■ 옥상광장 출입문 개방 안전관리

다음의 대상에서는 옥상으로 통하는 출입문에 화재 등 비상 시, 소방시스템과 연동되어 잠금 상태가 자동으로 풀리는 장치인 [비상문 자동개폐장치]를 설치해야 한다.

① 5층 이상의 층이 문화 및 집회시설, 종교시설, 판매시설, 장례시설 등으로 쓰이는 경우로 피난 용도로 쓸 수 있는 광장을 옥상에 설치해야 하는 건축물

② 피난 용도로 쓸 수 있는 광장을 옥상에 설치해야 하는 다중이용 건축물, 연면적 1천 제곱미터 이상인 공동주택

③ 옥상공간을 확보해야 하는 대상으로 층수가 11층 이상인 건축물로서, 11층 이상인 층의 바닥면적의 합계가 1만 제곱미터 이상인 건축물의 출입문

■ 소방안전관리자의 실무교육

1) 실무교육 대상: 소방안전관리자 및 보조자로 선임된 사람

> 현재 공부 중인 소방안전관리자 2급 과정의 강습교육을 수료하고, 시험에 합격하더라도 특정소방대상물의 소방안전관리자로 선임되지 않는다면! 소방안전관리자 실무교육에 대한 의무는 없습니다. 소방안전관리자 자격증을 취득하고, 실제로 소방안전관리자 또는 보조자로 선임이 되었을 경우에 실무교육을 받아야 한다는 점을 기억하시고 아래 내용을 보시면 이해가 쉽습니다~!

2) 실무교육 이수 기간:

- 소방안전관리자 및 보조자의 실무교육은 선임된 후 최초로 6개월 내에(단, 소방안전관련 업무경력으로 선임된 '보조자'의 경우는 3개월 내에) 교육을 실시한다.
- 최초의 실무교육 후에는 2년마다(2년 주기로) 1회 이상 실무교육을 받아야 하는데, 이때 2년 주기는 2년 후 같은 날이 되는 날의 전날까지를 말한다.

3) 실무교육 이수 날짜를 계산할 때 고려해야 하는 사항

① 소방안전관리 강습교육을 성공적으로 수료했다.

② 수료하고 선임이 되기까지 1년 이내에 선임이 되었는지/1년이 지나고 선임되었는지 확인한다.

③ 실무교육 날짜를 계산할 때 기준일이 '수료일'인지/'선임일'인지 확인한다.

소방안전관리자 강습 수료 및 자격 취득	
1년 이내에 선임	1년이 지나서 선임
• 강습교육을 수료한지 1년 이내에 선임이 되었다면, '강습 수료일'에 [6개월 내 최초 실무교육]은 이수한 것으로 인정해준다. → '강습 수료일'을 기준으로 [2년마다] 한 번씩 실무교육을 받아야 하고, 이때 날짜 계산은 '강습 수료일'을 기준으로 2년 후가 되는 하루 전날까지 계산한다.	• 강습교육을 수료한지 1년이 지나서 선임 되었다면, '선임이 된 날'을 기준으로 [6개월 내 최초 실무교육]을 이수해야 한다. → 이후 최초 실무교육을 받은 날로부터 2년마다 한 번씩 실무교육을 이수해야 한다(이때 2년 후가 되는 하루 전날까지로 계산한다).

📢 **Tip**

1년 이내에 선임되면 [강습 수료일]을 기준으로, 1년이 지나서 선임되면 [선임된 날]을 기준으로 실무교육 이수 날짜를 계산하면 된답니다.

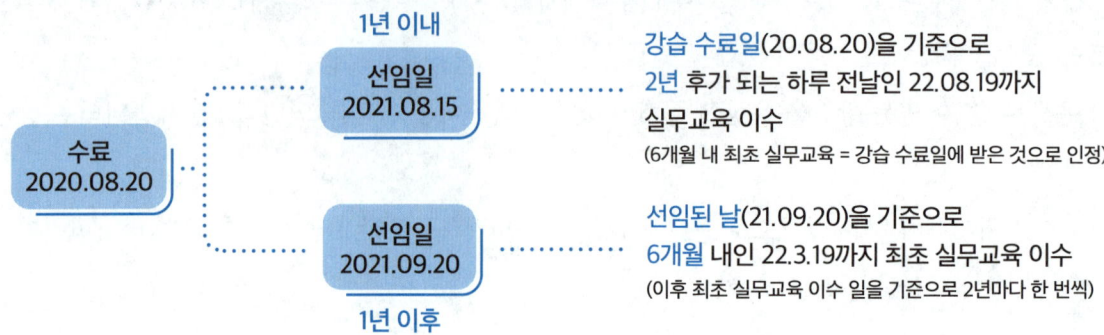

4) 소방안전관리자(보조자)가 실무교육을 받지 않으면

⇒ 소방청장의 권한으로 1년 이하의 기간을 정해 자격을 정지시킬 수 있으며, 50만 원의 과태료(100만 원 이하의 과태료 항목)가 부과될 수 있다.

- 1차 : 경고(시정명령)
- 2차 : 자격정지(3개월)
- 3차 : 자격정지(6개월)

■ 벌칙(벌금 및 과태료)

1) **벌금** : 벌금형은 전과기록이 남을 수 있는 비교적 무거운 벌칙 [양벌규정 부과 가능]

구분		소방기본법	예방 및 안전관리법	소방시설법
벌금	5년 / 5천 이하	• 위력·폭행(협박)으로 화재진압 및 인명구조(구급활동) 방해 • 고의로 소방대 출입 방해, 소방차 출동 방해 • 장비파손 • 인명구출 및 화재진압(번지지 않게 하는 일)을 방해 • 정당한 사유없이 소방용수시설 또는 비상소화장치 사용하거나 효용을 해치거나 사용 방해		소방시설 폐쇄·차단 행위자 - 상해 : 7년 / 7천 - 사망 : 10년 / 1억

구분		소방기본법	예방 및 안전관리법	소방시설법
벌금	3년/3천 이하	소방대상물 및 토지의 강제 처분 방해(사유없이 그 처분에 따르지 않음)	• 화재안전조사 결과에 따른 조치명령 위반 • 화재예방안전진단 결과 보수·보강 등의 조치명령 위반	소방시설이 기준에 따라 설치·관리가 안 됐을 때 관계인에게 필요한(요구되는) 조치명령을 위반, 유지·관리를 위한 조치명령 위반, 자체점검 결과에 따른 이행계획을 완료하지 않아 조치의 이행 명령을 했지만 이를 위반한 자
	1년/1천 이하		소방안전관리자 자격증을 타인에게 빌려주거나 빌리거나 이를 알선한 자, 화재예방안전진단을 받지 않음	점검 미실시 (점검 1년마다 해야 되니까 1년/1천)
	300 이하		• 화재안전조사를 거부·방해, 기피 • 화재예방 조치명령을 따르지 않거나 방해 • (총괄)소방안전관리(보조)자 미선임 • 법령을 위반한 것을 발견하고도 조치를 요구하지 않은 소방안전관리자 ↔ 소방안전관리자에게 불이익 준 관계인	자체점검 결과 소화펌프 고장 등 중대한 위반사항이 발견된 경우 필요한 조치를 하지 않은 관계인 또는 중대위반사항을 관계인에게 알리지 않은 관리업자 등
	100 이하	• 생활안전활동 방해 • 소방대 도착 전까지 인명구출 및 화재진압 등 조치하지 않은 관계인 • 피난명령 위반, 긴급조치 방해 • 물·수도 개폐장치의 사용 또는 조작 방해		

• 양벌규정 : 법인의 대표자나 법인 또는 개인의 대리인, 사용인, 그 밖의 종업원이 그 법인 또는 개인의 업무에 관하여 위의 벌금형에 해당하는 위반행위를 하면 그 행위자를 벌하는 것 외에도 그 법인 또는 개인에게도 해당 조문의 벌금형을 과한다. 다만, 법인 또는 개인이 그 위반행위를 방지하기 위해 해당 업무에 관하여 상당한 주의와 감독을 게을리하지 않은 경우에는 양벌규정을 부과하지 않는다.

> 📢 **Tip**
> 쉽게 말해서, 직접적으로 벌금형에 해당하는 어떠한 행위를 한 사람 외에도, 그 법인이나 또 다른 개인에게도 똑같이 책임을 물을 수 있다는 것이 〈양벌규정〉이라고 볼 수 있어요~!
> 이때 중요한 것은 이러한 〈양벌규정〉이 부과될 수 있는 벌칙은 '벌금형'에만 적용된다는 점! 꼭 기억해주세요~!

2) **과태료** : 법령 위반 시 부과되는 금전적인 벌칙, 전과기록 남지 않음

구분		소방기본법	예방 및 안전관리법	소방시설법
과태료	500 이하	화재·구조·구급이 필요한 상황을 거짓으로 알림		
	300 이하		• 화재예방조치를 위반한 화기취급자 • 소방안전관리자를 겸한 자(겸직) • 건설현장 소방안전관리 업무 이행하지 않음 | 1차 | 2차 | 3차 | |---|---|---| | 100 | 200 | 300 | • 소방안전관리업무 안한 관계인 또는 소방안전관리자 • 피난정보 미제공, 소방훈련 및 교육 하지 않음	• 소방시설을 화재안전기준에 따라 설치·관리하지 않음 • 공사현장에 임시소방시설을 설치·관리하지 않음 • 관계인에게 점검 결과를 제출하지 않은 관리업자 등 • 피난·방화시설(구획)을 폐쇄·훼손·변경함 • 점검기록표 기록X 또는 쉽게 볼 수 있는 장소에 게시하지 않은 관계인 | 1차 | 2차 | 3차 | |---|---|---| | 100 | 200 | 300 | • 점검결과를 보고하지 않거나 거짓으로 보고한 관계인 • 자체점검 이행계획을 기간 내에 완료하지 않거나 이행계획 완료 결과 미보고 또는 거짓보고한 관계인 (1) 지연 10일 미만 : 50 (2) 1개월 미만 : 100 (3) 1개월 이상 / 미보고 : 200 (4) 거짓 보고 : 300
	200 이하	소방차 출동에 '지장'을 줌, 소방활동구역에 출입, 안전원 사칭	선임 '신고'를 하지 않음 (1개월 미만 50 / 3개월 미만 100 / 3개월 이상 또는 미신고 200) 또는 소방안전관리자 성명 등을 게시하지 않음	

구분		소방기본법	예방 및 안전관리법	소방시설법
과태료	100 이하	소방차 전용구역에 주차하거나 전용구역으로의 진입을 가로막는 등 방해함	실무교육 받지 않은 소방안전관리(보조)자 : 50만 원	
	20 이하	다음의 장소에서 화재로 오인할 수 있는 불을 피우거나 연막소독을 하기 전 미리 신고를 하지 않아서 소방차가 출동하게 함 〈화재 등의 통지〉: • 시장지역 • 석유화학제품 생산공장이 있는 지역 • 공장·창고/목조건물/위험물 저장·처리시설이 '밀집한' 지역 • 그 밖에 시·도조례로 정하는 지역 및 장소		

💬 화재예방안전진단?

화재가 발생할 경우 사회·경제적으로 피해 규모가 클 것으로 예상되는 소방대상물에 대해 화재위험요인을 조사하고 그 위험성을 평가하여 개선대책을 수립하는 것

→ 진단 결과 미제출 시 300 이하 과태료

CHECK POINT 비교해서 알아두세요.

소방차의 출동을 (고의로) **방해**	소방차 출동에 **지장**을 줌 (끼어들기, 양보 안 함 등)
5년 이하의 징역 또는 5천만 원 이하의 벌금	200만 원 이하의 과태료

■ 화재 예방조치

1) 화재예방강화지구

① 시장지역

② 석유화학제품 생산공장이 있는 지역

③ 공장·창고 / 목조건물 / 위험물 저장·처리시설 / 노후·불량건축물이 '밀집한' 지역

④ 산업단지(「산업입지 및 개발에 관한 법률」에 따름) / 물류단지

⑤ 소방시설·소방용수시설 또는 소방출동로가 없는 지역

⑥ 그 밖에 소방관서장이 화재예방강화지구로 지정할 필요가 있다고 인정하는 지역

2) 화재 예방조치 등

(1) 누구든지 화재예방강화지구 및 이에 준하는 대통령령으로 정하는 장소에서는 아래의 행위를 해서는 안 된다. (단, 행안부령으로 정하는 바에 따라 안전조치를 한 경우는 예외)

  - 모닥불, 흡연 등 화기의 취급
  - 풍등 등 소형 열기구 날리기
  - 용접·용단 등 불꽃을 발생시키는 행위
  - 그 밖에 대통령령으로 정하는 화재 발생 위험이 있는 행위

(2) 소방관서장은 화재 발생 위험이 크거나 소화 활동에 지장을 줄 수 있다고 인정되는 행위나 물건에 대해 그 행위의 당사자나 그 물건의 관계인에게 다음의 명령을 할 수 있다.

  - 위 (1)에 해당하는 행위의 금지 및 제한
  - 목재, 플라스틱 등 가연성이 큰 물건의 적재 금지, 이격, 제거 등
  - 소방차량의 통행이나 소화 활동에 지장을 줄 수 있는 물건의 이동

  → 다만, 해당하는 물건의 소유자 등을 알 수 없는 경우에는 소속 공무원으로 하여금 그 물건을 옮기거나 보관하는 등의 필요한 조치를 하게 할 수 있다.

(3) 소방관서장은 옮긴 물건을 보관하는 경우, 그 날부터 14일 동안 소방관서 인터넷 홈페이지 또는 게시판에 이러한 사실을 공고해야 하며, 보관기간은 소방관서 인터넷 홈페이지 또는 게시판에 공고하는 기간의 종료일 다음날부터 7일로 한다.

  예) 12월 1일에 옮긴 물건을 보관했다면 12월 14일까지 보관 사실을 공고하고, (다음 날인 12월 15일부터) 12월 21일까지 7일간 더 보관한다. 따라서 총 보관기간은 21일!

■ **방염**

1) **목적(필요성)**: 연소확대 방지 및 지연, 피난시간 확보, 인명·재산 피해 최소화

2) 방염대상물품을 사용해야 하는 특정소방대상물과 방염대상물품의 종류 등

① 의무

구분	방염성능기준 이상의 실내장식물 등을 설치해야 하는 특정소방대상물	방염대상물품(의무)
1	근린생활시설: 의원, 조산원(조리원), 체력단련장, 공연장, 종교집회장	• 창문에 설치하는 커튼류 • 카펫 • 벽지류 (2mm 미만의 종이벽지 제외) • 전시용 및 무대용 합판, 섬유판 • 암막, 무대막 • 붙박이 가구류 • 종이류·합성수지류, 섬유류를 주원료로 한 물품 • 합판, 목재 • 공간 구획을 위한 칸막이 • 흡음재, 방음재
2	옥내에 있는 문화 및 집회시설, 종교시설, 운동시설(수영장 제외)	
3	의료시설	
4	노유자시설	
5	교육연구시설 중 합숙소	
6	숙박시설 / 숙박이 가능한 수련시설	
7	방송국 및 촬영소(방송통신시설)	
8	다중이용업소	
9	(그 외의) 층수가 11층 이상인 것(아파트 제외)	
(▼ 특이사항)		
10	[단란주점업, 유흥주점업, 노래연습장업 영업장]에 한하여	섬유류·합성수지류 등을 원료로 한 소파, 의자

• 섬유류·합성수지류 등을 원료로 한 소파 및 의자: 의무적으로 방염대상물품을 사용해야 하는 특정소방대상물은 단란주점, 유흥주점, 노래방뿐이다.

② 권장

구분	방염처리된 물품의 사용을 권장할 수 있는 경우	방염품 사용 권장 품목
1	다중이용업소	침구류, 소파, 의자
2	의료시설, 노유자시설	
3	숙박시설	
4	장례식장	
5	건축물 내부의 천장 또는 벽에 부착하거나 설치하는 가구류	

→ 침구류를 둘만한 장소들(한의원 같은 의료시설, 아기들 낮잠 자는 노유자시설, 숙박시설, 장례식장)이나 소파, 의자를 많이 두는 다중이용업소에서는 이러한 침구류나 소파, 의자에 대해서 방염처리된 물품을 사용하도록 권장할 수 있다.

또한 건축물 내부의 천장이나 벽에 부착하거나 설치하는 가구류도, 화재의 특성상 벽을 타고 천장으로 번질 수 있으므로 방염처리된 물품을 사용하도록 권장할 수 있다.

3) 방염처리 물품의 성능검사

구분	선처리물품	현장처리물품
정의	제조·가공 과정에서 방염처리 (커튼류, 카펫, 합판, 목재류 등)	설치 현장에서 방염처리 (목재 및 합판)
실시기관	한국소방산업기술원	시·도지사(관할 소방서장)
검사방법	검사 신청 수량 중 일정한 수량의 표본을 추출하여 실시	일정한 크기·수량의 표본을 제출받아 실시
합격표시	방염성능검사 합격표시 부착	방염성능검사 확인 표시 부착

■ 합격표시 및 표지

1) 방염물품 종별 표시의 양식

방염물품 종별	표시 양식(mm단위)
합격표시를 바로 붙일 수 있는 것(합판, 섬유판, 소파·의자 등)	KC 8
합격표시를 가열하여 붙일 수 있는 것(커튼 등)	KC 5

📢 **암기 Tip!**
바로 붙이는 건 빨리빨리! = 8mm / 가열하는 건 오! 뜨거워 = 5mm

2) 방염성능검사 합격표시 부착방법

분류별 부착방식	카펫, 소파·의자, 섬유판	합성수지 벽지류	합판, 목재 (블라인드)	섬유류	
				세탁O	세탁X
바탕색채	흰 바탕	은색 바탕	금색 바탕	은색 바탕	투명 바탕
검인 및 글자색	남색	검정색			
표시 (규격mm)	방 KC 염 FA AA 00000 30 × 20	방 KC 염 TA AA 00000 15 × 15		방 염 KC (세탁 가능여부) (GA)HA AA 00000 25 × 15	
부착 위치	• 합격표시는 시공·설치 이후에 확인하기 쉬운 위치에 부착한다. • 포장단위가 두루마리인 방염물품은 제품 폭의 끝으로부터 중앙 방향으로 최소 20cm 이상 떨어진 지점에 부착한다. • 그 밖의 포장단위가 장인 방염물품이나 또는 시공·설치 과정에서 합격표시 훼손의 우려가 없는 경우는 제품 폭의 끝으로부터 20cm 이내에 부착할 수 있다. • 섬유류는 표면에 가열 부착한다.				

Chapter 1-1 소방관계법령 복습 예제

01 화재를 진압하고 화재, 재난·재해 그 밖의 위급한 상황에서 구조·구급활동 등을 하기 위해 소방공무원, 의무소방원, 의용소방대원으로 구성된 조직체를 뜻하는 용어를 고르시오.

① 자위소방대
② 소방대
③ 초기대응체계
④ 공동소방안전관리협의회

> 화재 진압 및 위급상황 시 구조·구급활동을 행하기 위해 소방공무원, 의무소방원, 의용소방대원으로 구성된 조직체를 '소방대'라고 한다.
>
> 📢 Tip!
> 소방대를 구성하는 사람들에는 소방공무원, 의무소방원, 의용소방대원이 포함될 수 있다는 것도 기억하는 것이 유리해요~! 참고로 자위소방대는 소방안전관리대상물에서 피해 최소화를 위해 편성하는 자율 안전관리조직을 말하므로 문제에서 묻고 있는 소방대와는 구분해 주시는 것이 좋습니다.
>
> → **답** ②

02 아파트를 제외하고 연면적이 35,000m²인 특정소방대상물의 소방안전관리보조자 최소 선임 인원수를 구하시오.

① 1명
② 2명
③ 3명
④ 4명

> (아파트 제외) 연면적 15,000m² 이상의 특정소방대상물은 소방안전관리보조자 선임 대상물이며 다만, 초과되는 연면적 1만 5천 제곱미터마다 1명 이상을 추가로 선임해야 하므로, 35,000 ÷ 15,000 = 2.33. 이때 소수점 이하를 버린 정수로 계산하므로 소방안전관리보조자 최소 선임 인원수는 2명.
>
> → **답** ②

03 다음 중 부과되는 벌금이 가장 큰 행위를 한 사람을 고르시오.

① 화재안전조사 결과에 따른 조치명령을 정당한 사유 없이 위반한 자
② 소방안전관리자에게 불이익한 처우를 한 관계인
③ 소방안전관리자 자격증을 다른 사람에게 빌려 주거나 빌리거나 이를 알선한 자
④ 소방시설에 폐쇄·차단 등의 행위를 하여 사람을 상해에 이르게 한 자

> ①번은 3년 이하의 징역 또는 3천만원 이하의 벌금, ②번은 300만원 이하 벌금, ③번은 1년 이하의 징역 또는 1천만원 이하의 벌금, ④번은 소방시설에 폐쇄·차단 등의 행위를 한 자는 5년 이하의 징역 또는 5천만원 이하의 벌금인데 그 중에서도 이로 인해 사람을 상해에 이르게 한 때에는 7년 이하의 징역 또는 7천만원 이하의 벌금에 해당하므로 부과되는 벌금이 가장 큰 행위를 한 사람은 ④번.
>
> → 답 ④

04 곧바로 지상으로 갈 수 있는 출입구가 있는 층을 뜻하는 용어를 고르시오.

① 피난층
② 무창층
③ 지하층
④ 지상층

> 곧바로 지상으로 갈 수 있는 출입구가 있는 층을 '피난층'이라고 한다. 참고로 '무창층'은 지상층 중에서 일정 요건을 모두 갖춘 개구부의 면적의 합계가 해당 층 바닥면적의 30분의 1 이하가 되는 층을 말하며, '지하층'은 건축물의 바닥이 지표면 아래에 있는 층을 말한다.
>
> → 답 ①

05 다음 중 무창층에서의 개구부의 요건에 대한 설명으로 옳은 것을 고르시오.

① 내·외부에서 쉽게 부술 수 없도록 일정 강도 이상을 유지해야 한다.
② 피난상 안전을 위해 창살이 설치되어 있어야 한다.
③ 해당 층의 바닥면으로부터 개구부 하단까지의 높이가 1.2m 이내여야 한다.
④ 크기는 지름 40cm 이상의 원이 통과할 수 있는 크기로 한다.

> 무창층에서 개구부는 내·외부에서 쉽게 부수거나 열 수 있어야 하고, 쉽게 피난할 수 있도록 창살이나 그 밖의 장애물이 설치되지 않아야 한다. 또한 크기는 지름 '50cm 이상'의 원이 통과할 수 있는 크기여야 하므로 ③번을 제외한 나머지 설명들은 옳지 않으며, 이 외에도 도로 또는 차량이 진입할 수 있도록 빈터를 향해 있어야 한다.
>
> → 답 ③

06 다음 중 방염처리된 물품의 사용을 권장할 수 있는 경우로 보기 어려운 것을 고르시오.

① 건축물 내부의 천장 또는 벽에 부착하거나 설치하는 가구류
② 다중이용업소에서 사용하는 소파 및 의자
③ 노유자 시설에서 사용하는 침구류
④ 종교시설에서 사용하는 소파 및 의자

> 방염처리된 물품의 사용을 권장할 수 있는 경우는 크게 다음과 같다.
> (1) 다중이용업소, 의료시설, 노유자 시설, 숙박시설, 장례식장에서 사용하는 침구류·소파 및 의자
> (2) 건축물 내부의 천장 또는 벽에 부착하거나 설치하는 가구류
> 여기에 종교시설이나 운동시설 등은 해당사항이 없으므로 방염처리된 물품의 사용을 '권장'할 수 있는 경우로 보기 어려운 것은 ④번.
> → 답 ④

07 소방안전관리자 및 소방안전관리보조자가 실무교육을 받지 아니한 경우 부과되는 과태료를 고르시오.

① 50만원
② 100만원
③ 200만원
④ 300만원

> 소방안전관리자 및 소방안전관리보조자가 실무교육을 받지 않은 경우 부과되는 과태료는 50만원이다. (항목은 100만원 이하의 과태료 항목으로 분류되어 있으나, 실무교육 미이수자에게 부과되는 과태료는 50만원이다.)
> → 답 ①

08 화재로 오인할 만한 우려가 있는 불을 피우거나 연막소독을 실시하고자 하는 자가 신고를 하지 아니하여 소방자동차를 출동하게 한 경우 20만원 이하의 과태료가 부과될 수 있는 지역 또는 장소에 해당하지 아니하는 것을 고르시오.

① 시장지역, 목조건물이 밀집한 지역
② 석유화학제품을 생산하는 공장이 있는 지역
③ 노후·불량건축물이 밀집한 지역, 물류단지
④ 공장·창고가 밀집한 지역, 위험물의 저장 및 처리시설이 밀집한 지역

> 문제에서 묻고 있는 20만원 이하의 과태료가 부과될 수 있는 지역 또는 장소에는 시장지역 / 공장·창고가 밀집한 지역 / 목조건물이 밀집한 지역 / 위험물의 저장·처리시설이 밀집한 지역 / 석유화학제품 생산 공장이 있는 지역 / 그 밖에 시·도조례로 정하는 지역 또는 장소가 포함된다.
> ③번의 노후·불량건축물이 밀집한 지역이나 물류단지는 '화재예방강화지구'에 포함되는 장소로, 문제에서 묻고 있는 20만원 이하의 과태료가 부과되는 장소(화재 등의 통지)에는 포함되지 않는다.
> → 답 ③

09 피난시설, 방화구획 또는 방화시설을 폐쇄·훼손·변경 등의 행위를 한 경우로, 2차 위반 시 부과되는 과태료를 고르시오.

① 200만원
② 300만원
③ 500만원
④ 1,000만원

> 피난시설, 방화구획 또는 방화시설을 폐쇄·훼손·변경 등의 행위를 한 자는 300만원 이하의 과태료 항목이 적용되는데, 이때 1차 위반 시 100만원, 2차 위반 시 200만원, 3차 위반 시 300만원의 과태료가 차등부과된다. 따라서 2차 위반 시 부과되는 과태료는 200만원.
> → 답 ①

10 다음 중 방염처리 물품의 성능검사에 대한 설명으로 옳지 아니한 것을 고르시오.

① 선처리물품의 성능검사 실시기관은 한국소방산업기술원이다.
② 제조 또는 가공과정에서 방염처리하는 커튼류, 카펫 등은 선처리물품에 해당한다.
③ 현장처리물품의 성능검사 신청은 시·도지사 또는 위임된 경우 관할 소방서장에게 제출한다.
④ 현장처리물품은 방염성능검사 합격표시를 부착하는 방식이다.

> 설치 현장에서 방염처리되는 목재 및 합판 = '현장처리물품'은 방염성능검사 '확인'표시를 부착한다. [합격]표시를 부착하는 것은 선처리물품에 대한 설명이다.
> → 답 ④

PART 1

② 건축관계법령

Chapter 01 건축관계법령

■ 건축법의 목적 및 소방법과의 관계

가. 「건축법」의 목적: 건축물의 대지, 구조, 설비 기준, 용도 등을 정해 안전·기능·미관을 향상, 그로써 공공복리 증진에 이바지함

1) 건축법[하드웨어적 개념]
① **마감재**: 화재 발생 방지
② **방화구획**: 화재 확산 한계(화재가 적용되는 구역을 제한)
③ **내화구조**: 화재 시 내화강도 유지
④ 피난통로 확보를 규정(법적으로 정하고 표준을 만듦)

2) 소방시설법[소프트웨어적 개념]
피난과 소화거점 확보를 위한 제연(연기 배출·제거 등)으로부터 소화설비, 소화활동설비, 경보설비 등으로 구성

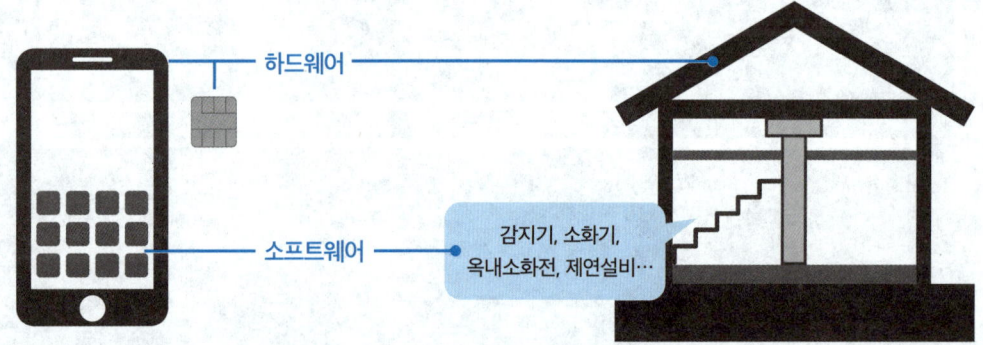

💬 건축물이 건축법(하드웨어)에 해당한다면, 건축물이 지어지고 그 안에 채워넣는 설비들은 소방시설법(소프트웨어!)

■ 건축물의 방화안전 개념

건축법에서 말한 마(감재), 방(화구조), 내(화구조), 피(난) 순서로 정리하기~!

1) **실내 마감재**: 방화구획과 피난계단, 지상으로 통하는 주된 복도는 일정 시간 화재 확산을 방지할 수 있도록 불연재, 준불연재료, 난연재료를 실내 마감재로 사용함.

2) **방화구획**: 건축물 내부를 방화벽으로 구획(경계를 지어서 구역을 가르는 것, 또는 가른 구역)
가. 화재의 확산이 일정구역으로 제한되도록

나. 소화 작업 및 피난시간을 일정시간 확보할 수 있도록 하고

다. 연기의 확산은 '제연'으로 → 「소방법」에 위임 ← '소방'학개론에서 연기 확산 속도를 배웠죠?

3) 내화구조: 화재 시 일정시간 건축물의 강도를 유지하기 위해 주요 구조부와 지붕은 내화구조로 한다.

> 💬 내화(견딜 내, 불 화): 철근콘크리트 등과 같이 화재가 발생해도 일정 시간 동안은 그 형태나 강도가 크게 변하지 않는, 화재에 견딜 수 있는 성능을 가진 것으로 짜인 구조.

4) 피난: 대피공간, 발코니, 복도, 직통계단, 피난계단, 특별피난계단의 <u>구조 및 치수 등을 규정한다.</u>
　　　　　　　　　　　　　　　　　　　　　　　　　　└ 소방 X / 건축법에서 규정!

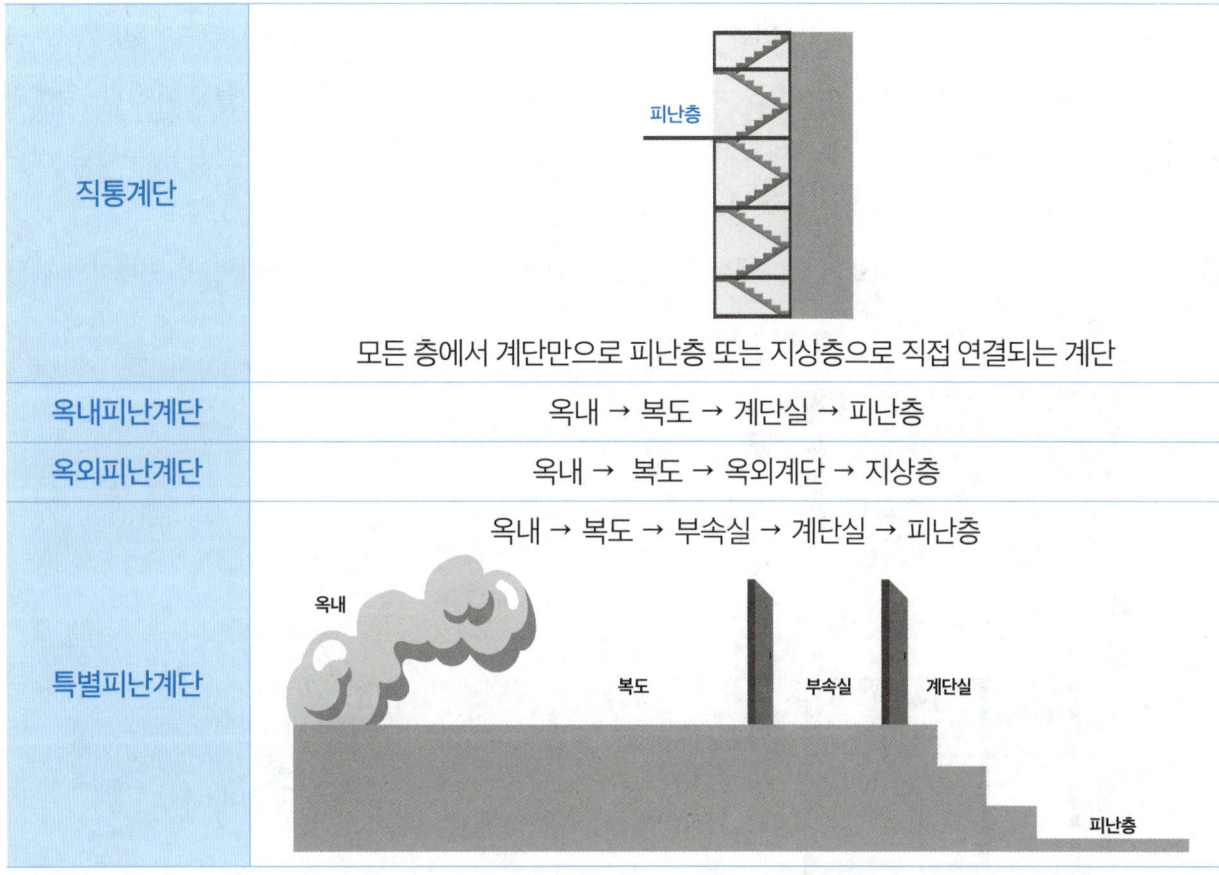

직통계단	모든 층에서 계단만으로 피난층 또는 지상층으로 직접 연결되는 계단
옥내피난계단	옥내 → 복도 → 계단실 → 피난층
옥외피난계단	옥내 → 복도 → 옥외계단 → 지상층
특별피난계단	옥내 → 복도 → 부속실 → 계단실 → 피난층

■ 건축 용어 정리

① **건축물**: 토지에 정착한 공작물(인공적으로 제작한 시설물) 중에서

가. 지붕과 기둥(지붕+기둥) 또는 지붕과 벽(지붕+기둥+벽)이 있는 것

나. 건축물에 부수되는 시설물(대문, 담장 등)

다. 지하 또는 고가의 공작물에 설치하는 사무소, 공연장, 점포, 차고, 창고

라. 기타 대통령령으로 정하는 것

> 💬 토지에 사람이 만들어서 움직이지 않고 정착되어 있는 공작물 중에서! 기본적으로 눈과 비로부터 보호하기 위해서 '지붕'이 있어야 할 것이고, 그 지붕을 받쳐주는 기둥 또는 벽이 있는 것은 건축물! 그리고 그러한 건축물에 부수되는 대문이나 담장도 건축물! 또, 기둥을 세워 땅 위로 높게 설치한 도로(또는 그렇게 가설한 것)의 내부 등에 설치하는 사무소, 공연장, 점포, 차고, 창고 등도 건축물!

고가의 공작물에 설치한 건축물 참고 예시

② **건축설비**: 건축물에 설치하는 전기·전화 설비, 초고속 정보통신 설비, 지능형 홈네트워크 설비, 가스·급수·배수(配 나눌 배: 수원지에서 수돗물을 나눠 보내는 것)·배수(排 밀어낼 배: 고여있는 물을 내보내는 것)·환기·냉/난방·소화·배연 및 오물처리 설비, 굴뚝, 승강기, 국기 게양대, 유선방송 수신시설, 우편함, 저수조, 방범시설, 그 외 국토교통부령으로 정하는 설비

③ **지하층**: 건축물의 바닥이 지표면 아래에 있는 층으로, 그 바닥으로부터 지표면까지의 평균 높이가 해당 층 높이의 1/2 이상인 것

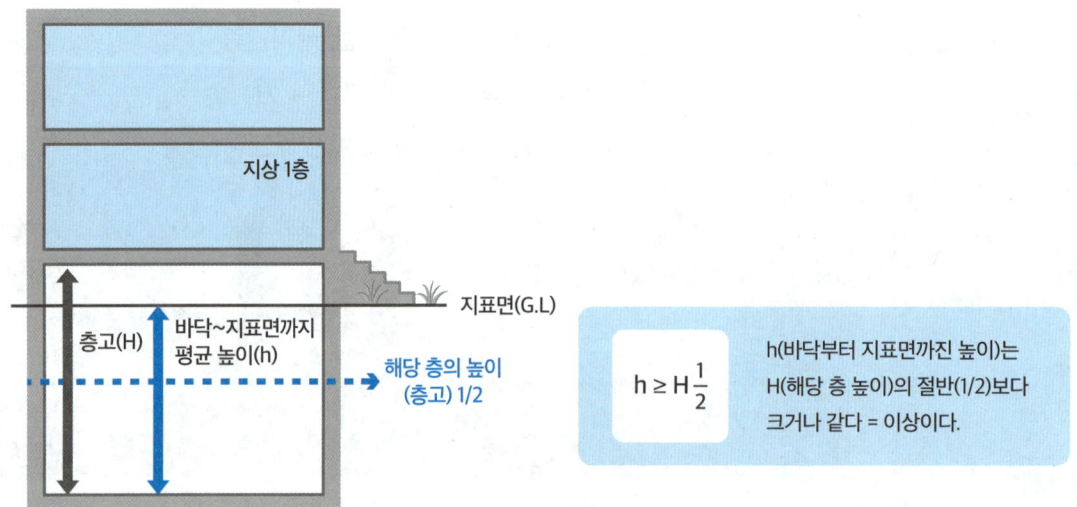

④ **거실**: 건축물 안에서 거주, 집무, 작업, 집회, 오락 등의 목적을 위해 사용되는 방(단순히 Living room의 의미 아님!)

⑤ **주요구조부**: 건축물 구조상 주요 부분인 기둥, 보(수직 기둥에 '가로로' 연결돼 하중을 지탱하는 부분), 지붕틀, 내력벽, 바닥, 주 계단을 말하며 건축물 안전의 결정적 역할 담당.

가. '주요구조부'는 방화적 제한을 일괄 사용하기 위한 용어/건축물 구조상 중요하지 않은 사잇기둥, 최하층 바닥, 작은 보, 차양, 옥외계단은 주요구조부에서 제외!

나. **구조내력 등**: (견디는 힘) 건축물은 고정하중, 적재하중, 적설하중, 풍압, 지진 및 기타 진동, 충격에 안전한 구조를 가져야 함.

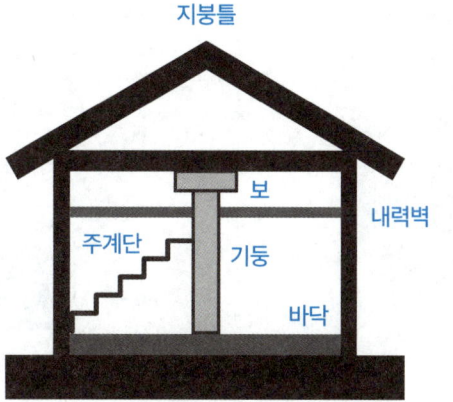

▶ 구조

① **내화구조**(불을 진압하고도 골격이 남아있는 것): 화재에 견디는 성능을 가진 철근콘크리트조, 연와조(점토를 고온에 구워서 만듦), 기타 이와 유사한 구조로써 화재 시 일정 시간 동안 형태 및 강도가 크게 변하지 않는 구조. 대체로 화재 후에도 재사용이 가능한 정도의 구조를 말함.

→ 지지하는 뼈대를 내화구조로 하여 붕괴 방지!

② **방화구조**(防 막을 방): 화염의 확산을 막을 수 있는 성능을 가진 것으로 철망 모르타르 바르기, 회반죽 바르기 등을 말함. 내화구조보다는 비교적 강도가 약해 방화성능은 떨어지지만, 인접 건축물에서 발생한 화재에 의한 연소를 방지하고 건물 내 화재 확산을 방지하기 위함.

▶ 재료구분

① **불연재료**: 불에 타지 않는 성능을 가진 재료

가. 콘크리트, 석재, 벽돌, 기와, 철강, 알루미늄, 유리

나. 시멘트모르타르 및 회(미장재료 - 바닥이나 천장 등에 시멘트, 회를 바르는 것) 사용하는 경우는 규정으로 정한 두께 이상인 것에 한함.

다. 시험 결과 국토교통부장관이 정한 불연재료 성능기준 충족(질량감소율)·인정하는 불연성 재료(복합 구성된 경우 제외)

② **준불연재료**: 불연재료에 준하는 성질을 가진 재료, 시험(산업표준화법에 의한 한국산업표준) 결과 가스 유해성, 열방출량이 국토교통부장관이 정한 성능기준 충족하는 것

③ **난연재료**(難 어려울 난): 불에 잘 타지 않는 성질을 가진 재료, 시험(산업표준화법에 의한 한국산업표준) 결과 가스 유해성, 열방출량이 국토교통부장관이 정한 성능기준 충족하는 것

→ 타긴 타는데 시간을 좀 끌어줌

▶ 면적의 산정

① (해당 층의) **바닥면적**: 건축물의 각 층 또는 그 일부로써 벽, 기둥(기타 이와 유사한 구획)의 중심선으로 둘러싸인 부분의 수평투영면적(입체를 수평으로 투영한 면적)

② **건축면적**: 건축물의 외벽(없는 경우 외곽부분 기둥)의 중심선으로 둘러싸인 부분의 수평투영면적. (그 건물의 그림자가 생겼을 때 생기는 모양대로 차지하고 있는 면적!)

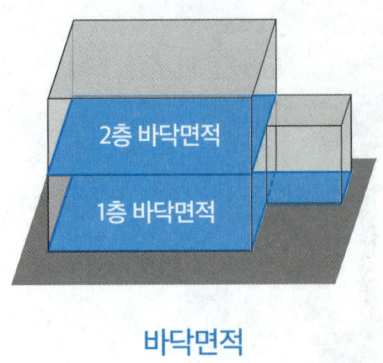
바닥면적

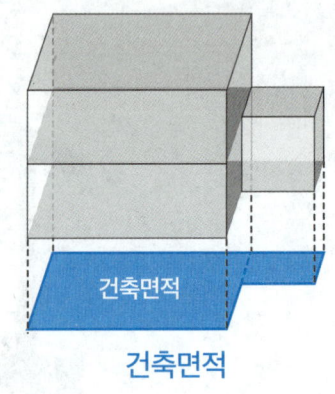
건축면적

③ **연면적**: 하나의 건축물의 각 층 바닥면적의 합계

가. 단, 용적률 산정에 있어서 지하층 면적, 지상층에서 해당 건축물의 부속 용도인 주차용으로 사용되는 면적, 피난안전구역의 면적, 건축물의 경사 지붕 아래에 설치하는 대피공간의 면적은 산입(포함)하지 않는다.

④ **용적률**(容 담을 용, 積 쌓을 '적': 건물을 얼마나 높게 쌓아 담았는지!)

가. 대지면적에 대한 연면적의 비율(대지에 둘 이상의 건축물이 있는 경우, 그 건축물들의 연면적의 합계로 계산)

$$\frac{연면적}{대지면적} \times 100 = 용적률$$

> 💬 대지면적 중에 '위'로 쌓아올린 면적이 총 얼마인지! 그래서 쌓아올린 각 층마다의 바닥면적을 모두 더한 연면적을 대지면적으로 나누는 것! 예를 들어, 대지면적 100m²에 연면적이 600m²이라면 용적률은 600%

⑤ **건폐율**(建 엎지를 건, 蔽 덮을 폐: 대지에 얼마나 넓게 퍼져서 지어졌는지!)

가. 대지면적에 대한 건축면적의 비율(대지에 둘 이상의 건축물이 있는 경우, 그 건축물들의 건축면적의 합계로 계산)

$$\frac{건축면적}{대지면적} \times 100 = 건폐율$$

> 💬 '건배!'를 했는데 테이블 위로 술이 엎어졌을 때, 테이블의 면적이 대지면적, 엎어져서 차지하고 있는 면적이 건축면적! '건'폐율이니까 '건'축면적을 대지면적으로 나누기! 이때, 대지라는 한정된 공간에서 건축면적이 차지하고 있는 비율을 말하는 거니까 건축면적은 대지면적보다 커질 수 없으므로 건폐율은 100%를 넘길 수 없다. 예를 들어, 대지면적이 100m²일 때, 어떤 건물의 건축면적이 50m²라면 건폐율은 50%.

⑥ 구역, 지역, 지구

가. **구역**: 도시개발구역, 개발제한구역 등

나. **지구**: 방화지구, 방재지구, 경관지구 등

> • **방화지구**: 밀집한 도심지에서 인접 건물로 화재가 확산될 우려가 있을 때 건축물 구조를 내화구조로 하고 공작물의 주요구조부를 불연재로 하도록 규제를 강화하는 지구

- 방재지구: 재해로 인한 위험이 우려될 때 산사태, 지반 붕괴 등 재해예방에 장애가 된다고 인정되는 건축을 제한하거나 금지하는 지구
- 경관지구: 경관의 보전, 관리 등을 위해 규제를 강화하는 지구

다. 지역: 주거지역, 상업지역 등

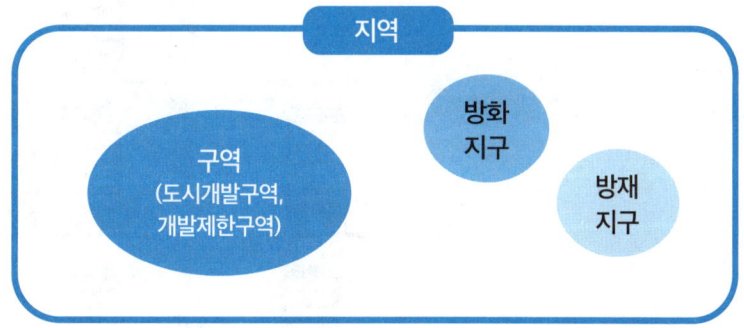

 ▶ 건축

① **신축**: 기존 건축물이 철거되거나 멸실된 대지를 포함해 건축물이 없는 대지에 새로이 건축물을 축조(쌓아서 만듦)하는 것.

> '멸실'은 멸망해 사라짐, 또는 재해 등으로 심하게 파손되는 것을 의미하는데 '신축'에서 말하는 멸실은 전자의 경우, 건축물이 사라져서 소실되어 버린 대지를 포함하는 의미!

② **증축**: 기존 건축물이 있는 대지 안에서 건축물의 건축면적, 연면적, 층수, 높이를 증가시키는 것. 기존 건축물이 '있는' 대지에서 기존 건축물에 붙여서 건축하거나, 별동으로 건축하거나 관계없이 모두 증축에 해당.

③ **개축**: 기존 건축물의 전부 또는 일부(지붕틀, 내력벽, 기둥, 보 중 3개 이상 포함되는 경우)를 철거하고, 그 대지 안에서 이전과 동일한 규모의 범위 내에서 건축물을 다시 축조하는 것.

> 改 고칠 개, 다시 짓는 것은 미관상의 이유이던, 기능상의 이유이던, 이전 것을 고치기 위함이니까 개축
> → 본인 의지로 철거 후 다시 축조

④ **재축**: 건축물이 천재지변이나 재해에 의해 멸실된 경우, 그 대지 안에서 다음 요건을 갖춰 다시 축조하는 것.

> '재축'에서 말하는 멸실은 건축물이 천재지변이나 재해 등으로 심하게 파손된 대지를 의미! 재축은 본인 의지가 아닌, 재해에 의해 망가져서 다시 축조하는 것

가. 연면적 합계는 종전 규모 이하로 할 것(재해로 멸실되어 재축한다면, 연면적 합계는 그 이전 규모 이하로!)

나. 동수, 층수 및 높이는 다음 어느 하나에 해당할 것

ㄱ. 동수, 층수 및 높이가 종전 규모 이하일 것

ㄴ. 동수, 층수 또는 높이의 어느 하나가 종전 규모를 초과하는 경우에는 해당 동수, 층수 및 높이가 건축법령에 모두 적합할 것

> 재축 시 몇 동으로 할 것인지, 높이 또는 층수는 몇 층인지의 기준은 종전 규모와 동일해야 하고, 만일 동, 층 또는 높이 중 어느 하나가 그 이전 규모를 초과할 경우에는 건축법령에 적합해야 함!

⑤ **이전** : 건축물의 주요구조부(뼈대)를 해체하지 않고 동일한 대지 안의 다른 위치로 옮기는 것.
⑥ **리모델링** : 건축물의 노후화를 억제하거나 기능 향상 등을 위해 대수선하거나 건축물의 일부를 증축(기존 건물이 있는 대지에 붙여서 짓거나 별동 지음) 또는 개축(본인 의지로 철거 후 다시 지음)하는 행위.

▶ 대수선

① 건축물의 기둥, 보, 내력벽, 주계단 등의 구조나 외부형태를 수선, 변경하거나 증설하는 것으로 대통령령으로 정하는 것. → 허가 및 신고 필요
② 대수선은 다음 어느 하나에 해당하는 것으로 증축, 개축 또는 재축에 해당하지 않는 것을 말함.

> 💬 [개축]과 [대수선]의 차이점은, 개축은 전부 또는 일부를 거의 철거 수준으로 허물고 다시 짓는 것인데, '대수선'은 '주요구조부' 중 일부를 수선, 변경, 증설하는 것으로 '건축 행위'로 분류할 정도가 아니라는 것! 그래서 '~축'이 아닌 '대수선'으로 개축, 증축, 재축보다는 조금 더 작은 범위이지만, 그럼에도 안전을 위해 허가나 신고가 필요한 범위를 규정!

③ 기둥을 증설 또는 해체하거나 3개 이상 수선 또는 변경하는 것
④ 보를 증설 또는 해체하거나 3개 이상 수선 또는 변경하는 것
⑤ 지붕틀을 증설 또는 해체하거나 3개 이상 수선 또는 변경하는 것(한옥의 경우 서까래는 지붕틀의 범위에서 제외)
⑥ 내력벽을 증설 또는 해체하거나 그 벽면적을 30m² 이상 수선 또는 변경하는 것
⑦ 건축물의 외벽에 사용하는 마감재료를 증설 또는 해체하거나, 벽면적을 30m² 이상 수선 또는 변경하는 것
⑧ 다가구주택의 가구 간 경계벽 또는 다세대주택의 세대 간 경계벽을 증설 또는 해체, 수선 또는 변경하는 것
⑨ 주계단/피난계단/특별피난계단을 증설 또는 해체, 수선 또는 변경하는 것

⑩ 방화벽 또는 방화구획을 위한 바닥 또는 벽을 증설 또는 해체, 수선 또는 변경하는 것

> 기본적으로 주요구조부와 방화(화재 번짐 제한), 피난에 필요한 8가지의 증설 또는 해체는 앞에 아무 조건 없이 대수선에 해당. [주요구조부] 중에서도 건축물의 척추, 갈비뼈와도 같은 세로 골격인 [기둥]과 가로 골격인 [보], 그리고 머리와도 같은 [지붕틀]은 뼈를 '3개 이상' 수선, 변경할 때 대수선 허가가 필요!
>
> '내력벽'이나 '외벽에 사용하는 마감재료'는 그 건축물의 크기나 층수에 따라 벽 면적이 너무 천차만별일 테니 30m² 이상 수선, 변경할 때 대수선에 해당! 단, 다가구(다세대) 주택에서 경계벽은 이 집과 저 집, A집의 어떤 방과 B집의 어떤 방이 벽 하나를 사이에 두고 연결되어 있는 구조일 테니, 일부분만 수선할 때가 아니라 그냥 건드리면 전부 대수선에 해당!
>
> 주요구조부 중에서 주계단이나, 피난에 필요한 (특별)피난계단은 개수나 면적으로 중요도를 헤아릴 수 없으니 증설, 해체, 변경, 수선 그 자체로 대수선에 해당하고, 방화벽 또는 방화구획을 위한 바닥 또는 면적은 '방화' 목적의 공간은 그 모든 면이 불에 강하고 견딜 수 있는 재료를 써야 할 테니 기준을 정하지 않고 증설, 해체, 수선, 변경 시 전부 대수선에 해당!

> 건축물이 노후되는 것을 억제하거나 기능을 향상하기 위해 이러한 대수선 또는 증축, 개축을 하는 것을 리모델링이라고 한다는 것까지 체크!

■ '높이'의 산정 및 제한

가. 건축물의 높이는 '지표면'으로부터 해당 건축물 상단까지의 높이로 산정

나. 단, 이때 건축물의 옥상에 설치되는 승강기탑, 계단탑, 망루, 장식탑, 옥탑 등(묶어서 '옥상부분')이 있는 경우 그 옥상부분의 수평투영면적의 합계가 해당 건축물의 건축면적의 1/8을 넘으면 그 높이까지 전부 건축물의 높이에 산입한다(더한다).

다. 만약 옥상부분의 수평투영면적의 합계가 1/8 이하인 경우라면, 그 부분의 높이가 12m를 넘는 부분만 건축물의 높이에 산입한다.

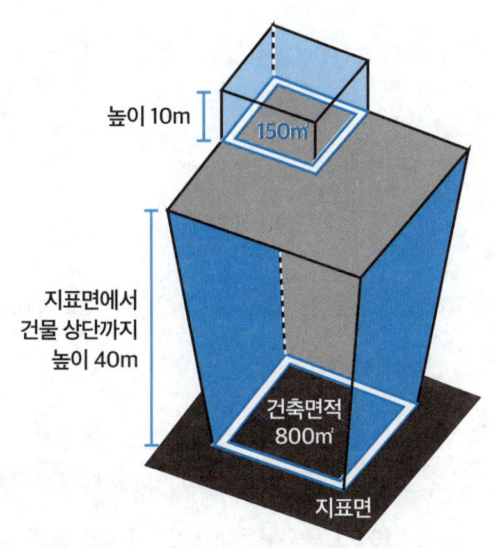

> 옥상부분의 수평투영면적이 해당 건축물의 건축면적의 1/8이 넘는 경우에는 그 높이 전부를 건축물 높이에 산입!
> → 건축면적이 총 800m²인데 옥탑(옥상부분)의 면적이 그 8분의 1인 100m²를 넘는 150m²이므로, 그 높이인 10m를 건축물의 높이에 모두 산입!
>
> 따라서 지표면~건축물 상단 높이 40m에 옥상부분 높이 10m를 더해 총 50m

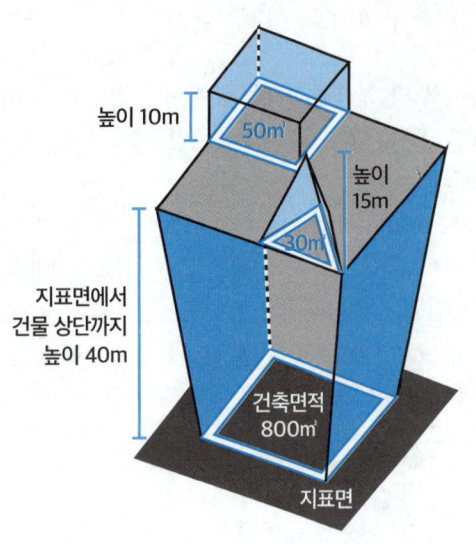

1. 지표면으로부터 건물 상단까지의 높이가 40m이니까 일단 이 건축물의 기본적인 높이는 40m
2. 이때 옥상부분이 2개 있는데, 이 옥상부분의 수평투영면적은 50+30으로 총 80m²
3. 이 건물의 건축면적이 800m²인데 옥상면적의 합이 80m²이니까 건축면적의 1/8인 이하인 경우에 해당하므로, (8분의 1이면 100m²인데 다 합쳐도 80m²니까 1/8 이하)
4. 높이가 12m를 넘는 부분만 건축물 높이에 산입!
 → 따라서 높이 10m의 경우는 12m를 넘지 않으니까 산입되지 않고, 높이 15m의 경우는 12m를 넘는 부분만 산입하므로 3m를 건축물 높이에 산입.
5. 건축물의 높이는 40+3으로 총 43m

라. 옥상돌출물(지붕마루장식, 굴뚝, 방화벽의 옥상돌출부 등)과 난간벽(그 벽면적의 1/2 이상이 공간으로 된 것에 한함)은 해당 건축물 높이에 산입하지 않는다.

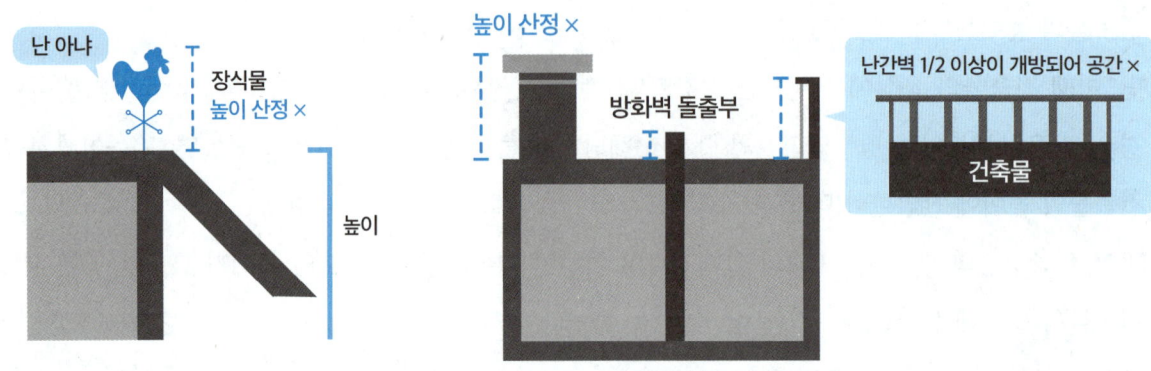

💬 한옥을 생각해보면, 지붕 위에 새, 원숭이, 개 등 장식물을 해 둔 경우가 있죠? 그러한 지붕마루장식은 높이 산정에 포함하지 않는다는 것!

■ '층수'의 산정 및 제한

가. 건축물의 '지상층'만을 층수에 산입하며 건축물의 부분에 따라 층수를 달리하는 경우에는 그 중에서 가장 많은 층수를 그 건축물의 층수로 본다. → '지하층'은 층수 산정에서 제외!

나. 층의 구분이 명확하지 않은 건축물은 높이 4m 마다 하나의 층으로 산정한다.

다. 건축물의 옥상부분(승강기탑, 옥탑, 계단탑, 망루, 장식탑 등)으로서 수평투영면적의 합계가 해당 건축물의 건축면적의 1/8 이하인 것은 층수 산정에서 제외한다. (주택법에 따른 사업계획승인 대상 공동주택으로 세대별 전용면적이 85m² 이하인 경우 1/6 이하인 것도 제외)

요렇게 생긴 건물이 있다고 가정해볼게요!
- 일단 '층수' 산정에서 지하층은 제외한다고 했으니 가장 아래 지하는 층수에 포함 X!
- 그리고 이 건물의 A부분, B부분, C부분이 서로 층수를 달리하고 있는 구조라 가장 높은 층을 이 건물의 층수로 산정을 해야 하는데, 이때 C부분 옥상에 위치한 옥탑의 수평투영면적이 건축면적인 1,600㎡의 1/8인 200㎡보다 작은 120㎡이므로 이 옥탑은 층수 산정에서 제외!
- 따라서 제외 부분을 빼고 산정하면 이 건물의 층수는 3층!

■ **방화구획**

가. 건물 내 어느 부분에서 발생한 화재가 건물 전체로 확산되는 것을 방지

나. 고층 및 지하 심층 건축물, 공장, 규모가 큰 일반 건축물 등에서 화재 발생 시 연기 및 화재 확산을 방지하기 위한 구획(경계를 지어 가름)

다. 공간을 구성하는 바닥, 천장, 벽, 문 부재(중요한 요소)는 연소 방지를 위해 내화성(내화적인 것)이 요구됨

1) **방화구획의 중요성**: 건축물 내에서 그 내부의 크기 및 면적을 일정한 크기로 구분해서 화재를 하나의 공간으로 한정, 화재가 다른 공간까지 번져서 확산되는 것을 방지하기 위함

2) **방화구획의 중점 확인사항**

① 배관, 덕트, 케이블트레이 등이 방화구획을 관통하면서 생기는 틈새에 내화충진재로 메워져 있는지 확인한다.

② 방화구획 관통하는 덕트에 방화댐퍼 설치 여부 확인한다.

③ 필로티 구조 1층

　ㄱ. 건축물 내부에서 피난계단 계단실, 특별피난계단 부속실로 통하는 출입구에 방화문 설치 및 거실 복도 구획 여부 확인

　ㄴ. 승강로비 포함 승강기의 승강로 1층 부분이 방화구획으로 구획되었거나 승강기 문을 방화문으로 설치했는지 여부 확인

덕트에 방화댐퍼 설치	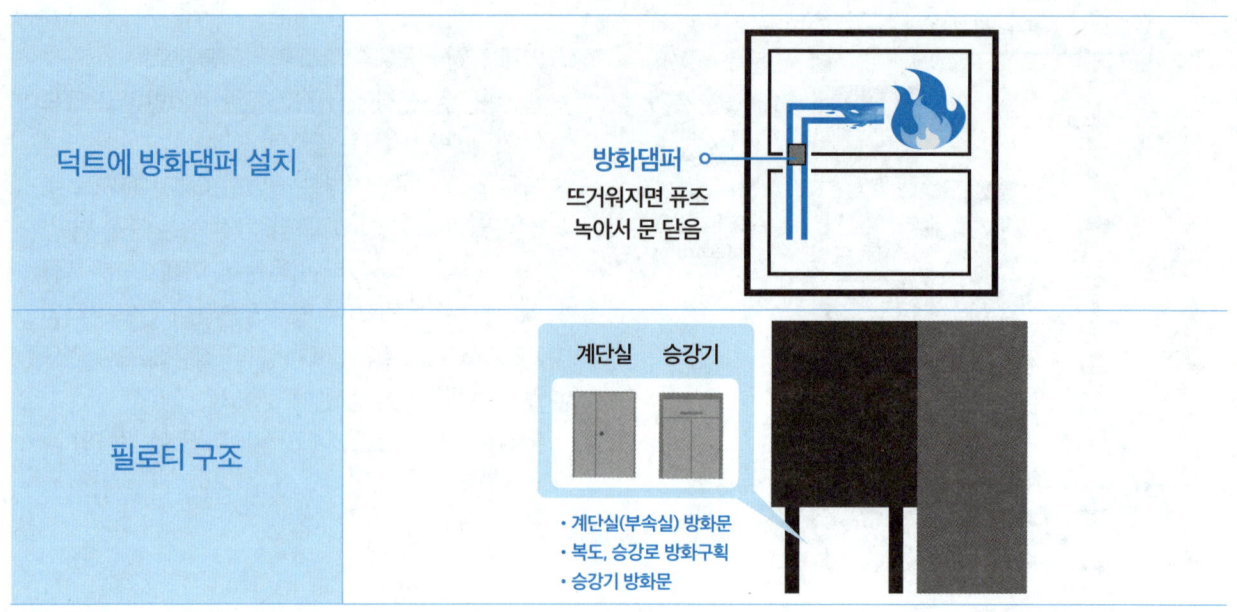 방화댐퍼 뜨거워지면 퓨즈 녹아서 문 닫음
필로티 구조	계단실 승강기 • 계단실(부속실) 방화문 • 복도, 승강로 방화구획 • 승강기 방화문

3) 방화구획 기준: 주요구조부가 내화구조 또는 불연재료로 된 건축물로 연면적이 1,000m²를 넘는 것은 다음 기준에 의거한 방화구획을 해야 한다.

> 💬 건축물을 지을 때 주요구조부와 지붕 등이 철근콘크리트조 같은 내화구조로 되어 있거나, 불에 타지 않는 콘크리트, 석재, 벽돌, 철강 같은 불연재료를 사용할 건데 그 면적이 1,000m²를 넘는다면 면적, 층, 용도 등으로 구분해서 방화구획을 설치!

⭐ 4) 방화구획 설치 기준

① 층별 구획: 매층마다 구획 (단, 지하 1층에서 지상으로 직접 연결되는 경사로는 제외)

② 용도별 구획: 주요구조부를 내화구조로 해야 하는 대상 부분과 기타 부분 사이의 구획

③ 면적별 구획

가. 10층 이하의 층은 바닥면적 1,000m² 이내마다 구획

나. 11층 이상의 층은 바닥면적 200m² 이내(내장재가 불연재인 경우는 500m² 이내)마다 구획

다. 스프링클러설비 및 기타 이와 유사한 자동식 소화설비를 설치한 경우에는 상기 면적의 ×3배로 기준이 완화됨!

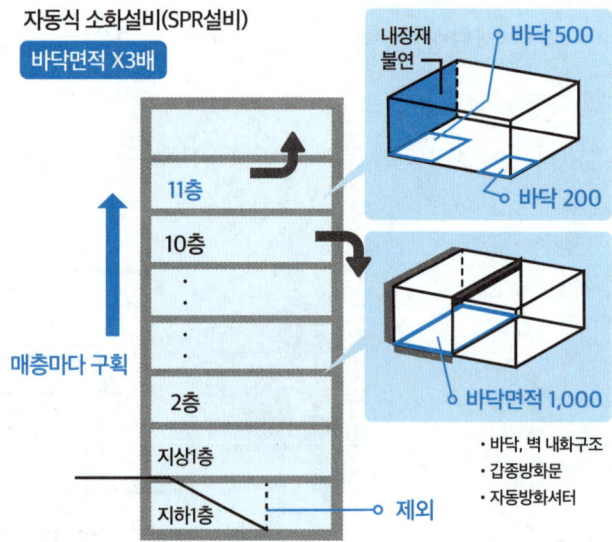

주요구조부(기둥, 보, 지붕틀 등)가 내화구조 또는 불에 안 타는 불연재료로 된 건물인데 연면적이 1,000m²를 넘으면 위 기준에 맞춰 방화구획! 기본적으로 매 층마다 방화구획하고, 10층 이하의 층은 바닥면적 기준으로 1,000m² 이내로, 11층 이상의 층은 기본적으로 200m² 이내지만 내장재(벽재, 바닥재 등)가 불에 강한 불연재로 되어있다면 조금 완화해서 500m² 이내마다 방화구획!

그런데 만약에 여기서 스프링클러설비처럼 '자동'으로 '소화'해주는 자동식 소화설비가 설치된 경우에는 불이 나더라도 자동으로 빨리 소화할 수 있을 테니 각 기준에서 X3배의 면적으로 방화구획 설정 범위를 좀 더 넓게 완화해줌!

자동식소화설비 설치된 경우 방화구획 기준	
10층 이하의 층	바닥면적 3,000m² 이내(1,000x3)
11층 이상의 층(11층부터)	바닥면적 600m² 이내(200x3)
11층 이상의 층인데 **내장재도 불연재**	바닥면적 1,500m² 이내(500x3)

5) 방화구획의 구조

가. 방화구획의 방화문은 60분 또는 60분+방화문으로 '닫힌 상태'를 유지해야 함. (또는 개방 시 화재 발생으로 인한 연기, 온도 변화, 불꽃 등을 신속하게 감지해 자동으로 닫히는 구조여야 함)

나. 외벽과 바닥 사이에 틈이 생기거나, 급수관·배전관 등이 방화구획을 관통하여 틈이 생긴 경우에는 한국산업표준 및 국토교통부장관이 정한 기준에 따라 내화충전성능이 인정된 구조로 메워야 함.

다. 환기, 난방, 냉방의 풍도(바람길)가 방화구획을 관통하는 경우 그 관통부 또는 근접한 부분에 ① 화재로 인한 연기, 불꽃을 감지하여 자동으로 닫히는 구조(연기가 항상 발생하는 주방 등에서는 온도 감지로 자동 개폐되는 구조), ② 국토교통부장관이 정한 비차열 성능 및 방연성능 등 기준에 적합한 '댐퍼'를 설치할 것.

■ 방화문 및 자동방화셔터

① 방화문

: 화재의 확대 및 연소 방지를 위해 방화구획의 개구부에 설치하는 문

가. 방화문은 항상 '<u>닫힌 상태</u>'로 유지! 또는 **화재발생으로 인한 연기, 불꽃, 열 등을 신속하게 감지해 자동으로 닫히는 구조여야 함**

> 방화문(막을 '방', 불 '화')은 말 그대로 불길이나 연기를 막아주는 역할인데, 화재가 언제 발생할지 모르기 때문에 항상 닫힌 상태로 관리해야 예기치 못하게 화재가 발생하더라도 다른 공간으로 화재 및 연기가 확산되는 것을 막을 수 있다. 단, 설비가 자동으로 불꽃 및 연기, 온도 변화(열) 등을 감지해 문을 자동으로 닫힐 수 있는 경우에는 개방 가능!

나. 방화문 구분

60분+방화문	연기 및 불꽃을 60분 이상 차단할 수 있고, 차열(열을 차단)할 수 있는 시간이 30분 이상
60분 방화문	연기 및 불꽃을 60분 이상 차단
30분 방화문	연기 및 불꽃을 30분 이상 차단

→ 방화문은 연기 및 불꽃을 기본적으로 차단해주는데 차단할 수 있는 시간에 따라 구분할 수 있고, 60분+방화문의 경우 차열까지 30분 이상 가능해요~!

💬 쉽게 말해서, 방화문이니까 차열이든 비차열이든 기본적으로 방화문이 해야 하는 화염/연기를 차단하는 기능은 똑같이 갖고 있지만, 같은 방화문이라도 최상등급, 상등급, 일반등급을 구분하는 기준이 '차열' 성능의 유무라고 생각하면 쉬워요~!
그래서 기존 최상등급 갑종방화문은 도합 1시간 30분을 버티는데 그중 30분은 '열'까지 차단하는 차열 성능이 있는 것, 상등급 갑종방화문은 1시간을 버티는데 비차열(열은 차단 못함)로만 1시간, 일반등급인 을종방화문은 비차열로만 30분 이렇게 구분했는데 현재는 최상등급을 60+방화문(차열 30분), 상등급은 60분 방화문(차열X, 비차열 1시간), 일반등급을 30분 방화문(비차열 30분)으로 개정!

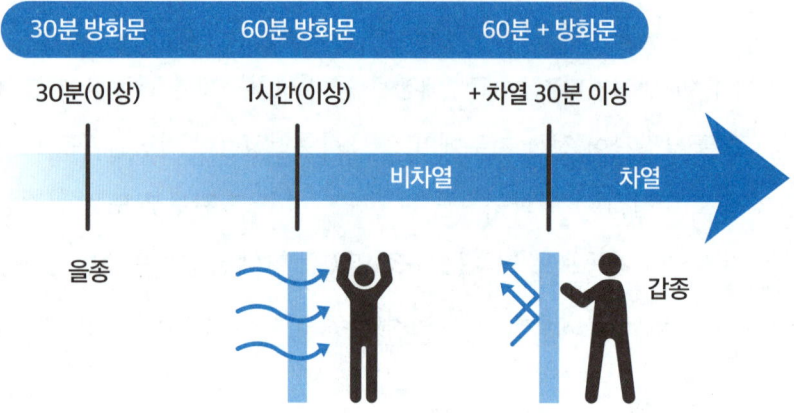

② 자동방화셔터

내화구조로 된 벽을 설치하지 못하는 경우, 화재 시 연기 및 열을 감지하여 자동 폐쇄되는 셔터

가. 설치 기준:

(1) 피난이 가능한 60분+방화문 또는 60분 방화문으로부터 3m 이내에 별도로 설치할 것

(2) 전동 또는 수동방식으로 개폐할 수 있을 것

(3) 불꽃감지기 또는 연기감지기 중 하나와, 열감지기를 설치할 것

(4) 불꽃이나 연기를 감지한 경우 일부 폐쇄되는 구조일 것

(5) 열을 감지한 경우 완전 폐쇄되는 구조일 것

> **📢 Tip**
> 불꽃이나 연기는 실제 화재라기보다는 담배연기나 기타 불순물을 감지한 것일 수도 있으므로 일단 '일부' 폐쇄가 이루어지지만, 완전한 열을 감지한 경우에는 의심의 여지 없이 "화재다!"라고 인식해서 '완전' 폐쇄하는 구조라고 생각하면 쉬워요~!

나. 구조:

(1) 자동방화셔터는 위 설치 기준에서 말한 구조여야 하나, 수직방향(↕)으로 폐쇄되는 구조가 아닌 경우에는 불꽃, 연기, 열 감지에 의해 완전폐쇄가 될 수 있는 구조여야 한다.

(2) 자동방화셔터의 상부는 상층 바닥에 직접 닿도록 하여 연기와 화염의 이동통로가 되지 않도록 해야 한다.

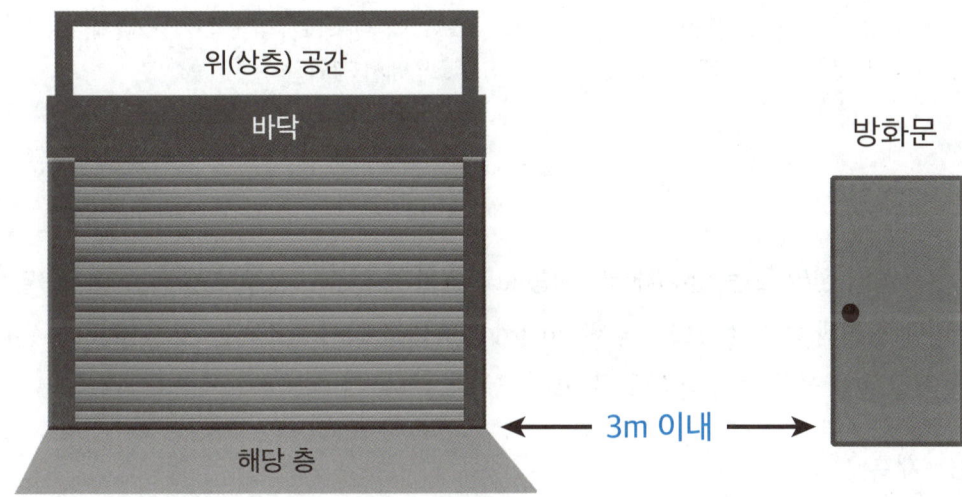

Chapter 1-2 건축관계법령 복습 예제

01 다음 중 건축물의 주요구조부에 해당하지 아니하는 것을 고르시오.

① 사잇기둥, 옥외계단
② 내력벽, 지붕틀
③ 기둥, 바닥
④ 주계단, 보

> 주요구조부란, 건축물의 안전에 결정적인 역할을 담당하는 주요 골격부분으로 [내력벽, 기둥, 바닥, 보, 지붕틀, 주계단]을 말한다. 그 외 사잇기둥이나 차양, 옥외계단 등은 주요구조부에서 제외된다.
>
> → 답 ①

02 기존 건축물의 전부 또는 일부(내력벽·기둥·보·지붕틀 중 [A]개 이상이 포함되는 경우를 말함)를 철거하고 그 대지 안에 종전과 동일한 규모의 범위 안에서 건축물을 다시 축조하는 것을 [B]라고 한다. 여기서 [A]와 [B]에 들어갈 말로 옳은 것을 각각 고르시오.

① A : 2개 / B : 재축
② A : 3개 / B : 대수선
③ A : 2개 / B : 리모델링
④ A : 3개 / B : 개축

> 기존 건축물의 전부 또는 일부(내력벽·기둥·보·지붕틀 중 '3개' 이상이 포함되는 경우를 말함)를 철거하고 그 대지 안에 종전과 동일한 규모의 범위 안에서 건축물을 다시 축조하는 것을 '개축'이라고 한다. 따라서 [A]는 3개, [B]는 개축.
>
> 💬 비교
> (1) 재축 : 건축물이 천재지변이나 기타 재해에 의해 멸실된 경우에 그 대지 안에 일정 요건을 갖추어 다시 축조하는 것
> (2) 대수선 : 건축물의 기둥, 보, 내력벽, 주계단 등의 구조나 외부 형태를 수선·변경하거나 증설하는 것으로서 대통령령으로 정하는 것
> (3) 리모델링 : 건축물의 노후화를 억제하거나 기능 향상을 위해 대수선하거나, 건축물의 일부를 증축 또는 개축하는 것
>
> → 답 ④

03 다음 중 대수선에 해당하는 사례로 보기 어려운 것을 고르시오.

① 기둥을 2개 이상 수선 또는 변경하는 경우
② 피난계단을 수선 또는 변경하는 경우
③ 내력벽의 벽면적을 30m² 이상 수선 또는 변경하는 경우
④ 건축물의 외벽에 사용하는 마감재료를 증설 또는 해체하는 경우

> 대수선에 해당하는 사례는 기둥을 증설 또는 해체하거나 '3개 이상' 수선 또는 변경하는 것이 대수선에 해당하므로 2개 이상으로 서술한 ①의 사례는 대수선으로 보기 어렵다.
> → 답 ①

04 대지면적이 5,000m²이고, 연면적이 3,600m², 건축면적이 1,500m²인 건축물이 있을 때 용적률과 건폐율을 구하시오.

① 용적률 : 30%, 건폐율 : 72%
② 용적률 : 72%, 건폐율 : 30%
③ 용적률 : 240%, 건폐율 : 41%
④ 용적률 : 41%, 건폐율 : 240%

> (1) 용적률 : 대지면적에 대한 연면적의 비율이므로 (3,600 ÷ 5,000)×100 = 72%
> (2) 건폐율 : 대지면적에 대한 건축면적의 비율이므로 (1,500 ÷ 5,000)×100 = 30%
> → 답 ②

05 건축물의 높이 및 층수 산정 시 적용되는 사항으로 옳지 아니한 설명을 고르시오.

① 원칙적으로 건축물의 높이는 지표면으로부터 해당 건축물 상단까지의 높이로 한다.
② 건축물의 높이에 옥상돌출물(지붕 마루장식·굴뚝·방화벽)은 산입하지 않는다.
③ 옥상부분의 수평투영면적의 합계가 해당 건축물의 건축면적의 1/8 이상인 경우 그 부분의 높이가 12m를 넘는 부분만 높이에 산입한다.
④ 층의 구분이 명확하지 아니한 건축물은 높이 4m마다 하나의 층으로 산정한다.

> 옥상부분(건축물 옥상에 설치하는 승강기탑, 계단탑, 옥탑 등)의 수평투영면적의 합계가 해당 건축물의 건축면적의 1/8 '이하'인 경우에는, 그 부분의 높이가 12m를 넘는 부분만 건축물의 높이에 산입하므로 이상이라고 서술한 ③번의 설명이 옳지 않다. (참고로 1/8을 넘는 경우에는 그 부분의 높이 전부를 건축물 높이에 산입한다.)
> → 답 ③

MEMO

PART 2

① 소방안전교육 및 훈련 /소방계획의 수립

Chapter 02 소방안전교육 및 훈련/소방계획의 수립

■ 소방훈련 및 교육

1) 소방훈련 및 교육의 정의: 화재를 비롯한 사고 및 재난으로부터, 인간의 안전을 지키기 위해 안전의식 고취 및 실천을 통해 위험에 적절하게 대응할 수 있는 행동능력을 기르고자 의도적이고 계획적으로 실시하는 교육(훈련)

2) 소방훈련 및 교육 계획 수립: 연간계획 수립 → 분기 또는 월별 세부계획 수립의 구조가 바람직하며, 11월~12월경에 다음 연도의 계획을 수립하여 원활한 예산 지원 및 업무 협조가 이루어질 수 있도록 한다.

3) 소방훈련 및 교육의 실시:

① **준비 및 교안 작성**: 연간계획 수립 후 모든 거주자 및 전 사원에게 공지하여 알리고 적극적인 참여를 유도한다. 그리고 세부계획에서 교보재, 강사 선정, 소방관서와의 합동훈련 등 구체적인 사항을 정하여 기술한다.

② **실시**: 대상물의 교육여건 등을 고려하여 현재 수준에서 이해하고 행동할 수 있는 내용과 기본적인 숙지사항을 중점으로 실시한다.

③ **효과 측정**: 차기 교육 시 학습자들의 요구를 반영하여 보다 효과적이고 효율적인 교육이 시행될 수 있도록 훈련 결과에 대한 평가를 반드시 진행한다.

④ **훈련 종료 및 강평**: 준비과정, 본 훈련, 종료시점까지 잘된 점과 개선 점 등을 포함하여 강평을 실시한다. 교육 종료 후 설문지를 받는 방법이 가장 용이하고 정확한 시행 방법.

⑤ **결과작성**: (1) 자위소방대 및 초기대응체계 교육·훈련 실시결과 기록부
　　　　　　 (2) 소방훈련·교육 실시결과 기록부 작성

■ 합동소방훈련?

1) 소방서장은 특·1급 소방안전관리대상물의 관계인으로 하여금 소방관서와 함께 합동소방훈련을 실시하게 할 수 있다.

2) 자위소방대와 소방관서간의 긴밀한 협조체제를 통한 화재피해의 최소화 및 소방안전 중요성에 대한 인식 강화

3) 합동소방훈련은 준비단계부터 상호간 의견 교환을 통해 실질적·효율적으로 진행하고, 훈련의 규모와 내용을 정하여 장비 등 필요한 부분에 대해 준비한다. 훈련의 규모와 내용이 결정되면 모든 거주자 및 전 사원에게 알려 적극적인 동참을 유도한다.

> 합동소방훈련 사항
> ① 자위소방대의 초동조치 능력 배양
> ② 신속한 상황전파 및 개인별 임무분담체계 확립
> ③ 대상물 특성에 맞는 종합적 방화대책 수립
> ④ 소방관서, 유관기관과의 역할분담 및 협조체계 구축

■ 소방교육 및 훈련의 실시원칙

① **학습자중심 원칙**: 한 번에 한 가지씩/쉬운 것 → 어려운 것 순서로 진행

② **동기부여 원칙**: 중요성 전달, 초기성공에 대한 격려, 보상 제공, 재미 부여, 전문성 공유 등

③ **목적원칙**: 어떤 '기술'을 어느 정도까지 익힐 것인지, 습득하려는 기술이 전체 중 어느 위치에 있는지 인식

④ **현실원칙**: 비현실적인 훈련 X

⑤ **실습원칙**: 목적을 생각하고 정확한 방법으로 한다.

⑥ **경험원칙**: 현실감 있는 훈련, 교육

⑦ **관련성 원칙**: 실무적인 접목과 현장성 필요

■ 소방계획의 수립

소방계획이란, 화재로 인해 소방안전관리대상물에 재난이 발생하는 것을 사전에 예방, 대비하고 화재 발생 시 대응, 복구를 통해 인명과 재산 피해를 최소화하기 위해 작성 및 운영하고, 유지 및 관리하는 위험관리계획

> 한마디로, 사전예방 및 원활한 대응·복구를 위해 작성하고 그에 따라 운영 및 유지·관리하는 것!

1) 주요내용

① **소방안전관리대상물의 일반현황**: 위치, 구조, 연면적, 용도, 수용인원 등

② 소방안전관리대상물에 설치한 소방·방화시설, 전기·가스·위험물시설 현황 *'수도시설'은 미포함!

③ 자체점검계획, 대응대책, 소화와 연소 방지 관련 사항

④ 피난계획 및 피난경로 설정, 각종 시설 및 설비의 점검·정비/유지·관리 계획

⑤ 소방훈련 및 교육 계획

⑥ 위험물의 저장 및 취급 관련 사항 등

2) 소방계획서 예시

(소방계획서 예시)

1. 일반현황

구분	점검항목
명칭	작동상사
도로명주소	서울특별시 노원구 123로 99
연락처	02-001-0001
사용승인	2021. 09. 05
규모/구조	• 연면적 : 5,000㎡ • 층수 : 지상 5층/지하 1층 • 높이 : 20m • 용도 : 업무시설
계단	• 직통계단 : 1, 2, 3층 중앙 • 피난계단 : 4, 5층 동쪽
인원현황	• 거주인원 1명 • 상시 근무인원 12명 • 고령자 : 2명 / 영유아 : 0명 / 장애인 : 1명
관리현황	소방안전관리자 • 성명 : 김철수 • 선임날짜 : 2022년 5월 8일 • 연락처 : 010-0123-4567

2. 소방시설 일반현황

구분	설비		점검결과
소화설비	[V] 소화기구	[V] 소화기	
		[ ] 간이소화용구	
	[ ] 자동소화설비		
	[V] 옥내소화전설비		
	[V] 옥외소화전설비		
	[V] 스프링클러설비		

3. 자체점검

구분	점검시기	점검방식
작동기능점검	2025년 3월 2일	[ ] 자체 [V] 외주
종합정밀점검	2024년 9월 3일	[ ] 자체 [V] 외주

■ 소방계획의 주요원리

1) 종합적 안전관리
2) 통합적 안전관리
3) 지속적 발전모델

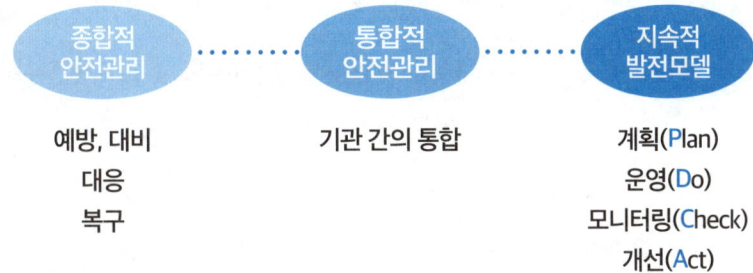

■ 소방계획서의 작성원칙

1) 실현가능한 계획
2) 실행우선 ↔ '계획우선'이면 안 됨!
3) **구조화** : [작성 - 검토 - 승인] 단계를 거쳐야 함.
4) 관계인의 참여

■ 소방계획 작성 시기

가. 특정소방대상물의 소방안전관리자는 소방계획서를 매년 12월 31일까지 작성·시행한다.

나. [작성 - 검토 - 승인] 거쳐서 개선조치 및 요구사항 수렴하여 차기연도 소방계획에 반영한다.

■ 소방계획의 수립절차

1단계	2단계	3단계	4단계
사전기획	위험환경분석	설계/개발	시행/유지관리
관계자들 의견 수렴, 요구사항 검토하면서 준비하고 계획을 수립하는 단계	1. 식별 2. 분석 / 평가 3. 경감대책 수립	전체적인 소방계획의 목표 및 전략을 세워 실행계획을 수립	검토를 거쳐 시행하고 유지관리하는 단계

■ 자위소방대/자위소방활동

가. **자위소방대** : 소방안전관리대상물에서 인명 및 재산 피해 최소화를 위해 편성하는 자율적인 안전관리 조직

　└, 소방안전관리자의 업무에 자위소방대 구성 및 운영도 포함 됨!

　└, 초기소화, 피난유도 및 응급처치 등 골든타임(화재 : 5분, 심폐소생술 : 4~6분 내) 확보 목적

나. 자위소방활동

비상연락	화재 상황 전파, 119 신고 및 통보연락 업무
초기소화	초기소화설비 이용한 조기 화재진압
응급구조	응급조치 및 응급의료소 설치·지원
방호안전	화재확산방지, 위험물시설 제어 및 비상 반출
피난유도	재실자·방문자의 피난유도 및 화재안전취약자 피난보조

■ 자위소방대 구성

1) 자위소방대의 개념: 소방안전관리대상물에서 화재 등과 같은 재난 발생 시 비상연락, 초기소화, 피난유도 및 인명·재산피해 최소화를 위해 편성하는 자율 안전관리 조직으로 소방안전관리자로 하여금 이러한 자위소방대를 구성·운영하도록 한다. 자위소방대는 화재 시 초기소화, 조기피난 및 응급처치 등에 필요한 골든타임(화재 시 5분, CPR은 4~6분 내) 확보를 위한 필수 조직이다.

2) 자위소방대 조직구성 원칙: 대상처의 규모와 소방시설 및 편성대원을 고려하여 TYPE-Ⅰ, Ⅱ, Ⅲ로 조직을 구성하는데, 특수한 경우에는 현장 여건에 따라 조직 편성기준을 다르게 적용할 수 있다.

3) 유형별(TYPE) 조직구성

① TYPE-Ⅰ: 특급, 연면적 30,000m² 이상을 포함한 1급 (공동주택 제외)

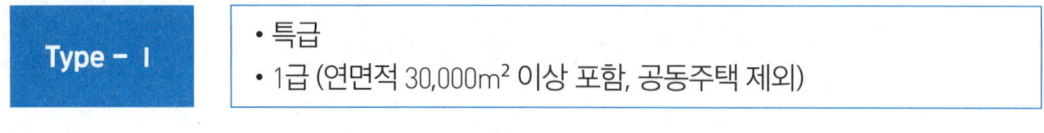

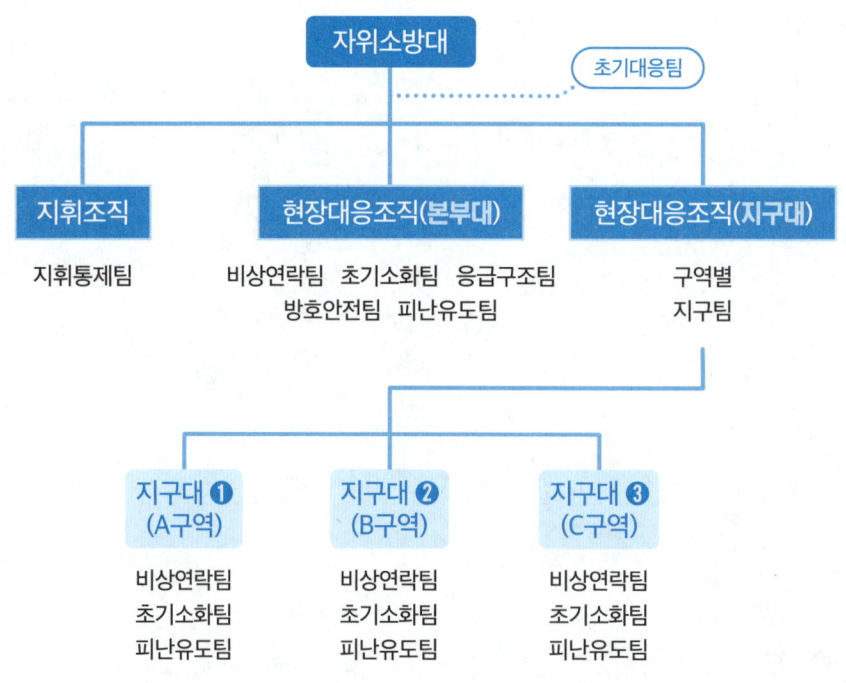

[지휘조직] 화재상황을 모니터링하고 지휘통제 임무를 수행하는 '지휘통제팀'
[현장대응조직] '본부대' : 비상연락팀, 초기소화팀, 피난유도팀, 응급구조팀, 방호안전팀 (필요 시 가감)
[현장대응조직] '지구대' : 각 구역(Zone)별 현장대응팀 (구역별 규모, 인력에 따라 편성)

(1) Type-Ⅰ의 대상물은 지휘조직인 '지휘통제팀'과 현장대응조직인 '비상연락팀·초기소화팀·피난유도팀·방호안전팀·응급구조팀'으로 구성

(2) Type-Ⅰ의 대상물은 둘 이상의 현장대응조직 운영 가능 (본부대 / 지구대로 구분)

(3) 본부대는 비상연락팀·초기소화팀·피난유도팀·방호안전팀·응급구조팀을 기본으로 편성, 지구대는 각 구역(Zone)별 규모 및 편성대원 등 현장의 운영 여건에 따라 팀을 구성할 수 있다.

가. 지구대 구역(Zone) 설정 기준

임차구역에 따른 구역(Zone) 설정 [임차구역]

- 적용기준 : 대상구역의 관리권원(Tenancy)
- 구역 내 임차권(관리권원)별로 분할 또는 다수의 권원을 통합해 설정 **(7F : A사, B사 각각 1 Zone)**

층(Floor)에 따른 구역(Zone) 설정 [수직구역]

- 적용기준 : 대상물의 층(Floor)
- 단일 층 또는 5층 이내의 일부 층을 하나의 구역으로 설정 **(1F를 1 Zone으로 또는 2~5F를 1 Zone으로 설정)**

면적(Area)에 따른 구역(Zone) 설정 [수평구역]

- 적용기준 : 대상물의 면적(Area)
- 하나의 층이 1,000㎡ 초과 시 추가로 구역 설정 또는 대상물의 **방화구획**을 기준으로 구분**(B1, B2 지하가 하나의 층인데 면적이 1,000㎡ 초과, 각각 1 Zone)**

용도에 따른 구역(Zone) 설정 [용도구역]

- 적용기준 : 대상구역의 용도(Occupancy)
- **비거주용도**(주차장, 강당, 공장 등)는 구역(Zone) 설정에서 **제외!**(B2 주차장과 6F 대강당은 지구대 구역 설정에서 제외 : 0 Zone)

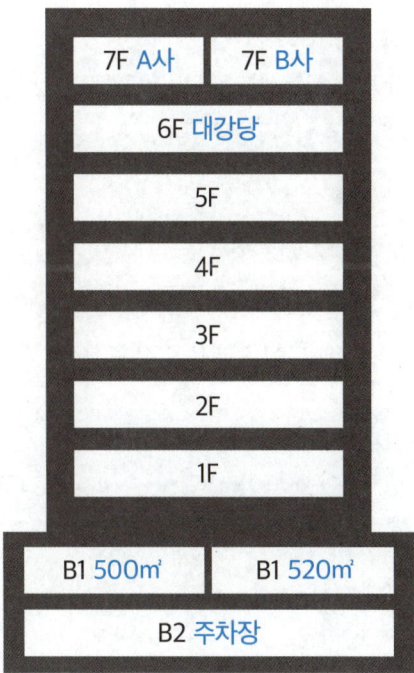

💬 지구대 구역을 설정하는 방식 및 기준(수직, 수평, 임차, 용도 등)의 특징과 지구대 구역(Zone) 설정 시 비거주용도(주차장, 공장, 강당 등) 공간은 구역설정에서 제외한다는 것을 기억하면 유리해요~!

② TYPE-Ⅱ : 1급 (단, 연면적 3만 이상은 Type-Ⅰ), 상시 근무인원 50명 이상의 2급

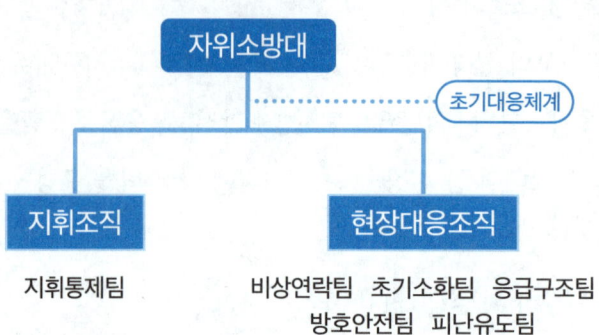

- 1급 *단, 연면적 3만m² 이상의 경우 TYPE-Ⅰ 적용(공동주택 제외)
- 2급 (상시 근무인원 50명 이상)

[지휘조직] 화재상황을 모니터링하고 지휘통제 임무를 수행하는 '지휘통제팀'
[현장대응조직] 비상연락팀, 초기소화팀, 피난유도팀, 응급구조팀, 방호안전팀 (필요 시 가감)

(1) Type-Ⅱ의 대상물은 지휘조직인 '지휘통제팀'과 현장대응조직인 '비상연락팀·초기소화팀·피난유도팀·방호안전팀·응급구조팀'으로 구성
(2) Type-Ⅱ의 현장대응조직은 조직 및 편성대원의 여건에 따라 팀을 가감 운영할 수 있다.

🔊 Tip
Type-Ⅰ과의 차이점은 Type-Ⅱ는 현장대응조직이 둘 이상으로(본부대와 지구대로) 나뉘지 않는다는 점!

③ TYPE-Ⅲ : 2급 (단, 상시 근무인원 50명 이상은 Type-Ⅱ), 3급

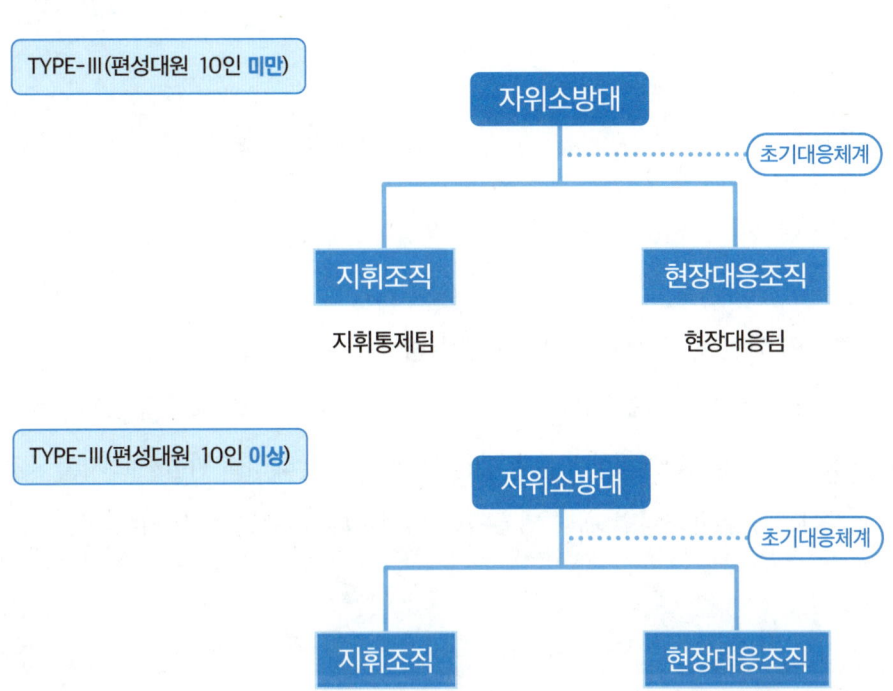

- (10인 미만) 현장대응팀 - 개별 팀 구분 없음
- (10인 이상) 현장대응조직 - 비상연락팀, 초기소화팀, 피난유도팀 (필요 시 가감 편성)

(1) Type-Ⅲ의 대상물은 지휘조직과 현장대응조직으로 구성
(2) 편성대원 10인 미만의 현장대응조직은 하위 조직(팀)의 구분 없이 운영 가능하나, 개인별 비상연락·초기소화·피난유도 등의 업무를 담당할 수 있도록 현장대응팀을 구성
(3) 편성대원 10인 이상의 현장대응조직은 비상연락팀, 초기소화팀, 피난유도팀으로 구성하며 필요 시 팀을 가감 편성한다.

나. 초기대응체계
    ㄱ. 자위소방대에서 지휘통제팀 등 다른 팀에도 포함되어 편성할 수 있는데, 즉각 출동이 가능한 인원으로서 화재 발생 초기에 신속하게 대응 가능하도록 구성한다.
        ㄴ. 비상연락, 초기소화, 피난유도 등을 수행
    ㄴ. 소방안전관리대상물 이용 기간 동안 상시적으로 운영되어야 한다.

ㄷ. 인원 편성 : 소방안전관리보조자, 경비(보안) 근무자, 대상물의 관리인 등 상시 근무자를 중심으로 구성하고 근무자의 근무 위치, 근무 인원 등을 고려하여 편성해야 한다.

ㄹ. 소방안전관리보조자(보조자가 없을 시 선임 대원)를 운영책임자로 지정한다.

ㅁ. 1명 이상은 수신반 또는 종합방재실에 근무하면서 화재상황 모니터링 또는 지휘통제가 가능해야 한다.

■ 자위소방대 인력 편성 및 임무 부여

가. 자위소방대원은 대상물 내 상시 근무자 또는 거주하는 인원 중에서 자위소방활동이 가능한 인력으로 편성한다.

나. 각 팀별로 최소 2명 이상의 인원을 편성하고 팀별 책임자(팀장)를 지정한다.

다. 소방안전관리대상물의 소유주 또는 법인의 대표(관리기관의 책임자)를 자위소방대장으로 지정하고, 소방안전관리자를 부대장으로 지정한다. (대장 또는 부대장 부재 시 업무 대리를 위한 대리자를 지정해 운영)

라. 각 팀별 기능에 기초하여 자위소방대원별 개별 임무를 부여하는데, 대원별 복수 임무 또는 중복 지정이 가능하다.

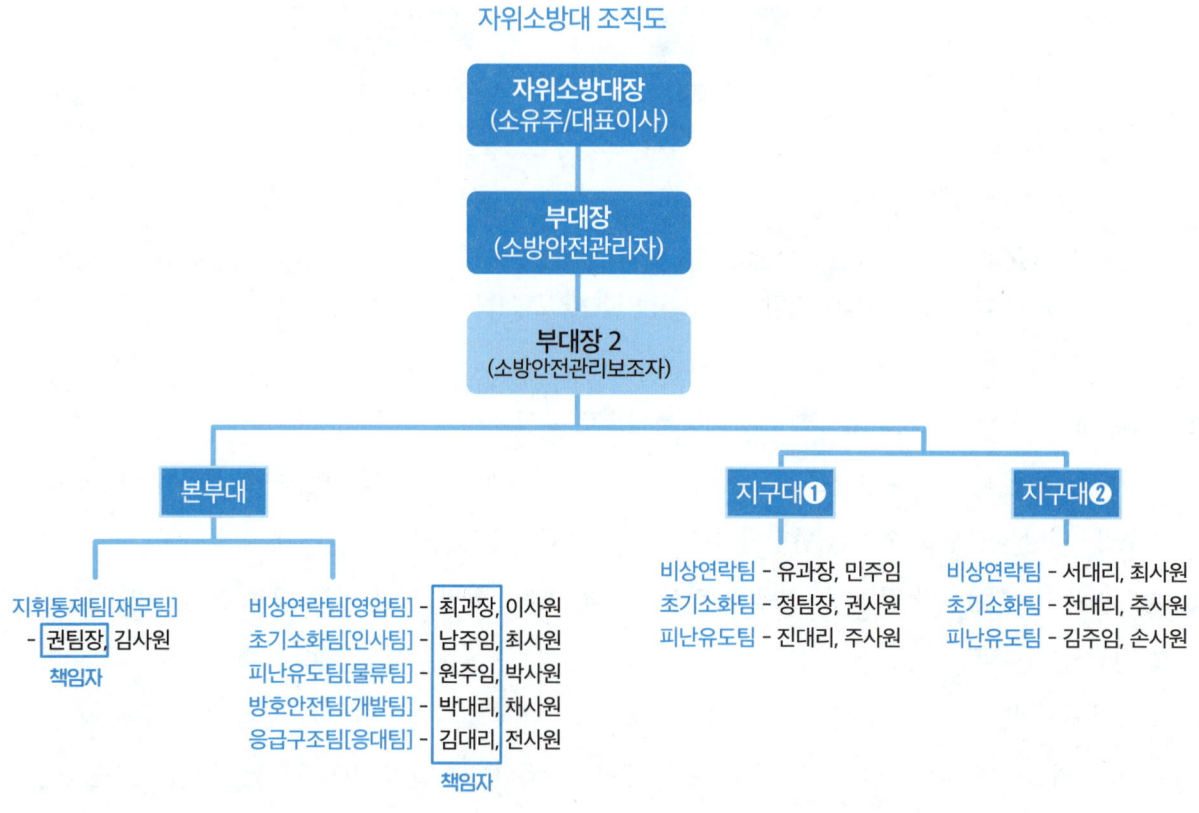

PART 2

② 화재대응 및 피난

Chapter 02 화재대응 및 피난

■ 화재대응

1) 화재전파 및 접수

① "불이야!" 라고 외쳐 타인에게 알린다. ← 육성전파

② 화재경보장치(발신기 누름버튼) 눌러서 작동 ← 수동으로 버튼 누름

③ 화재경보장치 작동으로 수신반에 '자동으로' 화재 신호 접수

> 포인트1. 화재전파 시 육성 전파가 가능하다.
> 포인트2. 화재경보장치(발신기)를 작동시킬 때는 사람이 '수동'으로 누르지만, 화재경보장치가 작동되면 '자동'으로 수신반에 신호를 보낸다.

"불이야!" (육성전파)	발신기 (수동으로) 누름	수신반으로 화재신호 자동 접수

2) **화재신고**: 화재를 인지·접수한 경우 화재발생 사실과 현재 위치(건물 주소 및 명칭), 화재 진행 상황, 피해 현황 등을 소방기관(119)에 신고해야 하고, 소방기관에서 알았다고 확인이 끝날 때까지 전화를 끊지 않는다.

3) **비상방송**: 담당 대원은 비상방송설비(일반방송설비 또는 확성기 등)를 사용해 화재 사실 전파 및 피난개시 명령

4) **초기소화**

① 화재현장에서 소화기 및 옥내 소화전을 사용해 초기소화 작업 실시

② 화원의 종류, 화세의 크기, 피난경로 확보 등을 고려해 초기 대응 여부를 결정하는데 초기소화가 어렵다고 판단되는 경우 열/연기 확산 방지를 위해 출입문을 닫고 즉시 피난한다.

5) **관계기관 통보·연락**: 소방안전관리자(또는 자위소방조직상의 담당 대원)는 비상연락체계를 통해 관련한 기관, 협력 업체 등에 화재 사실 전파 및 대응 준비 지시

6) **대원소집 및 임무 부여**: 화재 접수 시 초기대응체계를 구축해 신속 대응, 자위소방대장 및 부대장은 비상연락체계를 통해 대원 소집 및 임무 부여(지휘통제, 초기소화, 방호안전, 응급구조 등)

■ 화재 시 일반적 피난 행동 및 피난 실패 시 요령

가. 연기 발생 시 자세를 최대한 낮추고, 코와 입을 젖은 수건 등으로 막아 연기 흡입을 막은 상태로 유도등, 유도표지를 따라 대피한다.

나. 화재 시 엘리베이터 이용 금물! 계단을 이용해 옥외(건물 밖)로 대피한다.

다. 출입문을 열기 전, 문 손잡이가 뜨겁다면 이미 바깥에도 화재 발생 가능성이 있으므로 문을 열지 말고 다른 길을 찾는다.

라. 아래층으로 대피가 불가능할 때는 옥상으로 대피하고, 아파트에서 세대 밖으로 나가기 어렵다면 세대 간 경량칸막이를 통해 옆 세대로 대피하거나 세대 내 대피공간을 이용한다.

마. 옷에 불이 붙었을 때는 눈과 입을 가리고 바닥에서 뒹굴며 불길을 꺼트린다.

바. 탈출한 후에는 절대로 화재 건물에 재진입하지 않는다.

> **📁 피난 실패 시**
> 건물 밖으로 대피하지 못했을 때에는 밖으로 통하는 창문이 있는 방으로 들어간 후, 방 안에 연기가 들어오지 못하도록 문틈을 커튼 등으로 막고 구조를 기다린다. 이때 내부의 물건 등을 활용해 자신의 위치를 알린다.

복습

- 피난 시 자세는 (높게 / 낮게) 유지한다.
- 문 손잡이가 뜨겁다면 수건이나 옷 소매로 잡고 문을 연다. (O / X)
- 탈출한 후에는 소방대를 도와 건물 내 인명 구조를 돕는다. (O / X)

→ '낮은' 자세 유지! / X (손잡이 뜨거우면 다른 길 찾기!) / X (탈출 후에는 재진입 금지!)

■ **재해약자**(장애인 및 노약자 등) **피난계획 및 피난보조 예시**

가. 비상구의 위치, 소방시설의 위치, 임시 대피공간 등 장애인 및 노약자뿐만 아니라 전 거주자가 건물에 대해 숙지해야 한다.

나. 건축물의 환경에 적합한 소방시설, 피난보조기구 등을 설치하고 적극적인 설비 보강이 요구된다.

다. 장애인, 노약자, 임산부 등 유형별 현황을 파악하고, 유형별 훈련 등을 통해 피난 및 피난보조 능력을 향상한다(피난보조자의 임무 파악, 피난보조기구 사용법, 피난유도방법 등).

라. 자위소방대의 초기 대피시스템 구축 및 재난 관련 관서의 협조체계 구축을 위해 전 거주자가 참여한 합동훈련이 효과적이다.

마. 장애유형별 피난보조 예시

지체장애인 (신체 활동에 제약이 있는 장애)	일반적 경우	• 소아 • 몸무게가 가벼운 편	업어서 이동 또는 한 손은 다리, 다른 손은 등을 받쳐 안아서 이동한다.
		• 보조자와 비슷 • 몸무게가 무거운 편	팔을 어깨에 걸쳐 어깨동무 부축 또는 2명이 장애인의 등과 다리를 받쳐 함께 안아올려 이동 등
	휠체어 사용자	• 계단에서 주의 요구 • 다수가 보조 시 상대적으로 수월	• 일반휠체어: 2인이 보조 시 한 명은 장애인을 마주보고 휠체어를 뒤쪽으로 기울여 손잡이를 잡고 뒷바퀴보다 한 계단 아래에서 무게중심 잡고 이동한다. • **전동휠체어**: 무거워서 다수의 인원과 공간이 필요하기 때문에 **전원을 끄고 장애인을 업거나 안아서** 이동하는 것이 효과적이다.
청각장애인	말이나 소리를 듣는 데 어려움이 있으므로 대신 시각적인 전달인 표정, 제스쳐, 조명, 메모 등을 이용한 대화가 효과적이다.		
시각장애인	지팡이 사용 및 피난보조자에 기대도록 하여 안내하고, 애매한 표현보다는 왼쪽, 오른쪽, 1m, 2m와 같이 명확한 표현을 통해 장애물이나 계단 등을 미리 알려준다.		
지적장애인	공황상태에 빠지지 않도록 차분하고 **느린 어조**와 친절한 말투로 도움을 주러 왔음을 밝힌다. *신속하게 상황을 설명은 옳지 않은 예시!		
노약자	• 노인의 경우 지병을 표시하고, 환자 및 임산부는 상태를 알 수 있도록 표시 등을 부착해 구조대가 알기 쉽게 전달한다. • 정기적인 소방교육 및 훈련 필요하다.		

복습

- 시각장애인의 피난 보조 시 "여기로, 저만큼" 같은 친숙한 표현을 사용한다. (O / X)
- 청각장애인의 경우 손전등이나 전등을 활용하는 것이 효과적이다. (O / X)
- 전동휠체어 이용자는 전원을 켠 상태로 다수가 함께 들어올려 이동하는 것이 가장 수월하다. (O / X)
- 지적장애인에게는 단호한 말투로 신속하고 정확하게 상황을 설명해야 한다. (O / X)

→ X (시각장애인 피난 보조 시 좌측 1m, 오른쪽 방면 2m 등 명확한 표현을 사용해야 한다.)

O (청각장애인의 피난 보조 시 조명 등 시각적인 전달 방식이 효과적이다.)

X (전동휠체어는 무겁기 때문에 전원을 끄고 장애인을 업거나 안아서 이동하는 것이 효과적이다.)

X (지적장애인에게는 친절한 말투로 느리고 차분하게 설명해야 한다.)

2단원 통합(소방안전교육 및 훈련/소방계획의 수립 & 화재대응 및 피난) 복습 예제

01 다음 중 소방계획의 작성 원칙에 대한 설명으로 옳지 아니한 것을 고르시오.

① 관계인의 참여 : 소방계획 수립 및 시행 과정에 관계인, 재실자 및 방문자 등 전원이 참여하도록 한다.
② 계획 우선 : 체계적인 운용을 위해 소방계획은 문서화하여 작성하는 것을 최우선의 목적으로 한다.
③ 실현 가능한 계획 : 위험요인에 대한 관리는 반드시 실현 가능한 계획으로 구성한다.
④ 계획수립 구조화 : 작성 - 검토 - 승인의 구조화된 절차를 거쳐 계획을 수립한다.

> 소방계획의 작성 원칙은 (1) **실현 가능한 계획**, (2) **관계인의 참여**, (3) **계획수립의 구조화**, (4) **실행 우선**으로 구성된다. 소방계획의 궁극적인 목적은 효율적인 대응 및 피해 최소화이므로 문서로 작성한 계획만을 우선시하는 것이 아니라, [실행] 우선의 원칙에 따라, 실행(이행)에 옮기는 과정이 동반되어야 하므로 ②번의 계획 우선 및 문서화를 최우선의 목적으로 한다는 설명은 옳지 않다.
>
> → **답** ②

02 소방계획의 수립 절차 중 2단계 : 위험환경 분석 단계에 들어갈 내용에 해당하지 아니하는 것을 고르시오.

① 위험 경감대책 수립
② 위험환경 식별
③ 위험요인 제거
④ 위험환경 분석/평가

> 소방계획의 수립절차는 다음과 같다.
>
> | 1단계
(사전계획) | 2단계
(위험환경 분석) | 3단계
(설계 및 개발) | 4단계
(시행·유지관리) |
> |---|---|---|---|
> | 작성 준비
↓
요구 검토
↓
작성 계획 수립 | 위험환경 식별
↓
위험환경 분석/평가
↓
위험 경감대책 수립 | 목표·전략 수립
↓
실행계획 설계 및 개발 | 수립·시행
↓
운영/유지관리 |
>
> 그 중에서도 2단계 : 위험환경 분석 단계에서는 대상물 내 위험요인 등을 식별하고, 이에 대한 분석/평가를 통해 경감대책을 수립하는 과정이 포함된다. 따라서 여기에 포함되지 않는 사항은 ③번.
>
> → **답** ③

03 다음의 설명에 해당하는 소방교육 및 훈련의 실시원칙으로 옳은 것을 고르시오.

> - 학습자에게 감동이 있는 교육이 되도록 한다.
> - 한 번에 한 가지씩 습득 가능한 분량으로 교육 및 훈련을 진행하고, 쉬운 것에서 어려운 것 순서로 실시한다.
> - 기능적 이해에 비중을 둔다.

① 학습자 중심의 원칙
② 동기부여의 원칙
③ 목적의 원칙
④ 실습의 원칙

> 소방교육 및 훈련의 실시원칙에는 ① 학습자 중심의 원칙, ② 동기부여의 원칙, ③ 목적의 원칙, ④ 실습의 원칙, ⑤ 현실의 원칙, ⑥ 경험의 원칙, ⑦ 관련성의 원칙이 있는데 문제의 내용이 포함되는 것은 [학습자 중심의 원칙]에 해당한다. 교육 및 훈련을 받는 학습자의 입장에서 습득 가능한 분량으로, 쉬운 것에서 어려운 것 순서로 교육을 실시하되, 기능적 이해에 비중을 두어 학습자에게 감동이 있는 교육이 되도록 해야 한다.
>
> → 답 ①

04 소방계획의 주요원리에 포함되지 아니하는 것을 고르시오.

① 부분적 안전관리
② 종합적 안전관리
③ 지속적 발전모델
④ 통합적 안전관리

> 소방계획의 주요원리에 부분적 안전관리라는 개념은 해당사항이 없으며, 소방계획의 주요원리는 다음과 같다.
>
> | 종합적 안전관리 | 모든 형태의 위험 포괄, '예방·대비-대응-복구'의 전주기적 재난 위험성 평가 |
> |---|---|
> | 통합적 안전관리 | 거버넌스 및 안전관리 네트워크 구축, 협력 및 파트너십 구축 |
> | 지속적 발전모델 | PDCA 사이클(Plan : 계획, Do : 이행, Check : 모니터링, Act : 개선) |
>
> → 답 ①

05 화재 시 상황을 전파하고 통보연락 업무를 담당하는 것은 다음의 자위소방활동 중 어느 것에 해당하는지 고르시오.

① 피난유도
② 방호안전
③ 응급구조
④ 비상연락

> 자위소방활동에는 크게 비상연락/초기소화/응급구조/방호안전/피난유도 활동이 있는데, 그 중에서도 비상연락 활동의 주요 업무는 화재 시 상황을 전파하고, 119에 화재신고 및 통보 연락 등의 업무가 포함된다.
>
> → 답 ④

06 다음 중 화재 시 대응 방법으로 옳은 설명을 고르시오.

① 연기 흡입의 위험이 있으므로 육성으로 화재를 전파하지 않는다.
② 초기소화가 어려운 경우 출입문을 열어둔 상태로 즉시 피난한다.
③ 화재 신고 시 소방기관에서 알았다고 확인할 때까지 전화를 끊지 않는다.
④ 화재를 인지한 경우 화재현장은 위험하므로 소화기 및 옥내소화전을 이용하여 초기소화를 시도해서는 안 된다.

> 119와 같은 소방기관에 화재 신고를 할 때에는 침착하게 상황과 위치, 현황 등을 알리고 소방기관에서 알았다고 확인할 때까지 전화를 끊지 않아야 하므로 옳은 대응 방법은 ③번.
> 참고로, 화재의 전파 방법에는 "불이야!"라고 외치는 육성전파 방식과 발신기(화재경보장치)를 눌러 화재 신호를 알리는 방법이 있으며, 화세의 크기 등을 고려하여 초기소화가 가능할 경우 소화기 또는 옥내소화전을 이용하여 초기소화를 시도하는 것이 바람직하다. 또한 초기소화가 어려운 경우에는 열이나 연기가 확산되는 것을 방지하기 위해 출입문을 닫고 즉시 피난하는 것이 바람직하다.
>
> → 답 ③

07 재해약자의 피난보조 방법으로 옳지 아니한 설명을 고르시오.

① 노인의 경우 지병이 있는 경우가 많으므로 구조대가 알기 쉽도록 지병을 표시한다.
② 지적장애인의 경우 공황상태에 빠질 수 있으므로 차분하고 느린 어조와 친절한 말투를 사용한다.
③ 시각장애인은 지팡이를 이용하고 피난보조자는 팔과 어깨에 기대도록 하여 계단이나 장애물 등은 미리 안내한다.
④ 청각장애인은 여기, 저기 등 애매한 표현보다는 오른쪽, 왼쪽 등 명확한 표현을 큰 소리로 외쳐 안내한다.

> 청각장애인의 경우에는 청각을 대체하여 시각적인 전달이 가능하도록 제스처나 표정, 조명, 메모 등을 이용하여 안내하는 것이 바람직하다. 따라서 큰 소리로 외쳐서 안내하는 방식은 청각장애인의 피난보조 방법으로 적합하다고 보기 어려우며, 애매한 표현 대신 오른쪽, 왼쪽과 같이 명확한 표현으로 피난을 보조하는 것은 시각장애인의 피난보조 시에 효과적인 방법이다.
>
> → ④

MEMO

PART 3

응급처치 개요

Chapter 03 응급처치 개요

■ 응급처치의 정의, 목적

가. 의사의 치료가 시행되기 전, 부상이나 질병으로 위급한 상황에 놓인 환자에게 **즉각적**이고 **임시적인 처치**를 제공하는 것. (*'영구적'인 '치료' 절대 불가!)

나. 목적 : 생명을 구하고 유지, 2차 합병증 예방, 고통 및 불안 경감, 추후 의사의 치료 시 빠른 회복을 돕기 위함.

■ 응급처치의 중요성

1) 환자의 생명유지
2) 고통 경감
3) 치료기간 단축
4) 의료비 절감

> 📢 Tip
> 2차적으로 오는 합병증 예방, 불안 경감, 회복 빠르게 도울 수 있으나 [영구적]인 [치료]는 불가!

■ 응급처치 기본사항

기도확보	• 이물질 있으면 기침유도, 하임리히법 • **이물질**이 눈에 보인다고 **손으로 빼내거나 제거하려 하면 안 됨!** • 구토하려 하면 머리를 옆으로 돌린다. • 이물질이 제거되었다면 머리=뒤 / 턱=위로 들어올려 기도 개방
지혈처리	• 혈액량의 15~20% 출혈 시 생명 위험
상처보호	• 출혈이 발생한 상처 부위에 소독거즈로 응급처치 후 붕대로 드레싱 • 청결하게 소독된 거즈 사용, 한번 사용한 거즈는 재사용 X

■ 응급처치 일반원칙

가. 구조자(본인)의 안전이 최우선!

나. 사전에 환자의 이해와 동의를 구할 것

다. 응급처치와 동시에 구조 요청하기 - 119구급차(무료) / 앰뷸런스(일정요금 징수)

라. 불확실한 처치는 금물!

■ 출혈의 증상 및 처치

1) 출혈

① **외출혈**: 혈액이 피부 밖으로 흘러나오는 것

② **내출혈**: 혈액이 피부 안쪽에 고이는 것

③ 체내에는 성인 기준 체중의 약 7%의 혈액이 존재하는데, 일반적으로 혈액량의 15~20% 출혈 시 생명 위험, 30% 출혈 시 생명을 잃는다.

2) 출혈 증상

① 호흡, 맥박 빠르고 약하고 불규칙 ↔ 반사작용은 둔해진다.

② 체온 저하, 혈압 저하, 호흡곤란, 탈수현상 및 갈증 호소, 구토 발생

③ 피부가 창백해지고 차고 축축해지며 동공 확대, 두려움 및 불안 호소

3) 출혈 시 응급처치

① **직접압박**: 소독거즈로 출혈 부위를 덮고 4~6인치 압박붕대로 출혈 부위가 압박되도록 감는다. 출혈이 계속되면 소독거즈를 추가, 압박붕대를 한 번 더 감고 출혈 부위는 심장보다 높게 한다.

② **지혈대 사용하기**: 지혈로 해결되지 않는 심한 출혈에 사용하는 방식. 괴사의 위험 있어 5cm 이상의 넓은 띠를 사용하고, 착용시간을 기록해둔다.

■ 화상의 분류

1도(표피화상)	2도(부분층화상)	3도(전층화상)
• 피부 바깥층 화상 • 부종, 홍반, 부어오름 • 흉터없이 치료 가능	• 피부 두 번째 층까지 손상 • 발적, 수포, 진물 • 모세혈관 손상	• 피부 전층 손상 • 피하지방/근육층 손상 • 피부가 검게 변함 • 통증이 없다.

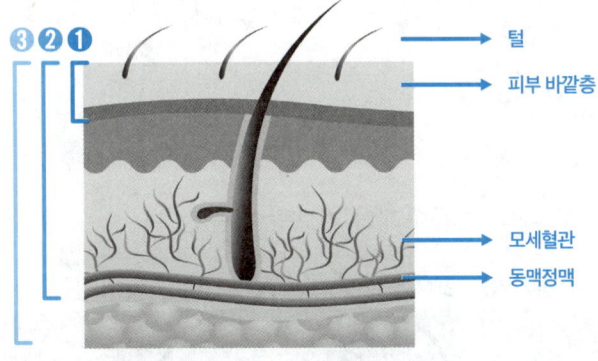

💬 화상환자의 피부조직에 옷가지가 붙은 경우 옷을 잘라내지 말고 수건 등으로 덮거나 또는 접촉을 피한다. 물집이 터지지 않은 1, 2도 화상은 흐르는 물을 이용해 젖은 드레싱+붕대를 느슨하게 감는다. 물집이 터진 2, 3도 화상은 생리식염수로 적신 드레싱+붕대 느슨히, 고압의 물은 사용 금지

■ 심폐소생술(성인 대상)

1) 심폐소생술의 중요성: 심장이 멎고 호흡이 4~6분 이상 중단되면 산소부족으로 손상된 뇌 기능이 정상적으로 회복되지 않기 때문에 호흡이 멎은 경우 즉시 심폐소생술을 실시해야 한다.

2) 심폐소생술 순서: 가슴압박(Compression) - 기도유지(Airway) - 인공호흡(Breathing) 'C→A→B'의 순서로 진행한다.

3) 일반인 심폐소생술 시행순서 및 방법

① 환자의 어깨를 가볍게 두드리며 괜찮은지 질문하고 반응을 확인한다.

② 반응이 없거나 호흡이 비정상이면 119에 신고하여 구조를 요청하거나 직접 신고한다. 동시에 주변인을 지목하여 자동심장충격기[AED]를 요청하거나 준비한다.

③ 맥박 및 호흡의 정상 여부를 10초 내로 판별한다.

④ **가슴압박**: 환자의 가슴뼈(흉골) 아래쪽 절반 위치를 강하게 압박한다.

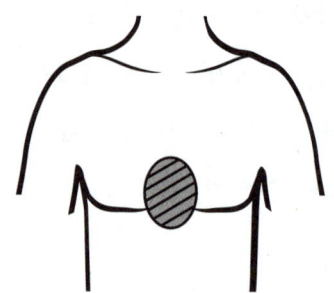

    가. 구조자의 체중을 실어서 압박

    나. 팔은 일직선으로 곧게 뻗기

    다. 구조자(나)와 환자는 수직(90도)각도를 유지한다.

    라. 분당 100~120회, 5cm 깊이

    마. 강하게 압박하되, 갈비뼈 주의

    바. 압박 후 완전히 이완되어야 한다.

⑤ **인공호흡**: 턱을 들어올려 기도 개방 - 엄지, 검지로 코 막고 가슴이 올라올 정도로 1초에 걸쳐서 인공호흡 (인공호흡에 자신없거나 거부감있으면 가슴압박만 시행한다.)

⑥ **가슴압박과 인공호흡 과정 반복**: 비율 30:2 (가슴압박 30회 : 인공호흡 2회), 교대 시 5주기로 교대

⑦ 환자가 움직이거나 소리내면 호흡 돌아왔는지 확인하고 회복되었으면 옆으로 돌려 기도 개방, 반응 및 정상적 호흡 없으면 심정지 재발로 가슴압박 및 인공호흡 다시 시작한다.

■ 자동심장충격기 [AED] 사용방법

1) 전원 켜기

2) 패드 부착: 쇄골(빗장뼈) 바로 아래 / 가슴아래와 겨드랑이 중간

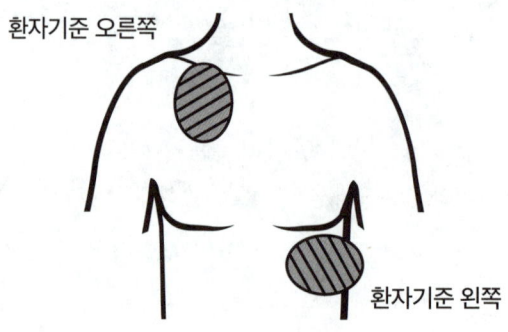

3) **심장리듬 분석**: "심전도 분석중, 환자에게서 떨어지라"는 음성 나오면 심폐소생술 멈추고 환자에서 손 떼기

    3-1) 심장충격(제세동) 필요 시 기계가 알아서 동작

    3-2) 심장충격(제세동) 필요하지 않다는 음성지시 나오면 즉시 심폐소생술 다시 시행

4) 제세동 필요 환자의 경우, 버튼이 깜빡임 – 버튼 누르기 전 주변인 모두 환자에게서 떨어질 것

5) 2분마다 심장리듬 분석＋심폐소생술 반복

    5-1) 2분 간격으로 AED가 심장충격 여부 판단 – 구급대 도착 전까지 심장충격＋심폐소생술 반복

    5-2) 심폐소생술 도중 환자 정상으로 돌아오면 심폐소생술 중단, 상태 관찰

■ 일반인 구조자의 소생술 흐름(순서)

1) **환자 발견**(환자 : 반응 없음 확인)

2) 119에 신고＋자동심장충격기(AED) 요청 및 준비(응급의료전화 서비스 이용 시 상담원의 지시에 따른다.)

☆ 3) **환자 상태**: 무호흡 또는 비정상호흡(심정지 호흡)[맥박 및 호흡의 정상여부 판별은 10초 이내]

4) 가슴압박 시행[자동심장충격기 도착, 준비]

5) 자동심장충격기(AED) 음성지시에 따라 AED 사용

6) 자동심장충격기의 심장리듬분석 결과

  ① **심장충격이 필요한 경우**: 심장충격 시행

  ② **심장충격이 불필요한 경우**: 2분간 가슴압박 시행하면서 구조 기다릴 것

Chapter 03 — 3단원 (응급처치 개요) 복습 예제

01 응급처치의 정의 및 목적과 중요성에 대한 설명으로 옳지 아니한 것을 고르시오.

① 위급상황에서 환자에게 즉각적, 임시적으로 제공하는 처치에 해당한다.
② 환자의 고통과 불안을 경감시키고 빠른 회복을 도울 수 있다.
③ 응급처치를 통해 치료기간을 단축시키고 의료비를 절감할 수 있다.
④ 환자의 생명을 구하고 유지시키며 전문적인 치료를 통해 질병을 예방할 수 있다.

> 응급처치는 의사의 (전문적인) 치료가 시행되기 전, 즉각적이고 임시적인 처치를 통해 환자의 생명을 구하고, 유지시키며 (응급처치를 하지 않았을 경우) 2차적으로 발생할 수 있는 합병증을 예방하고 추후 빠른 회복을 돕는 역할을 한다. 이러한 응급처치를 통해 치료기간을 단축시키고 의료비가 절감되는 효과도 기대할 수 있다.
> 그러나 응급처치가 질병 자체를 치료하거나 예방하는 전문적인 치료의 개념은 아니므로 ④번의 설명이 옳지 않다.
> → 답 ④

02 다음 중 출혈의 증상으로 옳지 아니한 설명을 고르시오.

① 호흡과 맥박이 빠르고 약하고 불규칙해진다.
② 구토가 발생하고 피부가 창백하고 차고 축축해진다.
③ 동공이 축소되고 혈압이 저하된다.
④ 반사작용이 둔해지고 탈수 증상과 갈증을 호소한다.

> 출혈 발생 시 동공은 확대되는 것이 일반적인 증상이므로 동공이 축소된다고 서술한 ③번의 설명이 옳지 않다. 그 외에도 발생할 수 있는 출혈의 증상에는 체온 저하, 호흡곤란, 두려움 및 불안 호소 등이 있다.
> → 답 ③

03 성인의 심폐소생술 시행 방법으로 옳은 설명을 고르시오.

① 반응 확인 : 환자의 어깨를 세게 흔들며 "괜찮으세요?"라고 물어 의식이 있는지 확인한다.
② 호흡 확인 : 쓰러진 환자의 얼굴과 가슴을 30초 내로 관찰하여 호흡 여부를 확인한다.
③ 가슴압박 : 환자의 가슴뼈 아래쪽 절반 부위를 체중을 실어 분당 100~120회 속도와 약 5cm 깊이로 강하게 압박하고 가슴압박은 30회 시행한다.
④ 인공호흡 : 인공호흡 방법을 모르거나 꺼려지더라도 반드시 인공호흡을 시행한다.

> 환자의 반응을 확인할 때에는 어깨를 가볍게 두드리며 의식이 있는지 확인하는 것이 바람직하고, 호흡 여부를 확인할 때에는 10초 이내로 관찰한다. 또한 인공호흡의 경우 방법을 모르거나 꺼려진다면 인공호흡을 제외하고 가슴압박만 지속 시행하는 것이 권장되므로 ③번을 제외한 나머지 설명은 옳지 않다.
> → 답 ③

04 자동심장충격기(AED)의 올바른 패드 부착 위치를 서술하시오.

- 패드 1 : _____
- 패드 2 : _____

> **Tip!**
> 서술형 문제는 출제되지 않지만, 자동심장충격기(AED)의 패드 부착 위치를 문장 또는 그림을 통해 고르는 문제가 자주 출제되므로 정확한 위치를 암기해 주시는 것이 유리해요~!
> → 답
> - 패드 1 : 오른쪽 빗장뼈 아래
> - 패드 2 : 왼쪽 젖꼭지 아래 중간 겨드랑선

05 다음 중 화상의 분류별로 나타나는 특징에 대한 설명이 적절하지 아니한 것을 고르시오.

① 표피화상은 1도 화상이며 약간의 부종과 홍반이 나타난다.
② 2도 화상은 통증이 느껴지지만 흉터 없이 치료가 가능하다.
③ 부분층화상은 모세혈관이 손상되며 물집과 진물이 나고 감염의 위험이 있다.
④ 3도 화상은 전층화상으로 피부는 가죽처럼 매끈하고 화상부위는 통증이 없다.

> 흉터 없이 치료가 가능한 것은 표피화상(1도 화상)에 해당하는 설명이므로, 2도 화상(부분층 화상)에서 흉터 없이 치료가 가능하다고 서술한 ②번의 설명이 적절하지 않다. 부분층 화상은 모세혈관이 손상되며 심한 통증과 발적, 수포, 진물이 발생할 수 있고 감염의 위험이 있는 것이 특징이다.
> 참고로 3도(전층) 화상은 피부가 가죽처럼 매끈하고 검은색이 되며 피하지방과 근육층까지 손상되어 통증이 느껴지지 않고 화상부위는 건조한 양상이 나타난다.
> → 답 ②

MEMO

PART 4

소방학개론

(연소이론, 소화이론, 화재이론)

Chapter 04 소방학개론

■ 연소
가연물이 공기 중의 산소(산화제)와 결합하여 열과 빛을 내는 산화 현상
└ 마찰, 충격, 낙뢰, 단열압축, 전기불꽃, 정전기, 자연발화, 나화, 적외선, 화학열 등으로 활성화에너지 공급

1) **충격, 마찰**: 두 개 이상의 물체가 충돌 → 충격, 마찰 발생 → 이렇게 일어난 불꽃으로 가연성가스에 착화
2) **나화[裸(나) 드러낼 나, 火(화) 불 화]**: 불을 드러내고 있는 것 - 라이터, 성냥 등
3) **고온표면**: 굴뚝, 기계설비, 가열로 등 기본적으로 표면 온도가 높은 작업장과 같은 장소는 화재 위험에 주의해야 한다.
4) **정전기**: 음(-), 양(+)의 전하가 분리되면서 과잉전하가 발생하고, 이것이 축적되어 불꽃이 발생한다(중요한 것은, '정전기'에 의해서도 불이 붙을 수 있다는 것).

■ 정전기 예방 대책
1) 접지시설 설치
2) 전도체 물질 사용
3) 공기의 이온화
4) 습도를 70% 이상으로 유지

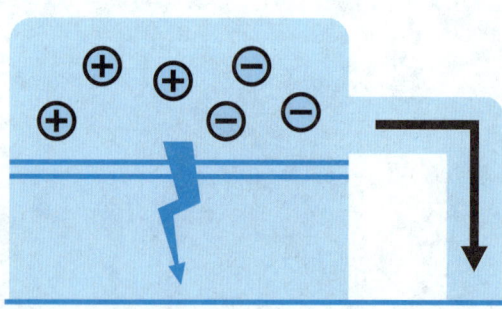

> **정전기 예방 원리**
> - 접지시설 설치 및 전도체 물질의 사용으로 과잉전하의 발생이나 전하 간의 충돌을 줄임으로써 정전기가 발생하는 것을 예방할 수 있다.
> - 공기를 이온화시키거나 습도를 70% 이상으로 유지함으로써 공기 내 전하를 중성화하거나 발생된 과잉전하를 분리시켜 정전기가 발생하는 것을 예방할 수 있다.

> 📁 **Tip**
> 중요한 것은, 정전기에 의해 화재가 발생할 수 있다는 것! 그렇기 때문에 정전기를 예방하기 위한 4가지 방법의 핵심 단어를 정확히 아는 것이 중요해요. '접지시설, 전도체 물질, 공기의 이온화' 그리고 '습도는 70% 이상'과 같은 정확한 단어와 수치를 기억해주세요~!

■ 연소의 3요소

가. 가연물질: 불이 날 수 있는 물질

나. 산소: 연소를 일으키거나 지속시키기 위해 꼭 필요

다. 점화에너지: 불을 붙일 수 있는 에너지

→ 가연물과 산소가 결합하면 '산화반응'이 일어나고 이때 점화에너지에 의해 불이 붙으면서 열과 빛을 동반한 연소를 일으킨다.

■ 연소의 4요소

연소의 3요소에 의해 연소가 시작되었다면 **연쇄반응**이 더해져 연소가 반복 진행(지속)할 수 있게 된다.

사전적 의미로 [연쇄반응]이란, 외부로부터 더 이상 에너지를 가하지 않아도 생성된 에너지나 물질이 주변의 다른 대상들에게도 반응을 계속 일으켜 그 반응이 계속 반복되고 지속되는 것을 의미하기도 한다.

→ 불길이 점점 커져서 직접적인 에너지를 가하지 않아도 연소가 확대되고 지속되는 현상을 볼 수 있어요.

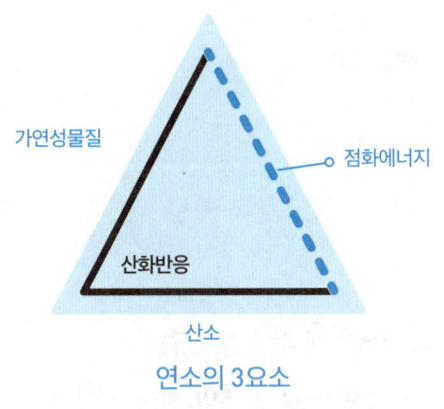

연소의 3요소

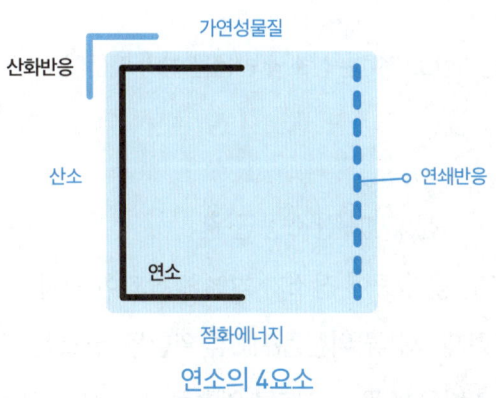

연소의 4요소

■ 가연성물질

가. 가연물은 산화하기 쉬운 즉, 산소와 발열반응을 일으켜 불이 붙기 쉬운 물질을 말하며 우리 주변에 무수히 많이 존재하는 유기화합물 대부분과 금속, 비금속, 가연성 가스(LPG, LNG 등)가 가연물에 해당된다.

나. 반대로 산화하기 어려워 더 이상 산화되지 않는 물질(불이 붙지 않는 물질)은 불연성 물질이라고 한다.

1) 가연물질 구비조건

① 활성화에너지(최소 점화에너지) 값이 작아야 한다.

② 열의 축적이 용이하도록 열전도도가 작아야 한다.

③ 산화되기 쉬운 물질로서 산소와 결합 시 발열량이 커야 한다.
④ 지연성(조연성)가스인 산소, 염소와 친화력이 강해야 한다.
⑤ 산소와 접촉할 수 있는 비표면적이 커야한다. (기체 > 액체 > 고체)
⑥ 연쇄반응을 일으킬 수 있는 물질이어야 한다.

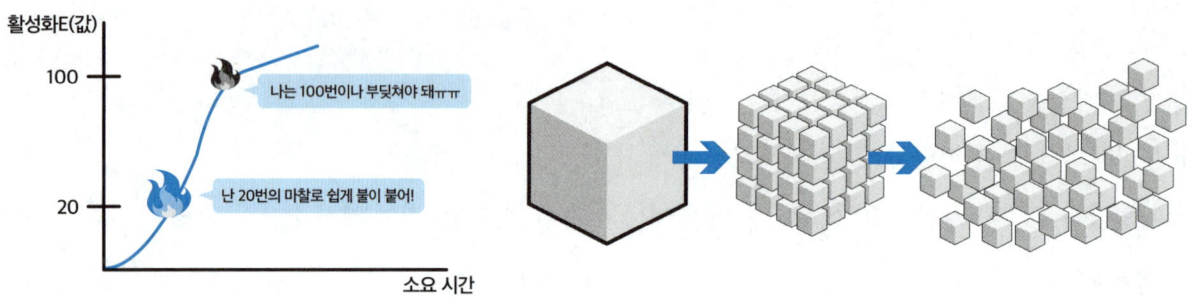

2) 가연물이 될 수 없는 조건
① **불활성 기체** : 헬륨(He), 네온(Ne), 아르곤(Ar) - 산소와 결합 X
② **산소와 화학반응 일으키지 못하는 물질** : 물(H_2O), 이산화탄소(CO_2)
③ **산소와 만나면 흡열반응하는 물질**(열을 뺏겨버림) : 질소 또는 질소산화물
④ **그 자체가 연소하지 않음**(타지 않음) : 돌, 흙

> 📁 **Tip**
> 일산화탄소(CO)는 산소와 반응을 하기 때문에 가연물이 될 수 있는 물질이다!

■ 산소(산화제) - 산소공급원

1) **공기** : 공기 중에 산소가 21% 포함되어 있다.
2) **산화제 - 제1류 위험물/제6류 위험물** : 산소를 갖고 있다가 충격·마찰 시 산소를 방출한다.
3) **자기반응성 물질 - 제5류 위험물** : 산소를 포함하고 있으며, 연소 속도 빠르고 폭발 위험이 있다.
   → 산화제/자기반응성물질은 '화기취급감독'편 참고

■ 점화원(활성화에너지)

가. 점화원[點 불붙일 점, 火 불 화, 原 원인 원] : 불(불꽃)이 붙게 하는 원인(근본)
나. 연소반응이 일어나려면 가연물과 산소공급원이 만나 불이 붙을 수 있는 환경과도 같은 '연소범위'를 만들고, 이때 외부로부터의 최소한의 활성화에너지, 마치 불티처럼 에너지를 탁! 일으킬 수 있는 '점화원'에 의해 연소가 일어난다.

▶ 점화원이 될 수 있는 요소

① **전기불꽃**: 단시간에 집중적인 에너지의 방사 형태로, 밀도는 높으나 고체를 발화시키기는 어려워 대부분 가연성 기체나 증기의 점화원이 될 수 있다.

② **충격 및 마찰**: 마찰불꽃에 의하여 가연성 가스에 착화가 일어날 수 있다.

③ **단열압축**: 기체를 높은 압력으로 압축하면 온도가 상승하고, 이렇게 상승한 열에 의해 가연물에 착화할 수 있다.

④ **불꽃 및 고온표면**: 불꽃은 항상 화염을 지니고 있는 열 또는 화기로, 불이 붙을 수 있는 위험한 화학물질이나 가연물이 있는 장소에서 불꽃을 사용하는 것은 매우 위험하다. / 표면의 온도가 높은 고온표면은 작업장의 화기, 가열로, 굴뚝, 기계설비 등에서 나타나며 화재의 위험성이 내재되어 있다.

⑤ **정전기 불꽃**: +, - 전하의 분리 시 과잉전하가 발생하여 물질에 축적되는 현상.

⑥ **자연발화**: 물질이 외부로부터 에너지를 공급받지 않더라도 자체적으로 온도가 상승하여 발화에 이르는 현상.

⑦ **복사열**: 열에너지가 파장 형태로 방사되는 현상으로, 화염과 직접적인 접촉 없이 연소가 확대될 수 있다. 햇빛이 유리나 거울에 반사되어 가연성 물질에 장시간 방사될 시 발화로 이어질 수 있다.

■ 연쇄반응(연소의 4요소)

가. 가연성 물질과 산소 분자가 점화에너지까지 얻었겠다, 그러면 세력다툼이라도 하듯 불안정한 과도기적 물질로 나뉘면서 활성화되는데 이렇게 물질이 활성화되는 상태를 라디칼이라고 한다.

> 즉, 막 불타오르려고 하는 대혼란 상황에서 태어난 것이 바로 '라디칼'이라고 볼 수 있어요. 그래서 이 라디칼은 극도로 불안정한 과도기적 물질이죠. 그래서 이 라디칼은 주변 분자들을 가만히 두질 않고 공격하려는 성향이 강한데 이걸 '반응성이 강하다'고도 합니다.

나. 한 개의 라디칼이 주변 분자에게 강펀치를 날리자, 두 개의 라디칼이 만들어졌고 이러한 '분기반응'을 통해 라디칼의 숫자는 기하급수적으로 증가한다. 이러한 세력 확장을 〈연쇄반응〉이라고 한다.

다. 세력확장 즉, 〈연쇄반응〉을 통해 만들어진 라디칼들은 이제 불꽃(화염)파의 우두머리가 되어 화염이 발생하는 연소를 주도한다.

라. 화염이 발생하는 일반적인 연소에서 연쇄반응이 주도해 폭주하는 것을 막고자, 연쇄반응으로 발생하는 라디칼을 흡착해 없애버리는 '억제소화'가 만들어졌고, 이러한 억제소화를 통해 연쇄반응이 참여하는 화염 연소는 진압할 수 있게 되었다.

마. 하지만 노장은 죽지 않는다고 했던가… 연쇄반응이 빠진 3요소 노장들(가/산/점)만 참여하는 무염연소(표면연소)에서 억제소화는 아무런 효과가 없었다.

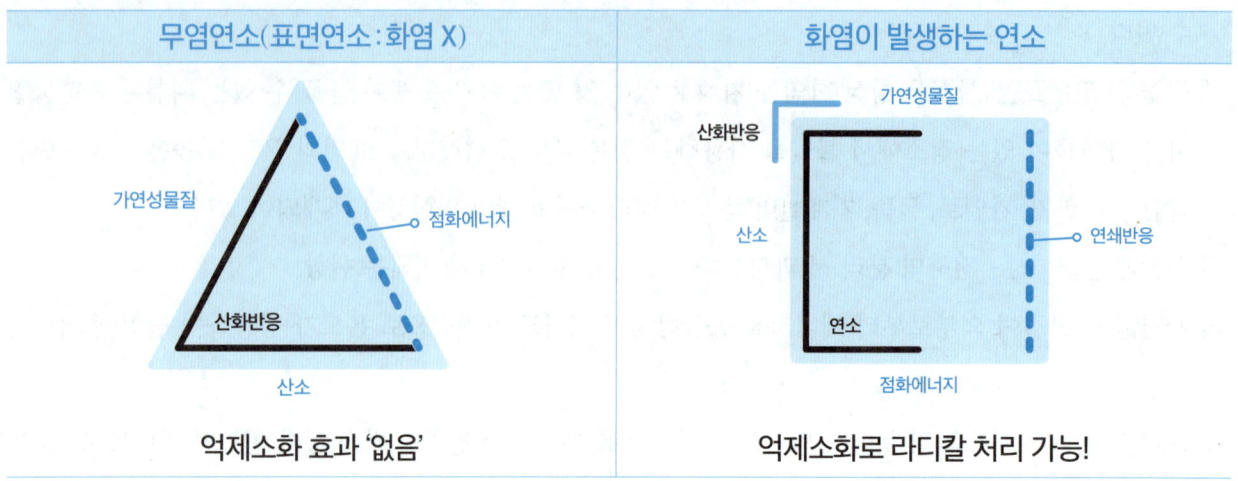

■ **연소 용어**(인화점, 연소점, 발화점)

1) 인화점(인화온도) : [引끌 인, 火불 화 - 불이 나도록 이끄는 점]

가. 연소범위가 만들어졌을 때, 외부의 직접적인 점화원에 의해서 인화될 수 있는 최저온도. 다시 말해서, 공기 중에 있는 어떤 물체에 점화원을 투여했을 때(갖다 댔을 때) 불이 붙는 최저온도를 말한다.

　예 등유 : 39° 이상, 중유 70° 이상

나. 액체와 고체 상태별 인화현상의 차이점

구분	액체	고체
가연성 증기가 발생되는 과정	증발 과정	열분해 과정
인화에 필요한 에너지	적다	크다

> 📁 **Tip**
> ① 액체 상태의 알코올을 생각해보면 액체가 열을 받으면 증발하게 되고, 그렇게 가연성 증기(불이 붙을 수 있는 가스)가 발생되면서 그 가연성 증기에 의해 불이 붙을 수 있다. 액체는 열 받으면 증발!
> ② 반면 나무토막이나 종이같은 고체가 불에 타는 과정을 생각해보면 고체는 열을 받았을 때 조각조각 부서지면서 쪼개지는 현상을 떠올릴 수 있다. 이런식으로 고체는 열분해 과정을 거치며 가연성 증기가 발생하고, 그 증기에 의해 불이 붙는다. 고체는 열 받으면 분해!
> ☞ 나무토막에 불이 붙어 탈 때까지 걸리는 시간이 휘발유같은 액체에 불이 붙는 것보다 시간이 더 오래 걸리는 것은 이런식으로 쪼개지는(분해) 과정을 한번 더 거치기 때문인데, 다시 말하면 고체가 인화되기 위해 필요한 에너지가 크다는 것으로 이해할 수 있다.

2) 연소점:

가. 연소상태(불 붙은 상태)가 계속되어 5초 이상 유지될 수 있는 온도를 말하는데, 일반적으로 인화점보다 약 10° 정도가 높다.

나. 이렇게 연소상태가 쭉 유지되려면 연소 과정에서 가스(가연성 증기)가 만들어지는 속도가, 타들어가는 연소 속도보다 빨라야 한다. 다시 말해서, 연소점이란 발화 이후로 연소를 계속 지속시킬 수 있을 정도로 충분한 양의 가연성 증기를 계속적으로, 빠르게 발생시킬 수 있는 최저온도(최소한의 온도)를 의미한다.

3) 발화점(착화점, 발화온도) : [發일어날 발, 火불 화 – 불이 자연적으로 일어나는(발생하는) 최저온도]

가. 외부의 직접적인 점화원 없이, 가열된 열의 축적으로 발화에 이르는 최저온도로, 보통 인화점보다 수 백 도 이상 높다.

   예 등유 : 210°, 중유 400° 이상

→ 예를 들어, 한여름 날씨에 어떤 드럼통이 계속 열을 받아 그 열이 축적되고 있다가 어느 순간 드럼통 안에 들어있던 기름에 불이 붙어버린 경우를 생각해보자. 이 경우, 불씨를 직접 기름에 갖다 댄 것도 아닌데, 자체적인 열의 축적으로 불이 붙어 발화에 이르렀고, 이렇게 점화원 없이 열이 축적되다가 발화가 일어나버린 온도를 그 기름의 발화점이라고 볼 수 있다.

나. 일반적으로 산소와 친화력이 큰 물질일수록 발화점이 낮아 발화하기 쉬운 경향이 있다.

다. 고체 가연물의 발화점은 가열공기의 유량, 가열속도, 가연물의 크기·모양 등에 따라 달라진다.

라. 화재진압 후 남아있는 불이나 열감을 정리할 때 물을 계속 뿌려 냉각시키는 것은, 고온의 화재로 인해 이미 발화점(착화점) 이상으로 열이 축적돼 있는 건물이나 잔해가 주변의 열을 받아 자연적으로 불이 붙어 다시 연소되는 것을 막기 위함이다.

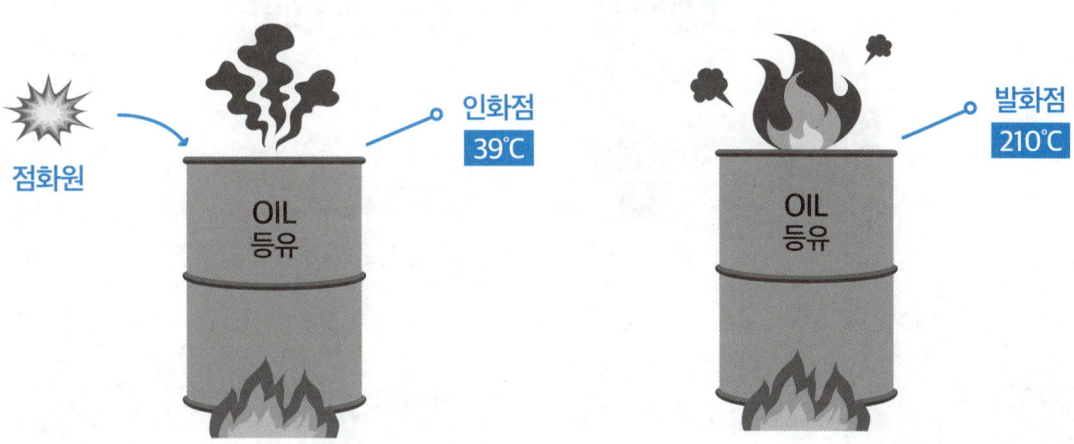

📢 Tip
그래서 ['발화점'이 가장 높고 > '연소점' > '인화점'] 순으로 온도가 높다!

■ 연소범위

1) 연소범위

가. 기체가 확산되어 공기 중에 섞여 가연성 혼합기(可 허락할 가, 燃 탈 연 : 탈 수 있는 성질을 가진 혼합된 기체)를 만드는데, 만들어졌다고 아무 때나 불이 붙을 수 있는 게 아니라 그 농도가 적정한 범위 내에 있을 때에만 연소가 발생할 수 있다. 이렇게 연소가 가능한 농도 범위를 '연소범위'라고 한다.

→ 가연성 증기와 공기의 혼합 상태로 연소가 일어날 수 있는 범위

나. '범위'라는 건 한정된 구간(영역)을 말하기 때문에 '최소한 이 정도'부터 '최대 이 정도'까지 영역이 정해져 있다. 그래서 '최소한 이 정도'보다도 가연성 기체의 수가 적어 농도가 옅어지거나, 반대로 '최대 이 정도'보다도 기체의 수가 많아 농도가 짙어지면 연소는 일어나지 않는다.

└. 이렇게 연소가 일어날 수 있는 연소범위의 최솟값을 '연소 하한계'/ 연소가 일어날 수 있는 연소범위의 최댓값을 '연소 상한계'라고 한다. → 하한계보다 옅은 농도이거나, 상한계보다 짙은 농도이면 연소 발생 X!

다. 기체마다 각각의 연소범위가 다르다.

기체/증기	연소범위(vol%) (하한 ~ 상한)	기체/증기	연소범위(vol%) (하한 ~ 상한)
수소	4.1 ~ 75	메틸알코올	6 ~ 36
아세틸렌	2.5 ~ 81	암모니아	15 ~ 28
중유	1 ~ 5	아세톤	2.5 ~ 12.8
등유	0.7 ~ 5	휘발유	1.2 ~ 7.6

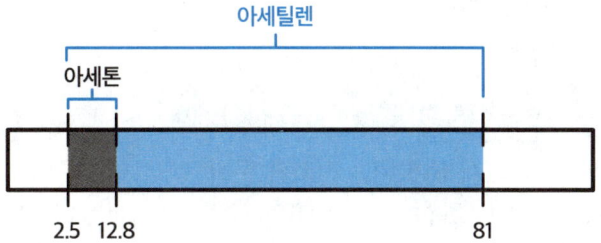

2) 아세톤과 아세틸렌은 하한계가 2.5로 같지만, 아세톤의 상한계는 12.8까지고 아세틸렌의 상한계는 81까지이므로 아세틸렌의의 연소범위가 아세톤보다 넓다.

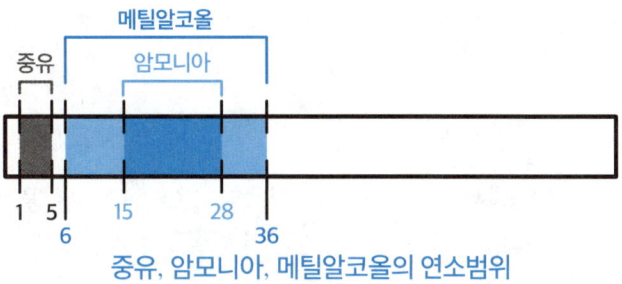

중유, 암모니아, 메틸알코올의 연소범위

■ 증기비중

1) 공기를 1로 두고 같은 온도, 같은 압력의 조건 하에 어떤 증기와 공기의 무게를 비교한 수치
2) 공기인 1보다 작으면 가벼운 것이고, 공기보다 크면 무거운 것으로 이해한다.

> **Tip**
> 볼링공을 떠올리면 쉬워요! 공기 1kg보다 크면 무거운 증기, 공기 1kg보다 작으면 가벼운 증기!

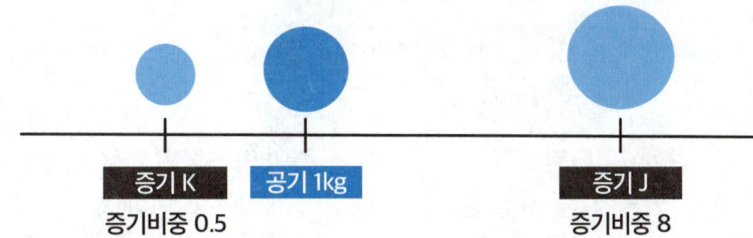

■ 화재이론 & 소화이론

1) 화재

가. 정의: '화재'란 사람이 의도치 않은, 또는 고의로 발생한 연소 현상으로 소화설비 등을 이용해 소화(진압)할 필요가 있는 화학적 폭발 현상을 의미한다.

나. 화재의 분류(종류) 및 소화방법

분류	A급 일반화재	B급 유류화재	C급 전기화재	D급 금속화재	K급 주방화재
정의	• 일상에서 가장 많이 존재하는 가연물에서 비롯된 화재(종이, 나무, 솜, 고무, '폴리 ~' 류 등) • 화재 발생 건수 월등히 높음 (보통화재)	유류에서 비롯된 화재(인화성 액체, 가연성 액체, 알코올, 인화성 가스 등)	전기가 통하고 있는(통전 중인) 전기 기기 등에서 비롯된 화재 (전기 '에너지'로 발생한 화재를 일컫는 것이 아님!)	• 가연성 금속류가 가연물이 되어 비롯된 화재 • 특히 가연성 강한 금속류는 칼륨, 나트륨, 마그네슘, 알루미늄 등 • 덩어리(괴상)보다는 분말상일 때 가연성 증가	주방에서 사용하는 식용유, 동식물성유 등을 취급하는 조리기구에서 비롯된 화재
특징	연소 후 재가 남는다.	연소 후 재가 남지 않는다.	물을 이용한 소화는 감전의 위험이 있음.	대부분 물과 반응해 폭발성 강한 수소 발생 → 수계(물, 포, 강화액) 사용 금지!	Tip. 비누는 기름이 달라붙는 것을 막는다!(치킨 먹고 기름진 손 비누로 싹싹)
소화	냉각이 가장 효율적 → 다량의 물 또는 수용액으로 소화	포(하얀 거품) 덮어 질식소화	가스 소화약제(이산화탄소) 이용한 질식소화	금속화재용 분말 소화약제, 건조사(마른모래) 이용한 질식소화	연소물 표면을 차단하는 비누화 작용+식용유 온도 발화점 이하로 냉각작용

2) 소화방법

① 제거소화	② 질식소화	③ 냉각소화	④ 억제소화
물리적 작용			(유일한) 화학적 작용
가연물 제거 → 연소반응 중지	산소(공급원) 차단 → 공기 중 산소 농도를 15% 이하로 억제	연소 중인 가연물의 열을 빼앗아 착화온도 이하로 내림(냉각) → 가장 일반적인 소화 방법	연소의 4요소 중 '연쇄반응'의 무력화 → 연소가 계속 되려는 성질을 약하게 만듦
• 가스밸브 폐쇄(잠금) • 가연물 직접 제거, 파괴 • 입으로 촛불 불어서 순간적으로 증기 날려보내기 • 산불화재 시 진행 방향에 있는 나무 제거	• 불연성 기체로 덮기 • 불연성 포(Foam)로 덮기 • 불연성 고체로 덮기	• 주수(물 뿌리기)에 의한 냉각작용 • 이산화탄소 소화약제에 의한 냉각작용	• 할론, 할로겐화합물 소화약제에 의한 억제(부촉매) 작용 • 분말소화약제에 의한 억제(부촉매) 작용

3) 소화약제의 종류별 효과

① **물 소화약제** : 냉각 · 질식효과

② **포 소화약제** : 질식 · 냉각효과

③ **분말 소화약제** : 질식 · 억제(부촉매)효과

④ **이산화탄소(CO_2) 소화약제** : 질식 · 냉각효과

⑤ **할론 소화약제** : 질식 · 억제(부촉매) · 냉각효과

4) 연소생성물 및 연기

- 건축재료, 가구, 의류 등 일반적인 가연물은 화재로 인해 열이 가해지면, 열분해 과정을 거치며 공기 중의 산소와 반응해 여러 가지 생성물을 발생시킨다.

연소생성물	특징
일산화탄소(CO)	무색 · 무미 · 무취의 가스로 산소의 운반기능을 약화시켜 질식하게 만든다. → 연소 시 유독성 가스인 포스겐 생성
이산화탄소(CO_2)	무색 · 무미의 기체로 가스 자체는 독성이 거의 없지만 다량 존재 시 사람의 호흡 속도를 증가시켜, 주변에서 혼합되어 있던 유해 가스 등의 흡입을 증가시킬 수 있어 위험하다.

- 연기 : 실내 가연물이 열분해하면서 발생한 일종의 불완전한 생성물로, 산소 공급이 불충분해지면 탄소분이 생성되며 연기가 검은색을 띠게 된다.
  → 쉽게 말해서, 불이 크게 나면서 이것저것 마구잡이로 태우기 시작하면 주변의 산소 농도가 불충분(불완전)해지고, 탄소분이나 주변 먼지 등이 섞이면서 연기가 검게 변해요~!

> **연기가 인체에 미치는 영향**
> - 시야 감퇴 → 피난행동 및 소화활동 저해
> - 유독물(일산화탄소, 포스겐 등) 발생 → 생명 위험
> - 정신적 긴장 또는 패닉에 빠지게 되면 2차 재해의 우려가 있다.
> - 방염(난연) 처리된 물질을 사용하면 건축물의 화재 시, 연소 자체는 억제해줄 수 있지만 타면서 다량의 연기입자 및 유독가스를 발생시킨다는 단점도 있다.

- 연기의 유동 및 확산 속도

수평방향(↔)	수직방향(↕)	계단실 내 수직이동
0.5 ~ 1 m/sec	2 ~ 3 m/sec	3 ~ 5 m/sec

→ 수평보다 수직이동 시 확산속도가 더 빠르고, 계단실처럼 밀폐된 공간에서의 수직이동 시 가장 빠르게 확산된다.

5) '열' 전달

가. 화염이 확산되기 위해서는 '열'의 전달이 이루어져야 한다.

나. 온도가 다른 두 개가 접촉하고 있거나, 내부에 온도구배(열이 흐르는 방향에 따라 온도차가 있는 것)가 발생한 경우 상대적으로 온도가 높은 곳(뜨거움)과 낮은 곳(차가움)이 존재하게 되는데 이때 온도가 높은 곳에서 낮은 곳으로, 즉 에너지가 높은 곳에서 낮은 곳으로 전달된다. 이렇게 뜨거운 곳에서 차가운 곳으로 열이 흐르는 과정을 열전달이라고 한다.

① **전도**(Conduction) : 두 물체가 접해있을 때 뜨거운 곳에서 차가운 곳으로 열이 전달되는 것. 화재 시 화염과는 떨어져 있지만, 거리가 인접한 가연물에 불이 옮겨붙는 것은 전도열에 의한 것이다. 다만 열전도 방식에 의해 화염이 확산되는 경우는 흔치 않다.

예 쇠젓가락의 한쪽 끝을 가열하면 불꽃이 닿지 않은 반대쪽도 이내 열이 전달되어 뜨거워지는 것, 뜨거운 국그릇에 숟가락을 담가놓았더니 손잡이 부분이 뜨거워진 것, 손난로를 쥐고 있을 때 손이 따뜻해지는 것 등이 전도 현상에 해당한다.

② **대류**(Convection) : 기체 혹은 액체와 같은 유체의 흐름(뜨거운 공기는 위로! 차가운 공기는 아래로!)에 의해 열이 전달되는 것.

예 난로를 사용하면 난로에 가까이 있는 공기는 열전도 당해서 뜨거워지니까 위로 올라가려고 하고, 난로에서 먼 공기는 상대적으로 차가우니 아래로 내려가려고 하는데 이러한 흐름이 반복(순환)하면서 방 안의 공기가 따뜻해지는 것이 대류 현상. 에어컨은 위쪽에, 난로는 아래쪽에 설치하는 것도 대류를 고려한 것. → 대류는 순환이다!

③ **복사**(Radiation, 輻 바퀴살 복, 射 쏠 사) : '바큇살'은 바퀴의 중심에서 테두리로 이어지는 부챗살 모양의 막대 같은 것을 말하는데, 이러한 부챗살 모양으로 쏜다고 해서 복사!

　ㄱ. 보통 화재 현장에서 인접건물을 연소시키는 주원인이 복사열이다. 가림막이 없는 땅에서 햇볕을 계속 쬐면 뜨거워지는 것은 태양으로부터 열에너지가 파장 형태로 계속 방사되어 열이 전달되는 복사열의 사례로 볼 수 있다.

　ㄴ. 화재에서 <u>화염의 접촉 없이 연소가 확산되는 것</u>은 **복사열**에 의한 것!

　- 복사는 파장 형태로 열에너지가 전달되는 것이므로, 쉽게 말해 그 파장을 방해하는 차단물(방해물)이 중간에 껴있으면 복사가 이루어지지 않는다. 그래서 화재 현장에서는 보통 바람이 불어오는 쪽(풍상)이 바람으로부터 보호를 받는 쪽(풍하)보다 공기가 맑아 복사에 의한 열전달이 잘 이루어진다. (산에 바람이 불어 맞부딪치고 넘어가는 뒤쪽, 바람이 가려지는 쪽을 풍하라고 하므로 바람으로부터 보호를 받는 풍하보다는 바람의 진행 방향에 있는 풍상쪽에서 복사가 원활!) 따라서 화재 현장에서 인접건물이 화염의 접촉 없이도 영향을 받아 연소되는 것은 이러한 복사열이 주원인으로 작용한다.

> **깜짝퀴즈**
>
> Q. 직접적인 화염의 접촉(또는 접염연소) 없이 연소가 확산되는 현상의 원인은?
> A. 복사

6) 건물화재 성상

가. 건물화재의 특성

건축물 화재는 보통 화원(불의 근원)이 일부분의 가연물에 착화되어 서서히 진행되다가, 벽이나 칸막이 등과 같이 수직 형태의 가연물에 착화되어 천장으로 번져나가면서 본격적인 화재가 된다.

이렇게 점점 화재가 확대되면 옆방 → 건물 전체 → 인접한 건물로까지 연소가 확대될 수 있다.

나. 화재성상 단계

① **초기**: 아직은 실내의 온도가 크게 상승하지 않은 때로, 화원이나 착화물질의 종류에 따라 초기단계의 시간이 달라질 수 있다. 보통 발화부위는 훈소현상(불꽃없이 속에서만 지글지글, 모락모락하는 상태)으로부터 시작되는 경우가 많다.

② **성장기**: 내장재 등에 착화된 시점으로, 실내온도가 급격히 상승하며 천장 부근에 축적되어 있던 가연성 가스에 불이 옮겨 붙게 되면 일순간 실내 전체가 폭발적으로 화염에 휩싸이게 되는 플래시오버(Flash Over) 상태가 될 수 있다.

③ **최성기**: 실내 전체에 화염 충만, 연소 최고조 상태

- 내화구조의 경우: 최성기까지 20~30분 소요, 실내온도 800~1,050℃ 정도
- 목조건물의 경우: 최성기까지 약 10분 소요(더 타기 쉽기 때문에), 실내온도: 1,100~1,350℃ 정도

④ **감쇠기**: 최성기 이후로는 대부분의 가연물은 이미 다 타버렸기 때문에 화세가 감쇠하고, 온도도 점차 내려가기 시작한다.

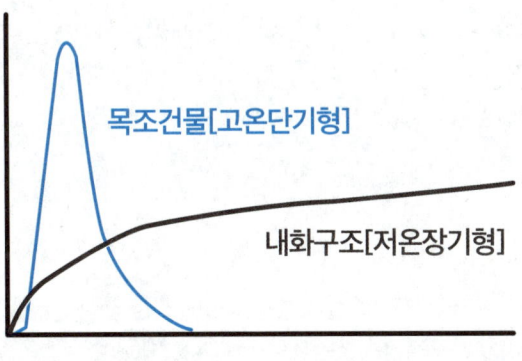

4단원 (소방학개론) 복습 예제

01 가연물질의 구비조건에 대한 설명으로 옳지 아니한 것을 고르시오.

① 열의 축적이 용이하도록 열전도율이 작아야 한다.
② 연쇄반응을 일으키는 물질이어야 한다.
③ 산소·염소와 같은 지연성(조연성) 가스와 친화력이 강해야 한다.
④ 화학반응을 위한 활성화에너지 값이 커야 한다.

> 가연물질이 되기 위한 구비조건으로 활성화에너지(최소 점화에너지) 값은 작아야 하므로 ④번의 설명이 옳지 않다. 참고로 열의 축적이 용이하도록 열전도율(열전도도) 역시 작을수록 가연물질이 되기에 유리하며, 그 외에 산소와 결합 시 발열량이나 산소와 접촉할 수 있는 표면적은 크고, 조연성 가스와의 친화력은 강하고, 연쇄반응을 일으킬 수 있는 물질이어야 한다.
> → **답** ④

02 가연물이 될 수 없는 물질 중 질소 또는 질소산화물 등이 가연물이 될 수 없는 이유로 가장 적절한 것을 고르시오.

① 자체가 연소하지 않기 때문이다.
② 산소와 화합 시 흡열반응을 일으키기 때문이다.
③ 산소와 화학반응을 일으킬 수 없는 물질이기 때문이다.
④ 산소와 결합하지 못하는 불활성 기체이기 때문이다.

> 자체가 연소하지 않는 물질은 돌이나 흙 등이 있고, 산소와 화학반응 하지 않는 물질에는 물과 이산화탄소 등이 있다. 또한 불활성 기체로 산소와 결합하지 못하는 것은 헬륨, 네온, 아르곤 등이 있는데 문제의 질소 또는 질소산화물 등은 산소와 화합 시 흡열반응을 일으키는 물질이기 때문에 가연물이 될 수 없다. 따라서 가장 적절한 설명은 ②번.
> → **답** ②

03 다음 제시된 설명은 점화원으로 작용할 수 있는 요소 중 (A)에 대한 예방 대책이다. 설명을 참고하여 점화원으로 작용할 수 있는 요소 중 (A)는 무엇인지 고르시오.

> • 실내 공기를 이온화한다.
> • 전도체 물질을 사용한다.
> • 접지시설을 설치한다.
> • 습도를 70% 이상으로 유지한다.

① 전기불꽃
② 정전기
③ 고온표면
④ 단열압축

> 점화원은 연소반응이 일어나기 위한 활성화에너지로, 이러한 점화원으로 작용할 수 있는 요소에는 ①불꽃 및 고온표면, ②충격 및 마찰, ③전기불꽃, ④단열압축, ⑤정전기 불꽃 등이 있다. 문제에서 제시된 설명은 그 중에서도 정전기에 의한 재해(정전기 불꽃) 발생을 방지할 수 있는 예방책에 해당하므로, (A)는 정전기.
> → 답 ②

04 산불 화재 시 진행 방향에 있는 나무를 베거나, 가스화재 현장에서 가스밸브를 폐쇄하는 방법, 또는 가연물을 직접 파괴하는 방법 등은 다음의 소화방법 중 어느 것에 해당하는지 고르시오.

① 제거소화
② 질식소화
③ 냉각소화
④ 억제소화

> 문제에서 제시된 사례들은 가연물을 제거하여 연소반응을 중단시키는 소화방법으로 '제거소화'의 사례에 해당한다. 참고로 질식소화는 공기 중의 산소 농도를 15% 이하로 제어하는 방법, 냉각소화는 가연물의 열을 빼앗아 착화온도 이하로 온도를 내려 냉각시키는 방법, 억제소화는 연쇄반응을 약화시키는 화학적 소화 방식에 해당한다.
> → 답 ①

05   화재 시 가장 크게 작용하는 열의 이동 방식으로, 열에너지를 파장 형태로 계속 방사하여 화염과의 접촉 없이 연소가 확산되는 현상은 열의 전달 방식 중 어느 것에 해당하는 설명인지 고르시오.

① 대류
② 전도
③ 복사
④ 비산

> 열의 전달 방식에는 크게 (1)전도, (2)대류, (3)복사가 있는데 전도는 물체가 다른 물체와 직접 접촉하여 열이 전달되는 방식을 말하며, 대류는 기체·액체와 같은 유체의 움직임(흐름)에 의해 열이 전달되는 방식을 말한다. 문제에서 제시된 것과 같이 열이 파장 형태로 방사되어 화염과의 접촉 없이도 연소가 확산되는 것은 '복사'열에 의한 현상이므로 정답은 ③번.
>
> → 답 ③

06   다음 중 각 연소용어에 대한 설명이 옳은 것을 고르시오.

① 외부의 직접적인 점화원에 의해 불이 붙을 수 있는 최저온도를 발화점이라고 한다.
② 외부의 직접적인 점화원 없이 열의 축적에 의해 불이 붙는 최저온도를 인화점이라고 한다.
③ 일반적으로 연소점은 발화점보다 약 10 °C 정도 온도가 높다.
④ 연소상태가 5초 이상 유지될 수 있는 온도를 연소점이라고 한다.

> 외부의 직접적인 점화원에 의해 인화(불이 붙음)할 수 있는 최저온도를 '인화점'이라고 한다. 이와 비교해서 '발화점'은 외부의 직접적인 점화원 없이 열의 축적에 의해 발화하는 최저온도를 말한다. 따라서 ①번과 ②번의 설명은 서로 반대로 서술하고 있으므로 옳지 않은 설명이고, '연소점'은 연소 상태가 5초 이상 계속 유지될 수 있는 온도로, 일반적으로 인화점보다 약 10 °C 정도 높은데, 일반적으로 발화점은 수 백도 정도로 높은 온도이므로 연소점이 발화점보다 온도가 높다고 설명한 ③번의 설명도 적절하다고 보기 어렵다.
>
> → 답 ④

07 각 화재의 분류별 특성에 대한 설명이 옳지 아니한 것을 고르시오.

① B급화재는 연소 후 재를 남기며, 질식작용 및 냉각작용을 이용한 소화가 적응성이 있다.
② K급화재는 주방에서 동식물유를 취급하는 조리기구에서 발생하는 화재로 소화 시 비누화 작용 및 냉각작용이 동시에 필요하다.
③ D급화재는 물과 반응하여 강한 수소를 발생시킬 수 있으므로 수계소화약제를 사용하지 않고 건조사 등을 사용해 소화한다.
④ C급화재는 물을 뿌리면 감전의 위험이 있으며 이산화탄소 및 분말소화약제 등이 적응성이 있다.

> B급화재는 유류화재로, 가장 특징적인 점은 연소 후 재를 남기지 않는다는 것이다. 따라서 연소 후 재를 남긴다고 서술한 ①번의 설명이 옳지 않다. (연소 후 재를 남기는 것은 A급(일반)화재의 특징으로 볼 수 있다.) 참고로 K급은 주방화재, D급은 금속화재, C급은 전기화재에 해당하며 ①번을 제외한 나머지 지문은 모두 옳은 설명이다.
>
> → 답 ①

08 실내 화재의 성상 단계별로 나타나는 특성에 대한 설명이 옳지 아니한 것을 고르시오.

① 초기에는 실내 온도가 아직 크게 상승하지 않은 시점으로 화원이나 착화물질의 종류에 따라 시간이 달라질 수 있다.
② 내장재 등에 착화된 후 실내온도가 급격히 상승하는 시점은 성장기 단계에 해당한다.
③ 내화구조의 경우 최성기까지 20~30분, 목조건물의 경우 약 10분이 소요되며, 최성기 단계 이후로 플래시 오버(Flash Over) 상태가 된다.
④ 최성기 이후로 가연물이 대부분 타버리고 감쇠기에 이르러 화세가 감쇠, 온도가 점차 하강하는 양상을 보인다.

> 성장기 단계에서 실내온도가 급격히 상승하고, 천장 부근에 축적되어 있던 가연성 가스에 착화되면서, 일순간 실내 전체가 화염에 휩싸이는 플래시오버(Flash Over) 현상이 나타난다. 따라서 최성기 단계 이후로 플래시오버 상태가 된다고 서술한 ③번의 설명이 적절하지 않으며, 다만 내화구조의 경우 최성기까지 약 20~30분, 목조건물의 경우 그보다 짧은 10분 정도가 소요되어 내화구조는 저온장기형, 목조건물은 고온단기형 양상을 보이는 것은 맞다.
>
> 💬 참고
> 초기 → 성장기 (플래시 오버) → 최성기 → 감쇠기
>
> → 답 ③

09   연소의 4요소와 관련된 설명으로 옳지 아니한 것을 고르시오.

① 가연물은 산화하기 쉬운 물질로 산소와 발열반응을 일으키며, 연소반응에 관계된 가연물을 제거하는 제거소화 방식을 통해 연소반응을 중지시켜 소화할 수 있다.
② 일반적으로 공기 중에 약 1/5 정도의 산소가 함유되어 있으며, 그 외에도 제1류위험물 및 제6류위험물과 같은 산화성물질이나 제5류위험물과 같은 자기반응성 물질이 산소공급원이 될 수 있다.
③ 가연성물질과 산소 분자가 점화에너지를 받아 불안정한 과도기적 물질로 나뉘며 활성화되는 상태를 라디칼이라고 하며, 분기반응을 통해 라디칼의 수가 기하급수적으로 증가하는 것을 연쇄반응이라고 한다.
④ 연소의 3요소가 적용되는 무염연소(표면연소)에서 억제소화를 이용한 소화방식이 효과적이다.

> 연쇄반응으로 만들어지는 라디칼(Radical)은 화염을 동반하는 화염연소를 주도하는데, 이렇게 연소의 4요소(가연물 - 산소 - 점화원 - 연쇄반응)가 적용되어 화염이 발생하는 일반적인 연소와 달리, 연쇄반응이 빠진 연소의 3요소만 적용되는 무염연소(표면연소)에서는 라디칼을 흡착하여 없애는 억제소화 방식이 효과가 없다. 따라서 옳지 않은 설명은 ④번.
>
> → 답 ④

10   전기화재에서 불연성 포(Foam)로 연소물을 덮는 것은 다음 중 어떤 소화방식에 해당하는지 고르시오.

① 제거소화
② 질식소화
③ 냉각소화
④ 억제소화

> 불연성 기체 / 불연성 포(Foam) / 불연성 고체 등으로 연소물을 '덮어' 소화하는 방식은 산소 농도를 15% 이하가 되게 하여 소화하는 방식으로 이는 산소(공급원)를 차단 및 제한하는 질식소화 방식에 해당한다.
>
> → 답 ②

PART 5

위험물·전기·가스 안전관리

Chapter 05 위험물·전기·가스 안전관리

■ 위험물

가. 위험물 : 인화성(불이 잘 붙는 성질, 공기와 혼합 시 점화에너지에 의해 불이 붙을 수 있는 성질) 또는 발화성(일정 온도에서 불이 쉽게 붙거나 자연히 연소를 일으키는 성질) 등의 성질을 갖는 것으로 대통령령으로 정하는 물품

나. 위험물 안전관리 제도 : 제조소등마다 관계인은 대통령령이 정하는 위험물 취급 자격자를 안전관리자로 선임해야 하며, 해임 및 퇴직 시 그날로부터 30일 내 선임. 선임한 날로부터 14일 내 소방서장(본부장)에 신고

다. 지정수량 : 위험물의 종류별로 위험성을 고려해 대통령령이 정하는 제조소등의 설치허가 시 기준이 되는 최저 기준 수량

유황	휘발유	질산	알코올류	등·경유	중유
100Kg	200L	300Kg	400L	1,000L	2,000L

💬 백단위를 숫자 순서대로 외우면 쉬워요~! 황발질코 1,2,3,4 / 등경천 / 중이천(황,질은 킬로그램)

■ 위험물의 종류별 특성

제1류	제6류	제5류	제2류	제3류	제4류
산화성 고체	산화성 액체	자기반응성 물질	가연성 고체	자연발화성 금수성 물질	인화성액체
강산화제(산소부자)→가열, 충격, 마찰로 분해되어 산소 방출	**강산**(자체는 불연이나 산소 발생) : 일부는 물과 접촉 시 발열	산소함유→자기연소 : 가열, 충격, 마찰로 착화 및 폭발! 연소속도 빨라 소화 곤란	저온착화, 유독가스	자연발화, 물과 반응	• 물보다 가볍고 공기보다 무거움 • 주수(물)소화 못하는 게 대부분

제1류, 제6류 → 산화제 (가연물질의 산소공급원)
제5류 → 자기반응성 물질
제2류, 제3류, 제4류 → 전부위험물

■ 제4류 위험물의 성질

1) 인화가 쉽다(불이 잘 붙는다).
2) 물에 녹지 않으며 물보다 가볍고, 증기는 공기보다 무겁다(기름은 물과 안 섞이고, 물보단 가벼워서 물 위에 뜬다! 반면, 증발하면서 생기는 증기는 공기보다 무거워 낮은 곳에 체류한다).
3) 착화온도가 낮은 것은 위험하다(불이 쉽게 붙기 때문에!).
4) 공기와 혼합되면 연소 및 폭발을 일으킨다.

■ 유류 취급 시 주의사항

1) **석유난로**: 불을 끈 상태에서 연료 충전하기, 기름 넘치지 않도록 관리, 고정해서 사용하기, 불이 붙은 상태에서는 이동 금지, 불 켜놓고 자리 비우지 않기
2) (유류는 증기를 만들고, 그 증기에도 불이 붙을 수 있기 때문에) 유류가 들어있던 드럼통 절단 시 남아있던 유증기를 배출해야 한다.
3) 유류 취급·보관 장소를 확인할 때는 성냥, 라이터 X! 손전등 사용하기
4) 페인트, 시너 사용 시 실내 환기 충분히~!

■ 전기화재 원인

1) **전선의 합선, 단락**: 전선이 오래 돼서 달라붙는 것
2) **누전**: 전기가 흘러나오는 것
3) 과전류(과부하)
4) 규격미달의 전선 사용, 절연불량, 정전기 불꽃

> **📢 Tip**
>
> ↳ **단선**: 전선이 끊기는 것 - **전기, 불 X**
>
> 단락은 전선이 서로 달라붙어 필요 이상의 과전류를 발생시키거나 불이 날 위험이 있지만 단선은 전선이 아예 끊기는 것이기 때문에 전기가 통하지도 않고, 따라서 화재 발생 위험도 없겠죠? 시험에 단락과 단선을 헷갈리게 하는 문제가 나올 수 있으니 주의!
>
> + '절연불량'도 비슷한 맥락으로 전기가 통하지 않게 하는 절연 기능이 제대로 작동해야 하는데, 그 기능이 불량이 되어 절연불량이 발생하면 전기화재의 원인이 되는 것을 말합니다~! 만약 시험에서 전기화재의 원인이 '절연'이라고 묻는다면 오히려 전기가 통하지 않는 절연상태는 전기화재의 원인이 되지 않으므로 오답, 헷갈리지 않도록 주의!

■ 전기화재 예방법

가. 문어발(콘센트 하나에 여러 개 꽂기) 금지, 플러그 몸체 잡고 뽑기, 플러그 흔들리지 않게 완전히 꽂기, 전선 꼬이지 않게 관리, 사용 안 할 때는 플러그 뽑아놓기, 누전차단기 설치, 양탄자 밑으로 전선 두지 않기, 쇠붙이와 접촉 금지
나. 과전류 차단장치 설치, 고열을 발생하는 백열전구 및 전열기구에 고무 코드 전선 사용

■ 가스[LPG vs LNG]

구분	LPG	LNG(Natural)
성분	부탄(C_4H_{10}), 프로판(C_3H_8)	메탄(CH_4)
비중 (기준:1)	무겁!(1.5~2) = 가라앉음(바닥체류)	가볍!(0.6) = 위로 뜸(천장체류)
수평거리	4m	8m
폭발범위	부탄 : 1.8~8.4% 프로판 : 2.1~9.5%	5~15%
탐지기	상단이 바닥부터 상방 30cm 이내	하단이 천장부터 하방 30cm 이내

📂 이렇게 비교하면 쉬워요!

'비중'이란, 공기를 1로 기준 잡고, 그것보다 무겁느냐, 가볍느냐를 나타낸 수치에요.

그래서 비중이 1.5~2인 LPG는 공기보다 무겁고, 비중이 0.6인 LNG는 공기보다 가벼워요.

LPG는 무거워요! 그래서 바닥에 깔려 체류하게 되고, 수평 이동 시 느릿느릿 4m밖에 못가지요. (연소기로부터 수평거리 4m 이내 설치) LPG를 잡아내기 위해서는 탐지기의 상단(윗면)이 바닥으로부터 상방 30cm 이내에 위치해야 무거운 LPG를 잡아 낼 수 있답니다.

반대로, **LNG는 가벼워요!** LNG의 N은 네추럴(Natural)을 의미하는데 생각만 해도 산뜻하고 가볍죠? 그래서 가벼운 LNG는 위로 떠올라 천장에 체류하기도 하고 수평 이동 시 8m 정도로 멀리 이동해요. (연소기/관통부로부터 8m 이내 설치) 이렇게 가벼운 LNG를 잡아내기 위해서는 탐지기의 하단(아랫면)이 천장으로부터 하방 30cm 이내에 위치해야 LNG를 잡아낼 수 있어요.

■ 가스 사용 시 주의사항[사용 전-중-후]

사용 전	• 연료용 가스에는 메르캅탄류의 화학물질이 첨가되어 있어, 냄새로 확인이 가능하므로 가스 사용 전, 새고 있지는 않은지 냄새로 확인하고 자주 환기를 시킨다. • 연소기(고온의 가스를 만드는 장치) 부근에 가연성 물질을 두지 않는다. • 콕크, 호스 등 연결부는 호스 밴드로 확실히 조이고, 호스가 낡거나 손상된 경우 즉시 교체한다. • 연소기구는 불구멍 등이 막히지 않도록 자주 청소한다.
사용 중	• 콕크를 돌려 점화 시 불이 붙은 것을 확인한다. • 파란불꽃 상태가 되도록 조절한다.(황/적색불꽃은 불완전연소 시 색깔 - 일산화탄소 발생) • 장시간 자리를 비워서는 안 되며 주의하여 지켜본다.
사용 후	• 연소기에 부착된 콕크는 물론, 중간밸브도 확실하게 잠근다. • 장시간 외출 시 중간밸브와 용기밸브, (도시가스 사용 시) 메인밸브까지 모두 잠그도록 한다.

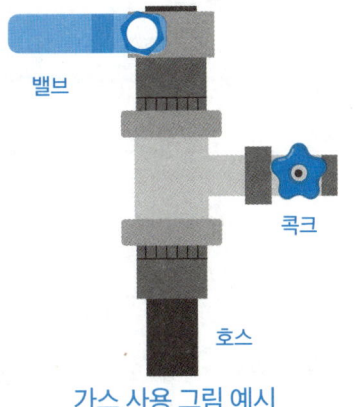

가스 사용 그림 예시

■ **가스 화재의 주요 원인[사용자/공급자]**

1) 사용자 입장에서 발생할 수 있는 가스화재 원인

가스 사용 주의사항과 비교해서 보면 쉬워요~!

- 환기 불량에 의한 질식사 → 자주 환기
- 콕크 조작 미숙 → 콕크 확실히 조이기
- 호스 접속 불량 방치 → 호스 손상 시 즉시 교체
- 점화 미확인으로 인한 누설 폭발 → 콕크를 돌려 점화 시 불이 붙은 것을 확인
- 가스 사용 중 장시간 자리 이탈 → 장시간 자리 비우기 X
- 실내에 용기 보관 중 가스 누설
- 성냥불로 누설 확인 중 폭발 → 냄새로 확인(메르캅탄류)
- 연탄 등 인화성 물질 동시 사용 → 부근에 가연성 물질 두면 안 됨
- 조정기 분해 오조작

2) 공급자 입장에서 발생할 수 있는 가스화재 원인

전문성이 필요한 '작업' 또는 취급, 운반의 경우를 생각해보기~!

- 배달원의 안전의식 결여
- 고압가스 운반 기준 불이행
- 용기밸브의 오조작
- 용기교체 작업 중 누설화재
- 가스충전 작업 중 누설폭발
- 배관 내 공기치환작업 미숙
- 잔량 가스처리 및 취급 미숙
- 용기 보관실에서 점화원(성냥, 라이터 등) 사용

MEMO

PART 6

화기취급 감독 및 화재위험작업의 허가·관리

Chapter 06 화기취급 감독 및 화재위험작업의 허가·관리

■ 화기취급작업

용접(Welding), **용단**(Cutting), **연마**(Grinding), **땜**(Soldering, Brazing), **드릴**(Drilling) 등 **화염 또는 불꽃(스파크)**를 발생시키는 작업. 또는 가연성 물질의 점화원이 될 수 있는 모든 기기를 사용하는 작업을 화기취급작업이라고 함.

→ 한 마디로, 불꽃(화염,스파크)을 튀게 하는 작업이나 또는 가연물에 불이 붙게 만들 수도 있는 어떠한 기기를 사용하는 작업을 화기취급 작업이라고 함~!

- **용접**(Welding) : 금속이나 유리 같은 것들을 서로 이어 붙이는 등 '접합'하고자 하는 둘 이상의 물체의 접합부에, 방해물질을 제거하고 결합시키는 과정을 말함. 주로 열을 이용하여 용융시켜서(녹여서) 두 물체(금속 등)를 접합한다.
- **용단**(Cutting) : 고체 금속을 절단하는 것으로 금속 절단부에 열을 가해 산화반응을 일으켜 재료를 녹여 절단하는 것을 말함.
→ 이러한 용접 및 용단 작업으로 인해 발생하는 불티 등이 화재 및 폭발의 위험성을 높일 수 있다.

▶ 용접 방법에 따른 분류

① 아크(Arc) 용접

전기회로와 연결된 2개의 금속을 접촉시켜 전류를 흐르게 하여 약간 거리를 벌려 놓으면 청백색의 아크(Arc)가 발생하며 고열을 띠게 되는데, 이러한 고열로 금속에 기화(기체화 됨)가 발생되어 전류의 통전 상태가 유지될 수 있다. 또한 이렇게 발생된 고열로 금속을 용융 및 용착(녹아서 붙음)시키는 용접을 아크용접이라고 한다.

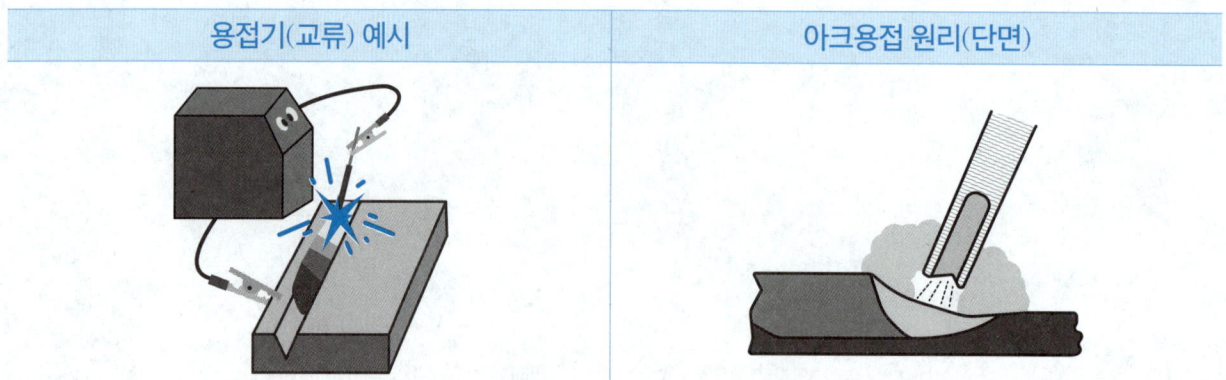

| 용접기(교류) 예시 | 아크용접 원리(단면) |

- 아크용접의 열적 특성 : 아크(Arc)는 청백색의 강한 빛과 열을 내는 것이 특징이며 일반적으로는 3,500~5,000℃, 가장 높은 부분의 최고온도는 약 6,000℃에 이른다.

② 가스용접(용단)

'**가연성 가스 + 산소**'**조합의 반응으로 생성되는 가스 연소열을 이용하는 용접 방식**. 여기서 가스 연소열이 용접의 열원이 된다. 주로 사용되는 가연성 가스는 아세틸렌(C_2H_2), 프로판(C_3H_8), 부탄(C_4H_{10}), 수소(H_2) 등이 있는데 그 중 특히 **산소-아세틸렌 조합은 화염 온도가 높아 강하고 단단한 재료를 용접하기에 좋고, 유연하며 조절이 용이해 주로 사용되는 가스이다.**

- **가스용접의 열적 특성**: 가스용접 시 작업 품질에 영향을 미치는 '**가스 불꽃**'!
→ 가스 불꽃은 점화 후 산소를 분출하여 매연은 날려버리고 다음과 같은 색상의 화염을 발생시킨다.

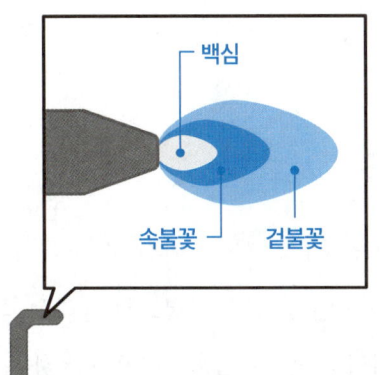

- 팁 끝 쪽: 휘백색(백심)
- 백심 주위: 푸른색(속불꽃)
- 속불꽃 주위: 투명한 청색

▶ **스패터(Spatter) 현상**

용접 작업 시 떨어지는 작은 금속 방울(**용적**) 입자들이 날아가 튀기는-**비산 현상을 스패터(Spatter)**라고 한다.

[스패터(Spatter) 발생 원인]

(1) **아크용접**: 가스폭발, 아크 휨, 긴 아크

(2) **가스용접(용단)**: 용접(용단)의 불꽃 세기가 강한 경우

→ **작업 현장 주위에 비산하는(날아가 튀기는) 불꽃이 증가하면 화재 및 폭발 위험성이 높아짐.**

◎ 용접(용단) 작업 시, '비산 불티'의 특성

- **실내 무풍 시 불티의 비산거리**: 약 11m (단, 풍향/풍속·작업높이·철판두께 등 환경에 따라 비산거리 상이함)
- **불티 적열 시 온도**: 약 1,600℃ (참고: 보통 고체 가연물은 약 250~450℃의 점화원에 의해 발화하므로 적열하는 비산 불티의 온도는 화재 및 폭발 가능성이 매우 높은 편.)
- **발화원이 될 수 있는 크기**: 직경 약 0.3~3mm
- 용접(용단) 시 비산 불티 수천 개 발생
- 고온으로 작업과 동시부터 수 분, 길게는 수 시간 이후에도 화재 가능성 있음

■ 화기취급작업 안전관리규정

(1) 화재예방법

소방안전관리대상물(소방안전관리자의 업무)	특정소방대상물(관계인 선에서의 업무)
• 소방계획서의 작성·시행 • 자위소방대 및 초기대응체계 구성·운영·교육 • 피난·방화시설, 방화구획의 유지·관리 • 소방시설 및 소방관련 시설의 관리 • 소방훈련·교육 • <u>화기취급의 감독</u> • 화재발생 시 초기대응 • 업무수행에 관한 기록·유지 • 그 밖에 소방안전관리에 필요한 업무	• 피난·방화시설, 방화구획의 유지·관리 • 소방시설 및 소방관련 시설의 관리 • 화재발생 시 초기대응 • <u>화기취급의 감독</u> • 그 밖에 소방안전관리에 필요한 업무

(2) 소방시설법

공사시공자(건설공사를 하는 자)는 특정소방대상물의 신축·증축·개축·재축·이전·용도변경·대수선 또는 설비 설치 등을 위한 공사 현장에서 인화성 물품을 취급하는 작업 등 **대통령령으로 정하는 작업(화재위험작업)**을 하기 전에 설치 및 철거가 쉬운 '**임시소방시설**(화재대비 시설)'을 **설치·관리**해야 한다.

(3) 산업안전보건기준에 관한 규칙

① 위험물이 있어 폭발이나 화재가 발생할 우려가 있는 장소(또는 그 상부)에서 **불꽃이나 아크(Arc)를 발생하거나 고온이 될 우려가 있는 화기·기계·기구·공구 등 사용 X**

② 위험물, 인화성 유류·고체가 있을 우려가 있는 배관, 탱크 또는 드럼과 같은 용기에 대하여 사전에 해당 위험물질을 제거하는 등 **화재 및 폭발 예방조치를 한 후가 아니라면 화재 위험작업 금지**

③ 통풍·환기가 충분치 않은 장소에서 화재위험작업을 하는 경우, 통풍·환기를 위한 **산소 사용 불가!**(산소는 연소의 3요소)

④ 화재위험작업이 시작되는 시점부터 종료될 때까지 '작업내용/일시, 안전점검 및 조치에 관한 사항'을 작업 장소에 서면으로 게시할 것
⑤ 작업자가 화재위험작업 시 불꽃·불티의 **비산방지(불꽃 날림방지)** 등 안전조치 이행 후 작업을 실시하도록 함
⑥ 건축물, 화학설비나 위험물 건조설비가 있는 장소, 그 밖에 위험물이 아닌 인화성 유류 등 폭발이나 화재의 원인이 될 우려가 있는 물질을 취급하는 장소에는 **소화설비를 설치해야 함** ← 건축물 등의 규모 넓이 및 취급하는 물질의 종류에 따라 예상되는 폭발·화재를 **예방하기**에 **적합**해야 한다.
⑦ **흡연장소** 및 난로 등 화기를 사용하는 장소에 **화재예방에 필요한 설비를 설치**해야 하며, 화기를 사용한 사람은 **불티가 남지 않도록 뒤처리**를 확실히 해야 함
⑧ 화재 또는 폭발 위험이 있는 장소에서 화재 위험이 있는 (규정의) 물질을 취급하는 경우 화기 사용 금지
⑨ 화로, 가열로, 가열장치, 소각로, 철제굴뚝, 화재를 일으킬 위험이 있는 설비 및 건축물과 인화성 액체 사이에는 **안전거리를 유지**하거나 불연성 물체를 **차열재료**로 하여 **방호**해야 함
⑩ **소각장**을 설치하는 경우 화재가 번질 위험이 없는 위치에 설치하거나 불연성 재료로 설치해야 함

▶ 가연성물질이 있는 장소에서 화재위험작업 시 준수사항
- 작업 준비 및 작업절차 수립
- 작업장 내 위험물 사용 보관 현황 파악
- 화기작업에 따른 인근 가연성물질에 대한 방호조치 및 소화기구 비치
- 용접불티 비산방지덮개, 용접방화포 등 불꽃·불티 비산방지 조치
- 인화성 액체의 증기 및 인화성 가스가 남아있지 않도록 환기 조치
- 작업근로자에 대한 화재예방 및 피난교육 등 비상조치

비산방지 덮개(조치)

◆ **화재감시자 배치**

다음의 어느 하나에 해당하는 장소에서 용접·용단 작업을 하는 경우, **화재감시자를 지정**하여 용접·용단 장소에 배치해야 함
(단, 같은 장소에서 상시·반복적으로 작업할 때 **경보용** 설비·기구, **소화설비 또는 소화기**가 갖추어진 경우에는 화재감시자 **지정·배치 면제**)
▶ 화재감시자는 소방안전관리(보조)자 또는 안전관리자가 지정

(1) 작업반경 11m 이내에 건물구조 자체나 내부(개구부 등으로 개방된 부분을 포함)에 가연성물질이 있는 장소

(2) 작업반경 11m 이내의 바닥 하부에 가연성물질이 11m 이상 떨어져 있지만 불꽃에 의해 쉽게 발화될 우려가 있는 장소

(3) 가연성물질이 금속으로 된 칸막이·벽·천장 또는 지붕의 반대쪽 면에 인접해 있어 열전도나 열복사에 의해 발화될 우려가 있는 장소

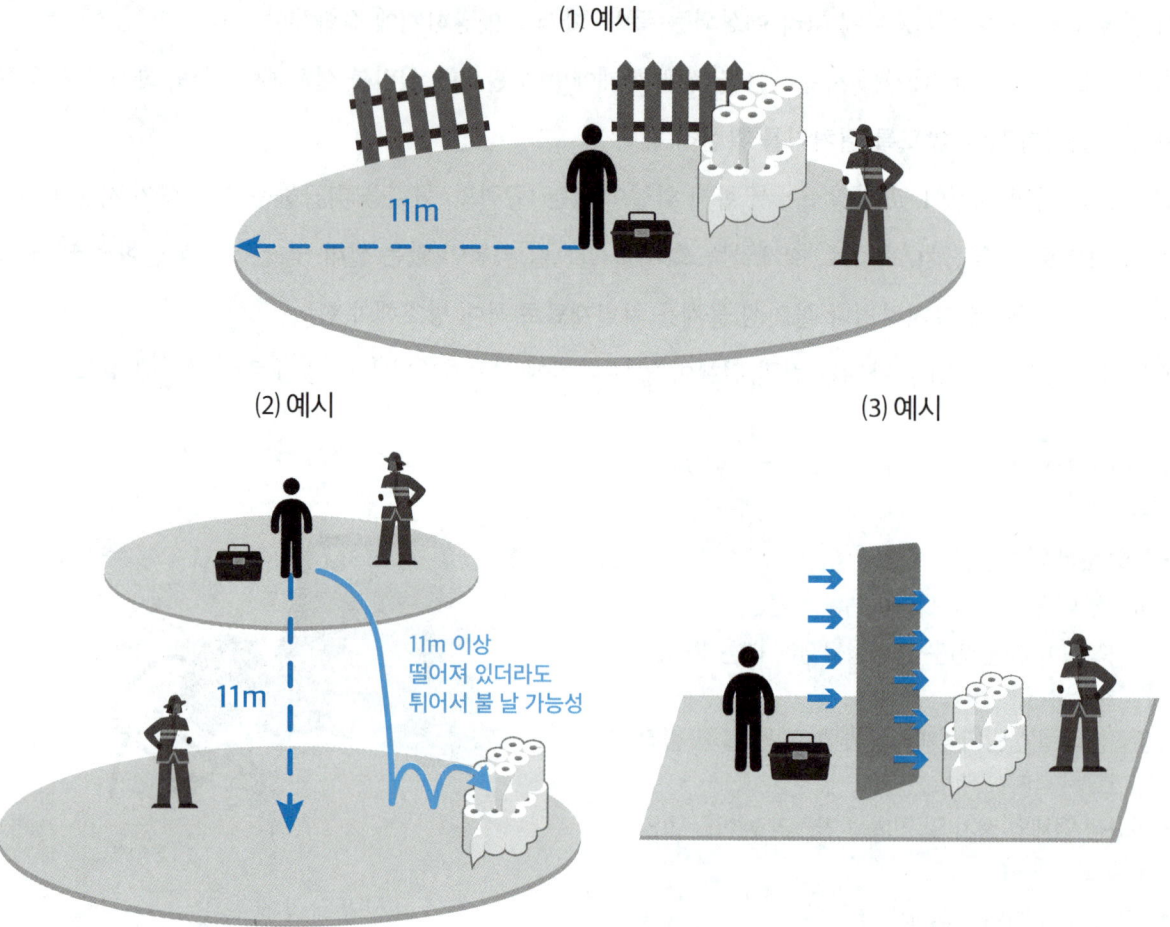

◆ 화재감시자 업무
- 위의 (1)~(3)의 장소에 **가연성물질**이 있는지 여부 확인
- 「산업안전보건기준에 관한 규칙」에 따른 가스 검지, 경보 성능을 갖춘 **가스 검지 및 경보장치의 작동 여부 확인**
- 화재 발생 시 사업장 내 근로자의 **대피 유도**

▶ 사업주는 배치된 **화재감시자**에게 업무 수행에 필요한 **확성기·휴대용 조명기구·대피용 마스크 등 대피용 방연장비** 지급할 것

◆ 작업 시 직하층에 화재감시자가 필요한 경우

(2층에서 2명 이상 작업 시 화재감시자 배치 예시)

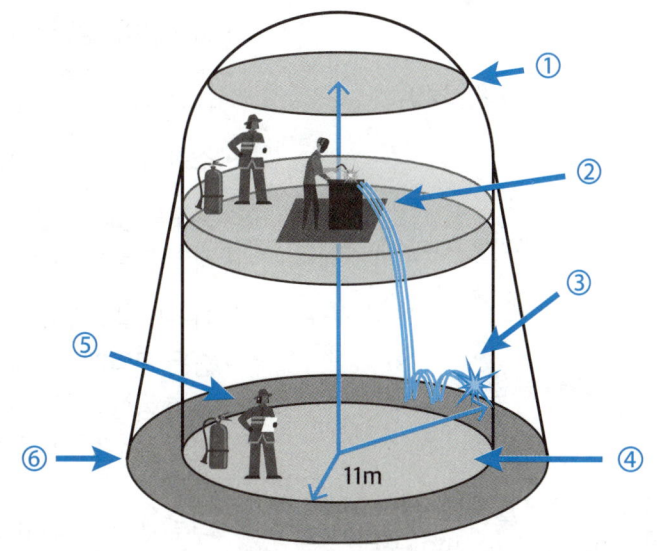

① 11m 법칙 적용 시, 추가적인 안전대책이 필요하다: 문 폐쇄, 바닥 개구부 막음조치, 컨베이어 정지, 허가서 부착, 작업관계자 외 접근금지 → 비산불티가 들어갈만한 공간이 있는지 점검하고, 관리자는 필요에 따라 화재감시자를 추가로 배치할 것.

② 가능하다면 화기 작업 중 비산불티를 관리할 작업자를 배치

③ 가연성 물품의 이동조치 또는 방화장벽으로 구획 및 방화 패드·커튼·내화성 타포린 등으로 덮을 것.

④ 하부에 위치한 장비는 방호(막아서 지키고 보호)되어야 함.

⑤ 비상통신장비 + 적절한 소화기를 구비한 화재감시자 배치

⑥ 바람이나 작업 위치 등 환경에 따라 필요하다면 관리자는 11m 법칙을 확장할 수 있다.

> 참고
>
> 화재감시자에게 지급되는 장비
> - **사업주**는 배치된 **화재감시자에게** 업무 수행에 필요한 **확성기·휴대용 조명기구·대피용 마스크 등 대피용 방연장비** 지급할 것
> - 비상통신장비를 갖추고 적절한 소화기를 구비한 화재감시인 배치

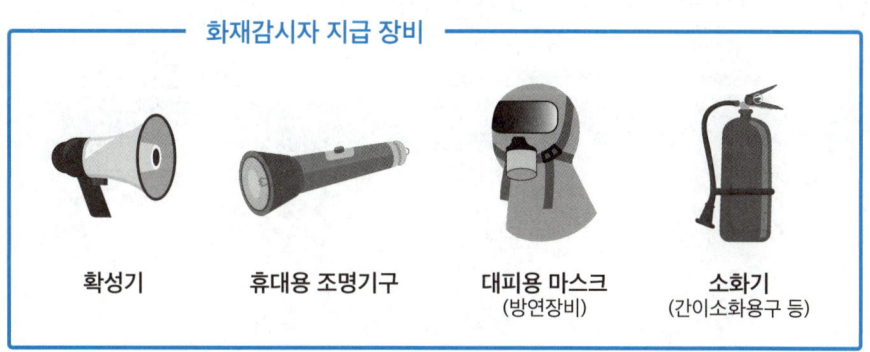

■ 용접·용단 작업자의 주요 재해발생 원인별 대책

구분	주요 원인	대책
화재	불꽃 비산(불꽃 날림)	• 불꽃받이·방염시트 사용 • 불꽃이 튀기는 구역(비산구역) 내 가연물 제거 및 정리·정돈 • 소화기 비치
화재	가열된 용접부 뒷면에 있는 가연물	• 용접부 뒷면 점검 • 작업종료 후 점검
폭발	토치·호스를 통한 가스 누설	• 가스누설이 없는 토스·호치 사용 • 좁은 구역에서 사용할 때 : 휴게시간에는 토치를 통풍이 잘 되는 곳에 둠 • 접속 실수 방지 : 호스에 명찰 부착
폭발	드럼통이나 탱크를 용접·절단 시 잔류 가연성 가스(증기)의 폭발	• 내부에 가스(증기) 없는지 확인
폭발	역화*	• 정비된 토치·호스 사용 • 역화방지기 설치
화상	토치·호스에서 산소 누설	• 산소 누설이 없는 호스 사용
화상	공기 대신 산소를 환기나 압력 시험용으로 사용	• 산소의 위험성 교육 실시 • 소화기 비치

*역화? 내부에서 연료를 연소시켜 에너지를 만드는 기관(내연기관)에서 불꽃이 거꾸로 역행하는 현상

■ 화기취급작업 사전허가

• 화재예방을 위해 화기취급 작업을 사전에 허가 / 화재감시자가 입회하여 감독

• 준수 사항

(1) 사전허가

(2) 안전조치·화기취급작업 감독 처리절차

(3) 화기취급작업 신청서 작성

(4) 화기취급작업 허가서 교부 및 안전수칙 등의 사전허가

◆ 화기취급작업의 일반 절차

구분	처리 절차	업무내용
1. 사전허가	• 작업 허가	• 작업요청 • 승인·검토 및 허가서 발급
⇩		
2. 안전조치	• 화재예방조치 • 안전교육	• 소방시설 작동 확인 • 용접·용단장비·보호구 점검 • 가연물 이동(치우기) 및 보호조치 • 화재안전교육 • 비상시 행동요령 교육
⇩		
3. 작업·감독	• 화재감시자 입회 및 감독 • 최종 작업 확인	• 화재감시자 입회 • 화기취급감독 • 현장 상주 및 화재 감시 • 작업 종료 확인

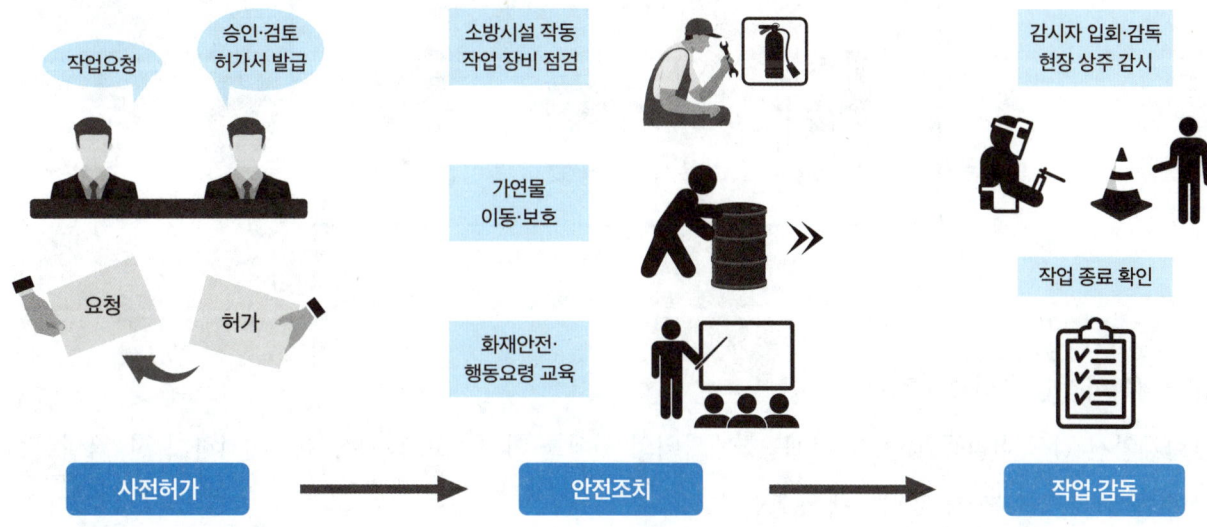

■ 화재위험작업의 관리감독 절차

잠깐!)) 화기취급작업 vs 화재위험작업 뭐가 다른가요?

▶ **화기취급작업**은 용접, 용단, 땜 등 불꽃(화염,스파크)을 발생시키거나 또는 가연성물질에 (불을 붙일 수 있는)점화원으로 작용할 수 있는 어떠한 기기를 사용하는 작업을 말합니다.

▶ '**화재위험작업**'이란 소방시설법(및 시행령)에서 정하기를, 공사 현장(신축·증축·개축·재축·이전·용도변경·대수선 또는 설비 설치를 위함)에서 **인화성 물품을 취급하는 작업** 등을 화재위험작업이라고 합니다. 그리고 여기서 말하는 [인화성 물품을 취급하는 작업]이란 다음과 같습니다.

- 인화성·가연성·폭발성 물질을 취급하거나 가연성 가스를 발생시키는 작업
- **용접·용단 등 불꽃을 발생시키거나 화기를 취급하는 작업**
- 전열기구, 가열전선 등 열을 발생시키는 기구를 취급하는 작업
- 알루미늄, 마그네슘 등을 취급하여 폭발성 부유분진(공기 중에 떠다니는 미세 입자)을 발생시키는 작업
- 그 밖에 위와 비슷한 작업으로 소방청장이 정하여 고시하는 작업

☞ 그러니까, 화재위험작업이라는 큰 범위 안에 화기취급작업도 포함되는 정도로 봐주셔도 무방하겠는데요, 앞으로 이야기하는 '화재위험작업'이라는 것은 위에서 봤던 화기취급작업을 비롯해 공사현장에서 인화성 물품을 취급하는 여러 작업들을 총칭하는 것으로 이해해 주시면 되겠습니다~!

◆ 화재위험작업 관리감독 절차

① 화재안전 감독자(감독관)는 예상되는 화기작업의 위치를 확정하고, 화기작업을 시작하기 전, 작업현장의 화재안전조치 상태 및 예방책을 확인한다.

▶ **주요 확인사항:**
- 소화기 및 방화수 배치
- 불꽃방지포 설치
- 작업현장 주변 가연물 및 위험물의 이격 상태
- 전기를 이용한 화기작업 시 전기 인입(전기를 끌어옴) 상태 등

② 작업현장의 준비상태가 확인되고 현장에 화재안전 감시자가 배치된 후에 화재안전 감독자(감독관)는 서명 및 화기작업 허가서 발급

③ 화기작업 허가서는 해당 작업현장 내 작업자 및 관리자가 화기 작업에 대한 사항을 인지할 수 있도록 작업구역 내에 게시

④ 화기작업 중 화재감시자는 작업 중은 물론, 휴식·식사 시간 등에도 현장에 대한 감시 활동을 계속 진행해야 하며, 화재발생 시 초동대처가 가능하도록 대응준비를 갖추어야 함
⑤ 작업 완료 시 화재감시자는 해당 작업 구역 내에 30분 이상 더 상주하면서 발화 및 착화 발생 여부를 감시해야 하며 이 때 작업구역의 직상·직하층에 대해서도 점검을 병행해야 함 → 점검 확인 후 허가서 [확인]란에 서명
⑥ 화재안전 감독자(감독관)에게 작업 종료 통보(작업 종료 통보 후 3시간 이후까지는 순찰점검 등 추가적인 현장 관찰이 필요)
⑦ 전체 작업 및 감시감독 시간 완료 시 화재안전 감독자(감독관)는 해당 구역에 대한 최종점검 및 확인 후 허가서에 서명하여 작업 완료 → '확인'날인된 허가서는 기록으로 보관

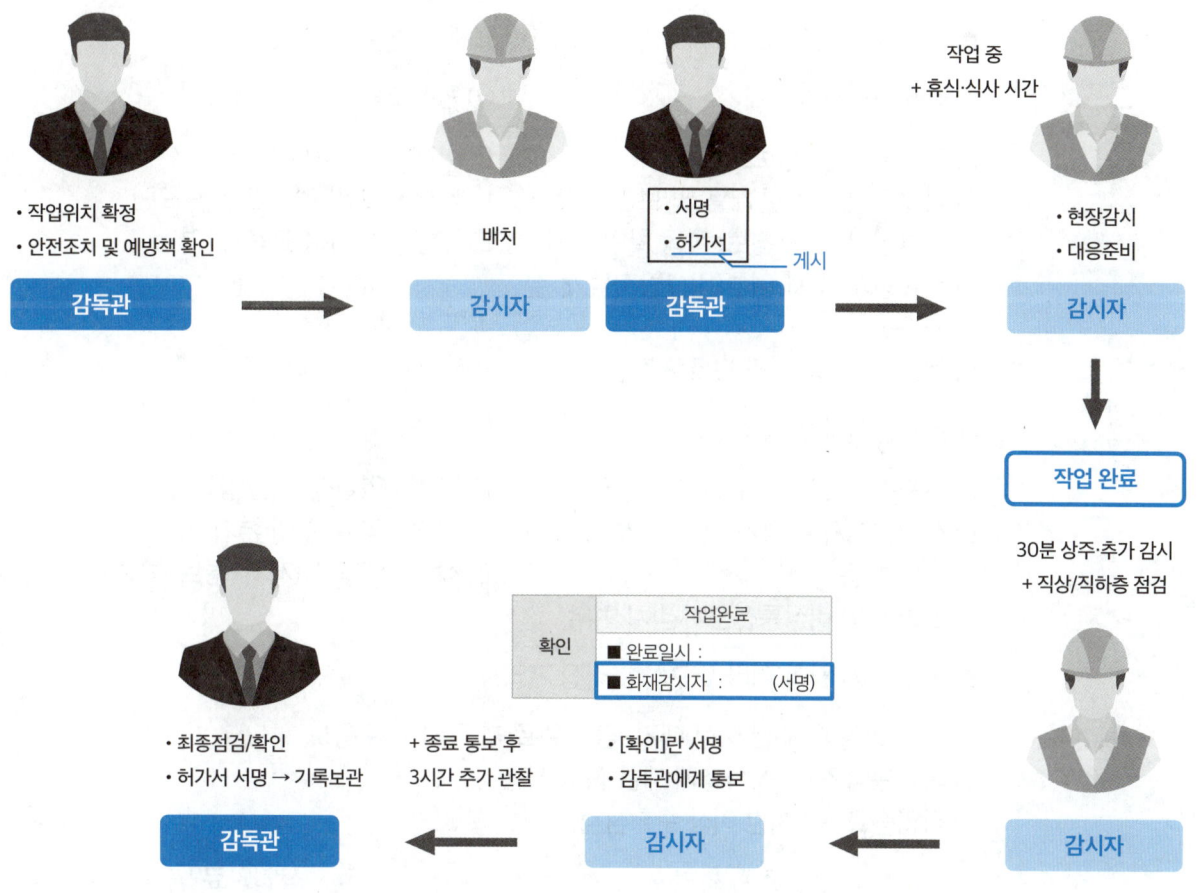

■ 화기취급작업 허가서(예시)

	화기취급작업 허가서	
허가 개요	신청인 (업체명)	
	작업명칭	☐ 용접(WELDING) ☐ 절단(CUTTING) ☐ 기타 ( )
	허가기간	☐ 년 월 일 ☐ (작업 시작 시간) 시 분 ~ (작업 종료 시간) 시 분 (시간)
	허가장소	
	작업개요	
	보충작업 필요여부	
안전 요구사항	■ 작업 시 안전조치가 요구되는 사항에 [V] 표시	
	① 화재예방조치	② 안전교육
	☐ 가연물 이동 및 보호조치 ☐ 작업장 내 위험물 사용 및 보관 현황 ☐ 소화설비(소화·경보) 작동 확인 ☐ 비산방지 조치 여부(비산방지덮개 설치 등) ☐ 용접·용단 장비 및 보호구 점검	☐ 화재안전교육(작업수칙) ☐ 비상시 대피교육 및 행동 요령 ☐ 소방시설 사용 교육·훈련
	③ 화재감시자 입회 및 감독	④ 기타
	☐ 화재감시자 지정 및 입회 ☐ 화재감시자 확성기 및 조명기구, 방연장비 착용 ☐ 소화기 및 비상통신장비 비치 여부	☐ 작업구역설정 및 출입통제 ☐ 작업구역 통풍 및 환기 조치 ☐ 작업 사전공지(게시·통보·방송)
	■ 별도 조치 사항(기타 요구사항 직접 기입)	
	☐ 작업 완료 후 30분 이상 대기·감시 완료 후 작업 완료 통보 ☐ 작업구역 직상·직하층에 대한 점검 시행 ☐ 작업종료 후 3시간 이상 순찰점검	
확인	안전조치 확인	작업완료
	■ 확인일시 : ■ 확인자 : (서명)	■ 완료일시 : ■ 화재감시자 : (서명)
	위와 같이 화기취급작업을 허가 함. 년 월 일 소방안전관리자(작업 책임자) : (서명)	

■ 화기취급작업 안전수칙

◆ 화기취급 수칙

① 작업현장 내 음주 금지 및 금연(위반 시 작업허가 취소)
② 화재감시자의 지시에 따라 작업수행 및 안전수칙 준수
③ 작업 중 불티가 가연물로 비산되지 않도록 주의할 것
④ 용접(용단) 장비를 사전에 점검하고 개인 보호장구를 착용할 것
⑤ 작업허가서에 따른 허가장소와 시간·장비를 사용할 것
⑥ 작업현장의 화재 위험성이 높아지는 경우에는 작업 중단

◆ 가연물 이동

① 작업현장(반경 11m 이내) 가연물 이동·제거
▶ 벽, 파티션, 천장의 반대편에 있는 가연물 이동·제거
② 작업현장(반경 11m 이내) 바닥 깨끗이 청소
③ 가연성, 인화성물질을 보관하던 배관·용기·드럼은 위험물질 방출(배출), 폭발·화재위험성 미리 확인
④ 벽, 파티션, 천장 지붕에 가연성 덮개나 단열재(스티로폼 등)가 없을 것
(∵ 불이 붙을 수 있는 덮개나 스티로폼과 같은 단열재가 덧대어져 있으면 불이 옮겨 붙을 위험이 있기 때문!)

작업현장 내(반경 11m 이내) 가연물의 이동 및 제거가 어려울 경우 ▼

◆ 가연물 보호

① 작업현장(반경 11m 이내)의 가연물에 차단막 등 설치
② 벽, 바닥, 덕트 등 개구부에 불연성 물질로 폐쇄
③ 종이, 나무, 섬유 등으로 된 가연성 바닥재의 경우 보호조치
④ 덕트 및 컨베이어벨트를 통해 불티가 비산·점화 가능 시 작동을 정지하거나, 차단막을 설치하는 등 적절한 보호조치

◆ 화재 시 행동요령

① 화재 발생 시 소화기·옥내소화전으로 초기소화(화재 진압)
② 초기소화 실패 시, 화재신고 및 방재실 보고·경보설비 작동
③ 발화원(용접·용단 작업에 쓰이는 가스용기 등) 제거
④ 화재 확산 시 작업자 및 인근 재실자·거주자 피난유도

5단원 (위험물·전기·가스 안전관리) & 6단원 (화기취급감독 및 화재위험작업의 허가·관리) 통합 복습 예제

01 다음 중 위험물안전관리법으로 정하는 용어의 정의 및 위험물안전관리제도에 대한 설명이 옳지 아니한 것을 고르시오.

① 위험물이란 인화성 또는 발화성 등의 성질을 갖는 것으로 대통령령이 정하는 물품을 말한다.
② 지정수량이란 위험물의 종류별로 위험성을 고려하여 대통령령이 정하는 수량으로서 제조소등의 설치허가 등에 있어서 최저의 기준이 되는 수량을 말한다.
③ 제조소등의 관계인은 제조소등마다 대통령령이 정하는 위험물 취급에 관한 자격이 있는 자를 안전관리자로 선임해야 하며, 해임하거나 퇴직한 때에는 그 날로부터 30일 이내에 다시 선임해야 한다.
④ 위험물안전관리자를 선임한 날로부터 14일 이내에 시·도지사에게 신고하여야 한다.

> 제조소등의 관계인은 위험물안전관리자를 30일 내에 선임하여야 하고, 선임한 때에는 선임한 날로부터 14일 내에 '소방본부장 또는 소방서장'에게 신고해야 하므로 ④번의 설명이 옳지 않다.
> → **답** ④

02 제4류 위험물의 공통적인 성질로 보기 어려운 것을 고르시오.

① 증기는 공기와 혼합되어 연소 및 폭발을 일으킨다.
② 대부분 물보다 무겁고 물에 녹는다.
③ 인화하기 쉬우며, 착화온도가 낮은 것은 위험하다.
④ 증기는 대부분 공기보다 무겁다.

> 제4류 위험물은 인화성 액체로 인화가 용이하고, 물에 녹지 않으며 물보다는 가벼운 것이 특징이다. (이는 마치 기름이 물에 녹지 않고 물 위에 뜨는 것과도 같다.) 따라서 이를 반대로 서술한 ②번의 설명이 옳지 않으며 그 외에는 모두 제4류 위험물에 대한 설명을 옳게 서술하고 있다. (참고로 제4류 위험물은 주수소화가 불가능한 것이 대부분이기도 하다.)
> → **답** ②

03 다음 중 전기화재의 발생 원인으로 보기 어려운 것을 고르시오.

① 전기기구의 절연 불량
② 전선의 단락
③ 규격 미달의 전선 사용 및 과열
④ 과전류 차단장치 설치

> 전선의 단락(합선)이나 누전, 과전류(과부하)로 인한 발화 또는 규격 미달의 전선 등을 사용해서 발생되는 과열이나, 전기기구 등의 절연 불량으로 인해 전기화재가 발생할 수 있는데, 이러한 전기화재를 예방하기 위해서는 누전 차단기나 과전류 차단장치 등을 설치하여 정기적으로 확인하고 점검하는 것이 바람직하다.
> 따라서 ④번의 과전류 차단장치를 설치하는 것은 전기화재를 예방할 수 있는 예방책이므로, 전기화재의 발생 원인으로 볼 수 없는 것은 ④번.
>
> → 답 ④

04 다음 제시된 연료가스의 종류별 가스누설경보기의 설치 위치에 대한 설명이 옳지 아니한 것을 고르시오.

구분	(A)	(B)
주성분	C_3H_8, C_4H_{10}	CH_4
용도	가정용, 공업용, 자동차 연료용	도시가스

① A는 가스연소기 또는 관통부로부터 수평거리 4m 이내 위치에 설치한다.
② A는 탐지기의 상단이 바닥면의 상방 30cm 이내에 위치하도록 설치한다.
③ B는 가스연소기로부터 수평거리 8m 이내 위치에 설치한다.
④ B는 탐지기의 하단이 바닥면의 상방 30cm 이내에 위치하도록 설치한다.

> 프로판(C_3H_8), 부탄(C_4H_{10})을 주성분으로 하고 용도가 가정용, 공업용, 자동차 연료용인 (A)가스는 LPG이고, 주성분이 메탄(CH_4)으로 용도가 도시가스인 (B)가스는 LNG이다. 이때 비중이 1.5~2로 (기준인 1보다) 큰 LPG가스의 가스누설경보기는 가스연소기 또는 관통부로부터 수평거리 4m 이내, 탐지기의 상단이 바닥면의 상방 30cm 이내에 위치하도록 설치한다.
> 반대로 비중이 0.6으로 작은 LNG가스의 가스누설경보기는 가스연소기로부터 수평거리 8m 이내, 탐지기의 하단이 천장면의 하방 30cm 이내에 위치하도록 설치하므로 옳지 않은 설명은 ④번.
>
> → 답 ④

05 다음 중 아크(Arc) 용접의 특성에 해당하는 설명을 고르시오.

① 용접을 위해 가연성 가스와 산소와의 반응으로 생기는 가스 연소열을 열원으로 사용한다.
② 청백색의 강렬한 빛과 열을 내며 일반적으로는 3,500~5,000 °C, 온도가 가장 높은 부분의 최고온도는 약 6,000 °C에 이른다.
③ 팁 끝 쪽은 휘백색의 백심, 백심 주위에는 푸른색의 속불꽃, 속불꽃 끝 쪽에는 투명한 청색의 화염을 띤다.
④ 아세틸렌, 프로판, 부탄, 수소 등이 사용되고, 그 중에서도 산소-아세틸렌의 경우 화염 온도가 높고 조절이 용이하여 주로 사용된다.

> 아크(Arc) 용접은 전기용접 방식으로 발생된 고열을 통해 금속을 용융 및 용착시키는 용접 방식을 말한다. 이때 발생된 아크(Arc)는 청백색의 강렬한 빛과 고열을 발생하며 일반적으로는 3,500~5,000 °C, 온도가 가장 높은 부분의 최고온도는 약 6,000 °C에 달하는 것이 특징이다. 따라서 아크(Arc) 용접에 대한 특징에 해당하는 설명은 ②번이며, 그 외 지문은 모두 [가스]용접에 해당하는 설명이다.
>
> → 답 ②

06 다음은 산업안전보건기준에 관한 규칙에 따라 다음의 어느 하나에 해당하는 장소에서 용접·용단 작업 시 화재감시자를 지정하여 작업 장소에 배치해야 하는 규정을 나타낸 것이다. 해당 규칙에서 빈칸에 공통적으로 들어갈 기준은 몇 미터인지 고르시오.

> (1) 작업반경 ____ 이내에 건물구조 자체나 내부(개구부 등으로 개방된 부분을 포함한다)에 가연성 물질이 있는 장소
> (2) 작업반경 ____ 이내의 바닥 하부에 가연성물질이 ____ 이상 떨어져 있지만 불꽃에 의해 쉽게 발화될 우려가 있는 장소
> (3) 가연성물질이 금속으로 된 칸막이·벽·천장 또는 지붕의 반대쪽 면에 인접해 있어 열전도나 열복사에 의해 발화될 우려가 있는 장소

① 9m
② 10m
③ 11m
④ 12m

> 다음의 어느 하나에 해당하는 장소에서 용접·용단을 하도록 하는 경우에는 화재감시자를 지정하여 용접·용단 작업 장소에 배치해야 한다.
> (1) 작업반경 <u>11m</u> 이내에 건물구조 자체나 내부(개구부 등으로 개방된 부분을 포함한다)에 가연성 물질이 있는 장소
> (2) 작업반경 <u>11m</u> 이내의 바닥 하부에 가연성물질이 11m 이상 떨어져 있지만 불꽃에 의해 쉽게 발화될 우려가 있는 장소
> (3) 가연성물질이 금속으로 된 칸막이·벽·천장 또는 지붕의 반대쪽 면에 인접해 있어 열전도나 열복사에 의해 발화될 우려가 있는 장소
> 화재감시자 배치 규정은 '11m 법칙'이 적용되므로 빈칸에 들어갈 기준으로 옳은 것은 ③번(11m).
>
> → 답 ③

07 화재위험작업의 관리감독 절차 중 옳지 아니한 설명을 고르시오.

① 작업현장의 준비상태가 확인되고 화재안전 감시자가 현장에 배치되면 화재안전 감독자는 화기작업허가서를 발급한다.
② 화기작업허가서는 작업현장 내의 작업자와 관리자 등이 확인한 후 작업구역 내에 별도로 게시하지 않아도 된다.
③ 화재감시자는 화기작업 중은 물론이고 휴식시간 및 식사시간 등에도 현장 감시활동을 계속 해야 한다.
④ 작업완료 시 화재감시자는 작업구역 내에 30분 이상 더 상주하면서 발화 및 착화발생 여부에 대한 감시를 진행한다.

> 화재안전 감독자(감독관)는 화기작업의 위치를 확정하고 작업현장의 준비상태 등이 확인되어 화재감시자가 현장에 배치되면, 서명 후 화기작업 허가서를 발급한다. 이렇게 발급된 화기작업 허가서는 작업 구역 내에 게시하여 작업자와 관리자 등이 작업에 대한 안전관리 사항 등을 인지할 수 있도록 해야 하므로 작업구역에 게시하지 않는다고 서술한 ②번의 설명이 옳지 않다.
>
> 💬 참고
> 화재감시자는 화기작업 중에는 물론, 휴식 및 식사시간에도 현장 감시를 계속해야 하며, 작업 완료 시 해당 구역에 30분 이상 더 상주하면서 착화 및 발화 여부를 감시해야 한다.
>
> → 답 ②

II

설비 및 구조의 이해

PART1 소방시설의 종류 및 구조·점검 ① 소화설비

PART2 소방시설의 종류 및 구조·점검 ② 경보설비

PART3 소방시설의 종류 및 구조·점검 ③ 피난구조설비

PART4 소방시설 개요 및 설치 적용기준

MEMO

PART 1
소방시설의 종류 및 구조·점검
① 소화설비

Chapter 01 소화설비

✓ 소화기구

① 소화기 - 사람이 수동으로 조작, 작동하는 기구로 압력에 따라 소화약제 방사
② 자동확산소화기 - 화재 감지 시 자동으로 소화약제 방출·확산, 국소적 소화
③ 간이소화용구 - 능력단위 1 미만의 소화기구

■ 소화기의 종류(약제별)

1) 분말소화기

① ABC급과 BC급으로 구분, 시중 대부분은 **ABC급**(A, B, C급 화재에 적응성이 있다)
② **주성분**:[ABC급] 제1인산암모늄-담홍색 / [BC급] 탄산수소나트륨-백색
③ 분말소화기에는 가압식/축압식 두 종류가 있으나, 현재는 **축압식 분말소화기**만 생산·사용 중(가압식 분말소화기는 터지면 사고 발생 위험이 있어 발견 즉시 폐기 조치)
④ (축압식) **분말소화기**: 지시압력계가 있어 용기 내 압력 확인 가능

☆ 가. 지시압력계 정상범위 <u>0.7MPa~0.98MPa</u> [녹색(정상)/빨강(과압)/노랑(압력미달)]

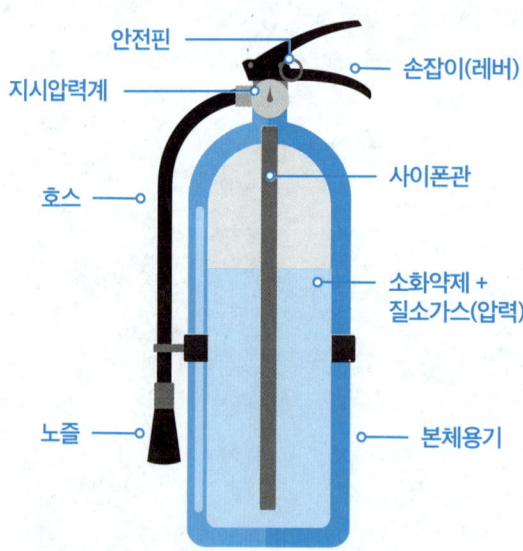

⑤ **내용연수**(사용기한):10년으로 하고 내용연수가 지난 제품은 교체하거나, 또는 성능검사에 합격한 소화기는 내용연수가 경과한 날의 다음 달부터 다음의 기간 동안 사용 가능하다.
- 내용연수 경과 후 10년 미만(생산된지 20년 미만이면):3년 연장 가능
- 내용연수 경과 후 10년 이상(생산된지 20년 이상이면):1년 연장 가능

2) 이산화탄소 소화기
① BC급 화재에 적응성(B급 유류화재, C급 전기화재 – 전기는 고가제품 많아서 가스로 처리하는 것이 좋다.)
② 냉각, 질식소화

3) 할론 소화기
① **BC급 화재에 적응성**: 억제(부촉매), 질식소화
② **할론1211, 할론2402 소화기**: 지시압력계 부착
③ **할론1301 소화기**: 지시압력계 없음, 소화능력 가장 뛰어남, 독성 적고 냄새 없음.

> **Tip**
> 지시압력계가 부착된 소화기는 축압식 분말소화기와 할론1211·할론2402소화기이다.
> 축압식/가압식 헷갈린다면, ['사'용하지 않는 '가'압식은 '지'시압력계'가' '없다' – 사가지가 없다!]

■ 간이소화용구
능력단위가 1 미만인 소화기구(소화기 미니미)

> ○ 능력단위?
> 소화기로 소화할 수 있는 화재의 크기를 일정한 양으로 기준치를 두는 것.
> 예를 들어, 나무 장작더미 90개를 쌓아 올린 상태에서 불을 붙였을 때, 그 정도 규모의 화재를 진압할 수 있는 정도의 소화능력을 A급 일반화재의 능력단위 1로 규정하는 것. 화재의 크기를 정확한 수치로 정할 수 없기 때문에 화재 진압에 필요한 소화 능력을 비교가 가능한 일정 규모로 규정짓는 것을 의미한다.

A1 : A급화재 1만큼의 능력단위

A10 : 능력단위 10

■ 소화기 설치기준

가. 소형소화기 : 능력단위 1 이상, 대형소화기 능력보다는 미만인 소화기[보행거리 20m 이내]

나. 대형소화기 : 사람이 이동 가능하도록 운반대와 바퀴 탑재/능력단위 : A10, B20 이상인 소화기[보행거리 30m 이내]

    ㄱ. 각 층마다 설치할 것. 높이는 <u>바닥으로부터 1.5m 이하</u>가 되도록 설치

    ㄴ. 간이소화용구는 전체 설치기준의 1/2을 넘지 않아야 한다(노유자시설 제외).

→ 노유자의 경우엔 응급상황 발생 시 일반 소화기보다 간이소화용구를 사용하는 것이 더 용이하므로 노유자시설에는 간이소화용구가 전체 기준의 1/2을 초과해도 괜찮다.

위락시설	공연장, 집회장, 의료시설, 관람장, 문화재, 장례시설	근린, 판매, 숙박, 업무시설, 노유자시설
30m²	50m²	100m²

단, 내화·불연구조 = (기준면적×2배)까지 완화해줌
거실 33m² 이상이면 능력단위1 소화기 1개 이상 추가로 설치

1) **위락시설**(무도·유흥음식점, 투전기업소 등) : 인구가 밀집할 가능성이 있고 술, 춤, 노래 등으로 맨정신이기 어려운 유흥시설의 특성상 소화기 설치기준 면적이 가장 작은 30m²이다(다른 시설에 비해 같은 면적당 더 많은 소화기를 비치해야 한다).

2) **공연장, 집회장, 의료시설, 관람장, 문화재, 장례시설** : 인구가 밀집하는 장소이지만 규모가 크고 어느 정도 인구 통제가 가능한 시설로 소화기 설치기준 면적은 50m²이다.

3) **근린생활시설, 판매시설, 숙박시설, 업무시설, 노유자시설** : 인구가 밀집하는 장소이지만 일반적으로 해당 장소를 방문하는 사람들에게 출입구와 동선 등의 파악이 비교적 친숙하고 인구 통제가 가능한 시설로 소화기 설치기준 면적이 가장 완화된 100m²이다.

① 단, 시설의 주요구조부가 내화구조이고, 실내에 면하는 부분이 (준)불연 및 난연재료로 이루어진 경우, 소화기 설치기준 면적의 2배로 설치기준을 완화해준다.

→ 예를 들어, 위락시설이지만 내화구조 + 불연재로 이루어져 있다면 원래 설치기준 면적인 30m²에 곱하기 2를 한 60m²마다 하나씩 소화기를 설치할 수 있도록 완화해주는 규정이다.

② 한 층에 둘 이상의 거실(특정한 목적이 있는 공간)로 구획된 공간의 바닥면적이 33m² 이상인 경우 추가로 소화기를 배치해야 한다.

③ 변전실, 보일러실, 발전실 등 부속용도별로 사용되는 부분은 소화기구 및 소화장치를 추가 설치한다.

④ 자동확산소화기를 제외한 소화기구는 바닥으로부터 높이 1.5m 이하인 곳에 비치하고, 소화기는 "소화기", 투척용소화용구는 "투척용소화용구", 마른 모래는 "소화용 모래", 팽창진주암 및 팽창질석은 "소화질석"이라고 표시한 표지를 보기 쉬운 곳에 부착한다. 다만, 소화기 및 투척용소화용구의 표지는 축광표지(전등, 태양빛 등을 흡수하여 이를 축적시킨 상태에서 일정시간 동안 발광이 계속되는 것)로 설치하고, 주차장의 경우 표지를 바닥으로부터 1.5m 이상의 높이에 설치한다.

예시1

Q. 아래 그림은 A 사무실(업무시설)을 나타낸 도면이다. 해당 장소에 요구되는 소화기의 능력단위와 최소 설치 개수를 계산하시오. (단, 설치하려는 소화기의 능력단위는 2단위이다.)

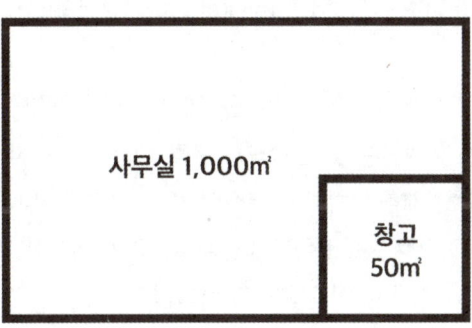

풀이

① 업무시설의 소화기 설치 기준 면적은 100m²이다. 이때 내화구조 및 불연재에 대한 별도의 언급이 없었으므로 곱하기 2배의 면적이 아닌, 기존 기준 면적인 100m²로 계산한다. 그러면 해당 장소의 총 면적은 1,050m²이고 기준 면적은 100m²이므로 1,050÷100 = 10.5로, 10.5 이상의 능력단위가 요구된다.

② 업무시설의 기본적인 기준 면적은 100m²마다 능력단위 '1 이상'의 소화기 1대를 배치하는 것인데, 그렇다면 사무실 1,000m²에 필요한 소화기는 10개가 된다(1,000÷100). 그런데 이때 문제에서 제시한 소화기의 능력단위가 2이므로 기본적인 배치 기준인 능력단위 1의 소화기보다 소화 능력이 2배 더 강력해 그만큼 책임질 수 있는 면적이 2배 넓어진 것으로 볼 수 있다. 따라서 능력단위 2의 소화기라면 5개만 설치해도 사무실에 필요한 능력을 갖출 수 있다.

③ 창고는 33m² 이상의 거실(목적이 있는 공간)이므로 소화기를 별도로 한 대 더 놓는다. 이때 창고 면적이 능력단위 2인 소화기가 책임질 수 있는 면적인 200m²를 넘지 않으므로 1대면 충분하다. (업무시설 기준 면적 100 X 소화기 능력단위가 2이므로, 능력단위 2짜리 1개로 소화할 수 있는 면적이 200m²라고 보는 것.) 따라서 해당 장소에 필요한 소화기 최소 개수는 총 6개.

예시

Q. 다음 도면을 참고하여 능력단위 2인 소화기 설치 시, B상사(업무시설)에 필요한 소화기의 최소 개수를 구하시오.(단, B상사는 주요구조부가 내화구조이고 실내면은 불연재로 되어있다.)

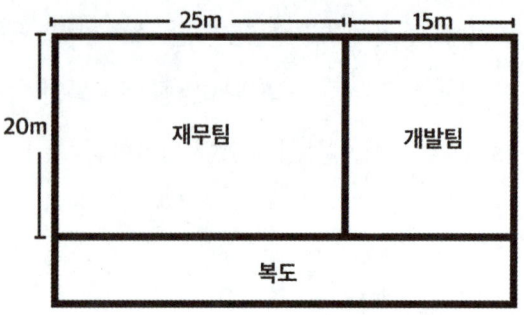

풀이

① 재무팀(면적 500m²)과 개발팀(면적 300m²)은 각각 바닥면적 33m² 이상의 거실로 본다. 이때 '내화구조+불연재'이므로 기존 업무시설의 기준 면적인 100m²에서 곱하기 2배의 면적인 200m²로 설치기준이 완화된다.

② 이때 200m²는 능력단위가 1인 소화기 기준이므로 문제에서 제시한 능력단위 2의 소화기라면 능력이 2배가 되어 소화기 1개로 400m²까지 책임질 수 있는 것으로 본다. 그렇다면 면적 500m²인 재무팀을 커버하기 위해서는 1개로는 부족하므로 최소 2개를 설치하고, 면적이 300m²인 개발팀에는 1개를 설치한다.

③ 복도의 경우, 전체길이가 40m이므로 소형소화기의 설치기준인 보행거리 20m를 기준으로 [최소한]의 설치 개수를 구하자면, 복도 가운데에 1개를 두어 양쪽으로 보행거리 20m 기준을 충족할 수 있다. 따라서 최소한의 소화기 개수는 재무팀에 2개, 개발팀에 1개, 복도에 1개로 총 4개를 두면 충족할 수 있다.

■ 소화기의 점검

1) 외관 파손 여부 확인

① 노즐 및 폰 불량 시 즉시 교체, 본체 용기 변형 및 손상(부식)된 경우 교체

② 지시압력계 녹색 범위(정상) 위치 확인

③ 레버(손잡이) 정상 여부 확인

④ 안전핀 탈락 여부 등 정상 여부 확인

2) 소화기 중량 점검

① **분말**: 약제가 굳거나 고형화(덩어리지는 현상)되지 않았는지 점검해야 한다.

② **이산화탄소**: 소화기의 제원표에 명시된 총중량에서 실제 측정한 소화기 무게를 뺀 값을 계산하여 소화약제의 손실량을 확인, 손실량이 약제중량의 5% 초과 시 불량(점검 시 '저울' 필요).

3) 가압식 소화기의 경우 현재 생산이 중단되었으며 사고 발생 방지를 위해 발견 시 교체(폐기)하거나 사용상의 주의가 요구된다.

■ 소화기 사용순서

① 소화기 이동: 화점에 근접 시 화상 주의, 통상 2~3m 거리두기 → ② 안전핀 제거: 바닥에 놓고 소화기의 몸체를 잡고 안전핀 제거(손잡이 잡으면 안전핀 안 뽑힘) → ③ 화점에 조준: 한 손은 노즐, 한 손은 손잡이 → ④ 방사: 바람 등지고 빗자루로 쓸 듯이 방사(손잡이를 누르자마자 놓거나 간헐적으로 누르면 안 됨)

✓ 자동소화장치(주거용 주방자동소화장치)

주거용 주방에서 조리기구를 사용할 때 발생할 수 있는 화재에 대비하여 화재 발생 시 자동으로 소화약제를 방출하고 전기 및 가스의 공급을 자동으로 차단하는 소화장치이다.

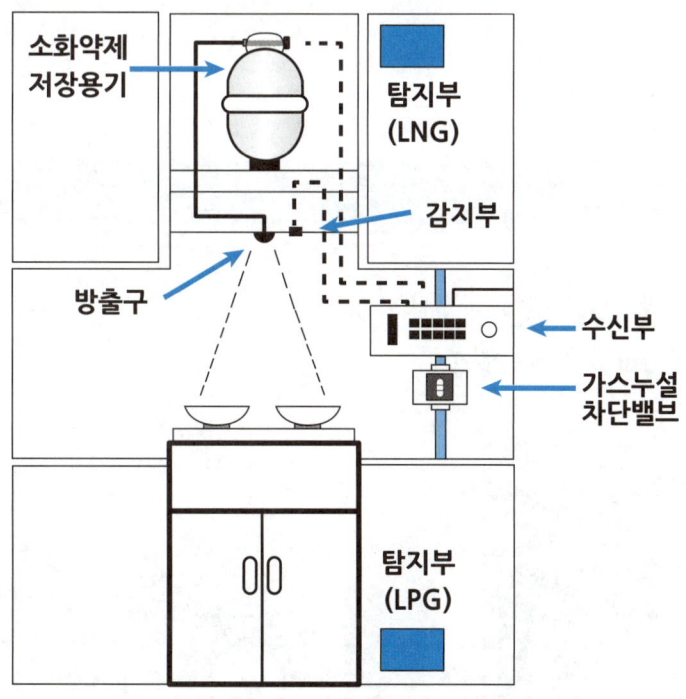

■ 자동소화장치의 원리

가. 조리기구(가스렌지, 인덕션 등)에서 화재 및 연기 발생

나. 감지부에서 화재 및 연기 감지

다. 자동으로 소화약제 방출+가스누설차단밸브 작동하여 가스 차단(제거소화)

■ 자동소화장치의 점검(포인트는 '가스누설차단밸브'가 정상적으로 작동하는지가 관건!)

1) **탐지부 점검**: 점검용 가스를 탐지부에 분사했을 때 화재경보가 울리고 가스누설차단밸브가 정상적으로 작동하는지 확인한다.

→ 가스차단밸브가 작동한다=밸브가 잠겨야 한다.

2) **가스누설차단밸브 점검**: 수동작동버튼 눌러 작동 여부를 확인하고 감지센서 가열시험을 해봤을 때 가스차단밸브가 작동하는지 확인한다.

3) **예비전원시험**: 전원 플러그 뽑아 제어판넬(수신부)의 예비전원등 점등되면 정상

→ [예비전원]은 건물 자체가 정전이 되더라도 설비가 작동할 수 있도록 일종의 보조배터리 역할을 하므로, 전원이 공급되지 않을 때 예비전원등에 점등이 됐다는 건 정상적으로 예비전원으로 자동 절환(변경)된 것을 의미

📂 감지부 시험 시 주의사항
1차 감지 시 경보 발생 및 가스차단밸브 작동하고, 2차 감지 시 소화약제까지 방출하게 되는데 점검을 목적으로 수동 조작한 경우 2차 감지로 인해 소화약제가 방출되는 것을 우려하여 조심스러운 시험이다. (1차, 2차 모두 시험은 가능)

📢 Tip
쉽게 말해서, 점검만 하려고 했는데 소화약제까지 전부 방출되어 버리면 뒷정리가 까다로워지겠죠~? 그래서 필요 시 수신부에서 소화기용기밸브의 작동 출력신호 회로를 차단하여 2차 시험도 가능하지만 조심스럽게 진행되는 시험이기도 하답니다.

✓ 옥내소화전 설비

건축물 내에 설치하는 소방시설, 건축물 내에서 화재 발생 시 관계자 또는 소방대원이 호스 및 노즐을 통해 방사되는 물을 이용해 소화하는 수계소화설비

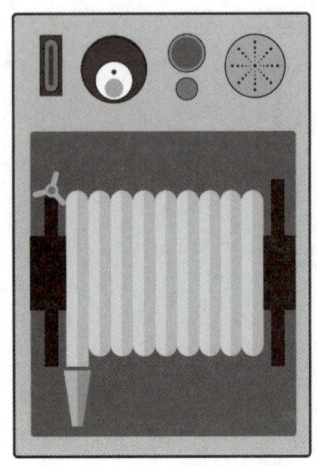 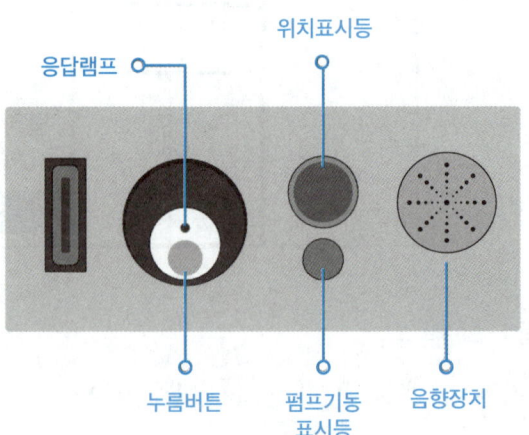

■ 옥내소화전설비의 구성

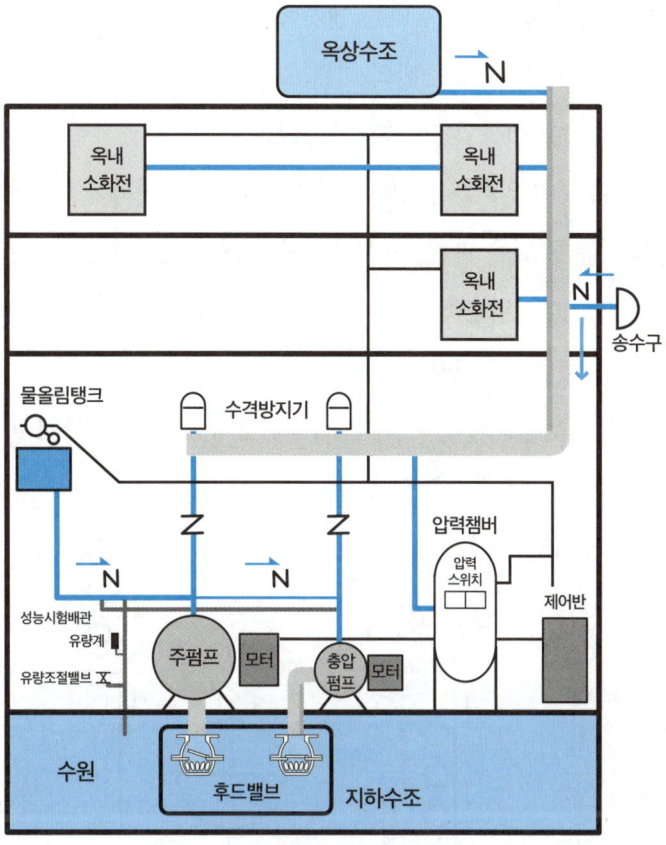

옥내소화전설비 계통도

(1) 수원

끌어올려지는 물의 근원 → 옥내소화전설비의 수원을 수조 형태로 설치하는 경우, 소방설비의 **전용수조**로 한다.

> 📂 **수원의 저수량**
>
> - 방수량 : 130L/min 이상 (분당 130L 이상 방수되어야 함)
> - 수원의 저수량 : 옥내소화전 설치개수 N x 2.6m³ (130L/min에 20분을 곱한 값) 이상
> - 30~49층 : N x 5.2m³(130L/min x 40분) 이상 - N 최대 개수 5개
> - 50층 이상 : N x 7.8m³(130L/min x 60분) 이상 - N 최대 개수 5개
>
> → 29층 이하의 일반건물이라면 설치개수 N은 최대 2개까지로 설정, 층수가 30층 이상이거나 높이가 120m 이상인 고층건물이라면 설치개수 N은 최대 5개까지로 설정한다.
>
> 저수량은 옥내소화전을 사용하기 위해 확보해야 하는 물의 양인데, 이 물을 얼마큼 확보해야 하는지를 계산하는 것이 수원의 저수량이다. 이때 옥내소화전이 가장 많이 설치된 층의 개수를 기준으로 저수량을 계산하는데 일반건물이라면 옥내소화전을 동시에 3대 이상 가동해야 할 정도로 큰 규모의 화재가 발생했다면 안전상 옥내소화전을 이용해 초기소화에 주력하는 것이 의미가 없기 때문에 최대 '2개'까지로 기준을 적용해 계산한다.
>
> 그리고 29층 이하의 건물에 전문 소방대원 인력이 투입되기까지 버텨야 하는 시간을 20분으로 약속했으므로, 방수량x20분을 한 값인 2.6m³에 설치개수 N(1대 또는 2대)를 곱해 저수량을 계산한다.
>
> 마찬가지로, 30층 이상의 고층건축물에서 옥내소화전이 가장 많이 설치된 층의 개수(설치개수) N은 최대 5개까지로 설정할 수 있고, 소방대 투입까지 소요되는 시간은 30~49층일 때 40분, 50층 이상일 때 60분으로 설정한다.

(2) 가압송수장치

1) **펌프방식**: 가장 일반적인 방식. 전동기(모터) 또는 엔진에 연결된 펌프를 이용해 가압 및 송수가 이루어지며 옥내소화전설비 전용 펌프 사용이 원칙. 만약 다른 소화설비와 펌프 겸용 시 각 설비의 성능에 지장이 없는 선에서 겸용 가능하나, 30층 이상의 고층건축물(소방대상물)은 스프링클러설비와 펌프 겸용 불가.

2) **고가수조방식**: 고가수조(높은 곳에 위치한 수조)로부터 발생하는 자연낙차압을 이용하는 방식. 최고층 소화전에 규정 방수압을 확보할 수 있을 만큼 높이 설치해야 해서 일반 건물에서는 거의 사용하지 못함.

3) **압력수조방식**: 압력수조 내에 물을 압입(압축해서 주입)하고 압축된 공기를 충전하여 수송하는 방식. 탱크의 설치 위치에 구애받지 않는 장점이 있음.

4) **가압수조방식**: 별도의 압력탱크가 필요하며 압력탱크 내 압축공기 또는 불연성 고압기체에 의해 소방용수를 가압 및 송수하는 방식. 전원이 필요하지 않음.

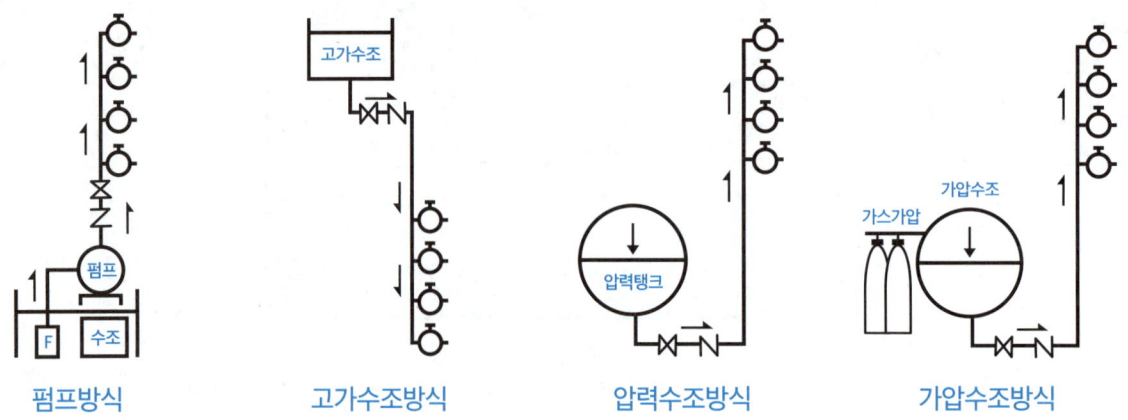

펌프방식   고가수조방식   압력수조방식   가압수조방식

(3) 기동용수압개폐장치(펌프방식)

기동용수압개폐장치는 펌프방식 중 자동기동 방식에서 사용하는 장치로 배관 내 압력 변화를 감지해 자동으로 펌프를 기동 또는 정지시키는 역할을 수행한다. 일반적으로 압력챔버를 기동용수압개폐장치로 주로 사용한다.

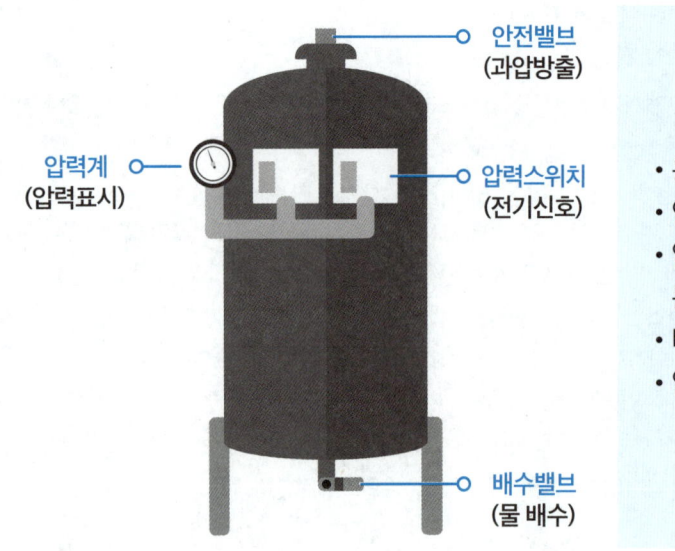

- 용적: 100L 이상
- 안전밸브: 과압을 방출
- 압력스위치: 전기적 신호를 통해 펌프 자동기동 및 정지
- 배수밸브: 압력챔버의 물 배수
- 압력계: 압력챔버 내 압력을 표시

(4) 밸브 및 배관 등

1) 순환배관과 릴리프밸브

① **순환배관**: 펌프의 토출 측 배관이 막힌 상태로 물은 방출되지 않고 펌프가 공회전하는 체절 운전 시, 수온이 상승해 펌프에 무리가 가는 것에 대비해 순환배관 상에 릴리프밸브를 설치하여 과압을 방출하고 수온 상승을 방지하기 위한 설비이다.

② **릴리프밸브**: 배관 내 압력이 릴리프밸브에 설정된 압력 이상으로 상승하면 스프링이 밀려 올라가면서 체절압력 미만에서 개방하여 과압을 방출하는 역할을 한다.

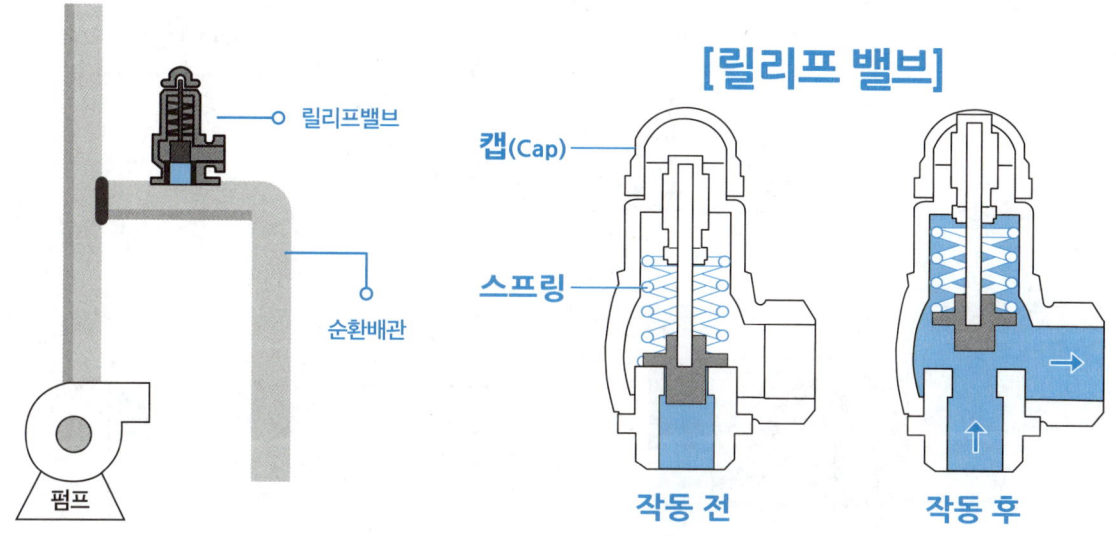

> **🔊 Tip**
> 릴리프밸브가 동작하기 전에는 홀더로 막혀있다가, 릴리프밸브가 동작하면서 스프링(용수철)에 의해 홀더가 열리고 순환하면서 과압을 방출하게 된답니다. 그림을 보고 동작 전, 동작 후의 모습이 어떻게 다른지 이해할 수 있다면 OK! 릴리프(Relief)란, '경감, 완화'의 의미인데요~ 그래서 릴리프 밸브는 펌프에 과압이 발생하는 것을 방지하기 위해 순환시켜주고, 압력을 완화시켜주는 역할을 한다! 이렇게 이해하시면 훨씬 쉽겠죠?

2) **성능시험배관**: 정기적인 펌프 성능 시험을 통해 펌프의 토출량 및 토출압력 확인을 위해 설치하는 배관. 크게 개폐밸브, 유량계, 유량조절밸브로 이루어져 있다. *스프링클러설비 참고

3) **송수구**: 옥내소화전은 그 물의 양이 한정되어 있기 때문에 소방공무원 등이 본격적으로 화재를 진압할 때 소방차로부터 물을 보충(송수)할 수 있는 송수구를 설치한다.

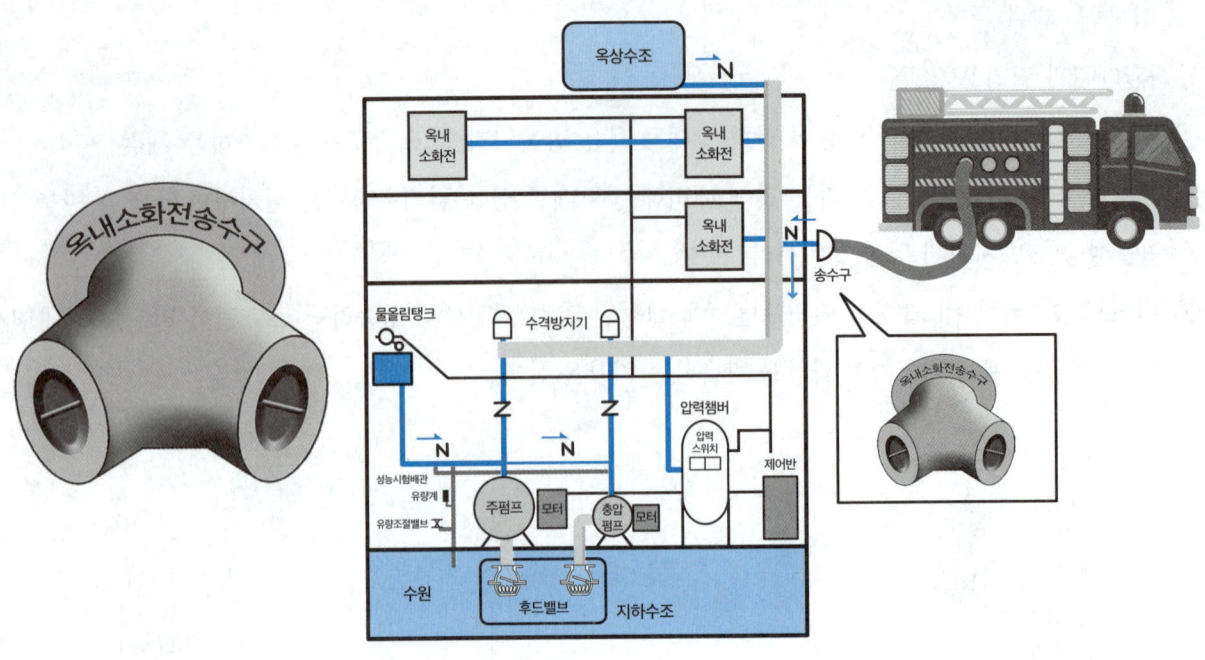

4) 방수구 및 호스 [설치기준]

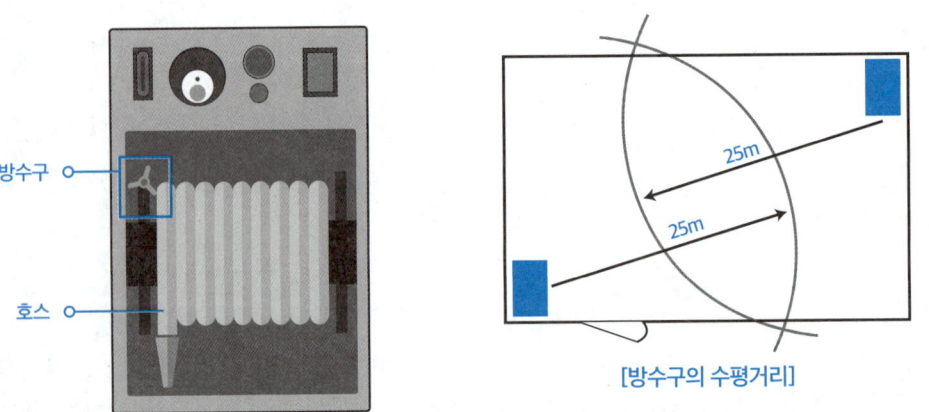

[방수구의 수평거리]

① 옥내소화전은 층마다 설치하되, 해당 특정소방대상물의 각 부분으로부터 하나의 옥내소화전 방수구까지의 수평거리가 25m 이하가 되도록 할 것
② 바닥으로부터 높이 1.5m 이하가 되도록 위치할 것
③ 호스 구경은 40mm 이상(호스릴 옥내소화전은 25mm 이상)
④ **방수량** : 130L/min, **방수압력** : 0.17MPa 이상 0.7MPa 이하

■ **옥내소화전 방수압력 측정**

가. 방수압력과 방수량 측정 시 2개 이상 설치된 경우에는 2개를 동시에 개방시켜 놓고 측정한다(1개 설치 시 1개 개방).

나. 방수압력 측정계 : 피토게이지

■ 피토게이지 사용 방법

옥내소화전 노즐 구경(내경)의 1/2 만큼의 거리를 두고 피토게이지를 노즐에 근접하여 방수압력을 측정한다.

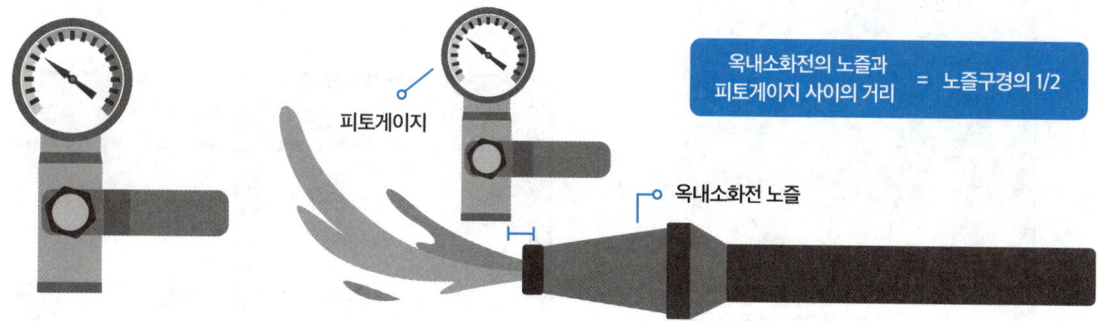

■ 측정 시 주의사항

1) 초기 방수 시 물속 이물질이나 공기가 완전히 배출된 후 측정한다.
2) 반드시 직사형 관창을 사용한다.
3) 피토게이지는 봉상주수(막대모양 분사) 상태에서 직각으로 측정한다.

직사형 관창   봉상주수

■ 방수량의 산정

$$Q = 2.065 \times D^2 \times \sqrt{p}$$

방수량   관경(노즐 구경mm)   방수압력

→ 피토게이지로 측정한 방수압력을 P에 대입, 관경 또는 노즐 구경을 D에 대입해서 계산했을 때 옥내소화전의 적정 방수압력(Q)이 분당 130L/min 이상 나오면 정상.

D 관경 또는 노즐 구경 : 옥내소화전 13mm (옥외 19mm)

(5) 감시제어반&동력제어반

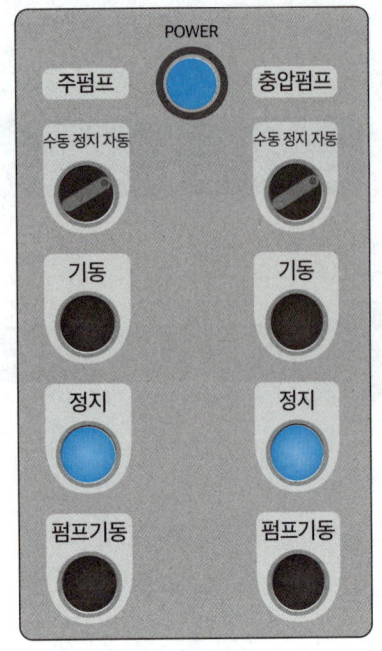
동력제어반 MCC

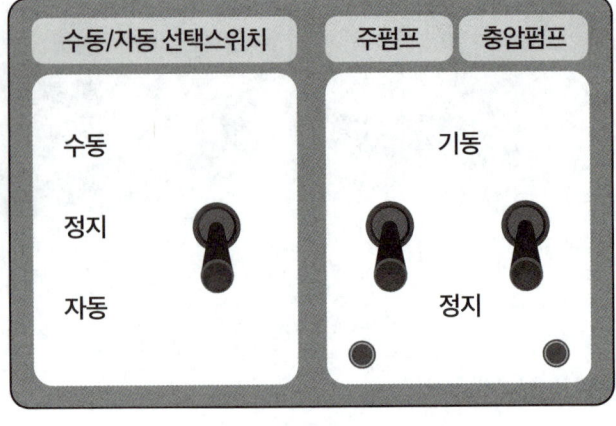
감시제어반(수신기)

① **평상시**(정상 위치) : '자동[연동]' (펌프는 정지 상태)
② **시험·점검을 위한 수동 조작 시** : 자동/수동 절환스위치 '수동' 위치 + (주펌프 또는 충압펌프) '기동' 버튼 누름(또는 '기동' 위치)
③ 펌프 기동 시 점등 상태
(1) MCC : 전원표시등 ON(항상 점등), 기동 버튼 ON, 펌프기동 표시등 ON / (정지 버튼은 소등)
(2) 감시제어반 : 각 펌프 조작스위치 하단 표시등 ON

(6) 옥내소화전 실습(사용순서)

1) 옥내소화전함에 발신기가 함께 부착된 경우 발신기를 먼저 눌러 화재신호를 보낸다.
2) 소화전함을 개방, 노즐을 잡고 호스가 꼬이지 않도록 전개(풀어)하여 화점까지 이동한다.
3) "밸브개방!"이라고 외치며 밸브를 [반시계 방향]으로 돌려 개방한다.
4) 노즐을 조작해 방수한다. 이때 한 손은 관창선단을 잡고 다른 손은 결합부를 잡아 호스를 몸에 밀착시킨다.
5) 사용 후 "밸브폐쇄"를 외치며 밸브를 완전히 폐쇄하고 동력제어반에서 펌프를 정지한다.
6) 호스는 그늘(음지)에서 말려 재사용을 위해 잘 정리해둔다.

✓ 옥외소화전설비

건축물 외부에 설치하는 물 소화설비로 외부에서의 소화 및 인접건물로의 연소 확대를 방지하기 위해 설치하는 설비.

가. 방수량 : 350L/min

나. 방수압력 : 0.25Mpa 이상 0.7MPa 이하

다. 수원의 용량 : 7m³ 또는 2개 이상일 때는 14m³ 이상 (2개 이상일 때는 2개를 기준으로 설치개수x7m³)

라. 설치기준 : 소방대상물의 각 부분으로부터 호스접결구까지 수평거리 40m 이하

마. 호스 구경 : 65mm

바. 소화전함 표면에 '옥외소화전' 표지 부착

사. 옥외소화전마다 5m 이내에 소화전함 설치해야 함

→ 옥외소화전 10개 이하 : 옥외소화전마다 5m 이내에 1개 이상 소화전함 설치

→ 옥외소화전 11개 이상 30개 이하 : 11개 이상의 소화전함 분산 설치

→ 옥외소화전 31개 이상 : 옥외소화전 3개마다 1개 이상 소화전함 설치

✓ 스프링클러설비

물을 소화약제로 하는 '자동식' 소화설비로 초기소화에 절대적인 효과를 가짐.

■ 스프링클러설비 구조

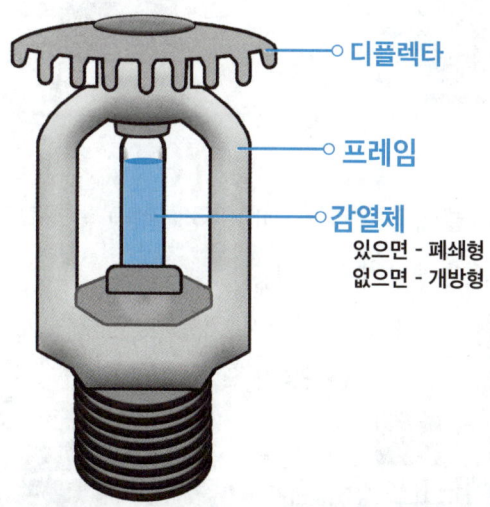

1) **프레임**(후레임, Frame) : 헤드의 나사부와 디플렉타를 연결하는 연결부

2) **디플렉타**(Defletor) : 헤드에서 방수된 물을 세분하여 퍼뜨리는 역할

3) **감열체** : 평상시 방수구를 막고 있다가, 특정 온도에서 반응하여 파괴 또는 분리(이탈)되면서 방수구가 열리고 방수됨으로써 스프링클러설비가 작동한다.

① 감열체가 있으면 폐쇄형 스프링클러
② 감열체가 없으면 개방형 스프링클러

■ 스프링클러설비의 종류

(1) 폐쇄형 스프링클러설비 [습식/건식/준비작동식]

1) 습식 스프링클러
① 배관 내부가 가압수(물)로 채워져 있다.
② **작동순서**: 화재 발생 → 헤드개방(방수) → 2차측 배관 압력 저하 → 1차측 압력에 의해 유수검지장치(알람밸브) 클래퍼 개방 → 압력스위치 작동으로 사이렌 작동, 화재표시등, 밸브개방표시등에 점등 → 배관 내 압력 저하로 기동용수압개폐장치 작동, 펌프 기동

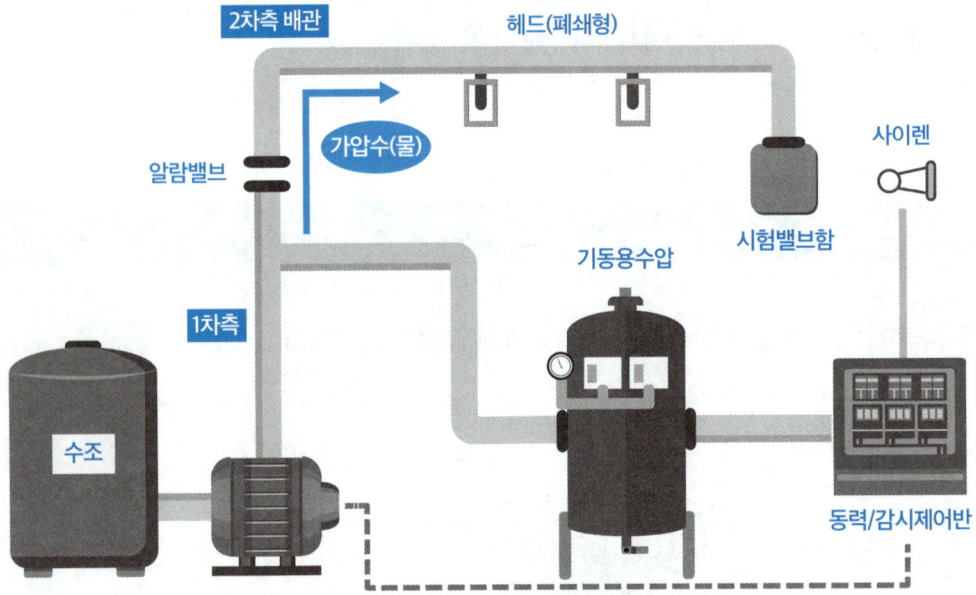

③ **알람밸브**(습식 유수검지장치)**와 클래퍼**: 클래퍼 개방(뚜껑 열림) → 시트링홀로 물 유입 → 압력스위치 작동 → 사이렌 작동, 화재표시등, 밸브개방등 점등

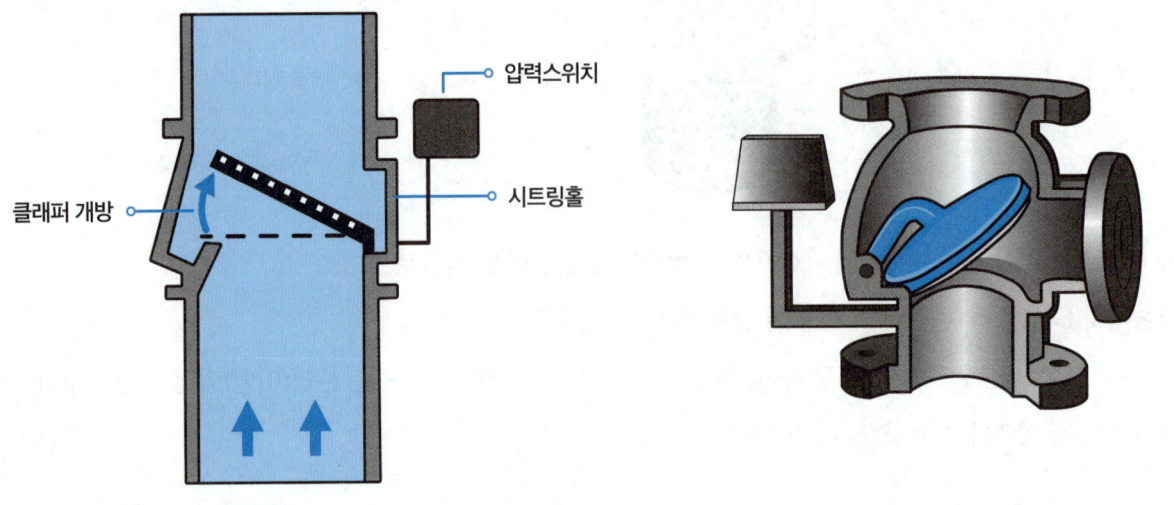

2) 건식 스프링클러

① 1차측 배관은 가압수, 2차측 배관은 압축공기(Air) 또는 질소가스 상태. 에어콤푸레샤(Air Compressor) 공기를 압축하는 장치(공기압축기)가 있다.

② **작동순서**: 화재 발생 → 헤드개방, 압축공기(질소) 방출 → 2차측 배관 공기압(압력) 저하 → 클래퍼 개방(급속개방기구 작동) → 1차측 물이 2차측으로 유수되어 헤드를 통해 방수 → 건식 압력스위치 작동으로 사이렌 작동, 화재표시등, 밸브개방표시등에 점등 → 배관 내 압력 저하로 기동용수압개폐장치 작동, 펌프 기동

③ **건식 유수검지장치**: 드라이밸브

3) 준비작동식 스프링클러

① 1차측은 가압수, 2차측 배관 내부는 **대기압** 상태. 화재를 감지하는 감지기(A,B) 별도로 필요한 설비.

② **작동순서**: 화재 발생 → 교차회로 방식의 감지기 A or B(A 또는 B) 작동하여 경종 또는 사이렌 경보, 화재표시등 점등 → 이후 감지기 A and B(A와 B 모두) 작동하거나 또는 수동기동장치(SVP) 작동 → 준비작동식 유수검지장치(프리액션 밸브) 작동 : 솔레노이드 밸브 작동, 중간챔버 감압, 밸브 개방 / 압력스위치 작동으로 사이렌 경보, 밸브개방표시등 점등 → 2차측으로 물 급수되어 헤드 개방 및 방수 → 배관 내 압력 저하로 기동용수압개폐장치 작동, 펌프 기동

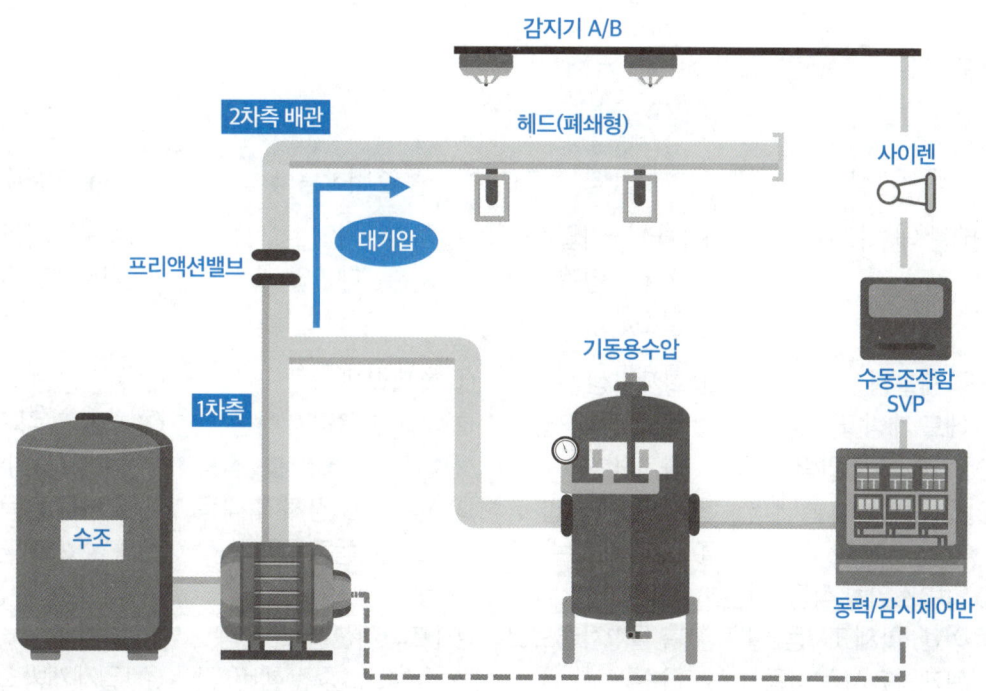

③ **프리액션밸브**(준비작동식 유수검지장치): 감지기 A와 B 모두 동작 시 중간챔버와 연결된 전자밸브인 [솔레노이드밸브]가 개방되며 중간챔버의 물이 배수되어 감압(압력이 감소)하고 1차측 물이 2차측으로 유수된다.

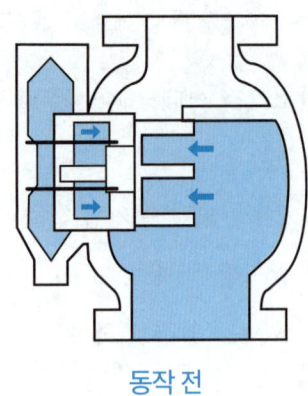 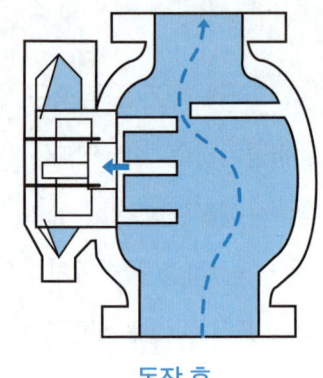

| 동작 전 | 동작 후 |

(2) 개방형 스프링클러설비[일제살수식]

① 1차측 배관 가압수, 2차측 배관 대기압 상태. 개방형 스프링클러헤드를 사용하는 일제살수식은 일제개방밸브 사용.

② 일제살수식 스프링클러는 감지기가 작동하면 모든 스프링클러 헤드에서 일제히 방수!

③ **작동순서**: 화재 발생 → 교차회로 방식의 감지기 A or B(A 또는 B) 작동하여 경종 또는 사이렌 경보, 화재표시등 점등 → 이후 감지기 A and B(A와 B 모두) 작동하거나 또는 수동기동장치(SVP) 작동 → [일제개방밸브] 작동 → 중간챔버 감압, 밸브 개방 / 압력스위치 작동으로 사이렌 경보, 밸브개방표시등 점등 → 2차측으로 물 급수되어 헤드에서 방수 → 배관 내 압력 저하로 기동용수압개폐장치 작동, 펌프 기동

■ 스프링클러설비 종류별 특징 및 장·단점

구분	폐쇄형			개방형
	습식	건식	준비작동식	일제살수식
내용물	• 배관 내 '가압수'	• 1차측 - 가압수 • 2차측 - 압축공기(질소)	• 1차측 - 가압수 • 2차측 - 대기압	• 1차측 - 가압수 • 2차측 - 대기압
작동순서	① 화재발생 ② 헤드 개방 및 방수 ③ 2차측 배관 압력 ↓ ④ [알람밸브] 클래퍼 개방 ⑤ 압력스위치 작동, 사이렌, 화재표시등 밸브개방표시등 점등 ⑥ 압력저하되면 기동용 수압&압력스위치 자동으로 펌프 기동	① 화재발생 ② 헤드개방, 압축공기 방출 ③ 2차측 공기압 ↓ ④ [드라이밸브] 클래퍼 개방, 1차측 물 2차측으로 급수 → 헤드로 방수 ⑤ 압력스위치 작동, 사이렌, 화재표시등, 밸브개방표시등 점등	① 화재발생 ② A or B 감지기 작동 *사이렌, 화재표시등 점등 ③ A and B 감지기 작동 또는 수동기동장치 작동 ④ [프리액션밸브] 작동 → 솔밸브, 중간챔버 감압 **밸브 개방** 압력스위치 작동 → 사이렌, **밸브개방표시등** 점등	① 화재발생 ② A or B 감지기 작동 (**경종/사이렌, 화재표시등** 점등) ③ A and B 감지기 작동 또는 수동기동장치 작동 ④ [일제개방밸브] 작동 → 솔밸브, 중간챔버 감압 **밸브 개방** 압력스위치 → 사이렌, **밸브개방표시등** 점등

구분	폐쇄형			개방형
	습식	건식	준비작동식	일제살수식
작동 순서		⑥ 압력저하 되면 기동용 수압&압력스위치 자동으로 펌프 기동	⑤ 2차측으로 급수, 헤드 개방 및 방수 ⑥ 압력저하되면 기동용 수압&압력스위치 자동으로 펌프 기동	⑤ 2차측으로 급수, 헤드를 통해 방수 ⑥ 압력저하되면 기동용 수압&압력스위치 자동으로 펌프 기동
유수검지장치	알람밸브	드라이밸브	프리액션밸브	일제개방밸브
장점	• 구조 간단, 저렴 • 신속 소화(물!) • 유지관리 용이	• 동결 우려 없고 옥외 사용 가능	• 동결 우려 없음 • 오동작해도 수손피해X • 헤드 개방 전 경보로 조기 대처 용이(빠른 대피)	• 신속 소화 • 층고 높은 곳도 소화 가능
단점	• 동결 우려, 장소 제한 • 오작동 시 수손피해	• 살수 시간 지연 및 초기 화재촉진 우려(공기) • 구조 복잡	• 감지기 별도 시공 • 구조 복잡, 비쌈 • 2차측 배관 부실공사 우려	• 대량살수→수손피해 • 감지기 별도 시공

■ **스프링클러설비의 점검**

가. 기본사항: 점검 시 경보가 울리면 건물 내 인파가 혼란을 겪을 수 있으므로 점검 중임을 사전 통보하거나, 수신반에서 경보스위치를 정지시킨 후 시험에 임한다.

(1) 습식의 점검

가. [말단시험밸브]를 열어 가압수를 배출시키면

나. 2차측 압력저하로 알람밸브 클래퍼 개방(작동)되고, 지연장치에 설정된 일정 시간(4~7초) 후 압력스위치 작동

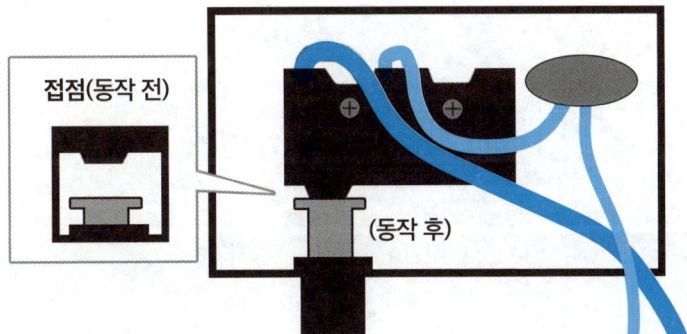

○ 참고
[지연장치]란, 비화재보로 인한 혼선을 방지하기 위한 장치

1) 습식 점검 시 확인사항

① 수신기(감시제어반)에서 화재표시등, 해당구역의 밸브개방표시등 점등 확인

② 해당 구역의 경보(사이렌) 확인 ← 혼선 방지를 위해 경보 정지시켜놨다면 잠시 정상상태로 두고 확인

③ 소화펌프 자동기동 확인

→ 점검도 실제 화재 상황과 동일하게 작동하는지 확인해야 하므로, 사이렌 울려주고 화재표시등 켜고, 밸브가 잘 열려서 밸브개방표시등 점등되고 펌프까지 작동하는지를 확인!

2) 점검 후 복구

말단시험밸브 잠그면 2차측 배관에 다시 가압수 차서 가압되고, 자동으로 클래퍼 복구, 이후 압력 채워져서 펌프도 자동 정지. (단, 06년 12월 30일 이후 건축허가동의 대상물은 주펌프를 수동 정지함.)

(2) 준비작동식의 점검

가. 경보 정지 또는 사전 통보. 2차측 개폐밸브 잠그고 배수밸브 개방 상태로 점검

1) 준비작동식 유수검지장치 작동 방법

① 해당 방호구역 감지기 2개 회로 작동

② 수동조작함(SVP) 작동

③ 밸브 자체 수동기동밸브 개방

④ 수신기(감시제어반)의 준비작동식 유수검지장치 수동기동스위치 작동

⑤ 수신기(감시제어반)의 동작시험 스위치 및 회로선택 스위치 작동

2) 준비작동식 점검 시 확인사항

① **A or B(A 또는 B) 감지기 작동 시**: 화재표시등 점등, 감지기 A 또는 감지기 B 지구표시등 점등, 경종 또는 사이렌 경보 작동

② **A and B(감지기 둘 다) 작동 시**: 화재표시등 점등, 감지기 A, B 지구표시등 점등, 사이렌 또는 경종 작동, 전자밸브(솔레노이드밸브) 개방, 밸브개방표시등 점등, 펌프 자동기동

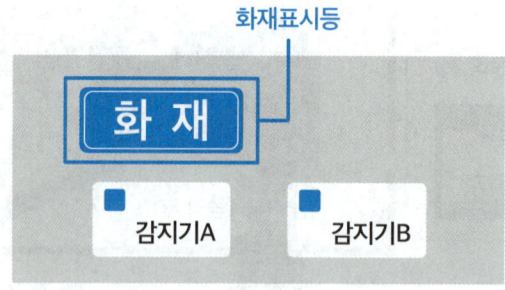

💬 감지기 A, B가 모두 작동했으니 확실한 화재상황으로 인식한 것과 동일하게 밸브개방 및 밸브개방표시등 점등, 펌프까지 자동으로 기동되는 것까지 확인한다는 차이점을 기억하기!

■ 스프링클러설비의 방수량과 방수압력

가. 방수압력 : 0.1MPa 이상 1.2MPa 이하

나. 방수량 : 80L/min 이상(분당 80L만큼 방수되어야 한다.)

■ 스프링클러설비의 헤드 기준개수

설치장소			기준 개수
(지하층 제외) 층수가 10층 이하인 대상물	공장	특수가연물 저장·취급	30
		그 밖의 것	20
	근생·판매·운수 또는 복합	판매시설 또는 복합건축물(판매시설이 설치되는 복합 건축물)	30
		그 밖의 것	20
	헤드 부착 높이	8m 이상	20
		8m 미만	10
층수 11층 이상 대상물(아파트 제외), 지하가·지하역사			30

■ 스프링클러설비의 저수량

▶ 폐쇄형 스프링클러헤드 사용시 : 헤드 기준개수 × 1.6m³ 이상

                                                                             └ (80L/min × 20분)

단, 30층~49층 이하의 특정소방대상물의 경우 : 헤드 기준개수 × 3.2m³ (∵ 40분 이상)

50층 이상의 경우 : 헤드 기준개수 × 4.8m³ (∵ 60분 이상)

예 지하역사의 경우 : 기준개수 30개 × 1.6m³ = 48m³(48,000L)

■ 스프링클러설비 배관

1) **가지배관** : 스프링클러헤드가 설치된 배관. 토너먼트방식 X, 교차배관에서 분기되는 지점을 기준으로 한쪽 가지배관에 설치되는 헤드의 개수는 8개 이하여야 함(배관 말단으로 갈수록 압력이 떨어지므로 일정 압력을 유지하기 위해 8개 이하로 제한).

2) **교차배관** : 직접 또는 수직배관을 통해 가지배관에 급수하는 배관으로 가지배관과 수평하거나 밑으로 설치해야 함(교차배관이 더 높으면 물때 같은 것이 껴서 배관 막힐 수도 있기 때문에 수평 또는 밑에 설치).

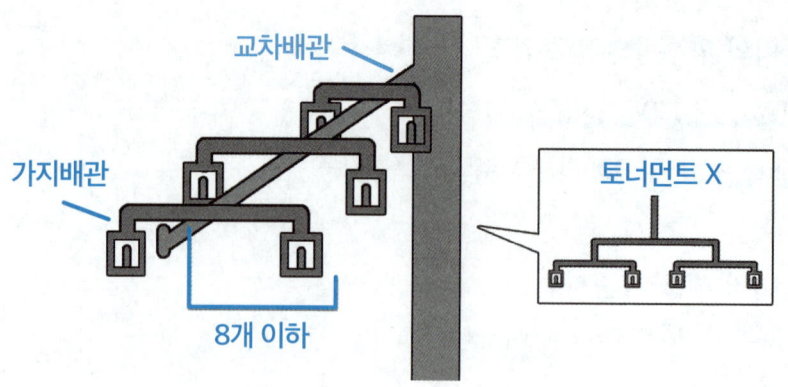

✓ 펌프성능시험

가. **준비사항**: 제어반에서 주펌프, 충압펌프 [수동], 펌프 토출측 개폐밸브 폐쇄

1) **체절운전**: 펌프 토출측 밸브 잠금 + 유량조절밸브 잠금으로, 토출량이 0인 상태에서 펌프 기동. 체절압력이 정격토출압력의 140% 이하인지, 릴리프밸브가 체절압력 미만에서 작동하는지 시험

2) **정격부하운전**(100% 유량운전): 펌프가 기동된 상태에서 유량조절밸브 개방, 유량계의 유량이 100%(정격 유량상태)일 때 정격토출압력 이상이 되는지를 시험

① 성능시험배관상의 [개폐밸브]를 완전 개방하고 [유량조절밸브]를 약간 개방해 주펌프 수동 기동
② [유량조절밸브]를 조금씩 개방하면서 유량계 정격토출량의 100%에 도달했을 때의 압력을 측정, 압력계의 압력이 정격토출압력의 100% 이상이면 정상

3) **최대운전**(150% 유량운전): 유량계의 유량이 정격토출량의 150%일 때 압력계의 압력이 정격토출압력의 65% 이상이 되는지를 시험

① [유량조절밸브]를 더 개방, 유량계 정격토출량의 150%에 도달했을 때 압력계의 압력이 정격토출압력의 65% 이상이면 정상

> 💬 각 밸브의 위치가 그림상으로 어디에 위치하는지, 그리고 [유량조절밸브]의 개방 정도가 각 시험(운전)마다 어떻게 다른지 체크!

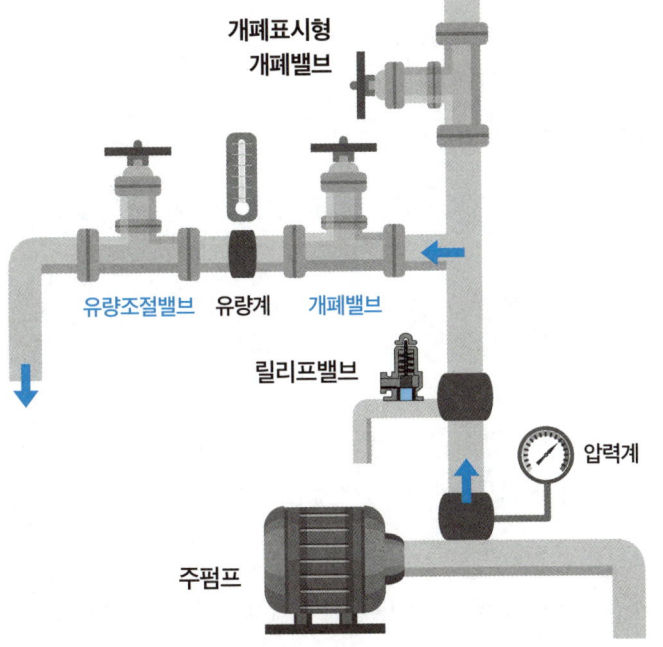

4) 펌프성능시험

① **체절운전**: 체절압력이 정격토출압력의 140% 이하인지 확인, 체절압력 미만에서 릴리프밸브 작동

② **정격부하운전**: 유량이 100%(정격유량 상태)일 때 정격압력 이상 되는지 확인

③ **최대운전**: 유량이 정격토출량의 150% 됐을 때, 정격토출압의 65% 이상 되는지 확인

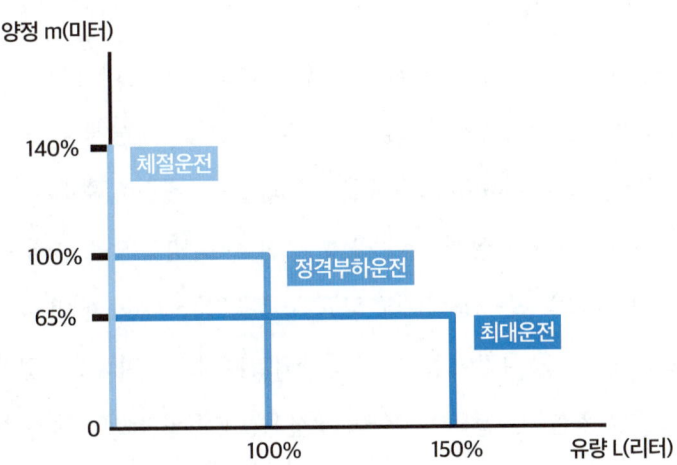

[그 외 확인사항]

- 가압송수장치의 작동 확인
- 표시 및 경보등 동작 여부 확인
- 전동기의 운전 전류값이 적용범위 내에 있는지 확인
- 운전 중 불규칙적인 소음 및 진동, 발열은 없는지 확인

■ 펌프성능시험 시 유의할 점

(1) 유량계에 작은 **기포가 통과하지 않아야** 한다.

▶ 기포가 통과할 경우 정확한 유량 측정이 어렵기 때문!

기포가 통과하는 원인
• 흡입배관의 이음부로 공기 유입 • 후드밸브와 수면 사이가 너무 가까운 경우 • 펌프에 공동현상이 발생한 경우

(2) 수격현상이 발생할 수 있으므로 개폐밸브의 **급격한 개폐 금지**

▶ 수격현상 : 급변한 유속으로 인해 펌프 및 배관 내부에 충격이 가해지는 현상

(3) 배수처리 관계에 유의

▶ (건물 내)물이 모이는 집수정에서 물을 밖으로 배출시켜주는(배수 역할) 배수펌프의 용량은 소화펌프의 용량보다 작기 때문에, 시험을 위해 (소화)펌프를 가동시키고 시험을 위해 물의 양이 100%, 150%로 계속 배수가 되면 결국은 고이게 되는 물이 바깥으로 배수되는 양보다 많아져 침수가 될 우려가 있으므로 배수처리 관계에 유의하여 시험을 진행해야 한다.

(4) 펌프 및 모터의 **회전축 근처에 있지 말아야** 한다.

▶ 펌프 및 모터의 회전축이 매우 빠르게 회전하기 때문에 옷가지 등이 끼이는 등 위험한 상황이 발생할 수 있으므로 회전축 근처에 있지 말아야 한다.

(5) 펌프성능시험 시 **토출측 개폐밸브를 완전히 폐쇄**한 후 점검을 진행한다.

▶ 토출측 개폐밸브가 완전히 폐쇄되어 있지 않으면 압력이나 유량 등이 성능시험배관이 아닌 토출측 배관으로도 흘러가면서 정확한 측정 및 시험이 어려워지므로 토출측 개폐밸브는 완전히 폐쇄한 후 점검에 임해야 한다.

(6) 제어반과 현장 측과의 **의사전달**을 확실히 해야 하며, 무전 시 **복명복창**을 철저히 한다.

▶ 시험이 진행되는 기계실(설비실) 등은 시끄럽기도 하고, 또 점검자들이 서로 떨어져 있는 경우도 있을 수 있는데 펌프의 작동이나 밸브의 개폐 등의 상황이 철저하게 통제되어야 하므로 이러한 시험이 진행되는 동안 제어반 측과 시험 현장 측간의 소통이 확실히 전달되어야 하며, 무전 등을 이용할 때에도 복명 복창(명령 등을 반복으로 외침)을 철저히 해야 한다.

물분무등소화설비(가스계소화설비)

■ 이산화탄소 소화설비

장점	단점
• 심부화재(가연물 내부에서 연소)에 적합하다. • 진화 후에 깨끗하고, 피연소물에 피해가 적다. • 전기화재에 적응성이 좋다.	• 질식 및 동상이 우려된다. • 소음이 크다. • 고압설비로 주의·관리가 필요하다.

■ 할론소화설비/할로겐화합물(불활성기체) 소화설비

할론소화설비	할론(불연성가스)소화약제 사용 → 질식·냉각 및 억제소화
할로겐화합물 소화설비	할로겐화합물(불활성기체 계열) 소화약제

■ 약제방출방식

1) **전역방출**: 밀폐된 공간에 고정된 분사헤드를 통해 전역(방호구역 전체)에 방출하는 방식

2) **국소방출**: 화재가 발생한 부분에만 소화약제를 집중적으로 방출하는 방식

3) **호스릴**: 사람이 화점까지 끌고 가서 방출하는 이동식 소화 방식

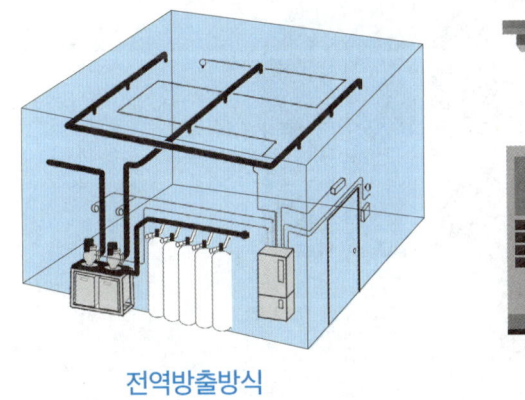
전역방출방식

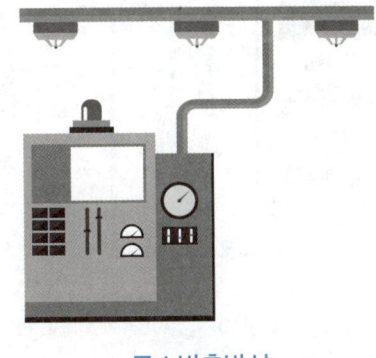
국소방출방식

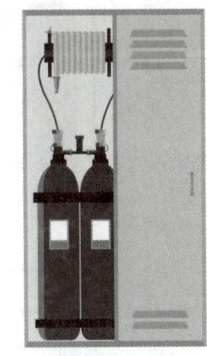
호스릴방식

> **Tip**
> • 가스계소화설비에는 세 가지 약제방출방식이 있다는 것!
> • 그림을 보고 각각의 약제방출방식을 구분할 수 있도록 공부하시면 좋습니다~!

■ 가스계 소화설비의 주요 구성

① **저장용기**: 필요한 양만큼의 소화약제를 저장하는 용기

② **기동용 가스용기**: 솔레노이드밸브의 파괴침에 의해 작동하고 기동용가스가 동관을 통해 방출, 저장용기의 소화약제가 방출되게 한다.

③ **솔레노이드밸브**: 기동용기밸브의 동관을 파괴, 기동용 가스를 방출시키는 역할

④ **선택밸브**: 2개 이상의 방호구역(방호대상물)의 저장용기를 공용으로 사용하는 경우에 사용하는 밸브

⑤ **압력스위치** : 방출표시등 점등시키는 역할
⑥ **방출표시등** : 압력스위치에 의해 점등되어 약제가 방출되는 방호구역 내부로의 진입을 방지하는 목적
⑦ **방출헤드** : 소화약제가 방출되는 헤드, 전역방출방식의 경우 천장형(넓은 지역에 균일 분포)과 나팔형(국소지점에 방출) 등이 있다.
⑧ **수동조작함**(수동기동장치) : 화재 발생 시 수동 조작에 의해 소화약제를 방출할 수 있도록 하는 역할과 오동작 시 방출을 지연시키는 역할의 방출지연스위치가 있다. 그 외 보호장치, 전원표시등 내장

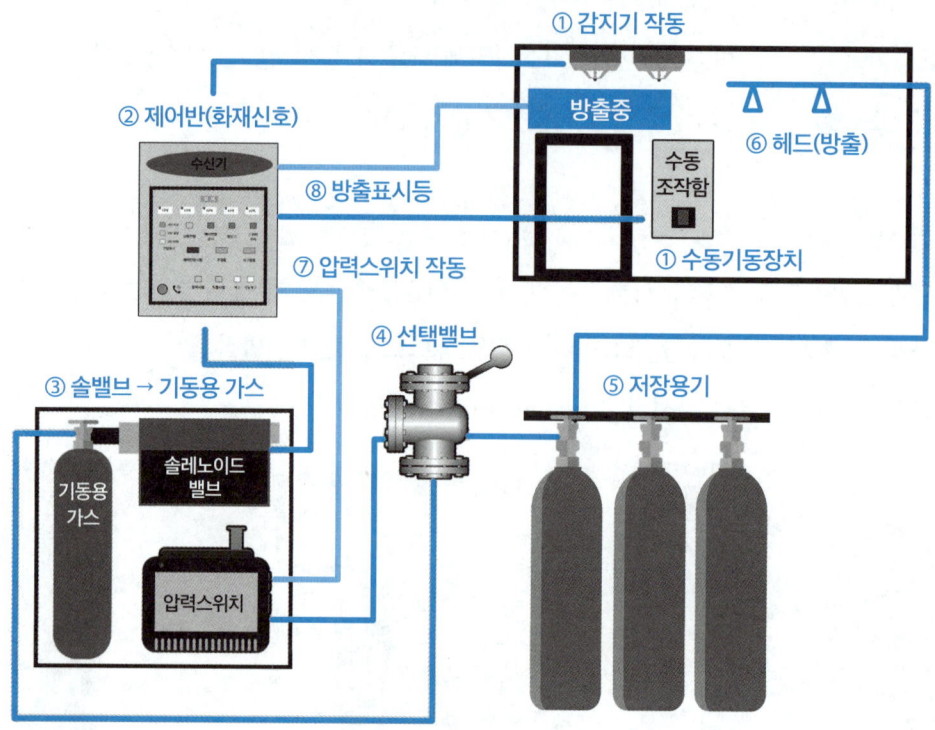

(1) 작동순서

① 감지기 동작 또는 수동기동장치 작동으로
② 제어반 화재신호 수신
③ 지연시간(30초) 후 솔레노이드밸브 격발, 기동용기밸브 동판 파괴로 기동용가스 방출되어 이동
④ 기동용가스가 선택밸브 개방 및 저장용기 개방
⑤ 저장용기의 소화약제 방출 및 이동
⑥ 헤드를 통해 소화약제 방출 및 소화
⑦ 소화약제 방출로 발생한 압력에 의해 압력스위치 작동
⑧ 압력스위치의 신호에 의해 방출표시등 점등(화재구역 진입 금지), 화재표시등 점등, 음향경보 작동, 자동 폐쇄장치 작동 및 환기팬 정지 등

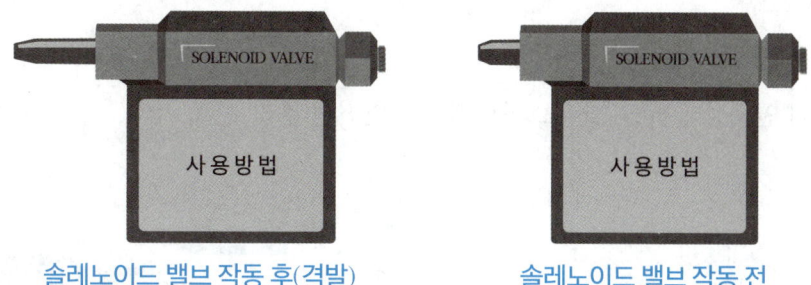

솔레노이드 밸브 작동 후(격발)   솔레노이드 밸브 작동 전

(2) 가스계소화설비의 점검

1) 점검 전 안전조치

① 기동용기에서 선택밸브의 조작동관 분리, 저장용기의 개방용동관 분리

② 솔레노이드 밸브 연동 '정지' 상태에 두기

③ 솔레노이드밸브에 연결된 안전핀 체결 – 솔레노이드 분리 – 안전핀 제거

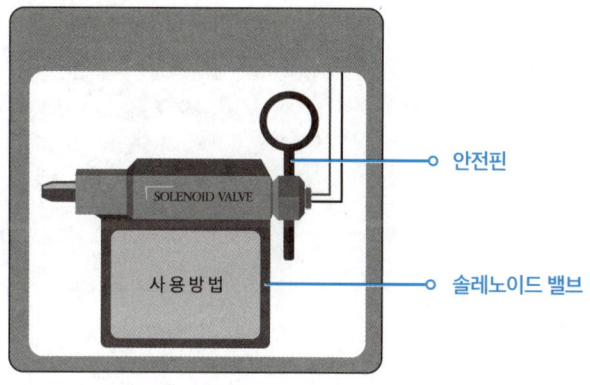

2) 점검 및 확인(솔레노이드밸브 격발시험)

① 감지기 A, B를 동작시킨다.

② 수동조작함에서 기동스위치 눌러 작동시킨다.

③ 솔레노이드밸브의 수동조작버튼 눌러 작동시킨다. (즉시 격발)

④ 제어반에서 솔밸브 스위치를 [수동], [기동] 위치에 놓고 작동시켜본다.

→ 동작 확인 사항 : 제어반의 화재표시등 + 경보 발령 확인, 지연장치의 지연시간(30초) 체크, 솔밸브 작동 여부 확인, 자동폐쇄장치 작동 확인, 환기장치 정지 확인(환기장치가 작동하면 가스가 누출될 수 있으므로 환기장치는 정지되어야 함!)

(3) 가스계소화설비 점검 후 복구 방법(단계)

1) 제어반에서 [복구] 스위치 복구

2) 제어반의 솔레노이드밸브 연동 정지

3) 격발되어 있는 솔레노이드밸브를 원상태로 복구

4) 솔레노이드밸브에 안전핀 체결, 기동용기에 결합

5) 제어반에서 스위치 연동상태 확인, 솔레노이드밸브의 안전핀 분리

6) 조작동관 재결합

(1)번 복구스위치 복구

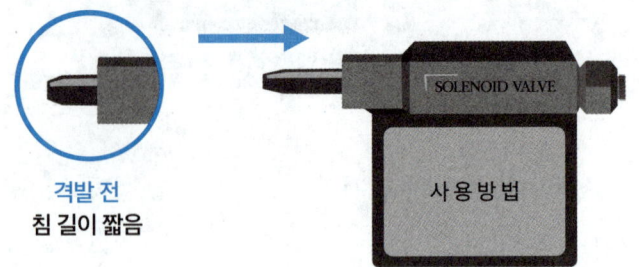

(3)번 솔레노이드밸브 침 길이 짧은 상태로 복구

1단원 (소방시설의 종류 및 구조·점검 ① 소화설비) 복습 예제

01 공연장·집회장·관람장·문화재·장례식장 및 의료시설에 적용되는 소화기구의 능력단위 기준을 고르시오.

① 해당 용도의 바닥면적 30m²마다 능력단위 1단위 이상
② 해당 용도의 바닥면적 50m²마다 능력단위 1단위 이상
③ 해당 용도의 바닥면적 100m²마다 능력단위 1단위 이상
④ 해당 용도의 바닥면적 200m²마다 능력단위 1단위 이상

> 특정소방대상물별 소화기구의 능력단위 기준은 다음과 같다.
>
> | (1) 위락시설 | 해당 용도의 바닥면적 30m²마다 능력단위 1단위 이상 |
> |---|---|
> | (2) 공연장·집회장·관람장·문화재·장례식장 및 의료시설 | 해당 용도의 바닥면적 50m²마다 능력단위 1단위 이상 |
> | (3) 근생·판매·숙박·운수·노유자·업무시설, 공동주택, 공장·창고시설 등 | 해당 용도의 바닥면적 100m²마다 능력단위 1단위 이상 |
> | (4) 그 밖의 것 | 해당 용도의 바닥면적 200m²마다 능력단위 1단위 이상 |
>
> 따라서 문제에서 제시된 특정소방대상물에 적용되는 소화기구의 능력단위 기준으로 옳은 것은 ②번.
>
> → 답 ②

02 다음의 각 설비별 적정 압력범위가 옳지 아니한 것을 고르시오.

① 축압식 소화기 : 0.7 ~ 0.98MPa
② 옥내소화전설비 : 0.17MPa 이상 0.7MPa 이하
③ 옥외소화전설비 : 0.35MPa 이상 0.7MPa 이하
④ 스프링클러설비 : 0.1MPa 이상 1.2MPa 이하

> 각 설비별 적정 압력 범위는 다음과 같다.
> (1) (축압식)소화기 지시압력계 압력범위 : 0.7 ~ 0.98MPa
> (2) 옥내소화전설비 방수압력 범위 : 0.17MPa 이상 0.7MPa 이하
> (3) 옥외소화전설비 방수압력 범위 : 0.25MPa 이상 0.7MPa 이하
> (4) 스프링클러설비 방수압력 범위 : 0.1MPa 이상 1.2MPa 이하
> ③번에서 옥외소화전설비의 압력범위를 0.35MPa 이상이라고 서술하여 옳지 않은 설명은 ③번.
>
> → 답 ③

03 다음의 설명에 해당하는 가압송수장치 방식은 무엇인지 고르시오.

> • 별도의 압력탱크가 필요하며 압력탱크 내 압축공기 또는 불연성 고압기체에 의해 소방용수를 가압 및 송수하는 방식으로, 전원이 필요하지 않다.

① 압력수조방식
② 가압수조방식
③ 펌프방식
④ 고가수조방식

가압송수장치에는 펌프방식, 고가수조방식, 압력수조방식, 가압수조방식이 있는데 펌프방식은 기동용 수압개폐장치를 설치하여 압력스위치의 작동으로 펌프를 기동하는 방식이고, 고가수조방식은 고가수조로부터 발생된 자연낙차압을 이용하는 방식을 말한다. 압력수조방식은 압력수조 내에 물과 압축된 공기를 충전하여 송수하는 방식으로 탱크 설치 위치에 구애받지 않는다는 장점이 있으며, 이와 비교하여 문제에서 제시된 설명과 같이 별도의 압력탱크에 압축공기 또는 불연성 고압기체로 소방용수에 압력을 가하여 송수하는 방식으로 전원이 필요하지 않은 것은 가압수조방식에 해당한다. 따라서 정답은 ②번.

→ 답 ②

04 옥내소화전설비의 점검을 위한 방수압력 및 방수량 측정 시 주의사항에 대한 설명으로 옳지 아니한 것을 고르시오.

① 초기 방수 시 물 속에 존재하는 이물질이나 공기 등을 완전히 배출한 후 측정한다.
② 측정 시 관창은 반드시 직사형 관창을 사용한다.
③ 피토게이지는 적상주수 상태에서 직각으로 하여 측정한다.
④ 노즐 선단에 피토게이지를 D/2만큼 근접시켜서 측정한다.

옥내소화전설비의 방수압력 및 방수량 측정 시 피토게이지(방수압력 측정계)는 물이 막대(봉) 모양으로 방사되는 '봉상주수' 상태에서 직각으로 측정하여야 한다. 따라서 적상주수 상태로 측정한다고 서술한 ③번의 설명이 옳지 않다.

○ 참고
피토게이지는 노즐 선단에 근접(D/2)시켜서 측정하는데, 이때 D는 관경(또는 노즐 구경)으로 옥내소화전의 경우 13mm이다.

→ 답 ③

05 펌프성능시험 중 최대운전에 대한 설명으로 빈칸의 [A], [B]에 들어갈 말을 차례대로 고르시오.

- 최대운전은 유량계의 유량이 정격 토출량의 [A]가 되었을 때 정격 토출압력의 65% [B]로(으로) 측정되어야 한다.

① [A] : 140%, [B] : 이상
② [A] : 140%, [B] : 이하
③ [A] : 150%, [B] : 이상
④ [A] : 150%, [B] : 이하

최대운전은 유량계의 유량이 정격 토출량의 150%일 때, 토출압력은 정격 토출압의 65% 이상으로 측정되어야 하므로 [A]는 150%, [B]는 65% '이상'으로 정답은 ③번.

💬 참고

체절운전은 토출량을 0으로 하여 체절압력이 정격토출압력의 140% 이하인지, 그리고 체절압력 미만에서 릴리프밸브가 작동하는지를 확인하는 시험이고, 정격부하운전은 유량이 100% 정격 유량상태일 때 측정되는 압력이 정격 토출압 이상인지 확인하는 시험이다.

→ 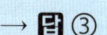 ③

06 스프링클러설비의 종류별 1차측 및 2차측 배관 내부의 채움 상태에 대한 설명이 옳지 아니한 것을 고르시오.

구분	1차측 내부	2차측 내부
① 건식	가압수	압축공기 또는 질소
② 습식	가압수	가압수
③ 준비작동식	가압수	대기압 상태
④ 일제살수식	가압수	가압수

스프링클러설비의 종류별 1차측 및 2차측 배관 내부는 다음과 같다.

구분		1차측 내부
폐쇄형	① 건식	• 1차측 : 가압수 • 2차측 : 압축공기 또는 질소
	② 습식	• 1차측, 2차측 : 가압수
	③ 준비작동식	• 1차측 : 가압수 • 2차측 : 대기압 상태
개방형	④ 일제살수식	• 1차측 : 가압수 • 2차측 : 대기압 상태

일제살수식 스프링클러설비의 2차측은 대기압 상태이므로 옳지 않은 설명은 ④번.

→ 답 ④

07 다음 중 이산화탄소 소화설비의 장점 및 단점에 대한 설명으로 옳지 아니한 것을 고르시오.

① 화재 진화 후 깨끗한 것이 장점이지만 질식의 위험이 있는 설비이다.
② 심부화재에 적합하며 비전도성으로 전기화재에 효과가 좋다.
③ 동상의 우려가 있으나 소음이 적은 것이 장점이다.
④ 피연소물에 피해가 적지만 고압 설비이므로 주의와 관리가 필요하다.

이산화탄소 소화설비의 경우, 심부화재 진화에 적합하고 피연소물에 대한 피해가 적어 진화 후에도 깨끗하며 전기화재에 효과가 좋은 것이 장점이다. 반면 고압 설비이고 질식 및 동상의 우려가 있으며 소음이 큰 것이 특징으로 각별한 주의·관리가 요구되는 설비이기도 하다.
따라서 소음이 적다고 서술한 ③번은 이산화탄소 소화설비에 대한 설명으로 옳지 않다.

→ 답 ③

PART 2
소방시설의 종류 및 구조·점검 ② 경보설비

Chapter 02 경보설비

(1) 자동화재탐지설비
감지기에 의해 열, 연기, 불꽃 등을 감지, 자동으로 경보 발생해 화재 조기 발견, 조기통보, 초기소화, 조기피난이 가능케 하는 설비.

가. 구성: 감지기, 발신기, 음향장치, 수신기, 표시등, 전원, 배선, 시각경보기, 중계기 등

■ 감지기의 종류[열감지기/연기감지기]

열 감지기	차동식	• 주변 온도의 상승률이 갑자기 높아지면 작동(예를 들어 1분 만에 15도 이상 급상승할 때) • 거실, 사무실 • 다이아프램, 리크구멍(차다리!)
	정온식	• 정해진 온도에서 작동 • 주방, 보일러실(기본적으로 온도가 좀 높기 때문에 정해놓은 일정온도를 벗어날 만큼 뜨거워지면 작동) • 바이메탈
연기 감지기	광전식 (스포트형)	• 연기 속 미립자가 산란반사를 일으킬 때 작동 • 계단실, 복도 등

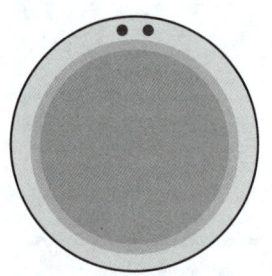
차동식 열감지기

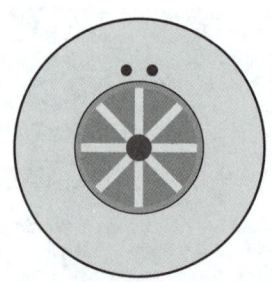
정온식 열감지기

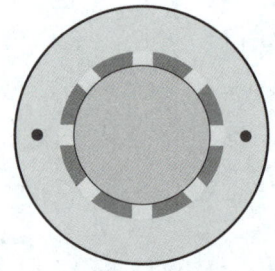
연기감지기

■ 차동식과 정온식감지기의 구성부

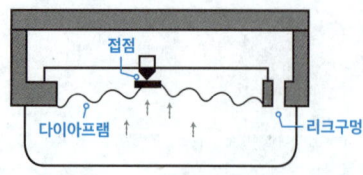
차동식(다이아프램)

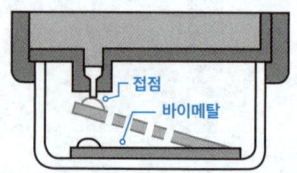
정온식(바이메탈)

■ 감지기 설치면적 기준

내화구조	차동식		보상식		정온식		
	1종	2종	1종	2종	특종	1종	2종
4m 미만	90	70	90	70	70	60	20
4 ~ 8m (나누기2)	45	35	45	35	35	30	-

📢 Tip

내화구조로 된 소방대상물에 열감지기를 설치하려고 해요. 이때 설치하려는 열감지기의 종류에 따라, 그리고 감지기를 부착하려는 높이에 따라 열감지기를 얼마큼의 면적마다 하나씩 설치해야 되는지를 나타낸 표라고 생각하면 쉽습니다.

💬 쉽게 외우는 방법!

먼저 열감지기의 종류는 '차/보/정' 그리고 설치면적 기준은 일이일이특일이, 구칠구칠칠육이~ 이런식으로 외워두시면 쉽습니다.

예시문제

Q. 다음의 그림처럼 주요구조부가 내화구조로 이루어진 사무실에 정온식 스포트형 열감지기 특종을 설치하려고 한다. 이때 설치해야 하는 최소 수량(개수)을 구하시오. (단, 감지기 부착 높이는 3.8m이며 A, B실의 면적은 같다.)

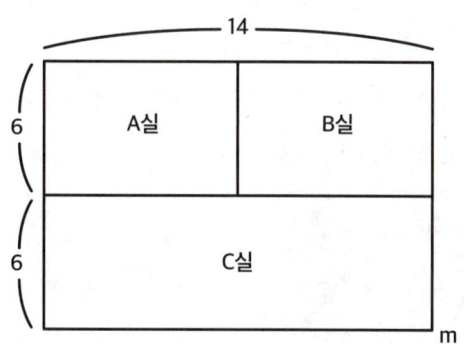

풀이

이때 유념해야 할 점은, 전체 면적을 기준으로 계산하는 것이 아니라 각 실마다 각각 계산해야 한다는 점을 꼭 기억해두셔야 합니다!

먼저 A, B실의 면적이 같다고 했으니 사무실의 가로 길이인 14m를 절반으로 나눈 값 7과 사무실의 세로 길이인 6m를 곱해 6x7 = 42m²라는 값을 알 수 있습니다. 따라서 A실, B실의 면적은 각각 42m²

그다음 C실의 면적은 가로 길이 14m와 세로 길이 6m로 14x6 = 84m²이므로 C실의 면적은 84m²

문제에서 제시한 감지기의 종류는 정온식 스포트형 열감지기 - 특종으로 부착 높이가 4m 미만이므로, 〈감지기 설치면적 기준〉의 표에서 4m 미만 - 정온식 - 특종의 설치면적 기준인 70m²가 적용됩니다. (정온식 스포트형 열감지기 특종을 기준으로, 사무실 면적 70m²마다 최소 하나씩 설치해야 한다.)

그러므로 A, B실의 면적은 70m² 미만이니 각각 하나씩 설치하고, C실의 경우 70m²를 초과하므로 하나로는 부족하고 2개를 설치해야 합니다. 따라서 감지기는 총 4개를 설치하게 됩니다.

※ 만약 D라는 또 다른 사무실의 면적이 190m²이고 똑같은 정온식 스포트형 열감지기 특종을 설치하려고 한다면, 설치면적 기준 70m²가 적용되어, 최소 3개 이상 설치해야 하겠죠?
→ 정온식 특종 감지기 하나로 70m²의 면적을 커버할 수 있다! 이렇게 생각하면 쉬워요~!

(2) 감지기 배선은 [송배전식(송배선식)]

선로 사이의 연결이 정상적인지 확인하는 '도통시험'을 원활히 하기 위해 감지기 배선은 송배전식(송배선식)으로 한다.

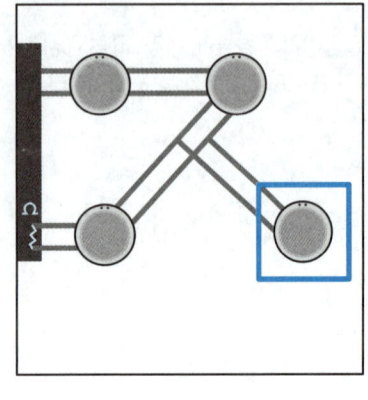 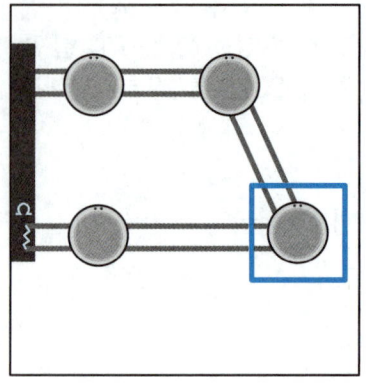

송배선식 ×   송배선식 ○

■ 발신기

1) 화재를 발견한 '사람'이 직접(수동으로) 누름버튼 누름 → 수신기로 신호를 보낸다.
2) **스위치 위치** : 바닥으로부터 0.8m 이상 1.5m 이하의 높이에 위치하도록 설치
3) 각 층마다 설치, 수평거리가 25m 이하가 되도록 설치

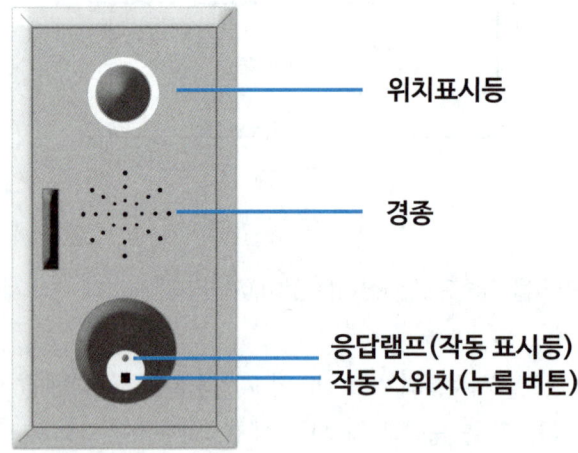

4) 발신기 누름버튼 누르면 → 수신기의 [화재표시등, 지구(위치)표시등, 발신기등에 점등/경보 작동] → 발신기의 응답표시등에 점등

■ 수신기

[P형 : 소규모 / R형 : 대규모]

① 경비실 등 상시 사람이 근무하고 있는 장소에 설치해야 한다.

② **조작스위치 높이** : 바닥으로부터 0.8m 이상 1.5m 이하의 높이에 위치하도록 설치

③ 수신기가 설치된 장소에는 **경계구역 일람도**를 비치해야 한다.

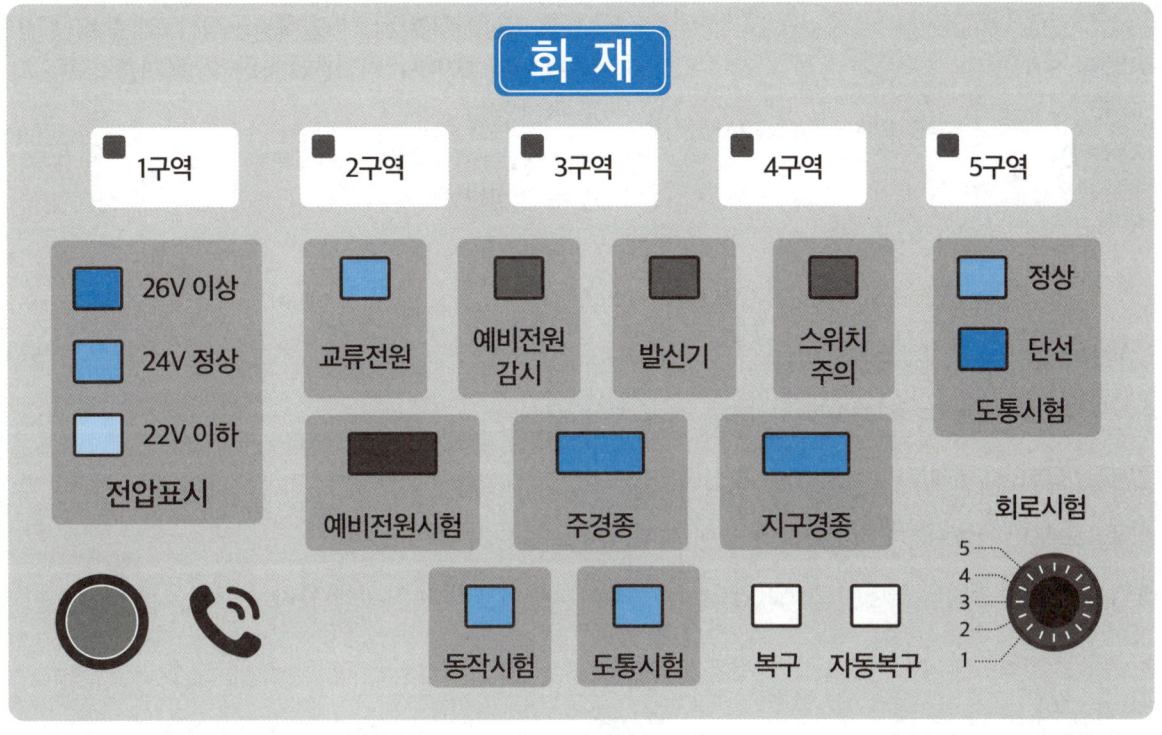

수신기

참고	
복구 스위치	수신기의 동작상태를 정상으로 복구
자동복구 스위치	감지기의 복구에 따라 수신기 동작상태 자동복구(스위치가 시험위치에 놓인 경우)

■ 음향장치

1) **주음향장치** : 수신기 안에 (또는 직근에) 설치

   지구음향장치 : 각 경계구역에 설치

2) 각 층마다 설치, 수평거리가 25m 이하가 되도록 설치

3) 1m 떨어진 거리에서 90dB 이상의 음량이 출력될 것 → 측정 시 '음량계' 필요!

■ 음향장치의 경보방식

규모가 큰 건축물에서 화재 발생 시 많은 인파가 한 번에 몰려 피난에 혼란을 일으키는 것을 방지하기 위해 피난 순서를 정해 일정 구간에 경보를 먼저 울려줌으로써 차례로 대피할 수 있도록 하는 경보 방식을 말한다(기본적으로는 '전층 경보'방식으로 건물 내 모든 층에 한 번에 경보를 울리는 방식을 사용).

1. 전층 경보	2번 외 건물은 모든 층에 일제히 경보	
2. 발화층 + 직상 4개층 우선 경보	11층 이상 건물 (공동주택은 16층 이상)	• 지상2층 이상에서 화재 시 : 발화층+직상 4개층 우선 경보 • 지상1층에서 화재 시 : 발화층(1층)+직상4개층+모든 지하층 우선 경보 • 지하층 화재 시 : 발화한 지하층+그 직상층+그 외 모든 지하층 우선 경보

■ 시각경보장치(청각장애인을 위함)

1) 청각장애인용 객실, 공용공간, 거실, 복도, 통로 등에 설치
2) **공연장, 집회장** : 무대부에 설치(시선이 집중되는 위치)
3) 바닥으로부터 2m 이상 2.5m 이하인 높이에 위치하도록 설치
4) 바닥부터 천장까지의 높이가 2m가 안 될 시 천장으로부터 0.15m 이내에 설치

■ 경계구역

자동화재탐지설비의 하나의 회로(회선)가 효율적으로 화재 등을 감지할 수 있도록 유효 범위를 나눈 것.

> 쉽게 말해서~ 감지기, 발신기, 수신기 등의 설비들이 작동했을 때 그 범위가 너무 광범위하면 어느 건물의 어느 층에서 불이 난 건지 확인하기도 어렵고, 만약 건물 두 개 이상을 하나의 경계구역으로 설정해버리면 실제로 인력이 투입돼서 화재를 진압할 때에도 대응이 무척 어려워지겠죠? 그래서 자동화재탐지설비의 1회로(회선)가 유효하게 작동할 수 있도록 '경계구역'으로 설정할 수 있는 기준을 두어서 화재 발생 시 효율적으로 대처할 수 있도록 구역의 범위를 설정하는 것을 말합니다.

하나의 경계구역으로 설정 불가

1) 기본적으로 하나의 경계구역에 2개 이상의 건축물, 2개 이상의 층이 포함되지 않아야 한다.

   (단, 2개의 층 면적을 합쳐 500m² 이하면 하나의 경계구역으로 설정 가능하다.)

2) **하나의 경계구역의 면적** : 600m² 이하, 한 변의 길이 50m 이하

3) **출입구에서 내부 전체가 보이는 시설** : 1000m² 이하, 한 변의 길이 50m 이하

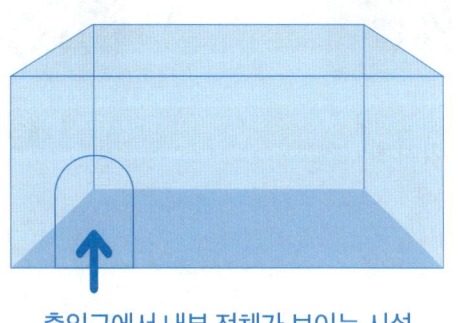

■ 자동화재탐지설비의 점검 및 복구 방법

(1) 감지기 작동 점검

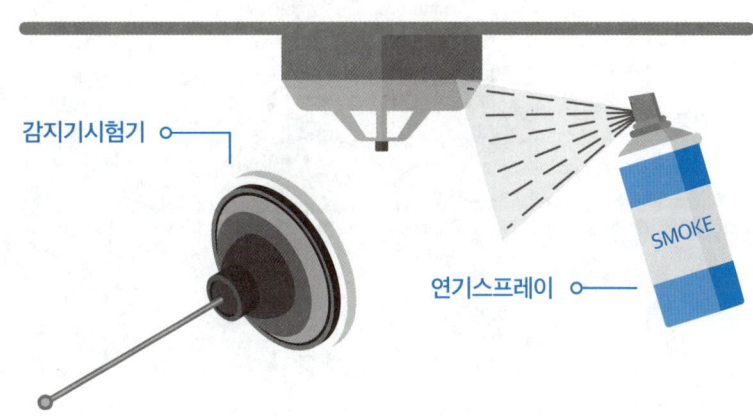

1) 설치된 감지기에 감지기 시험기를 씌워보거나 연기스프레이를 사용해 감지기를 작동시켜본다.

   → 이때, 감지기의 LED가 점등되면 정상

2) **감지기의 LED가 점등되지 않을 경우**(비정상) : 전압측정계를 사용하여 전압을 확인한다.

① 정격전압의 80% 이상이면 회로는 정상이나, 감지기가 불량이므로 감지기를 교체한다.

② 전압 자체가 0V면 회로가 단선됐으므로 회로를 보수한다.

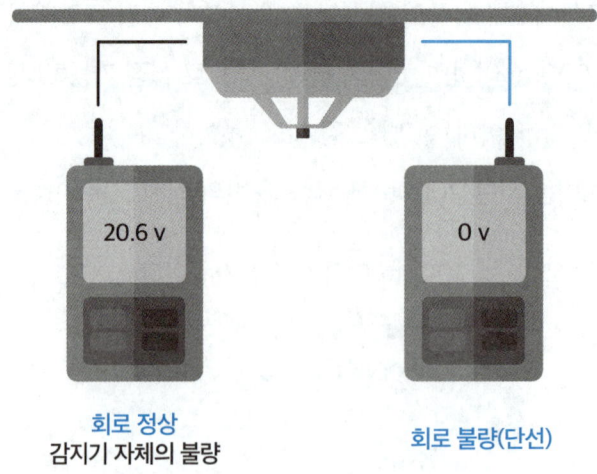

회로 정상
감지기 자체의 불량

회로 불량(단선)

(2) 발신기 점검

① 발신기에서 [누름버튼] 누른 뒤

② 수신기에서 [발신기등]에 점등되는지

③ 발신기에서 [응답표시등] 점등되는지 확인

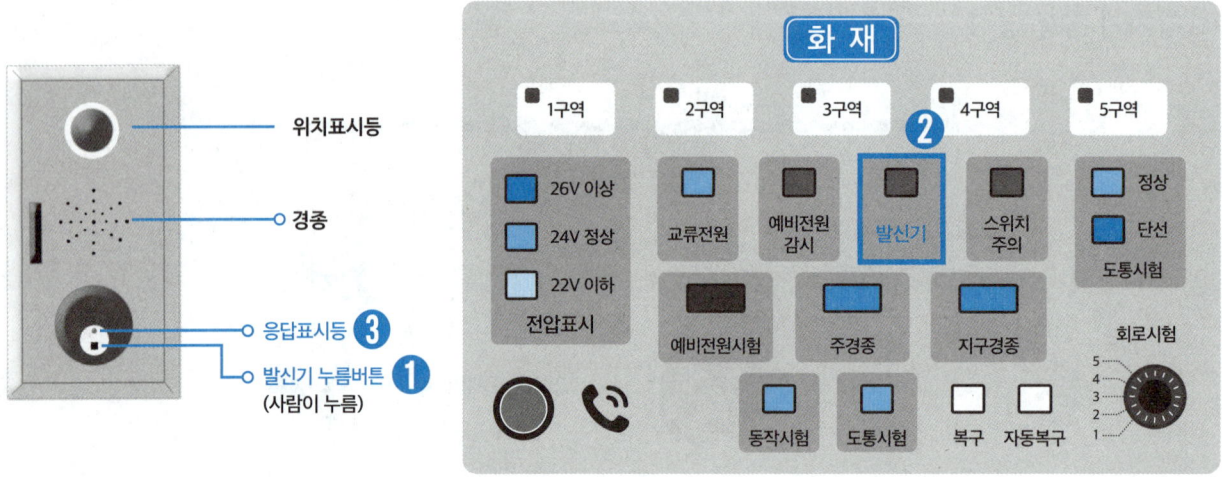

④ 주경종, 지구경종, 비상방송 등 연동설비 작동하는지 확인(경보 울리는지 확인)

⑤ 발신기 [누름버튼]을 다시 빼내서 복구

⑥ 수신기에서 화재신호 복구(리셋), 발신기 응답표시등 및 수신기 각종 표시등 소등

1) 발신기의 '점검' 순서는 위와 같지만, 발신기 누름버튼 눌렀을 때 수신기에서 점등 및 작동되는 것들은 아래와 같다.

가. [화재표시등], [지구(위치)표시등], [발신기등]에 점등

나. 주경종, 지구경종(음향장치) 경보 울림

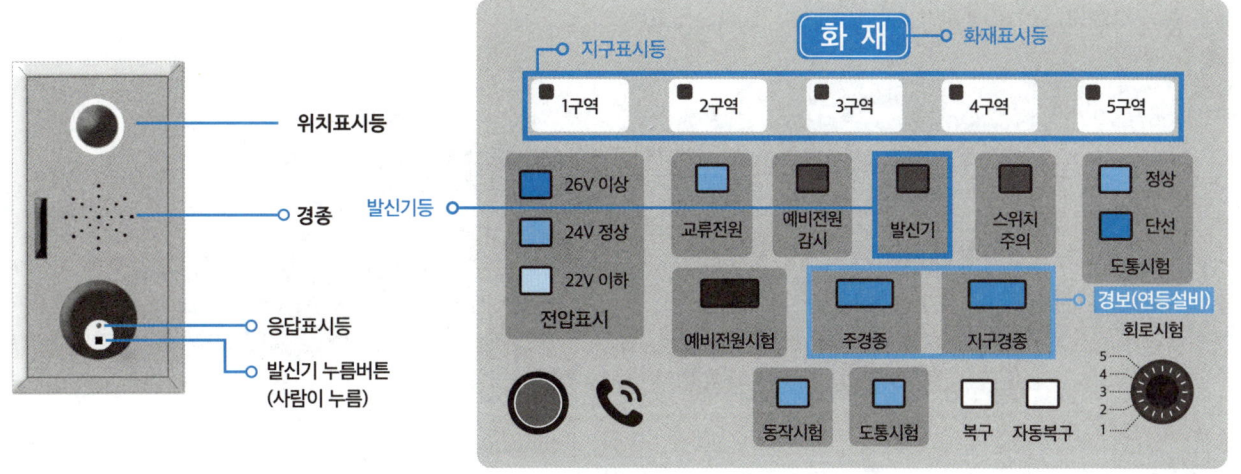

> 📢 **Tip**
>
> 사람이 버튼을 직접 눌러서 화재 사실을 알리는 설비(장치)가 **발신기!** (그림의 왼쪽)
>
> 발신기의 신호를 받거나, 감지기가 자동으로 화재를 탐지했을 때 신호를 받는 설비(장치)가 **수신기!** (그림의 오른쪽) 수신기는 통제실에서 화재 상황을 한눈에 볼 수 있도록 알려주는 설비라고 생각하시면 쉬워요!
>
> '점검'도 결국은 화재가 발생한 상황을 모의시험을 해보는 것이기 때문에 화재가 발생한 상황과 똑같이 보고 불이 났다! → [화재표시등]에 점등되고 / 불이 어느 구역에 났다 → [지구(위치)표시등]에 점등 / 발신기가 울렸으면 [발신기등]에 점등이 될 것이고, 만약 감지기가 알아서 화재를 탐지했다면 [발신기등]에는 점등되지 않을 것입니다. 그리고 음향장치 등의 연동설비가 울려서 피난을 유도할 수 있도록 알려줘야겠죠?
>
> 이렇게 차근차근 이해하면서 그림과 함께 보시면 어렵지 않게 외울 수 있답니다~!

(3) 수신기 점검[동작시험, 도통시험, 예비전원시험]

> 📢 **Tip**
>
> 동작시험과 도통시험은 수신기의 버튼 방식(타입)에 따라 ① 로터리방식, ② 버튼방식으로 나눌 수 있습니다.
>
> **로터리방식**은 말 그대로 회로스위치를 한 칸씩 돌려보면서 시험하는 방식이고, **버튼방식**은 스위치버튼을 하나씩 눌러보면서 시험하는 방식입니다. 각 수신기의 타입에 따라 시험 순서가 조금씩 차이가 있으니 그림과 함께 보시면 좋습니다~!

1) 동작시험 [① 로터리방식/② 버튼방식]

- [화재표시등], [지구(위치)표시등], 기타 표시등, 음향장치 등의 연동설비 작동 여부, 감지기 및 부속기기와의 회로 접속(연결) 상태 등을 확인하기 위한 시험이다.
- 오동작방지기 있는 경우, **[축적] 스위치를 '비축적' 위치**에 둔다.

> 💬 *축적기능*
>
> 감지기가 실제 화재가 아닌데 먼지 등의 이물질을 화재로 오인하여 감지했을 때, 시도 때도 없이 경보가 울리지 않도록 방지하기 위해서 '이게 진짜 화재인지 아닌지 좀 두고 지켜보겠다…' 하고 일정 시간 데이터를 축적해두는 기능
>
> → 설정해둔 축적 시간 동안 의심할만한 열이나 연기(먼지) 등이 계속 감지되면 그때 진짜 화재로 인식하여 감지기가 작동하도록 만든 기능이 축적기능이므로, 점검(시험)을 위해서는 축적기능을 사용하지 않고 바로바로 작동 여부를 확인하기 위해 축적스위치를 '비축적' 위치에 두는 것이죠.

가. 동작시험 - 로터리방식

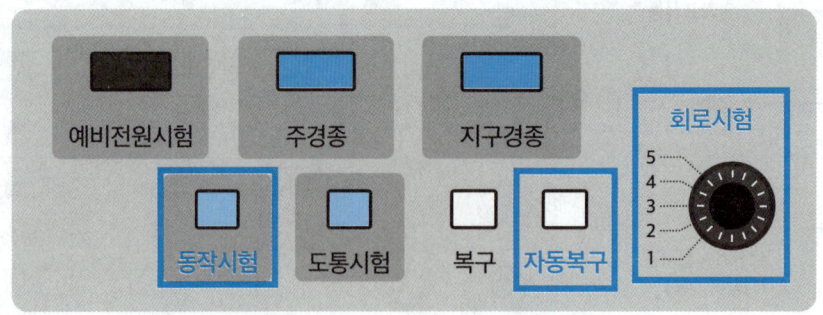

동작시험 순서	복구 순서
① [동작시험] 스위치 누름	① [회로시험] 스위치를 정상위치에 둠
② [자동복구] 스위치 누름	② [동작시험] 스위치 누름
③ [회로시험] 스위치 하나씩 돌려보기	③ [자동복구] 스위치 누름

① [동작시험] 스위치, [자동복구] 스위치 누르고 [회로시험(회로선택)] 스위치를 한 칸씩 회전시켜 보면서 작동 여부를 확인한다.

② [화재표시등], [지구(위치)표시등], 기타 표시등에 점등 여부 확인, 음향장치 등의 연동설비 작동 여부, 감지기 및 부속기기와의 회로 접속(연결) 상태 등을 확인하여 기능에 이상이 있는 경우 회로 보수 등 수리를 한다.

③ 이상이 없거나 수리가 끝나서 동작시험을 종료한 뒤에는 [회로시험(회로선택)] 스위치를 정상위치로 돌려놓고 [동작시험] 스위치, [자동복구] 스위치를 눌러 복구시킨다(리셋).

④ 복구 후 각종 표시등이 모두 소등되었는지 확인한다.

나. 동작시험 - 버튼방식

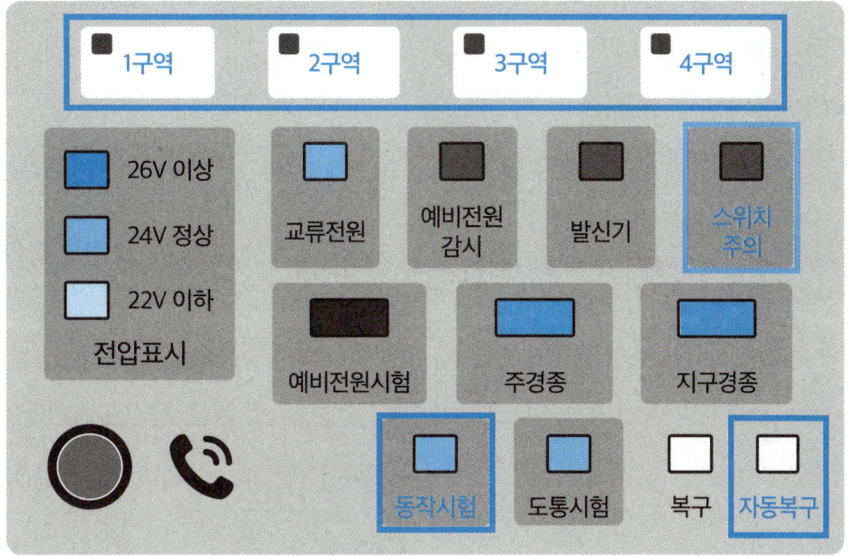

동작시험 순서	복구 순서
① [동작(화재)시험] 버튼과 [자동복구] 버튼 누름 ② 각 구역(회로) 버튼 누르기	① [동작(화재)시험] 버튼과 [자동복구] 버튼을 다시 눌러서(튀어나오게 해서) 복구 ② [스위치주의]등이 소등됐는지 확인

① [동작시험] 스위치, [자동복구] 스위치 누르고 각 경계구역별로 스위치를 하나씩 눌러보면서 작동 여부를 확인한다.

② [화재표시등], [지구(위치)표시등], 기타 표시등에 점등 여부 확인, 음향장치 등의 연동설비 작동 여부, 감지기 및 부속기기와의 회로 접속(연결) 상태 등을 확인하여 기능에 이상이 있는 경우 회로 보수 등 수리를 한다.

③ 이상이 없거나 수리가 끝나서 동작시험을 종료한 뒤에는 [동작시험] 스위치, [자동복구] 스위치를 눌러 복구시킨다(리셋).

④ 복구 후 각종 표시등이 모두 소등되었는지 확인한다.

> ○ 스위치주의등과 표시등의 소등상태 확인
>
> [스위치주의등]이란, 수신기에서 스위치가 하나라도 눌려있으면 점등되는 표시등입니다.
>
> 예를 들어, 주경종 스위치가 눌려있으면 주경종이 울리지 않도록 잠시 꺼두는 상태이고, 동작시험이나 도통시험 스위치가 눌려있으면 시험(테스트) 중인 상태이므로 수신기 기능을 일부 제한한 상태이기 때문에 어떠한 스위치가 눌려있으면 실제로 화재가 발생했을 때 수신기가 경종을 울리지 않는 등 제기능을 못 할 가능성이 생긴답니다. 이런 상황을 방지하기 위해 [스위치주의등]이 있어 다른 스위치가 하나라도 눌려있으면 아무것도 눌려있지 않도록 '정상상태'로 복구하라는 주의 신호를 보내주는 것입니다.
>
> 그러니까 평상시 수신기는 어떠한 스위치도 눌려있지 않도록 관리하는 것이 기본이며, 시험 등을 위해 스위치가 눌려있으면 [스위치주의등]에 점등되고, 시험 완료 후 모두 복구하여 눌려있는 스위치가 없으면 [스위치주의등]이 소등되어야 합니다.

2) 도통시험 [① 로터리방식/② 버튼방식]

- 도통시험(導 인도할·통할 도, 通 통할 통) : 회로 및 회선의 신호가 연결되어 정상적으로 전달되고 있는지 확인하는 시험(회로가 잘 연결되어 전기가 제대로 통하고 있는지!).
- 정상전압 : 4~8V(볼트), 녹색불 점등

구분	로터리방식(다이얼)	버튼방식
도통시험 순서	• [도통시험] 버튼 누르고 • [회로시험(회로선택)] 스위치를 각 경계구역별로 회전해보면서 확인	• [도통시험] 버튼 누르고 • 각 경계구역 버튼 눌러보면서 확인
정상 판별	• 전압계로 측정했을 때 : 4~8V 나오면 정상 0V면 단선된 상태 • [도통시험 확인]등이 별도로 있을 때 : 녹색불이면 정상, 빨간불이면 단선	
복구 순서	• 다이얼(회로시험스위치)을 정상위치에 두고 • [도통시험] 스위치 복구	• [도통시험] 스위치 복구

> 💬 스위치의 복구
>
> 수신기의 작동 및 점검과정에서 마지막 단계에는 스위치를 '복구'시키는 것이 매우 중요한데요. 이는 쉽게 말해서 스위치를 한번 누르면 스위치(버튼)가 눌린 상태이고 이렇게 눌린 상태의 스위치(버튼)를 다시 한번 더 눌러 튀어나오게 함으로써 원래의 상태로 되돌리는 상태, 즉 '복구'의 개념으로 생각하시면 이해가 쉽습니다.
>
> 스위치를 복구한다는 것은 눌려 있는 버튼을 빼내거나 다시 눌러서 튀어나오게 하여 원상태로 리셋(복구)한다는 것! 어렵지 않겠죠~?
> - 스위치가 눌린 상태 → [스위치주의등]에 점등
> - 스위치를 복구시킨 상태 → [스위치주의등]이 소등

3) 예비전원시험

가. 정전 등으로 상용전원을 사용할 수 없을 경우 충전되어 있던 예비전원으로 자동절환돼야 한다.

나. [예비전원시험] 스위치를 누르고 있는 상태에서

ㄱ. 전압계 측정 결과 19~29V가 나오거나

ㄴ. 램프에 녹색불 들어오면 정상

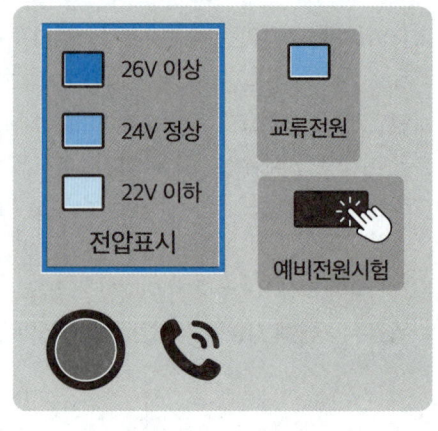

▶ 예비전원감시등

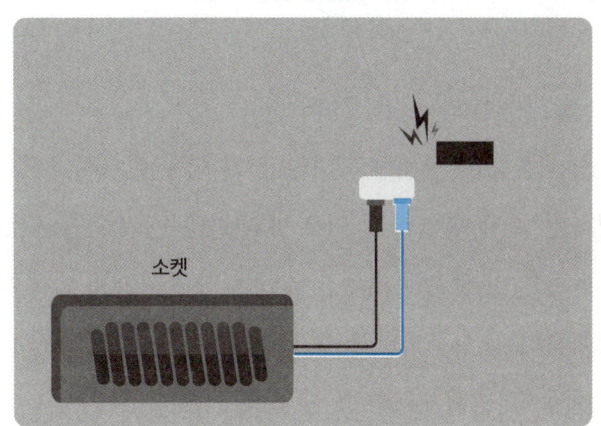
수신기 내부

[예비전원감시등]이 점등된 경우에는, 수신기 내부에 연결된 연결소켓(충전된 배터리)이 분리되었거나 충전된 예비전원에 이상이 있을 수 있으므로 확인 후 교체 등의 조치가 필요하다.

■ 비화재보

실제 화재가 아님에도 화재로 오인하여 경보가 울리는 것
→ 열, 연기, 불꽃 이외의 요인으로 자동화재탐지설비(감지기, 수신기, 발신기, 음향장치 등)가 작동된 경우

■ 비화재보 원인별 대책

1) 비적응성 감지기가 설치되었다(주방에 차동식 설치한 경우). → 주방 = '정온식'으로 교체
2) 온풍기에 근접 설치된 경우 → 이격설치(온풍기 기류를 피해 감지기 위치를 옮겨 설치한다.)
3) 장마철 습도 증가로 오동작이 잦다. → [복구] 스위치 누르기/감지기 원상태로 복구하기
4) 청소불량 먼지로 오동작했다. → 깨끗하게 먼지 제거
5) 건물에 누수(물 샘)로 오동작했다. → 누수부에 방수처리/감지기 교체
6) 담배연기로 오동작했다. → 환풍기 설치
7) 발신기 누름버튼을 장난으로 눌러서 경보 울렸다. → 입주자 대상으로 소방안전교육

■ 비화재보(울렸을 때) 대처 요령[순서]

1) 수신기에서 화재표시등, 지구표시등 확인(불이 난 건지, 어디서 난 건지 확인)
2) 지구표시등 위치로(해당 구역으로) 가서 실제 화재인지 확인 → (불이 났으면 초기소화 등 대처)
3) **비화재보 상황**: [음향장치] 정지 (버튼 누름) → 실제 화재가 아닌데 경보 울리면 안 되니까 정지
4) 비화재보 원인별 대책(원인 제거)
5) 수신기에서 [복구] 버튼 눌러서 수신기 복구

6) [음향장치] 버튼 다시 눌러서 복구(튀어나옴)

7) [스위치주의등] 소등 확인

■ 소방시설등의 유지·관리

가. 소방시설등 : 소방시설과 비상구, 그 외 관련시설로써 방화문, 방화셔터

① **방화문** : 화재의 확대 및 연소 방지(화염, 연기 차단) 닫힘 상태가 기본!
연동된 설비 및 자동폐쇄장치 있는 경우 화재로 발생한 화염(불꽃), 연기, 열 감지로 자동 폐쇄되는 구조

② **방화셔터** : 내화구조의 벽 설치 불가 시 연기 및 열 감지로 자동 폐쇄

나. 방화문 및 방화셔터의 유지·관리

① 방화문

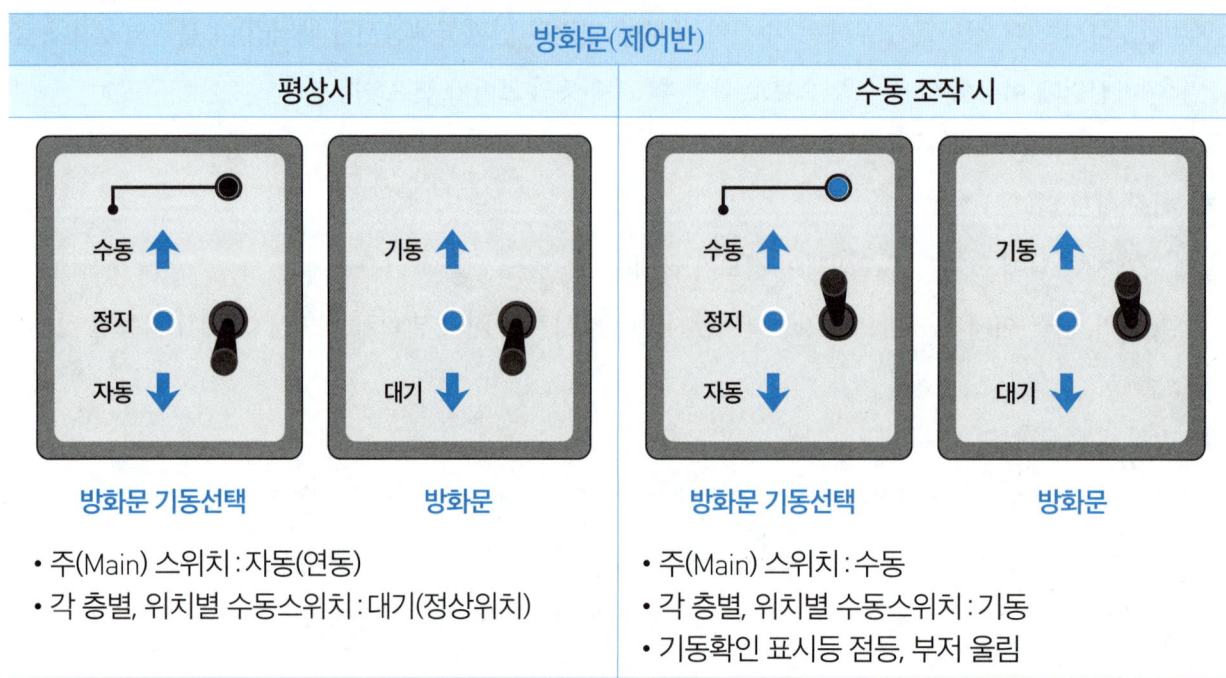

- 주(Main) 스위치 : 자동(연동)
- 각 층별, 위치별 수동스위치 : 대기(정상위치)

- 주(Main) 스위치 : 수동
- 각 층별, 위치별 수동스위치 : 기동
- 기동확인 표시등 점등, 부저 울림

② 방화셔터

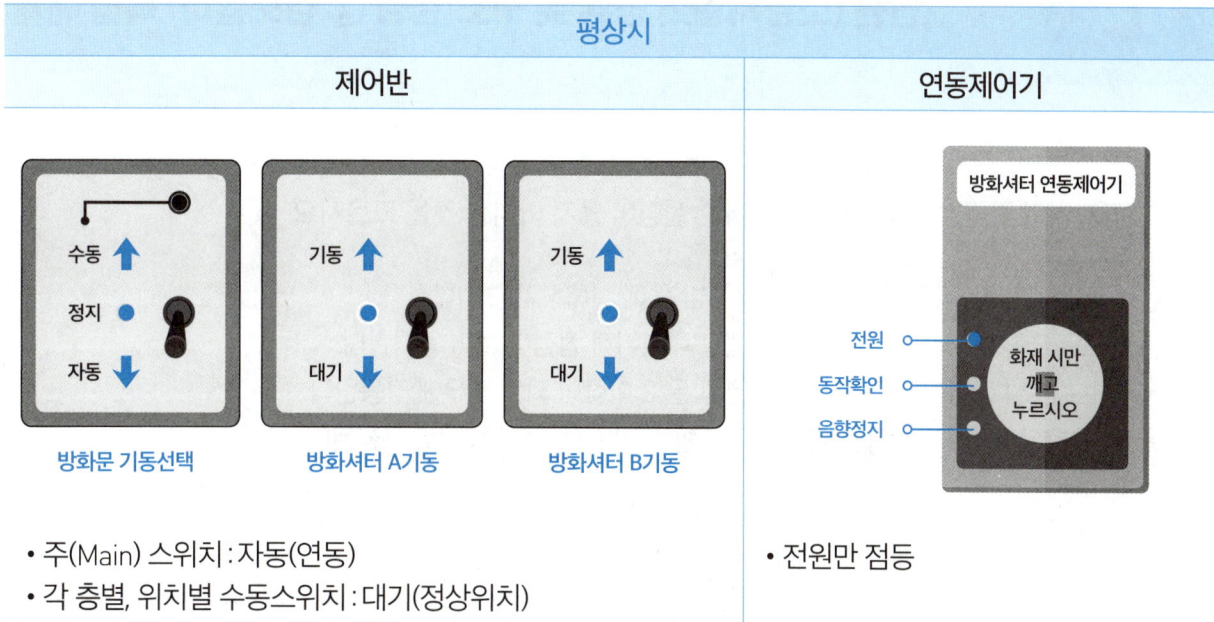

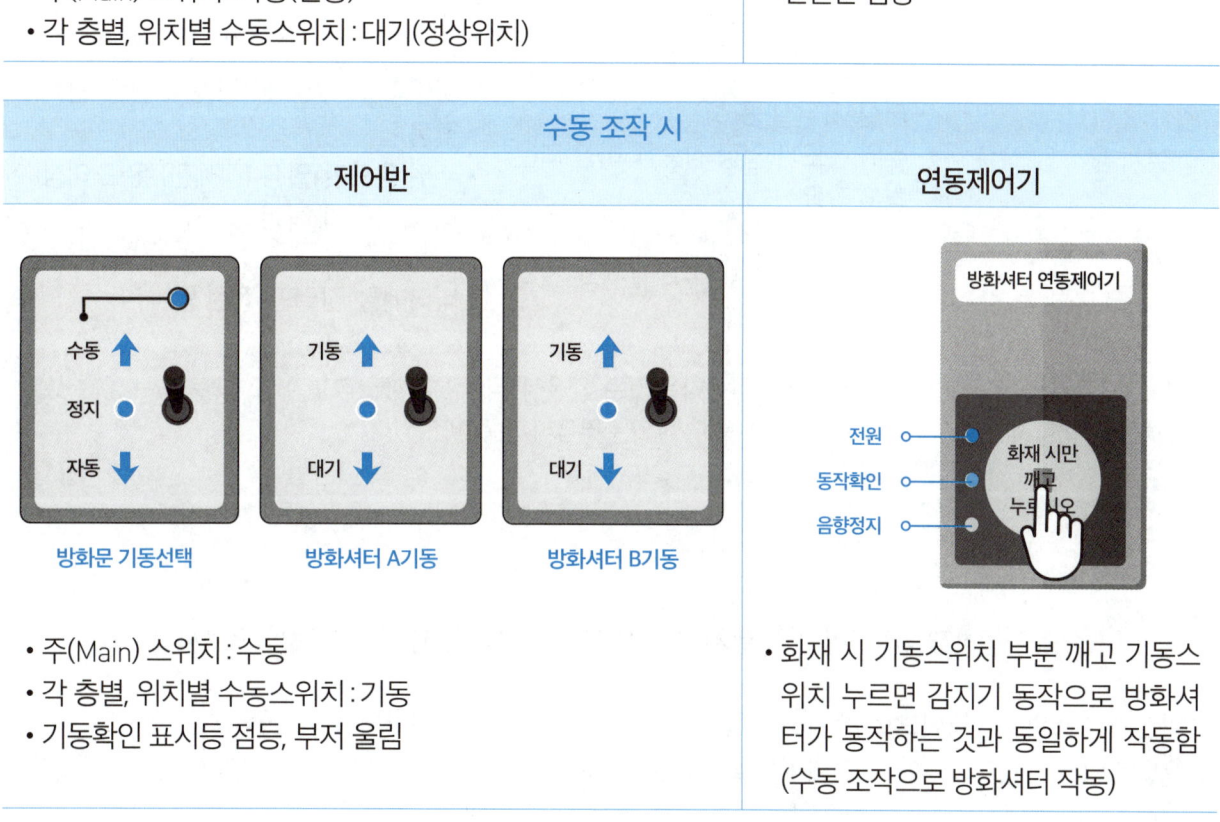

Chapter 02

2단원 (소방시설의 종류 및 구조·점검 ② 경보설비) 복습 예제

01 감지기의 종류별 특징 및 구조에 대한 설명이 옳지 아니한 것을 고르시오.

① 정온식 스포트형 감지기는 보일러실이나 주방 등에 설치하기에 적합하다.
② 정온식 스포트형 감지기는 화재 시 바이메탈이 휘어져 접점이 붙어 동작한다.
③ 차동식 스포트형 감지기는 주위 온도가 일정 온도 이상이 되는 경우에 작동한다.
④ 차동식 스포트형 감지기는 감열실, 다이아프램, 리크구멍, 접점 등으로 구성된다.

정온식 vs 차동식 감지기의 특징

구분	차동식	정온식
설치 장소 및 작동	• 거실, 사무실 등 • 주위 온도가 일정 상승률 이상 되는 경우 작동	• 보일러실, 주방 등(평상시 온도 변화 잦음) • 주위 온도가 일정 (정해진) 온도 이상이 되었을 때 작동
구조	• 감열실, 다이아프램, 리크구멍, 접점 등	• 바이메탈, 감열판, 접점 등

주위 온도가 일정 온도 이상이 되는 경우에 작동하는 것은 '정온식' 감지기에 해당하는 설명이므로 옳지 않은 것은 ③번. 차동식 감지기는 주위 온도가 일정 상승률 이상 되는 경우에 작동한다.

→ 답 ③

02 다음 중 자동화재탐지설비의 각 설치 기준에 대한 설명이 옳지 아니한 것을 고르시오.

① 발신기의 스위치는 바닥으로부터 0.8m 이상 1.5m 이하의 높이에 위치하도록 설치한다.
② 음향장치는 수평거리 25m 이하가 되도록 설치하고, 음량의 크기는 1m 떨어진 곳에서 80dB 이상 되어야 한다.
③ 수신기의 조작스위치 높이는 바닥으로부터 0.8m 이상 1.5m 이하여야 하고 수위실 등 사람이 상시 근무하는 장소에 설치해야 한다.
④ 감지기 사이의 회로 배선은 원활한 도통시험을 위해 송배선식으로 한다.

음향장치는 층마다 설치하되, 수평거리 25m 이하가 되도록 설치해야 하며 음량의 크기는 1m 떨어진 곳에서 '90dB' 이상 측정되어야 하므로 80데시벨로 서술한 ②번의 설명이 옳지 않다.

→ 답 ②

03 주요구조부가 내화구조로 된 특정소방대상물의 면적이 다음과 같고, 부착높이는 5m일 때 정온식 스포트형 감지기 1종을 설치하는 경우 최소한의 설치 개수를 구하시오.

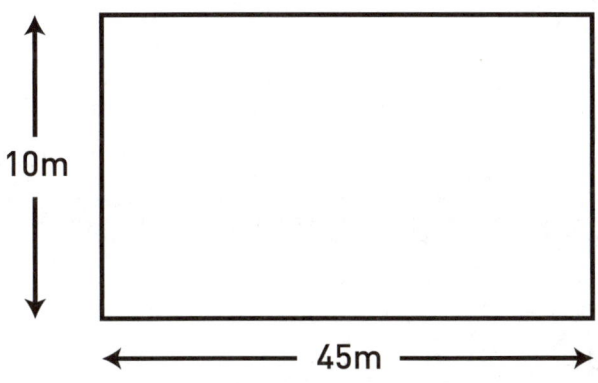

① 13개
② 15개
③ 17개
④ 19개

주요구조부가 내화구조로 된 특정소방대상물 또는 그 부분에 대한 감지기의 종류별 설치 유효면적(m^2)은 다음과 같다.

부착 높이	차동식		보상식		정온식		
	1종	2종	1종	2종	특종	1종	2종
4m 이상	90	70	90	70	70	60	20
4m 이상 8m 미만	45	35	45	35	35	30	-

문제에서 제시된 주요구조부가 내화구조로 된 특정소방대상물의 면적은 45×10 = 450m^2이고, 이때 설치하려는 정온식 스포트형 감지기 1종의 부착 높이가 5m이므로 적용되는 설치 유효면적 기준은 30m^2이므로 450÷30 = 15. 따라서 최소한의 설치 개수는 15개.

→ 답 ②

04 지상층의 층수가 15층이고 지하층의 층수가 3층인 특정소방대상물의 지상 1층에서 화재가 발생한 경우 적용되는 경보방식을 고르시오.(단, 공동주택이 아닌 특정소방대상물을 말한다.)

① 지상 1층부터 지상 5층 그리고 지하층에 우선 경보를 발한다.
② 지상 1층부터 지상 5층까지만 우선 경보를 발한다.
③ 지상 1층 그리고 지하층에 우선 경보를 발한다.
④ 모든 층에 일제히 경보를 발한다.

> 층수가 11층 이상인 특정소방대상물은 다음과 같이 우선경보 방식이 적용된다.(공동주택의 경우에는 16층 이상)
>
> | 발화층 | 경보방식 |
> |---|---|
> | (1) 2층 이상의 층 | 발화층 및 그 직상 4개 층에 경보 |
> | (2) 1층 | 발화층(1층)·그 직상 4개 층 및 지하층에 경보 |
> | (3) 지하층 | 발화층·그 직상층 및 기타 지하층에 경보 |
>
> 문제의 경우, 11층 이상의 특정소방대상물로 발화층이 지상 1층인 경우에 해당하므로 발화층인 1층부터 직상 4개 층인 지상 5층 및 지하층에 경보가 발령된다. 따라서 이에 해당하는 설명은 ①번.
>
> → **답** ①

05 수신기에 화재 신호를 수동으로 입력하여 화재표시등, 각 지구표시등 및 기타 표시장치의 점등 상태와 음향장치의 작동 등 기능의 정상 여부를 확인하기 위한 시험은 무엇인지 고르시오.

① 도통시험
② 예비전원시험
③ 복구시험
④ 동작시험

> 수신기의 점검방법에는 동작시험, (회로)도통시험, 예비전원 시험이 있는데 문제와 같이 수신기에 화재 신호를 수동으로 입력하여 각종 표시등의 점등 및 음향장치의 작동, 감지기 회로 또는 부속기기 회로와의 연결접속 정상 상태 등 각 기능이 정상적으로 동작하는지 여부를 확인하기 위한 시험은 동작시험에 해당하므로 정답은 ④번.
>
> 💬 참고
> 회로 도통시험은 수신기에서 감지기 회로 간의 단선 유무 등을 확인하기 위한 시험이며, 예비전원 시험은 정전 시 상용전원에서 예비전원으로 자동 절환되는지와 충분한 전압을 가지고 있는지를 확인하는 시험이다.
>
> → **답** ④

PART 3

소방시설의 종류 및 구조·점검
③ 피난구조설비

Chapter 03 피난구조설비

■ **피난구조설비**

화재가 발생했을 때 대피가 여의치 않은 상황에서 건축물(소방대상물) 내부에 있던 인파가 안전한 장소로 피난할 수 있도록 돕는 기구를 피난기구라고 한다.

> 대피가 먼저! 피난기구 사용은 최후의 수단! : 화재 발생 시 계단 등을 이용한 대피가 우선이고 상황이 여의치 않을 때, 최후의 수단으로 사용하는 것이 피난기구이다.

1) **구조대** : 창으로 탈출할 수 있도록 긴 포대를 이용한 피난기구

2) **미끄럼대** : 구조대보다는 튼튼한 철 소재의 미끄럼틀로 장애인시설이나 노약자시설, 병원 등에서 지상으로 신속하게 대피하기에 적합한 피난기구
3) **피난교** : 건물과 건물을 넘어갈 수 있도록 설치하는 다리
4) **피난사다리** : 건축물 개구부에 설치하는 사다리로 올림식, 내림식, 고정식이 있다.

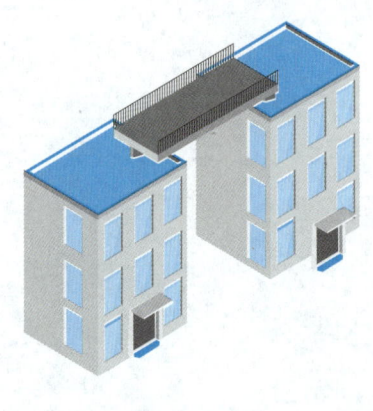 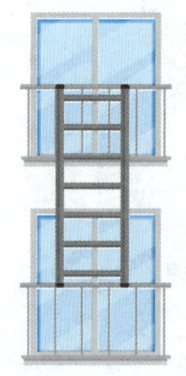 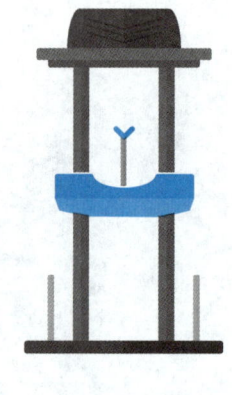

피난교   피난사다리   승강식피난기

5) **다수인피난장비** : 2인 이상이 지상 또는 피난층으로 하강할 수 있도록 만든 장치
6) **공기안전매트** : 충격 완화용 장치
7) **피난용 트랩** : 화재 층과 직상 층을 연결하는 계단형태의 피난기구

8) **승강식피난기**: 건물 내부에 설치되어 승강기처럼 탑승하여 층과 층을 이동할 수 있도록 만든 피난기구

9) **완강기**: 로프, 벨트 등을 몸에 연결하여 안전하게 하강할 수 있도록 만든 피난기구

10) **간이완강기**: 교대로 연속사용이 불가능한 것으로 1회성으로 사용할 수 있는 완강기

완강기 구성요소	조속기(속도조절기) / 벨트 / 로프 / 연결금속구
완강기 사용 시 주의사항	• 벨트를 겨드랑이 밑 가슴에 고정하는 방식 → 두 팔을 위로 들면 안 된다(벨트가 빠져서 하강 중 추락할 위험이 있기 때문). • 완강기 사용 전 지지대를 흔들어봐서 안전 여부를 확인한 후 하강해야 한다. • 완강기를 사용해서 하강 시 벽과 머리 등이 충돌하지 않도록 손으로 벽을 가볍게 밀면서 하강한다.

■ 피난구조설비 설치장소 및 기구별 적응성

각 시설 및 설치장소별로 적응성이 있는 피난기구를 나타낸 도표

① 시설(설치장소)

가. 노유자시설 = 노

나. (근린생활시설, 의료시설 중) 입원실이 있는 의원 등 = 의

다. 4층 이하의 다중이용업소 = 다중이

라. 그 밖의 것 = 그 외

② 가장 기본이 되는 피난기구 5종 세트: 구조대, 미끄럼대, 피난교, 다수인(피난장비), 승강식(피난기)

③ 1층, 2층, 3층, 4~10층 총 4단계의 높이

구분	노	의	다중이(2~4층)	그 외
4층~10층	**구**교다승	피난트랩 구교다승	구미다승 사다리+완강	구교다승 사다리+완강 **+간이완강** **+공기안전매트**
3층	구미교다승 (전부)	피난트랩 구미교다승 (전부)	구미다승 사다리+완강	구미교다승(전부) 사다리+완강 **+간이완강** **+공기안전매트** 피난트랩
2층		X		X
1층		X	X	

1) 노유자 시설 4~10층에서 '**구조대**': 구조대의 적응성은 장애인 관련 시설로서 주된 사용자 중 스스로 피난이 불가한 자가 있는 경우 추가로 설치하는 경우에 한함
2) 기타(그 밖의 것) 3~10층에서 **간이완강기**: 숙박시설의 3층 이상에 있는 객실에 한함
3) 기타(그 밖의 것) 3~10층에서 **공기안전매트**: 공동주택에 추가로 설치하는 경우에 한함

> 📢 **Tip**
> [**구**조대, **미**끄럼대, 피난**교**, **다**수인(피난장비), **승**강식(피난기)] 5종 세트를 기본으로 암기하되, 피난트랩이 적응성을 갖는 시설 및 높이, 사다리와 완강기가 적응성을 갖는 시설 및 높이를 스티커 붙이듯이 자리를 기억해서 외우면 쉽습니다~!
> → 다중이용시설은 4층 이하로 구분되어 있기 때문에 다중이 = 2, 3, 4층으로 암기!
> → 공동주택에서 공기안전매트가, 3층 이상의 객실(숙박시설)에서는 간이완강기가 적응성이 있다는 점은 별도로 꼭 암기!

> 📂 **도표를 참고하여 서술형으로 만들어보기**
> • 입원실이 있는 의원 등에서 구조대가 적응성을 갖는 높이는 3층 이상부터이다.
> • 입원실이 있는 의원 등에서 1층과 2층에는 미끄럼대가 적응성이 없다.
> • 노유자시설의 4층 이상의 높이에서는 미끄럼대가 적응성이 없다.
> • 피난사다리와 완강기가 적응성이 있는 장소는 다중이용시설의 2, 3, 4층/3층~10층의 기타(그 밖의) 시설이다.

■ 인명구조기구

1) **방열복**: 복사열에 접근 가능한 내열피복(은박지처럼 복사열 반사!)
2) **방화복**: 화재 진압 등 소방활동 수행이 가능한 피복으로 헬멧, 보호장갑, 안전화를 포함
3) **공기호흡기**: 압축 공기가 저장되어 있어 필요시 마스크 통해 호흡, 유독가스로부터 인명 보호
4) **인공소생기**: 유독가스에 질식 및 중독되어 심폐기능 약화된 사람에게 인공호흡으로 소생 역할 하는 구급용 기구

■ 비상조명등

1) 비상조명등의 밝기는 <u>1럭스(lx)</u> 이상 되어야 한다. → 점검 시 <u>조도계</u> 필요
2) 작동시간은 20분 이상(휴대용 비상조명등도 20분 이상) 작동해야 한다.
3) 지하를 제외하고 11층 이상의 층이거나, 지하층 또는 무창층인 도소매시장, 터미널, 지하역사 및 지하상가 등에서는 60분 이상 작동해야 한다.

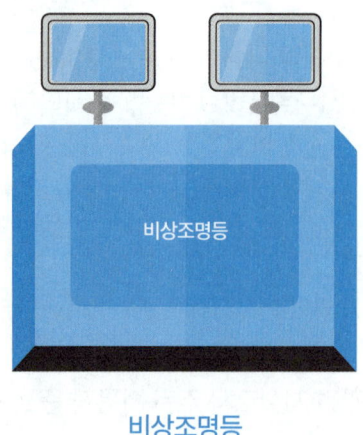

비상조명등

휴대용 조명등

휴대용비상조명등

■ 휴대용비상조명등

1) 설치대상

① 숙박시설

② 수용인원 100명 이상의 영화관, 철도 및 도시철도 중 지하역사, 지하가 중 지하상가 등

2) 설치기준

① 20분 이상 사용 가능한 건전지 및 배터리 사용

② 건전지 사용 시 방전방지조치 해야 하고, 충전식 배터리 사용 시 상시 충전되는 구조일 것

③ 어둠 속에서 위치 확인 가능하고, 자동 점등되는 구조일 것

④ 숙박시설 및 다중이용업소는 객실 또는 영업장 내 구획된 실마다 잘 보이는 곳에 설치

■ 유도등&유도표지

1) 유도등은 기본적으로 2선식 배선을 사용한다. → 상용전원으로 항상 불이 켜져 있어야 한다.

① 2선식 배선의 유도등은 24시간, 365일 점등상태(불이 켜진 상태)를 유지해야 하는데 그 이유는 2선식 유도등은 켜져 있는 상태에서 배터리를 충전하기 때문에 불을 꺼두면 배터리가 충전되지 않아 정전 시 점등이 되지 않을 수 있기 때문이다.

2) 정전 시 비상전원으로 자동절환되어 20분 이상/지하를 제외하고 11층 이상의 층이거나, 지하층 또는 무창층인 도소매시장, 터미널, 지하역사 및 지하상가 등에서는 60분 이상 작동해야 한다.

3) 예외적으로 3선식 배선 유도등을 사용하는 경우

① 외부광이 충분하여 (원래 밝은 장소라서) 피난구나 피난방향이 뚜렷하게 식별 가능한 경우(장소)

② 공연장이나 암실처럼 어두워야 하는 장소

③ 관계인, 종사자 등 사람이 상시 사용하는 장소

4) 3선식 유도등은 평소에 꺼놨다가 필요시 자동으로 점등된다.

① 자동화재탐지설비(감지기, 발신기)/비상경보설비/자동소화설비 등이 작동했을 때 자동으로 점등

② 정전이나 전원선이 단선됐을 때 자동으로 점등

③ 방재업무를 통제하는 곳 또는 전기실의 배전반에서 수동 점등했을 때 점등

> **Tip**
>
> 유도등은 불빛이 들어오는 방식, 유도표지는 불빛이 들어오지 않는 판넬 방식의 피난유도 표지로써 '유도등'은 2선식과 3선식 배선으로 나눕니다.
>
> 2선식 유도등은 항상 점등 상태를 유지하면서 배터리를 충전해야 하고, 3선식 유도등은 평소에는 꺼두었다가 필요시 자동으로 점등된다는 특징이 있기 때문에 특정 장소에서 사용 가능합니다.
>
> 이러한 유도등은 정전 등으로 건물에 전기가 보급되지 않더라도 예비전원(배터리)으로 자동으로 절환되어 최소 20분 이상 작동해야 하며, 지하를 제외한 11층 이상의 층 등의 장소에서는 최소 60분 이상 작동해야 합니다.

■ 유도등의 점검

1) 2선식 유도등 점검(항시 점등상태 유지!)
① 평상시 유도등이 점등 상태인지 확인(평상시 소등 상태면 비정상)
② 2선식은 배터리가 충전되어 있지 않기 때문에 꺼두면 정전 시 점등되지 않음

2) 3선식 유도등 점검
① 수신기에서 [수동]으로 점등스위치 ON, 건물 내 점등이 안 된 유도등을 확인
② 유도등 절환스위치 연동(자동) 상태에서 감지기·발신기·중계기·스프링클러설비 등을 현장에서 작동, 동시에 유도등 점등 여부 확인

3) 예비전원(배터리) 점검
① 유도등 외부 점검스위치를 당겨보거나 점검버튼 눌러 점등 상태 확인

■ 유도등, 유도표지 설치기준

1) 유도등 설치기준
① 피난구유도등
가. (1) 옥내 → 지상으로 가는 출입구
    (2) 직통계단·계단실(부속실) 출입구 등에 설치
나. 바닥으로부터 1.5m 이상의 높이에 위치하도록 설치
② 통로유도등
가. 복도통로유도등
    ㄱ. 피난구유도등(1), (2)이 설치된 출입구 맞은편 복도에 입체형 설치 또는 바닥에 설치
    ㄴ. 보행거리 20m/바닥으로부터 1m 이하의 높이에 위치하도록 설치
나. 거실통로유도등
    ㄱ. 보행거리 20m/바닥으로부터 1.5m 이상의 높이에 위치하도록 설치
다. 계단통로유도등
    ㄱ. 계단참마다 설치/바닥으로부터 1m 이하의 높이에 위치하도록 설치

	유도등			
	피난구유도등	통로유도등 (보행20m)		
		거실통로	복도통로	계단통로
예시				
설치장소 (위치)	출입구 (상부)	주차장, 도서관 등 (상부)	일반 복도 (하부)	일반 계단 (하부)
바닥으로부터 높이	1.5m 이상	1m 이하 (수그리고 피난)		

2) 피난구 및 설치유도등 설치 개선 예시

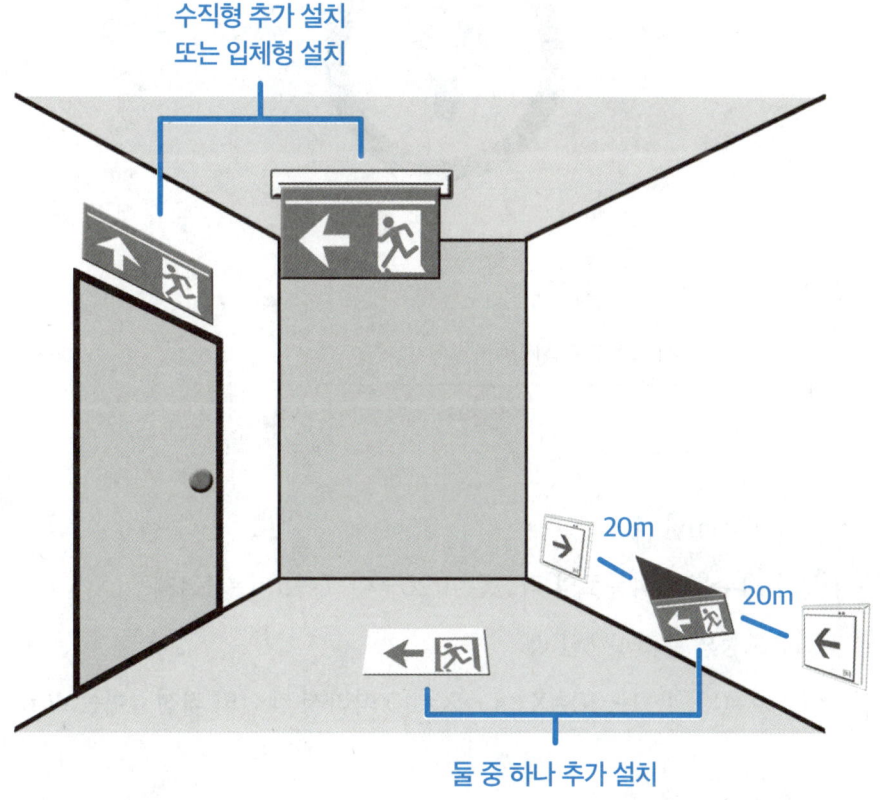

■ 유도등, 유도표지 설치장소별 종류

장소	유도등/표지 종류
공연장, 집회장, 관람장, 운동시설	대형피난구유도등 통로유도등, 객석유도등
유흥주점(카바레, 나이트클럽 - 춤!)	
판매, 운수, 방송, 장례, 전시, 지하상가	대형피난구유도등, 통로유도등
숙박, 오피스텔, 무창층, 11층 이상 건물	중형피난구유도등, 통로유도등
근린, 노유자, 업무, 발전, 교육, 공장, 기숙사, 다중이, 아파트, 복합	소형피난구유도등, 통로유도등

■ 객석유도등

1) 객석의 바닥이나 통로 및 벽에 설치하는 유도등(영화관 바닥에서 쉽게 볼 수 있는 것)

2) 객석유도등 설치 개수

$$객석유도등\ 설치개수 = \frac{객석통로\ 직선길이(m)}{4} - 1$$

예 객석통로의 직선길이가 20m일 때

- 객석유도등의 설치 개수는 객석통로의 직선길이(20÷4)-1→5-1=총 4개

예 객석에 설치된 객석유도등의 수가 9개일 때

- 객석의 직선길이는 9=(X÷4)-1→10=X÷4→X=40 따라서 객석의 직선길이는 40m

PART 4

소방시설 개요 및 설치 적용 기준

Chapter 04 소방시설 개요 및 설치 적용기준

■ 소방시설의 종류(분류)

▶ **소방시설**: 대통령령으로 정하는 **소화설비, 경보설비, 피난구조설비, 소화용수설비, 소화활동설비**

1) 소화설비
① 소화기구(소화기, 간이소화용구, 자동확산소화기)
② 자동소화장치
③ 옥내소화전설비
④ 옥외소화전설비
⑤ 스프링클러설비
⑥ 물분무등소화설비

물분무등소화설비		
• 물분무소화설비	• 분말소화설비	• 이산화탄소 소화설비
• 포소화설비	• 고체에어로졸 소화설비	• 할로겐화합물 소화설비
• 할론소화설비	• 미분무소화설비	• 강화액소화설비

2) 경보설비
① 자동화재탐지설비(감지기, 수신기, 발신기, 음향장치, 표시등, 전원, 배선, 시각경보기, 중계기 등)
② 단독경보형 감지기
③ 비상경보설비
④ 화재알림설비
⑤ 시각경보기
⑥ 비상방송설비
⑦ 자동화재속보설비
⑧ 통합감시시설
⑨ 누전경보기
⑩ 가스누설경보기

3) 피난구조설비
① 피난기구
② 인명구조기구(방열복, 방화복, 공기호흡기, 인공소생기)

③ 유도등

④ (휴대용)비상조명등

4) 소화용수설비

① 상수도 소화용수설비

② 소화수조 및 저수조

5) 소화활동설비

① 제연설비

② 연결송수관설비

③ 연결살수설비

④ 비상콘센트설비

⑤ 무선통신보조설비

⑥ 연소방지설비

■ **특정소방대상물에 설치해야 하는 소방시설의 적용기준**(일부)

1) 지하가 중 '터널'에 적용되는 소방시설 적용기준 및 설치대상

소방시설		적용기준	설치대상
소화설비	옥내소화전설비	지하가 중 터널로서 '터널'	1,000m 이상
		행안부령으로 정하는 터널	전부
경보설비	비상경보설비	지하가 중 터널로서 길이	**500m 이상**
	자탐설비	지하가 중 터널로서 길이	1,000m 이상
피난구조설비	비상조명등	지하가 중 터널로서 길이	**500m 이상**
소화활동설비	연결송수관	지하가 중 터널로서 길이	1,000m 이상
	비상콘센트		**500m 이상**
	무선통신 보조설비		

2) 제연설비를 설치하는 특정소방대상물

소방시설		적용기준	설치대상
소화활동설비	제연설비	영화상영관으로 수용인원	100인 이상
		지하가(터널 제외)로 연면적	1,000m² 이상
		지하층이나 무창층에 설치된 근생·판매·운수·의료·노유자·숙박·위락·창고시설로서 바닥면적 합계	

Chapter 3 + 4

3단원 (소방시설의 종류 및 구조·점검 ③ 피난구조설비) & 4단원 (소방시설 개요 및 설치 적용 기준) 복습 예제

01 완강기 사용 시 주의사항으로 옳지 아니한 설명을 모두 고르시오.

> ⓐ 두 팔을 위로 들지 않아야 한다.
> ⓑ 벽에 몸이 충돌하지 않도록 손으로 벽을 가볍게 밀치며 하강한다.
> ⓒ 사용 전 지지대를 흔들어 보았을 때 흔들림이 있어도 사용 가능하다.
> ⓓ 로프의 길이가 건물의 해당 층 높이에서 적합한지 확인한다.

① ⓐ
② ⓒ
③ ⓐ, ⓑ, ⓒ
④ ⓐ, ⓑ, ⓓ

> 완강기 사용 시 벨트를 겨드랑이 밑에 걸어 조여야 하며, 팔을 위로 들어 올리면 벨트가 빠져 추락할 위험이 있으므로 팔을 위로 들어서는 안된다. 또한 충돌 방지를 위해 손으로 벽을 가볍게 밀며 하강해야 하고, 하강 전 로프의 길이가 사용 높이에서 적합한지 확인하고, 지지대를 흔들어 보았을 때 흔들림이 있다면 사용하지 않아야 하므로 옳지 않은 설명은 ⓒ - ②번.
>
> → **답** ②

02 설치 장소별 피난기구의 적응성에 대한 설명으로 옳지 아니한 것을 고르시오.

① 노유자시설의 3층에서 미끄럼대와 완강기는 적응성이 없다.
② 노유자시설의 1층에서 구조대와 승강식피난기는 적응성이 있다.
③ 의료시설의 4층에서 미끄럼대는 적응성이 없다.
④ 다중이용업소의 3층에서 완강기는 적응성이 있다.

> 노유자시설의 1~3층에서 적응성이 있는 것은 구조대, 미끄럼대, 피난교, 다수인피난장비, 승강식피난기로 완강기는 적응성이 없는 것이 맞지만 미끄럼대는 적응성이 있는 피난기구에 해당하므로 옳지 않은 설명은 ①번.
>
> → **답** ①

03 위락시설·판매시설·운수시설·의료시설·전시장·장례식장 등의 장소에 설치해야 하는 유도등의 종류를 고르시오.

① 대형피난구유도등, 통로유도등, 객석유도등
② 대형피난구유도등, 통로유도등
③ 중형피난구유도등, 통로유도등
④ 소형피난구유도등, 통로유도등

설치장소별 유도등 및 유도표지의 종류는 다음과 같다.

설치장소	유도등 종류
(1) 공연장·집회장·관람장·운동시설, 유흥주점영업시설 (카바레, 나이트클럽)	대형피난구유도등, 통로유도등, 객석유도등
(2) 위락·판매·운수·의료·방송통신시설, 전시장, 장례식장, 지하상가, 지하철역사, 관광숙박업	대형피난구유도등, 통로유도등
(3) 숙박시설·오피스텔, 지하층·무창층 또는 층수가 11층 이상인 특정소방대상물	중형피난구유도등, 통로유도등
(4) 그 외 근생·노유자·업무·수련시설, 다중이용업소, 복합건축물, 아파트 등	소형피난구유도등, 통로유도등

따라서 문제에서 제시된 설치장소에 설치하는 유도등의 종류는 ②번 대형피난구유도등, 통로유도등.

→ **답** ②

04 다음 중 유도등의 종류별 설치기준에 대한 설명이 옳지 아니한 것을 고르시오.

① 계단통로 유도등은 바닥으로부터 높이 1m 이하의 위치에 설치할 것
② 거실통로 유도등은 바닥으로부터 높이 1.5m 이상의 위치에 설치할 것
③ 복도통로 유도등은 바닥으로부터 높이 1m 이상의 위치에 설치할 것
④ 피난구 유도등은 바닥으로부터 높이 1.5m 이상으로 출입구에 인접하도록 설치할 것

피난구 유도등과 거실통로 유도등은 바닥으로부터 높이 1.5m 이상, 그리고 복도통로 유도등과 계단통로 유도등은 바닥으로부터 높이 1m 이하의 위치에 설치한다. 따라서 높이 1m 이상이라고 서술한 ③번의 설명이 옳지 않다.

→ **답** ③

05 A공연장의 객석통로의 직선부분의 길이가 37m일 때 설치해야 하는 최소한의 객석유도등 설치개수를 구하시오.

① 7개
② 8개
③ 9개
④ 10개

객석유도등 설치개수는 $\dfrac{객석통로직선부분의길이}{4}-1$로 계산하므로, $(37÷4)-1=8.25$. 이때 소수점 이하의 수는 1로 보아 올림하므로 최소한의 설치 개수는 9개로 계산할 수 있다.

→ 답 ③

06 다음 중 3선식 배선 시 유도등이 자동으로 점등되는 경우로 보기 어려운 상황을 고르시오.

① 전기실의 배전반에서 수동으로 점등한 경우
② 상용전원이 정전되거나 전원선이 단선된 경우
③ 옥외소화전설비가 작동한 경우
④ 자동화재탐지설비의 감지기가 작동한 경우

3선식 배선의 유도등이 자동으로 점등되는 경우는 다음과 같다.
(1) 자동화재탐지설비의 감지기 또는 발신기가 작동한 경우
(2) 비상경보설비의 발신기가 작동한 경우
(3) 상용전원이 정전되거나 전원선이 단선되는 경우
(4) 방재업무를 통제하는 곳 또는 전기실의 배전반에서 수동으로 점등한 경우
(5) 자동소화설비가 작동한 경우
이때 옥외소화전설비는 자동식소화설비(스프링클러설비, 이산화탄소 소화설비 등)에 해당하지 않으므로 3선식 배선의 유도등이 자동으로 점등되는 경우에 해당한다고 보기 어렵다. 따라서 정답은 ③번.

→ 답 ③

07 화재를 진압하거나 인명구조 활동을 위하여 사용하는 설비로서 제연설비, 연결송수관설비, 연결살수설비, 비상콘센트설비 등을 무엇이라고 하는지 고르시오.

① 소화활동설비
② 소화용수설비
③ 소화설비
④ 피난구조설비

> 화재를 진압하거나 인명구조 활동을 위하여 사용하는 설비로서 [제연설비, 연결송수관설비, 연결살수설비, 비상콘센트설비, 무선통신보조설비, 연소방지설비]는 '소화활동설비'에 해당한다. 따라서 정답은 ①번.
>
> 💬 참고
> ② 소화용수설비는 화재를 진압하는 데 필요한 물을 공급하거나 저장하는 설비로서 상수도 소화용수설비, 소화수조 및 저수조 등이 있으며 / ③소화설비는 물 및 그 밖의 소화약제를 사용하여 소화하는 기계·기구·설비로 소화기구, 옥내·옥외소화전설비, 스프링클러설비, 물분무등소화설비, 자동소화장치 등이 있다. / ④피난구조설비는 화재가 발생할 경우 피난을 위해 사용하는 기구·설비로 피난기구, 인명구조기구, 유도등 및 (휴대용)비상조명등 등이 있다.
>
> → 답 ①

08 특정소방대상물에 설치해야 할 소방시설 적용기준에 따라 옥내소화전설비를 설치하는 대상으로서 지하가 중 터널에 적용되는 기준은 몇 미터 이상인지 고르시오.

① 500m 이상
② 1,000m 이상
③ 1,500m 이상
④ 2,000m 이상

> 특정소방대상물에 설치해야 할 소방시설 적용기준에 따라 지하가 중 터널은 길이가 1,000m 이상일 때 옥내소화전설비 설치대상에 해당한다. 따라서 정답은 ②번.
>
> → 답 ②

III

이론과 개념 설명 II : 복합개념 정리

PART1 작동기능점검표 및 소방계획서의 적용

PART2 업무수행 기록의 작성·유지

MEMO

PART 1

작동기능점검표 및 소방계획서의 적용

Chapter 01 작동기능점검표 및 소방계획서의 적용

■ 작동기능점검표

(1) 점검 전 준비사항

1) 협의 및 협조 받을 건물 관계인 등의 연락처 사전 확보

2) 점검 목적과 필요성에 대해 관계인에게 사전 안내

3) 음향장치 및 각 실별 방문점검 미리 공지

(2) 작동기능점검표의 작성 예시

1) 현황표 작성

(작동기능점검표 예시)

소방시설등 작동기능점검표

- 점검대상 : 점검대상물 상호명 또는 건축물명/(소재지 : 주소)
- 소방시설등 점검결과

구분	설비		점검결과	구분	설비	점검결과
소화설비	[ ] 소화기구	[ ] 소화기		피난기구	[ ] 미끄럼대	
		[ ] 간이소화용구			[ ] 구조대	
	[ ] 자동소화설비				[ ] 피난교	
	[ ] 옥내소화전설비				[ ] 다수인피난장비	
	[ ] 옥외소화전설비				[ ] 승강식피난기	
	[ ] 스프링클러설비				[ ] 완강기	
	[ ] 물분무소화설비				[ ] 간이완강기	
	[ ] 이산화탄소소화설비				[ ] 피난사다리	
	[ ] 할론소화설비				[ ] 공기안전매트	
	[ ] 할로겐화합물 소화설비			인명구조기구	[ ] 방열복/방화복	
	[ ] 분말소화설비				[ ] 인공소생기	
경보설비	[ ] 단독경보형감지기				[ ] 공기호흡기	
	[ ] 자동화재탐지설비				[ ] 피난구유도등	
	[ ] 비상경보설비	[ ] 비상벨설비		유도등	[ ] 복도통로유도등	
		[ ] 싸이렌			[ ] 계단통로유도등	
기타	[ ] 방화문				[ ] 거실통로유도등	
	[ ] 방화셔터				[ ] 객석유도등	

- 점검기간 : 년 월 일부터 년 월 일까지(점검 실시 날짜)
- 점검자 : 점검을 실시한 사람

① 점검대상물에 실제로 설치된 설비에 V 표시를 한다.

예

구분	설비		점검결과
소화 설비	[V] 소화기구	[V] 소화기	
		[ ] 간이소화용구	
	[ ] 자동소화설비		
	[V] 옥내소화전설비		
	[V] 옥외소화전설비		
	[V] 스프링클러설비		

② '점검결과'에 [양호 : O, 불량 : X, 해당없음 : /]으로 표시한다.

예

구분	설비		점검결과
소화 설비	[V] 소화기구	[V] 소화기	X
		[ ] 간이소화용구	
	[ ] 자동소화설비		
	[V] 옥내소화전설비		O
	[V] 옥외소화전설비		O
	[V] 스프링클러설비		O

③ **소방시설등 세부현황 작성** : 층별 시설 현황, 수조량, 설치 장소 등을 기재

→ 점검결과 불량이 있을 시 [소방시설등 불량 세부사항]을 작성

예 점검결과 소화기 불량

구분	설비		점검결과
소화 설비	[V] 소화기구	[V] 소화기	X
		[ ] 간이소화용구	

(소방시설등 불량 세부사항 작성 예시)

소방시설등 불량 세부사항

구분	점검항목	점검내용
소화기구	소화기 점검	• 외관 변경 여부 • 부식 여부 • 안전핀 고정 여부
점검결과(양호 O, 불량 X, 해당없음 /)		
① 결과	② 불량내용	③ 조치
외관 변경 여부	O	/
부식 여부	O	/
안전핀 고정 여부	X	안전핀 교체 필요

📂 **Tip**

외관 변경 여부 / 부식 여부에 O 동그라미를 친 것은 불량이라는 게 아니라 정상이라는 것!

불량내용에 O 표시를 한 것은 정상이고, 불량인 항목에 X 표시를 하는 게 맞습니다. 불량내용 O는 정상이므로 조치를 해야 하는 내용에 해당사항이 없으니 / 표시를 하고 불량내용에 X는 불량이므로 조치가 필요한 세부 내용을 기재하면 됩니다.

■ 소방계획서

(1) 소방계획서 구성(일부)

① 소방안전관리대상물의 일반현황

② 소방 및 방화시설 등 현황

③ 자체점검계획 등

④ 피난계획(피난약자의 피난계획 포함)

⑤ 소방교육 및 훈련 계획

⑥ 자위소방조직 구성 및 임무 부여(피난보조 임무 포함)

⑦ 소화 및 연소방지 관련 사항

(2) 소방계서의 작성 예시

구분		건축물 일반현황
명칭		최강빌딩
도로명 주소		서울특별시 노원구 123로 99
연락처		☐ 관리주체 A관리 ☐ 책임자 김말이 ☐ 연락처 010-000-0000
규모/구조		☐ 건축면적 1,200㎡ ☐ 연면적 5,200㎡
		☐ 층수 지상 12층 / 지하 1층 ☐ 높이 48m
		☐ 구조 철근콘크리트조 ☐ 지붕 슬라브
		☐ 용도 주거시설, 업무시설, 근린생활시설 ☐ 사용승인 2010.05.01
계단		☐ 구분 ☐ 구역 ☐ 비고
		특별피난계단 서편 1구역 부속실제연 특별피난계단 동편 1구역 부속실제연
승강기		☐ 승용 8대 ☐ 비상용 3대
시설현황		☑ 근린생활시설 1층~6층 ☑ 거주시설 10층~12층 ☐ 노유자시설(해당없음) ☑ 업무시설(사무실) 7층~9층
인원현황		☐ 거주인원 23명 ☐ 근무인원 200명 ☐ 고령자 1명 ☐ 영유아 1명 ☐ 장애인(이동/시각/청각/언어) 1명(이동장애)
관리현황	선임현황	소방안전관리자 / 소방안전관리 보조자

관리현황	선임현황	소방안전관리자		소방안전관리 보조자	
		성명	선임일자	성명	선임일자
		김선임	2022.03.01	최보조	2022.03.01
		☎ (유선) 02-000-0000 (휴대전화) 010-1111-0000			

구분		건축물 일반현황			
관리현황	업무대행	☐ 대행업체 : 영차소방　　☐ 연락처 : 02-111-1199 ☐ 면허번호 : 11-00000　　☐ 대행기간 : 22년 3월 1일~23년 3월 1일			
	화재보험	가입기간	보험사명	가입대상	가입금액
		22.03.31~23.03.30	짱구화재보험	최강빌딩	100,000,000

구분	피난절차 및 방법							
피난인원	☑ 재해약자 현황(해당사항에 ∨ 표시)							
	☑노인	☑영유아	☐어린이	☐임산부	장애유형			
					☑이동	☐시각	☐청각	☐언어	☐인지
	1	1			1				
피난보조	재해약자		피난동선		피난방법			
	김노인		1구역 특별피난계단 이동		보호자 인도			
	최유아		1구역 특별피난계단 이동		보호자 인도			
	나길동		2구역 특별피난계단 이동		보조자(최대리) 인도			

💬 소방계획서에는 피난계획에 관한 사항도 포함!

1) 위 소방계획서를 참고하여 알 수 있는 사항

① **최강빌딩은 1급소방안전관리대상물이다** : 아파트 제외하고 11층 이상인 특정소방대상물
　↳ 1급대상물은 선임연기 신청 불가

② 최강빌딩은 1급대상물이지만 11층 이상, 연면적 15,000m² 미만이므로 업무대행(유지관리) 가능하다.

③ **최강빌딩은 내화구조** : 철근콘크리트조

④ 최강빌딩은 1급소방안전관리대상물로, 소방관서와 함께 합동소방훈련이 가능하다.

⑤ 최강빌딩의 관계인은 소방훈련 및 교육을 한 날부터 30일 내에 소방훈련·교육 실시 결과를 소방본부장 또는 소방서장에게 제출해야 한다.

+ 그 외에도 소방안전관리자 선임 자격 등, 위 소방계획서를 참고하여 유추할 수 있는 내용들을 복습해보시면 좋습니다.

MEMO

PART 2

업무수행 기록의 작성·유지

Chapter 02 업무수행 기록의 작성·유지

> **먼저 CHECK!** 소방안전관리자의 업무

1) 소방계획서 작성·시행
2) 자위소방대 및 초기대응체계의 구성·운영·교육
3) 피난방화시설, 방화구획의 유지·관리
4) 소방시설 및 소방관련 시설의 관리
5) 소방훈련·교육
6) 화기취급의 감독
7) 화재발생 시 초기대응
8) (3), (4), (6)호 업무수행에 관한 기록유지
9) 그 밖에 소방안전관리에 필요한 업무

■ 업무수행 기록의 작성·유지

- **소방안전관리자**는 소방안전관리 업무 수행에 관한 기록을 **월 1회 이상** 작성·관리해야 하며
- 소방안전관리 업무 수행 중 보수·정비가 필요한 사항을 발견한 경우: 지체 없이 **관계인에게 알리고**, 기록해야 한다.
- **소방안전관리자**는 업무 수행에 관한 기록을 **작성한 날부터 2년간 보관**

■ 작성요령

① 소방안전관리대상물의 **소방안전관리자**는 소방안전관리업무를 **수행한 날을 포함하여 월 1회 이상** 작성
② 당해연도 소방계획서 및 소방시설등 **자체점검**(최초·작동·종합) **점검표**에 따른 점검 항목을 참고하여 작성
③ 소화설비 - **제어반·가압송수장치**(펌프), 경보설비 - **수신기**를 중점적으로 확인하여 작성
   ▶ 소방시설에서 제일 중요한! 불 끌 때 써야 하는 펌프랑 제어반(컨트롤!) & 모든 설비의 대빵인 수신기!
④ 소방안전관리대상물의 **특성**에 따라 **기타사항**에 추가항목 작성

■ 소방안전관리자 업무 수행 기록표(예시)

(화재예방법 시행규칙 별지 제 12호 서식 참고)

소방안전관리자 업무 수행 기록표

※ [ ]에는 해당되는 곳에 ∨표 한다.

수행일자	업무를 수행한 날짜		수행자	소방안전관리자 (서명)	
소방안전 관리대상물	상호	올라빌딩(건출물 명칭)	등급	[ ]특급 [ ]1급 [∨]2급 [ ]3급	
	소재지	서울특별시 반포대로 00 (도로명 주소)			
	지하층	지상층	연면적(m²)	바닥면적(m²)	동수
	2층	8층	5,600	700	1
항목	확인내용		확인결과	조치사항	
소방시설			[∨] 양호 [ ] 불량		
피난방화시설			[∨] 양호 [ ] 불량		
화기취급감독	• 화기시설 주변 적정 소화기 설치 유무 • 불꽃 및 스파크 발생 작업에 대한 감독 • 가연물 이동 및 비산방지 조치 여부		[ ] 양호 [∨] 불량	작업구역 내 소형소화기 1개 추가 설치	
기타사항			[∨] 양호 [ ] 불량		
불량사항 개선보고	보고일시	보고방법	보고받은 사람		
	2023.08.01.	[ ] 대면 [∨] 서면 [ ] 정보통신	서대표		
	조치방법	[ ] 이전 [ ]제거 [ ] 수리·교체 [∨] 기타			

- 수행일자는 업무 수행 날짜 / 수행자는 소방안전관리자 기재
- **층수, 연면적, 바닥면적, 동수** 기재 및 소방안전관리대상물의 **등급(특·1·2·3급) 표시**
  ▶ 이때 바닥면적은 권원별로 관리하는 구역의 바닥면적 합계 또는 건축물 1층의 바닥면적으로 함.
- 항목별 확인내용: 소방시설, 피난방화시설, 화기취급감독, 기타사항으로 구성

① 소방시설: 소화·경보·피난구조·소화용수·소화활동설비(소방시설)의 상태 확인 및 결과 체크, 불량 시 조치·작성
② 피난방화시설: 방화문, 자동방화셔터, 비상구, 피난통로 상태 확인 및 결과 체크, 불량 시 조치·작성
③ 화기취급감독: 전기·가스·위험물·화기작업·가연물 및 전열기구 등 상태 확인 및 결과 체크, 불량 시 조치·작성
④ 기타사항: 부적합한 공간구획·연소 확대 위험요소 상태 확인 및 결과 체크, 불량 시 조치·작성

- 항목별 확인 후 [불량사항 개선보고] 및 [조치방법]등을 작성

IV

기출예상문제

PART1 시험대비 연습 1회차

PART2 시험대비 연습 2회차

PART3 시험대비 연습 3회차

PART4 [개편] 추가 30문제! MASTER CLASS

네이버 카페 '챕스랜드 소방안전관리자'에 가입 후 교재를 인증하면
기출예상문제를 추가로 열람할 수 있습니다.

MEMO

PART 1
시험대비 연습 1회차

실제 시험장에서는 마킹과 검토할 시간이 필요하기 때문에
50분 내에 문제를 다 풀 수 있도록 연습해보세요.

Chapter 01 시험대비 연습 1회차

01 다음 중 소방대에 해당하지 않는 것은?

① 소방공무원
② 의무소방원
③ 자위소방대원
④ 의용소방대원

02 다음 중 200만 원 이하의 과태료가 부과되는 행위를 한 자에 해당하지 아니하는 사람을 고르시오.

① 허가 없이 소방활동구역에 출입한 사람
② 피난유도 안내 정보를 제공하지 않은 사람
③ 기간 내에 선임신고를 하지 않거나 소방안전관리자의 성명 등을 게시하지 않은 사람
④ 소방자동차의 출동에 지장을 준 사람

03 피난층에 대한 설명으로 옳지 않은 것은?

① 지상으로 곧장 갈 수 있는 출입구를 포함한 층이다.
② 법적으로 건물의 1층만 피난층으로 지정할 수 있다.
③ 한 건물에 피난층이 두 개 이상일 수 있다.
④ 화재발생 시 피난을 위해 반드시 필요한 층이다.

04 무창층에 대한 설명으로 옳은 것은?

① 지상층 중에서 개구부 면적의 합이 바닥면적의 1/30 이상일 때 무창층으로 정한다.
② 개구부 크기는 지름 50cm 미만의 원이 통과할 수 있어야 한다.
③ 평소 무창층의 개구부는 사고를 방지하기 위해 창살 등으로 안전하게 보호해야 한다.
④ 개구부 하단이 바닥으로부터 1.2m 이하의 높이에 위치해야 한다.

05 한국소방안전원의 업무가 아닌 것은?

① 대국민 홍보를 위해 간행물을 발간한다.
② 소방안전관리 기술 향상을 위해 국제협력을 진행한다.
③ 소방시설의 설치 및 시설 증축 기술을 개발하고 연구한다.
④ 소방 종사자에게 자료를 제공하고 기술 향상을 돕는다.

06 연면적이 52,000㎡인 특정소방대상물의 소방안전관리보조자 최소 선임 인원수를 고르시오. (단, 아파트 및 연립주택은 제외한 특정소방대상물의 경우를 말한다.)

① 1명
② 2명
③ 3명
④ 4명

07 소방안전관리자를 선임하지 아니하는 특정소방대상물의 관계인의 업무에 해당하는 것을 모두 고르시오.

ㄱ. 화기취급의 감독
ㄴ. 피난시설, 방화구획 및 방화시설의 유지·관리
ㄷ. 소방시설, 그 밖의 소방관련시설의 유지·관리
ㄹ. 소방계획서 작성

① ㄴ, ㄷ
② ㄱ, ㄴ, ㄷ
③ ㄱ, ㄴ, ㄷ, ㄹ
④ 해당없음

08 다음 제시된 건축물 일반현황을 참고하여 해당 소방안전관리대상물에 대한 설명으로 옳은 것을 고르시오.

구분	일반현황
명칭	○○아파트
규모/구조	• 용도 : 공동주택(아파트) • 층수 : 20층 • 높이 : 75m • 연면적 : 100,000㎡
사용승인일	2019.11.01
소방시설	• 옥내소화전설비 • 스프링클러설비

① ○○아파트는 연면적이 10만 제곱미터 이상이므로 특급소방안전관리대상물에 해당한다.
② 2026년 7월에 종합점검을 실시한다.
③ 소방공무원으로 7년 이상 근무한 경력이 있는 사람으로서 1급 소방안전관리자 자격증을 발급받은 사람을 소방안전관리자로 선임할 수 있다.
④ 2026년 11월에 작동점검을 실시한다.

09 다음 [왕만두상사]에 대한 설명을 보고, [왕만두상사]의 작동점검 시행 날짜로 가장 적절한 시기를 고르시오.

> **왕만두상사**
> - 스프링클러설비, 옥내소화전설비 설치
> - 연면적 : 5,000m²
> - 완공일 : 2020년 3월 10일
> - 사용승인일 : 2020년 5월 10일

① 2025년 3월
② 2025년 9월
③ 2026년 5월
④ 2026년 11월

10 단독주택이나 공동주택에 반드시 설치해야 하는 소방시설을 모두 고른 것으로 옳은 것은?

> ㉠ 방화셔터
> ㉡ 간이소화용구
> ㉢ 소화기
> ㉣ 단독경보형감지기
> ㉤ 층층경보형감지기

① ㉠, ㉢
② ㉢, ㉣
③ ㉡, ㉢, ㉣
④ ㉢, ㉣, ㉤

11 〈보기〉는 피난/방화시설 및 구획의 유지·관리를 담당하는 관리자들을 인터뷰한 내용이다. 〈보기〉의 관리자들 중, 피난/방화시설 및 구획의 유지·관리에 있어 금지행위에 해당하는 행위를 한 사람만을 모두 고른 것은?

> ㉠ 민수 : 건물에 상주하는 아이들이 장난치거나 다치는 일이 없도록 평상시 비상구를 잠가 둡니다.
> ㉡ 철수 : 주민들의 항의로 방화문에 도어스톱(고임장치)을 설치해 항상 열어둡니다.
> ㉢ 인수 : 비상구로 통하는 복도나 계단 등에 물건이 적재되어 있으면 물건 소유자의 동의를 얻어 통행에 방해가 되지 않도록 모두 깨끗이 치워둡니다.
> ㉣ 준수 : 주민들이 미관상의 이유로 방화문을 유리문으로 교체할 것을 건의했으나, 주민들을 대상으로 소방안전교육을 실시하여 방화문 설치 이유와 기능에 대해 자세히 설명하고 방화문이 본래의 기능을 상실하는 일이 없도록 관리했습니다.

① ㉠, ㉢
② ㉡, ㉢
③ ㉠, ㉡
④ ㉠, ㉡, ㉣

12 소방안전관리자 김안전씨는 2025년 1월 20일에 한국소방안전원의 강습교육을 모두 수료한 뒤, 2025년 2월 8일 자격시험에 최종 합격하였고, 2025년 11월 9일에 소방안전관리자로 선임되었다. 김안전씨의 실무교육 실시 기한으로 적절한 날짜를 고르시오.

① 2025년 8월 7일
② 2026년 5월 8일
③ 2027년 1월 19일
④ 2027년 8월 7일

13 다음은 소방관계법령에서 정하는 벌칙(벌금 또는 과태료)의 일부를 적은 것이다. 다음 ㉠~㉣에 명시된 벌칙의 벌금 값을 가장 작은 순서대로 나열한 것을 고르시오.

> ㉠ 소방안전관리자를 선임하지 않음
> ㉡ 정당한 사유 없이 소방대의 긴급조치를 방해함
> ㉢ 소방안전관리자 자격증을 빌리거나, 이를 알선함
> ㉣ 소방활동 중 소방대상물 및 토지에 대한 강제처분 방해

① ㉠ - ㉡ - ㉢ - ㉣
② ㉢ - ㉡ - ㉠ - ㉣
③ ㉡ - ㉠ - ㉣ - ㉢
④ ㉡ - ㉠ - ㉢ - ㉣

14 방염성능 이상의 실내장식물을 설치해야 하는 장소와 방염대상물품에 대한 설명으로 옳지 않은 것을 모두 고른 것은?

> ㉠ 옥내 종교시설에는 방염성능기준 이상의 실내장식물을 설치해야 한다.
> ㉡ 11층 이상의 아파트는 방염성능 이상의 실내장식물을 설치해야 하는 대상물이다.
> ㉢ 두께 2mm 미만의 종이벽지는 방염대상물품에서 제외된다.
> ㉣ 의료시설, 노유자시설, 숙박시설에서 침구류 및 소파, 의자는 방염물품을 의무적으로 사용해야 하는 장소이다.

① ㉠, ㉢
② ㉡, ㉣
③ ㉠, ㉡, ㉣
④ ㉠, ㉢, ㉣

15 다음 중 소방안전관리대상물의 관계인이 소방시설관리업에 등록한 자로 하여금 대통령령으로 정하는 업무를 대행하게 할 수 있도록 대통령령으로 정하는 소방안전관리대상물에 해당하지 아니하는 것을 고르시오.(단, 아파트는 제외한다.)

① 지상층의 층수가 11층이고 연면적이 15,000㎡인 특정소방대상물
② 지상층의 층수가 6층이고 자동화재탐지설비를 설치하는 특정소방대상물
③ 옥내소화전설비, 스프링클러설비를 설치하고 지상층의 층수가 10층인 특정소방대상물
④ 지상층의 층수가 15층이고 연면적이 10,000㎡인 특정소방대상물

16 다음 중 응급처치의 중요성에 해당하지 않는 것은?

① 전문 구급인력이 도착하기 전까지 환자의 생명이 유지될 수 있도록 돕는 행위이다.
② 도움을 필요로 하는 긴급 환자의 고통을 경감시켜줄 수 있다.
③ 적절한 응급처치는 환자가 병원에 도착해서 받아야 하는 치료의 시간을 단축시켜줄 수 있고, 이는 의료비 절감 효과를 가져올 수 있다.
④ 응급처치를 시행하며 구조자의 처치 실력을 향상시킬 수 있고 이는 민간 소방의 최일선에서 국민 의식을 고취시키는 데 기여할 수 있다.

17 응급처치의 일반적인 원칙에 위배되는 것은?

① 구조자(구조인력)의 안전보다는 피구조자(환자)의 안전을 최우선으로 여겨야 한다.
② 피구조자(환자)의 신체에 접촉해야 하는 상황이라면, 우선 그에 대한 동의와 이해를 구해야 한다.
③ 불확실한 응급처치는 시행하지 않아도 된다.
④ 119 구급차는 무료이나 앰뷸런스는 호출 시 일정 요금이 부과될 수 있다.

18 '부분층화상'에 해당하는 설명으로 옳지 않은 것은?

① 발적, 수포를 동반하며 상처부위에 진물이 날 수 있다.
② 이 단계에서 환자는 통증을 거의 느끼지 못할 정도의 심각한 손상을 입은 상태다.
③ 다른 말로는 2도 화상이라고 말한다.
④ 피부 안쪽 모세혈관이 손상을 입었을 가능성이 있다.

19 성인 기준 심폐소생술에 대한 설명으로 옳은 것은?

① 환자의 갈비뼈가 손상될 수 있기 때문에 구조자의 체중을 실어서는 안 된다.
② 환자의 맥박과 호흡의 정상여부를 판단하는 것은 최소 30초 이상의 시간을 들여야 한다.
③ 가슴압박은 분당 100~120회, 5cm 깊이로 강하게 누르고 압박과 이완의 비율은 50:50으로 시행한다.
④ 인공호흡에 자신이 없더라도 환자의 뇌에 산소를 공급하기 위해 인공호흡을 반드시 시도해야 한다.

20 정전기를 예방하기 위한 방법에 해당하지 않는 것은?

① 접지시설을 설치하여 과잉전하가 배출될 수 있도록 한다.
② 공기를 이온화시킨다.
③ 습도를 50%로 유지한다.
④ 전도체 물질을 사용하여 과잉전하의 발생을 최소화한다.

21 가연물질의 구비조건에 대한 설명으로 옳은 것을 모두 고르시오.

> ㉠ 활성화에너지 값이 작을수록 연소가 쉽다.
> ㉡ 열전도 값이 클수록 연소가 어렵다.
> ㉢ 산소 친화도가 높을수록, 산소와 결합시 발열량이 클수록 가연물질이 되기에 용이하다.
> ㉣ 산소,염소는 조연성가스로 가연물질의 연소를 도울 수 있다.

① ㉠, ㉢, ㉣
② ㉡, ㉢, ㉣
③ ㉠, ㉡, ㉣
④ ㉠, ㉡, ㉢, ㉣

22 질소와 질소산화물이 가연물이 될 수 없는 이유로 옳은 것은?

① 산소와 결합하면 연쇄반응을 일으키기 때문이다.
② 산소와 결합하면 복사반응을 일으키기 때문이다.
③ 산소와 결합하면 흡열반응을 일으키기 때문이다.
④ 산소와 결합하면 전열반응을 일으키기 때문이다.

23 연소의 3요소와 관련된 용어에 대한 설명으로 옳은 것은?

① 공기에는 산소가 27% 포함되어 있어 산화제 역할을 할 수 있다.
② 등유가 발화점 이상의 온도에 이르면 점화원이 없어도 불이 붙을 수 있다.
③ 등유의 연소점은 인화점보다 10도 정도 낮다.
④ 연소에서 자연발화는 점화원에 해당하지 않는다.

24 다음 중 암모니아의 연소범위 값으로 적절한 것을 고르시오.

① 40
② 35
③ 30
④ 25

25 화재의 종류와 특징, 그리고 해당 화재에 적응성이 있는 소화방법에 대한 설명이 옳게 짝지어진 것은?

① A급화재는 일반화재이며 진화 후 재가 남는다. : 수계소화약제를 이용한 냉각소화가 적응성이 있다.
② B급화재는 유류화재이며 물이 닿으면 폭발 위험이 있다. : 마른모래를 덮어 질식소화하는 것이 좋다.
③ C급화재는 전기화재이며 감전의 위험이 있다. : 불연성 포를 덮는 억제소화가 적응성이 있다.
④ D급화재는 금속화재이며 진화 후 재가 남지 않는다. : 이산화탄소 소화약제를 이용해 냉각소화를 실시한다.

26 연기의 확산속도로 옳게 짝지어진 것은?

① 수평방향으로 이동 시 0.5~1m/min의 속도로 확산된다.
② 수직방향으로 이동 시 2~3m/sec의 속도로 확산된다.
③ 계단실 내에서 수직이동 시 3~5m/min의 속도로 확산된다.
④ 계단실 내에서 수평이동 시 4~5m/sec의 속도로 확산된다.

27 제1~6류 위험물에 대한 설명으로 옳지 않은 것은?

① 제1류 위험물과 제6류 위험물은 산화제로 쓰일 수 있다.
② 제5류 위험물은 자기반응성물질로 연소속도가 빠른 것이 특징이다.
③ 제3류 위험물은 물에 반응하지 않으나, 자연발화의 위험이 있어 특별한 주의가 필요하다.
④ 제4류 위험물은 공기와 혼합되면 연소나 폭발을 일으킬 수 있다.

28 LPG와 LNG에 대한 설명이다. 〈보기〉를 보고 (A), (B), (C), (D)에 들어갈 말이 옳게 짝지어진 것을 고르시오.

LPG	LNG
• 연소기 기준 수평거리 (A) 위치에 설치 요	• 연소기 기준 수평거리 (C) 위치에 설치 요
• 탐지기 (B)단이 바닥으로부터 (B)방 30cm 이내가 되도록 설치 요	• 탐지기 (D)단이 천장으로부터 (D)방 30cm 이내가 되도록 설치 요

① A:8m / B:상 / C:4m / D:하
② A:8m / B:하 / C:4m / D:상
③ A:4m / B:상 / C:8m / D:하
④ A:4m / B:하 / C:8m / D:상

29 다음 사무실에 요구되는 소화기의 능력단위는? (단, 그림의 사무실은 업무시설로 내화구조이며 불연재로 이루어져 있다.)

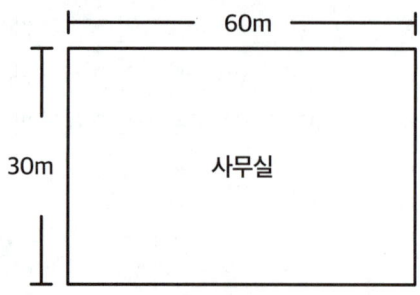

① 능력단위 6만큼 충족되어야 한다.
② 능력단위 7만큼 충족되어야 한다.
③ 능력단위 8만큼 충족되어야 한다.
④ 능력단위 9만큼 충족되어야 한다.

30 주요구조부가 내화구조로 된 특정소방대상물로 바닥면적이 550m²이고 감지기 부착높이가 4m 미만일 때 정온식 스포트형 감지기 1종을 최소 몇 개 이상 설치해야 하는지 구하시오

① 9개
② 10개
③ 11개
④ 12개

31 다음은 기동용수압개폐장치를 나타낸 그림이다. 각 부분 (A), (B), (C), (D)의 명칭으로 알맞은 것을 고르시오.

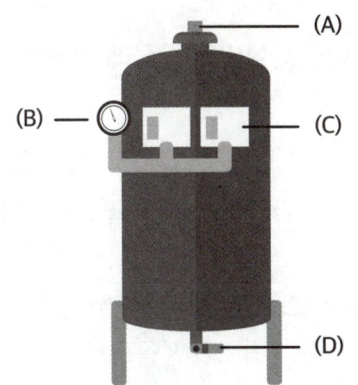

① A:안전밸브 / B:압력계 / C:압력스위치 / D:배수밸브
② A:배수밸브 / B:압력계 / C:압력스위치 / D:안전밸브
③ A:안전밸브 / B:충압계 / C:변동스위치 / D:배수밸브
④ A:배수밸브 / B:충압계 / C:변동스위치 / D:안전밸브

[32~33]
다음의 〈그림〉을 보고 문제에 답하시오.

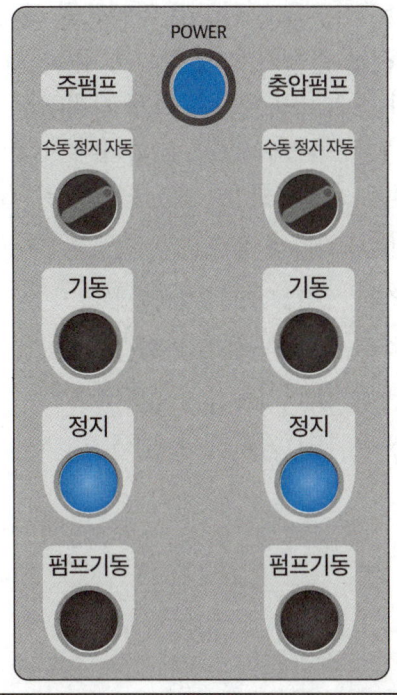

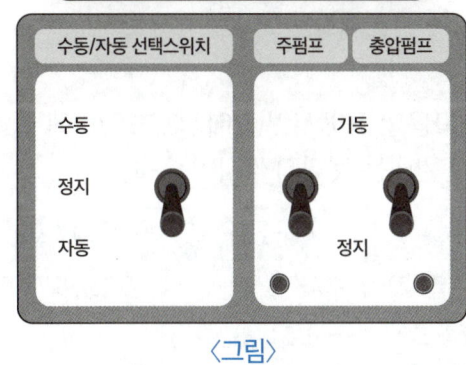

〈그림〉

32 〈그림〉에 대한 설명으로 옳은 것은?

① 현재 동력제어반은 수동으로 기동한 상태이다.
② 옥내소화전의 밸브가 개방되어 주펌프가 기동하게 되면 감시제어반의 주펌프 기동등이 점등된다.
③ 현재 동력제어반은 감시제어반이 보내는 신호를 자동으로 수신할 수 없는 상태다.
④ 현재 감시제어반의 충압펌프 스위치가 정지 위치에 있기 때문에 화재가 발생하더라도 수동으로 기동하지 않는 한 충압펌프가 기동되는 일은 없다.

33 〈그림〉의 상황에서 주펌프 작동 시험을 위해 동력제어반의 주펌프 스위치를 수동 위치로 옮기고 기동 버튼을 눌렀다고 가정했을 때, 그와 동일한 조건을 만들기 위해 감시제어반에서 조작해야 할 각 스위치의 위치가 옳게 짝지어진 것을 고르시오. (단, 감시제어반의 '수동/자동 선택스위치'를 [A], '주펌프 스위치'를 [B], '충압펌프 스위치'를 [C]로 지칭한다.)

① [A]:수동, [B]:정지, [C]:정지
② [A]:수동, [B]:기동, [C]:정지
③ [A]:자동, [B]:기동, [C]:정지
④ [A]:자동, [B]:정지, [C]:정지

34 다음의 표에서 빈칸에 (A), (B), (C)에 들어갈 숫자로 알맞은 것끼리 짝지어진 것은?

구분	옥내소화전	옥외소화전
방수압력	(A)~0.7MPa	0.25~0.7MPa
방수량	130L/min	(B)/min
호스 구경	40mm (호스릴 25mm)	(C)mm

① (A):0.12, (B):450, (C):65
② (A):0.12, (B):350, (C):65
③ (A):0.17, (B):450, (C):65
④ (A):0.17, (B):350, (C):65

35 스프링클러설비에 대해 옳게 말한 사람은 누구인지 고르시오.

① 이준: 스프링클러설비의 방수량은 80L/sec로 표현할 수 있어.
② 서준: 스프링클러설비의 방수압력 정상범위는 0.5~1.5Mpa이야.
③ 최준: 지하가에 적용되는 스프링클러설비의 헤드 기준개수는 30개야.
④ 효준: 스프링클러설비에서 감열체가 있으면 개방형, 감열체가 없으면 폐쇄형으로 분류할 수 있어.

36 스프링클러설비의 종류에 따른 각각의 설명으로 옳지 않은 것은?

① 클래퍼가 개방되면서 화재표시등이 점등되는 유수검지장치 방식은 습식 스프링클러에 대한 설명이다.
② 준비작동식 스프링클러 점검 시 감지기 A or B가 작동하게 되면 펌프가 자동으로 기동된다.
③ 건식 스프링클러는 겨울철 동결이 우려되는 장소에도 설치할 수 있다.
④ 일제살수식 스프링클러는 감열체가 없는 개방형 스프링클러설비이다.

37 이산화탄소 소화설비에 대한 설명으로 옳지 않은 것은?

① 소음이 적은 것이 장점이다.
② 심부화재 소화에 적합하다.
③ C급화재에 적응성이 있다.
④ 고압설비로 관리에 주의가 요구된다.

38 가스계소화설비의 구성부 중 솔레노이드밸브에 대한 설명으로 옳은 것은?

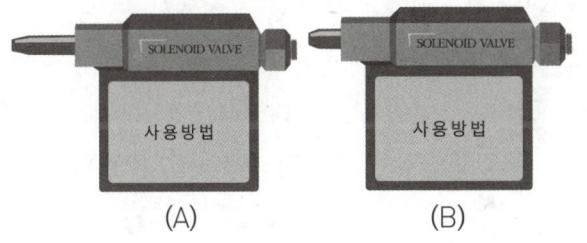

① (A)는 솔레노이드밸브 격발 전, (B)는 솔레노이드밸브 격발 후의 모습이다.
② 가스계소화설비 점검 전 안전조치를 위해 솔레노이드밸브는 연동 상태로 둔다.
③ 격발시험을 위해 솔레노이드밸브에 붙어있는 수동조작버튼을 눌렀을 때 즉시 격발되어야 한다.
④ 솔레노이드밸브의 격발 시험을 하기 위해서는 제어반의 수동조작스위치를 [수동] - [정지] 위치에 둔다.

39 차동식 열감지기에 대한 설명으로 옳은 것은?

① 주로 주방이나 보일러실에 적응성이 있다.
② 구성부품 중에는 바이메탈이 있다.
③ 단독 감지가 가능하기 때문에 주변 온도에 영향을 받지 않는다.
④ 주요 구조부가 내화구조이며 감지기 부착 높이가 4m 미만인 소방대상물에서 차동식 스포트형 열감지기 1종의 설치면적 기준은 90m²이다.

40 자동화재탐지설비에 포함되는 각 설비의 종류별 설명이 잘못된 것을 고르시오.

① 감지기는 화재를 자동으로 인식하지만, 발신기는 화재를 발견한 사람이 직접 버튼을 눌러 작동시켜 수신기로 신호를 보내야 한다.
② 발신기 누름버튼을 눌러 수신기에서 화재신호를 수신하면 발신기의 화재표시등이 점등된다.
③ 수신기의 조작스위치 높이는 바닥으로부터 0.8m 이상 1.5m 이하에 위치한다.
④ 음향장치는 1m 떨어진 위치에서 90dB 이상의 음량이 출력되어야 하고 점검 시 음량계를 필요로 한다.

[41~42]

다음은 A건물의 각 층별 화재를 탐지할 수 있는 설비의 설치 현황을 나타낸 도표이다. 해당 도표와 〈보기〉의 수신기 그림을 참고하여 물음에 답하시오.

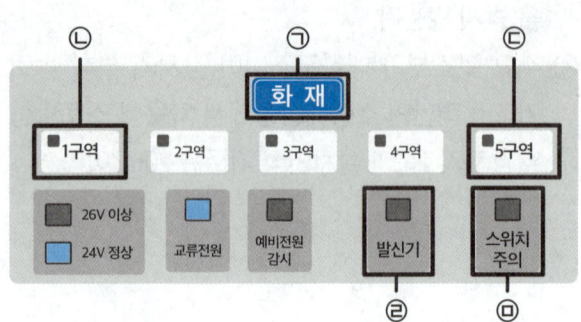

41 A건물의 5층에서 점검을 위해 발신기를 작동시켰다. 이때, 수신기에서 화재신호를 정상적으로 수신했다면 〈보기〉의 수신기 그림에서 점등되어야 하는 표시등을 모두 고른 것은?

구역(층)	1구역 (1층)	2구역 (2층)	3구역 (3층)	4구역 (4층)	5구역 (5층)
화재탐지 설비	감지기	감지기	발신기	발신기	발신기

① ㉠, ㉢
② ㉠, ㉡, ㉣
③ ㉠, ㉢, ㉤
④ ㉠, ㉢, ㉣

42 A건물의 3층에서 점검을 위해 발신기를 작동시켰을 때, 3층 발신기에 부착된 음향장치가 작동하지 않는 것을 확인했다. 이때, 이러한 문제가 발생한 원인으로 가장 타당한 것은?

① 발신기에 먼지가 쌓여있었다.
② 수신기의 예비전원 소켓이 분리되었다.
③ 수신기의 지구경종 정지 스위치가 눌려있었다.
④ 감지기 회로에 이상이 생겼다.

43 수신기의 점검에 대한 설명으로 옳지 아니한 것을 고르시오.

① 동작시험을 위해 축적스위치를 비축적 위치에 둔다.
② 버튼방식의 수신기 점검 후 복구가 완료되면 마지막에 스위치주의등이 점등되어야 한다.
③ 도통시험 시 전압계 측정 결과는 4V 이상 8V 이하의 값이 표시되어야 한다.
④ 예비전원감시등이 점등된 경우에는 연결소켓이 분리되는 등 예비전원에 이상이 있는 것이므로 확인 후 조치가 필요하다.

44 다음의 도표는 비화재보의 원인과 그에 상응하는 대책을 나타낸 표이다. 표를 참고하여 빈칸에 들어갈 말을 옳게 짝지은 것을 고르시오.

비화재보가 울린 원인	대책
주방에 차동식 열감지기를 설치하였다.	주방에 적응성이 있는 (A)식 열감지기로 교체한다.
감지기가 온풍기에 근접 설치되었다.	감지기를 (B) 설치한다.
(C)로 인한 오동작이 잦다.	환풍기를 설치한다.

① (A) : 보상 / (B) : 이격 / (C) : 담배연기
② (A) : 보상 / (B) : 상격 / (C) : 누수
③ (A) : 정온 / (B) : 이격 / (C) : 담배연기
④ (A) : 정온 / (B) : 이격 / (C) : 누수

45 피난구조설비에 대한 설명으로 옳은 것은?
① 화재 발생 시 피난구조설비의 사용을 최우선으로 한다.
② 다수인피난장비는 올림식, 내림식, 고정식 세 종류로 구분할 수 있다.
③ 미끄럼대는 병원, 장애인시설, 노약자시설에서 사용할 수 있다.
④ 간이완강기는 동시에 여러 인원이 연속적으로 사용할 수 있다.

46 완강기 사용 시 주의사항으로 옳지 않은 것은?
① 하강 시 팔, 다리 등이 벽과 충돌하면 부상의 위험이 있으므로 팔을 위로 들어 하강한다.
② 겨드랑이 밑쪽 가슴에 벨트를 단단히 고정한다.
③ 조속기를 이용하여 하강 속도를 조절할 수 있다.
④ 급박한 상황이 발생하더라도 완강기 사용 전 반드시 지지대를 흔들어 고정 여부를 확인해야 한다.

47 피난구조설비 설치기준에 따라 각 설치 장소별 적응성이 있는 기구에 대한 설명으로 옳은 것은?
① 입원실이 있는 의원 등의 1층에서 피난트랩이 적응성이 있다.
② 4층 이하의 다중이용업소에서 피난교는 적응성이 있다.
③ 미끄럼대는 4층 이상의 노유자시설에서는 적응성이 없다.
④ 3층 이상의 객실이 있는 숙박시설에서 간이완강기는 적응성이 없다.

48 유도등 및 유도표지에 관한 설명으로 옳지 않은 것은?

① 유도표지는 각 층마다 복도 및 통로의 각 부분으로부터 보행거리 20m 이내가 되어야 한다.
② 피난구유도등과 거실통로유도등의 설치 기준이 되는 높이는 동일하다.
③ 아파트에는 소형피난구유도등과 통로유도등을 설치한다.
④ 유흥주점에 설치하는 유도등의 종류에는 객석유도등도 포함된다.

49 3선식 배선을 사용하는 유도등에 대한 설명으로 옳지 않은 것은?

① 전원선이 단선되면 점등되지 않는다.
② 암실이나 영화관에 설치하기에 유리하다.
③ 평상시 소등되어 있는 상태로 관리한다.
④ 자동화재탐지설비가 작동하거나 점검을 위해 수동 작동했을 때 자동으로 점등된다.

50 다음은 '서울 스타라이트 공연장'의 시설 개요를 나타낸 도표이다. (A)에 들어갈 유도등의 종류와, 객석유도등의 설치 개수가 옳게 짝지어진 것을 고르시오.

시설명/규모	시설에 설치된 유도등 및 유도표지 종류
서울 스타라이트 공연장 • 연면적 50,000m² • 객석통로의 직선 길이 = 총 80m	• (A) 피난구유도등 • 통로유도등 • 객석유도등

① (A) : 중형 / 객석유도등 설치 개수 : 18개
② (A) : 중형 / 객석유도등 설치 개수 : 19개
③ (A) : 대형 / 객석유도등 설치 개수 : 18개
④ (A) : 대형 / 객석유도등 설치 개수 : 19개

Chapter 02 1회 정답 및 해설

정답

01	③	02	②	03	②	04	④	05	③
06	③	07	②	08	③	09	④	10	②
11	③	12	③	13	④	14	②	15	①
16	④	17	①	18	②	19	③	20	③
21	④	22	③	23	②	24	④	25	①
26	②	27	③	28	③	29	④	30	②
31	①	32	②	33	②	34	④	35	③
36	②	37	①	38	③	39	④	40	②
41	④	42	③	43	②	44	③	45	③
46	①	47	③	48	①	49	①	50	④

01

답 ③

해 소방대에 해당하는 것은 소방공무원, 의무소방원, '의용소방대원'이다. 자위소방대원은 소방대의 구성원이 아니므로 헷갈리지 않도록 주의!

02

답 ②

해 피난유도 안내 정보를 제공하지 아니한 자는 300만원 이하의 과태료 조항에 해당하므로, 문제에서 묻고 있는 200만원 이하의 과태료가 부과되는 행위에 해당하지 않는 것은 ②번.

03

답 ②

해 한 건물 안에서 피난층이 2개 이상일 수 있다. 피난층의 개수에 제한은 없고, 다만 지상으로 곧장 연결되는 출입구가 포함되어 있다면 지상1층이 피난층이 될 수도 있고, 지하1층이 피난층이 될 수도 있다.

04

답 ④

해 지상층 중에서 개구부 면적의 합이 해당 층 바닥면적의 1/30 '이하'일 때 무창층으로 정의하므로 ①번은 옳지 않다. 또 무창층에서 개구부의 크기는 지름 50cm '이상'의 원이 내접(통과)할 수 있어야 하며 개구부에는 창살 등의 장애물을 설치하면 안되고 쉽게 부술 수 있어야 하므로 ②번과 ③번도 옳지 않은 설명이다.
따라서 옳은 설명은 ④번으로 개구부의 하단이 바닥으로부터 1.2m 이하의 높이에 위치해야 하는 것이 맞다.

05

답 ③

해 한국소방안전원에서는 대국민 홍보를 위해 간행물을 발간하거나 홍보하는 업무를 수행하고, 국제협력 및 소방업무 종사자를 대상으로 자료를 제공하고 기술 향상을 돕기도 한다. 이 외에도 위탁업무 등을 수행하는 것이 한국소방안전원의 업무에 해당한다. 하지만 ③의 보기에서처럼 소방시설의 설치 기술이나 시설 증축 기술을 개발하고 연구하는 것은 한국소방안전원의 업무에 포함되지 않는다.

06

답 ③

해 연면적이 1만 5천 제곱미터 이상인 특정소방대상물(아파트 및 연립주택 제외)은 소방안전관리보조자 선임 대상물로, 초과되는 연면적 1만 5천 제곱미터마다 1명 이상을 추가로 선임해야 한다.

따라서 52,000 ÷ 15,000 = 3.46으로 소수점을 버린 3명 이상이 최소 선임 인원수가 된다. 따라서 정답은 ③번.

> 📁 **Tip**
> 보조자 선임 인원수 계산 시 소수점 이하는 버림.

07

답 ②

해 소방안전관리 대상물을 제외한 특정소방대상물의 관계인의 업무는 피난(방화)시설 및 소방시설의 유지·관리 업무와 그 밖에 소방안전관리에 필요한 업무이다.

소방계획서를 작성하는 것은 소방안전관리자의 업무이므로 소방안전관리자를 선임하지 않는 (선임 대상이 아닌) 특정소방대상물의 '관계인'이 하는 업무에 소방계획서를 작성하는 업무는 포함되지 않는다.

> 📁 **참고**
> '소방안전관리 대상물을 제외한 특정소방대상물'이라는 말을 바꿔 말하면, '소방안전관리자를 선임하지 않는 특정소방대상물'로도 출제될 수 있으므로 참고!

08

답 ③

해 ○○아파트는 50층 이상이거나 높이가 200m 이상인 특급대상물 아파트, 또는 30층 이상이거나 높이가 120m 이상인 1급대상물 규모의 아파트가 아니므로 2급소방안전관리대상물에 해당한다.

따라서 2급 대상물인 ○○아파트에는 그보다 상위 등급인 1급 소방안전관리자 선임 자격이 있는 보기 ③번의 자격자를 소방안전관리자로 선임할 수 있으므로 옳은 설명은 ③번.

[옳지 않은 이유]

① 연면적 10만 제곱미터 이상으로 특급에 해당하는 특정소방대상물에서 아파트는 제외되므로 옳지 않은 설명.

②, ④ 종합 및 작동점검 실시 대상으로 사용승인일이 속하는 (매년) 11월에 종합, 그로부터 6개월이 되는 (매년) 5월에 작동점검을 실시하므로 옳지 않은 설명.

09

답 ④

해 왕만두상사는 스프링클러설비가 설치되어 있으므로 작동점검과 종합점검까지도 해야 하는 대상이다. 따라서 [사용승인일]이 포함되는 달에 종합점검을 먼저 실시하고, 그로부터 6개월 뒤에 작동점검을 하는데, 왕만두상사의 사용승인일이 5월이었으므로 매년 5월에 종합점검을, 그로부터 6개월 뒤인 (매년) 11월에 작동점검을 할 것으로 유추할 수 있다.
문제에서는 왕만두상사의 '작동'점검 시행 시기를 묻고 있으므로, 11월인 ④번이 가장 적절하다.

> 💬 '완공일' 함정에 빠지지 않도록 주의!

10

답 ②

해 단독주택 및 공동주택에 설치해야 하는 소방시설은 소화기와 단독경보형감지기다. 따라서, ②번의 ©, @이 옳다.

11

답 ③

해 ⑤의 비상구를 잠가두는 행위와 ©의 방화문에 고임장치를 설치하는 행위는 피난/방화시설 및 구획의 유지, 관리에 있어 금지행위에 해당한다. 비상구는 유사시 빠르게 대피할 수 있도록 항상 개방되어 있어야 하며, 방화문은 화재 발생시 연기나 화재가 번져나가지 않도록 막아주는 역할을 하기 때문에 닫혀있도록 관리해야 한다. 따라서 금지행위에 해당하는 행동을 한 사람은 ⑤ 민수, © 철수이다.

12

답 ③

해 김안전씨는 강습 수료일인 2025년 1월 20일로부터 **1년 이내**(2025년 11월 9일)에 **선임**되었으므로, 소방안전관리자로 선임된 후 6개월 내에 받아야 하는 최초의 실무교육을 [강습 수료일]에 이수한 것으로 본다. 따라서 김안전씨는 **강습 수료일**인 2025년 1월 20일을 **기준으로 2년마다** (매 2년이 되는 해의 기준일과 같은 날의 전까지) 1회 이상 실무교육을 받아야 하므로, 김안전씨의 실무교육 실시 기한으로 옳은 날짜는 ③번 2027년 1월 19일.

13

답 ④

해 ⑤ 300만 원 이하의 벌금, © 100만 원 이하의 벌금, © 1천만 원 이하의 벌금(또는 1년 이하의 징역), @ 3천만 원 이하의 벌금(또는 3년 이하의 징역). 따라서 벌금의 값이 가장 작은 순서대로 나열한 것은 © - ⑤ - © - @로 ④.

14

답 ②

해 © '아파트'는 방염성능기준 이상의 실내장식물을 설치해야 하는 장소에서 제외되므로 옳지 않은 설명이다.
@ 의료시설, 노유자시설, 숙박시설, 다중이용업소 등에서 침구류 및 소파, 의자는 방염물품의 사용을 '권장'하는 장소이므로 의무적으로 사용해야 한다는 설명은 옳지 않다.
따라서 옳지 않은 것은 ©, @로 ②.

15

답 ①

해 문제에서는 대통령령으로 정하는 업무대행 가능 대상물의 조건이 '아닌' 것을 묻고 있다. 업무대행 가능 대상물의 조건에는 2, 3급과 1급 중에서는 예외적으로 11층 이상이고 연면적이 15,000㎡ '미만'인 특정소방대상물이 해당한다. ①번은 1급대상물로 층수가 11층 이상이긴 하지만, 연면적이 만 오천 '미만'이어야 하는 조건에 부합하지 않으므로 업무대행 가능한 대상물의 조건에 속하지 않는다. 따라서 정답은 ①.
②번은 3급대상물, ③번은 2급대상물, ④번은 예외조건에 부합하는 1급대상물에 해당하므로 모두 업무대행이 가능한 조건이다.

16

답 ④

해 응급처치의 중요성에 해당하는 내용은 환자의 생명 유지, 환자의 고통 경감, 치료기간 단축, 의료비 절감이다. ④번의 내용처럼 구조자의 처치 실력을 향상시키거나 국민의식을 고취시키는 효과는 응급처치의 중요성에 해당하지 않는다.

17

답 ①

해 구조자의 안전이 확보된 상황이어야 환자를 도울 수 있기 때문에 구조자의 안전을 최우선으로 두어야 한다. 따라서 응급처치의 일반원칙에 맞지 않는 내용은 ①.

18

답 ②

해 통증을 거의 느끼지 못할 정도로 심각한 손상을 입는 것은 3도(전층) 화상을 입었을 때 나타날 수 있는 증상이므로 옳지 않다. ②를 제외한 ①, ③, ④의 설명은 부분층화상에 해당하는 설명이며 부분층화상은 2도 화상이라고 말하기도 한다.

19

답 ③

해 ① 환자의 갈비뼈가 부러지지 않도록 유의해야 하는 것은 맞지만 심폐소생술 시행 시 구조자의 체중을 실어 5cm 깊이로 압박할 수 있도록 강하게 압박해야 한다.
② 맥박과 호흡의 확인은 10초 이내로 판별해야 한다.
④ 불확실한 처치는 하지 않아야 하며 인공호흡에 자신이 없다면 가슴압박만 시행하도록 한다.
따라서 옳은 답은 ③.

20

답 ③

해 정전기를 예방하기 위해서는 습도를 70% 이상으로 유지해야 한다. 따라서 옳지 않은 것은 ③.

💬 비가 오는 날이나 가습기를 틀어둔 공간에서는 정전기가 잘 발생하지 않는 것을 생각해 보면 습도가 높을수록 정전기가 잘 발생하지 않기 때문에 최소 70% 이상으로 유지한다는 점을 기억하기 쉽다.

21

답 ④

해 ㉠,㉡,㉢,㉣ 모두 가연물질의 구비조건으로 옳은 설명이다.

㉠ : 활성화에너지는 불을 붙이기 위해 필요한 최소한의 점화에너지이므로, 그 값이 작을수록(필요한 에너지가 적을수록) 연소가 쉽게 일어난다.

㉡ : 열전도 값(열전도율)이 작을수록 열의 축적이 용이하여 발화하기 쉬운데, 반대로 열전도 값이 크면 열을 축적하지 못하고 쉽게 빼앗기기 때문에 연소가 어려워진다.

㉢,㉣ : 조연성 가스인 산소, 염소와 친화도가 높을수록 반응이 활발해지고, 또한 산소와 결합하여 방출하는 열이 많을수록(발열량↑) 가연성도 커지므로 가연물질이 되기에 용이하다.

22

답 ③

해 질소와 질소산화물이 가연물질이 될 수 없는 이유는 산소와 결합하면, 질소와 질소산화물이 열을 흡수해버리는 '흡열반응'을 일으켜 연소를 방해하기 때문에 가연물질이 될 수 없다.

23

답 ②

해 ① 공기에는 21%의 산소가 포함되어 있다.

③ 보통 연소점은 인화점보다 10도 정도 높다.

④ 자연발화로도 불이 붙을 수 있기 때문에 점화원이 될 수 있다.

따라서 옳은 설명은 ②번이다.

24

답 ④

해 암모니아의 연소범위는 15~28(vol%)이므로, 이 범위에 있는 값은 ④번이다.

25

답 ①

해 ②의 물과 닿았을 때 폭발 위험이 있고, 마른모래 등을 덮어 질식소화를 하는 화재는 D급 금속화재의 특징이다.

③ 불연성 포 등을 덮는 소화방식은 질식소화 방식이며 B급 유류화재에 적응성이 있다.

④ 재가 남지 않는 건 B급 유류화재의 특징이며, 이산화탄소 소화약제를 사용한 냉각소화는 C급 전기화재에 적응성이 있다.

따라서 옳은 설명은 ①.

26

답 ②

해 연기의 확산속도를 나타내는 단위는 /sec(초) 단위로 표기하며, 수평방향에서 0.5~1m/sec, 수직방향에서 2~3m/sec, 계단실 내 수직이동 시 3~5m/sec 속도로 이동한다. 따라서 옳은 설명은 ② 수직방향으로 이동 시 2~3m/sec의 속도로 확산된다.

27

답 ③

해 나트륨과 같은 제3류 위험물은 자연발화성 금수성 물질로 물과 반응한다. 자연상태에서 불이 붙을 수 있기 때문에 보관 등에 주의를 기울여야 하며, 금수성(禁(금) 금할 금, 水(수) 물 수)이라는 이름에서 알 수 있듯이 물과 반응하여 연소 등을 일으킬 수 있기 때문에 물과의 접촉을 피해야 한다.

28

답 ③

해 LPG는 무겁기 때문에 바닥에 체류하며 느리게 이동하는 특징이 있다. 따라서 수평거리는 4m, 탐지기의 상단이 바닥으로부터 상방 30cm 이내에 위치해야 한다. 반면 LNG는 가볍기 때문에 천장으로 뜨고 멀리 퍼지는 특징이 있다. 따라서 수평거리는 8m, 탐지기의 하단이 천장으로부터 하방 30cm 이내에 위치해야 한다. 즉, A:4m / B:상 / C:8m / D:하

29

답 ④

해 사무실(업무시설)의 소화기 설치기준은 원래 바닥면적 100m²마다 능력단위 1 이상의 소화기를 설치해야 하나, 문제의 사무실은 내화구조+불연재로 이루어져 있으므로 X2배를 한 바닥면적 '200m²'의 완화된 기준이 적용된다. 따라서 사무실의 면적 1800m²(가로 30 x 세로 60)에 바닥면적 200m²마다 능력단위 1 이상의 소화기 설치기준이 적용되므로, 1800÷200=9만큼의 능력단위가 충족되어야 한다.

30

답 ②

주요구조부가 내화구조로 된 특정소방대상물의 경우 감지기의 종류별 설치 유효면적은 다음과 같다.

4m 미만 (m²)	차동식		보상식		정온식		
	1종	2종	1종	2종	특종	1종	2종
	90	70	90	70	70	**60**	20

문제에서는 정온식 - 1종의 설치기준이 적용되므로, 유효면적은 60m²인데, 설치하려는 장소의 바닥면적이 550m²이므로 550 ÷ 60 = 9.16으로 계산할 수 있다.

이때 9개 하고도 남는 면적(소수점)이 존재하므로 모든 면적에 유효하게 설치하기 위해서는 최소 10개 이상을 설치해야 하므로 정답은 ②.

31

답 ①

해 기동용수압개폐장치의 구조부에 충압계, 변동스위치는 해당하지 않는다.
→ A는 안전밸브, B는 압력계, C는 압력스위치, D는 배수밸브.

32

답 ②

해 ① 동력제어반의 선택스위치가 모두 [자동]에 위치하여 현재 동력제어반은 자동 운전 상태이므로 옳지 않은 설명이다.
③ 현재 동력제어반의 자동/수동 회로선택 스위치가 모두 '자동' 위치에 있으므로, 감시제어반이 보내는 신호를 자동적으로 수신할 수 있는 상태이다. 따라서 자동으로 수신할 수 없다는 설명은 옳지 않다.
④ 감시제어반의 스위치가 [자동(연동)] 위치이므로 화재가 발생하면 필요 시 자동으로 충압펌프가 작동할 것이므로 ④의 설명은 옳지 않다.
옥내소화전 사용(밸브 개방)으로 주펌프가 기동되면, 감시제어반의 주펌프 기동표시등에 점등되므로 옳은 설명은 ②번.

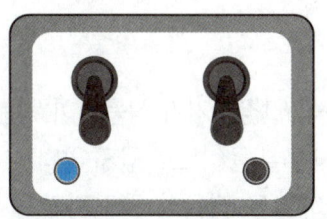

💬 펌프가 자동으로 돌아가야 하기 때문에 [자동] 위치에 있어야 하고, 평상시 화재가 발생하지 않은 상태에서는 펌프가 돌아가지 않아야 하므로 [정지] 위치에 둔다고 이해하면 기억하기 쉽습니다.

33

답 ②

해 주펌프 작동 시험을 위해 동력제어반의 주펌프 스위치를 수동 위치로 옮기고 기동 버튼을 눌렀다고 가정했을 때 = 한마디로, 주펌프를 수동 기동(테스트)하기 위해 동력제어반(MCC)의 스위치를 [수동] - [기동] 위치에 두었다는 의미이다. 감시제어반을 동력제어반과 동일한 조건으로 만든다. = 감시제어반의 주펌프를 수동 기동하기 위해서는 [A]수동/자동 선택스위치를 [수동] 위치에 두고, [B]주펌프 스위치를 [기동] 위치에 두면 된다.
문제에서는 주펌프만을 수동기동에 두었으므로, [C]충압펌프 스위치는 [정지] 상태에 둔다. 따라서 [A]:수동, [B]:기동, [C]:정지 → ②

34

답 ④

해 (A) 옥내소화전의 방수압력은 0.17~0.7MPa이 정상범위이다.
(B) 옥외소화전의 방수량은 350L/min.
(C) 옥외소화전의 호스 구경은 65mm.
따라서 (A):0.17, (B):350, (C):65 → ④

35

답 ③

해 ① 스프링클러설비의 방수량은 분(min) 단위를 사용하며 80L/min으로 표기하므로 옳지 않다.
② 스프링클러설비의 방수압력 정상범위는 0.1~1.2MPa이므로 옳지 않다.
④ 감열체가 없으면 개방형 스프링클러, 감열체가 있으면 폐쇄형 스프링클러이므로 옳지 않다.

💬 스프링클러에서 감열체가 가운데에 박혀있으면 막혀있는 거니까 폐쇄형 / 감열체가 없으면 막혀있지 않고 뻥 뚫린 상태니까 개방형

36

답 ②

해 준비작동식 스프링클러 점검 시 감지기 A and B가 (A와 B가 모두) 작동해야 펌프가 자동으로 기동된다. 따라서 옳지 않은 설명이다.

💬 감지기 A, B 둘이 살피고 있는데
① 두 개중에 하나만 작동했다.=A or B : 감지기 둘 중에 하나만 울리네? 오작동일 수도 있지만 그래도 혹시 모르니까 사람들부터 대피시켜야지~!
→ 경보 및 사이렌이 작동한다.
② 감지기 두 개가 모두 작동했다=A and B : 감지기 두 개가 모두 작동했네? 이건 100% 화재가 발생했다고 판단! → 펌프까지 돌려서 화재 진압할 준비를 하자!

37

답 ①

해 이산화탄소 소화설비는 큰 소음을 유발한다는 단점이 있으므로 옳지 않은 설명이다.

💬 이 외에도 질식 및 동상의 우려가 있으므로 가스계소화설비(이산화탄소)가 작동하면 방출표시등을 켜서 사람들이 빠져나가도록 유도한다는 점을 함께 기억해두면 좋습니다.

38

답 ③

해 ① 심지가 짧은 (B)가 격발 전, 심지가 길어진 (A)가 격발 후의 모습이므로 옳지 않다.
② 안전조치를 위해 솔레노이드밸브를 연동 '정지' 상태로 두어야 하므로 옳지 않다.
④ 격발 시험을 위해서는 수동조작스위치를 [수동] - [기동] 위치에 두어야 하므로 옳지 않다.
따라서 옳은 설명은 ③.

39

답 ④

해 ① 차동식 열감지기가 적응성이 있는 장소는 거실, 사무실 등이므로 옳지 않다.
② 바이메탈은 정온식 열감지기의 구성품이므로 옳지 않다.
③ 차동식 열감지기는 주변 온도가 급격히 상승할 때 동작하기 때문에 주변 온도에 영향을 많이 받는 설비이므로 옳지 않은 설명이다.
따라서 옳은 설명은 ④.

40

답 ②

해 발신기에서 누름버튼을 눌러 '수신기'로 화재신호를 보내면, '수신기'의 [화재표시등]이 점등된다.

- [화재표시등]은 수신기 측 표시등
- 수신기가 신호를 받으면 발신기에서는 응답램프에 점등

41

답 ④

해
- 발신기가 보낸 화재 신호를 받은 수신기에서는 [화재표시등(㉠)]이 점등된다.
- 발신기를 작동시킨 위치가 5층이고, 문제의 표에서 5층은 [5구역]으로 제시하였으므로 5구역에 해당하는 지구표시등(㉢)에 점등된다.
- 화재 신호를 통보한 기기가 '발신기'이므로, 수신기의 발신기 작동표시등(㉣)에 점등된다.

따라서 점등되어야 하는 부분을 모두 고른 것은 ④번.

○ 만약 발신기가 아닌, '감지기'가 작동했다면 수신기에서 [발신기등(㉣)]은 점등되지 않을 것이다. 또한, [스위치주의등(㉤)]은 수신기의 조작버튼이 눌려 있는(조작되어 있는) 경우에 원상복구 필요성을 알려주기 위해 점등되므로, 스위치가 조작되어 있지 않은 현재 그림의 상태에서는 점등되지 않는다.

42

답 ③

해 '발신기'의 음향장치가 울리지 않는다면 고려해 볼 것은 두 가지이다. 먼저, 발신기 음향장치의 회로에 문제가 생겼을 수 있으나 이 경우는 문제의 보기에서 제시되지 않았다. 그렇다면 가장 타당한 것은 수신기에서 [지구경종] 정지 스위치가 눌려있어서 음향장치를 비활성화해둔 상태이기 때문에 발신기의 경종이 울리지 않는 상황이 발생했을 수 있다. 이 외의 다른 보기들은 발신기의 음향장치와는 무관하다.

○ 이렇게 수신기에서 음향장치에 해당하는 정지 스위치가 눌려있으면 실제로 화재가 발생해도 경종을 울리지 않아 대피가 이루어지지 않을 수 있기 때문에 스위치를 모두 원래 상태로 복구하도록 수신기의 [스위치주의]등에 점등될 것이다.
→ 이 부분까지 참고로 기억해두면 좋습니다.

43

답 ②

해 수신기 점검 중에는 시험스위치 버튼을 눌러보기 때문에 [스위치주의]등에 점등될 수 있지만, 점검이 모두 끝난 후 복구를 완료하면 [스위치주의]등이 소등되어야 하므로 옳지 않은 설명이다. 평상시 수신기의 상태 역시 [스위치주의]등이 소등된 상태여야 한다.

44

답 ③

해 ① 주방에 적응성이 있는 감지기는 정온식열감지기이므로 (A)는 정온
② 감지기가 온풍기 근처에 있으면 오작동할 수 있으므로 '이격설치'해야 한다(B)는 이격
③ 담배연기에 의해 감지기가 오작동할 때에는 환풍기를 설치하여 연기 발생을 줄이는 대책을 마련할 수 있다. 따라서 (C)는 담배연기.

45

답 ③

해 ① 화재가 발생하면 대피로와 계단 등을 이용하여 빠르게 대피할 수 있는 방법을 가장 먼저 생각해야 한다. 대피할 수단이 마땅치 않을 때 최후의 수단으로 사용하는 것이 피난구조설비이므로 옳지 않은 설명이다.
② 올림식, 내림식, 고정식 세 종류인 피난구조설비는 피난사다리이므로 옳지 않다.
④ 간이완강기는 한 번에 한 사람만 사용할 수 있으며 일회성으로 사용하는 피난기구이므로 옳지 않다.
따라서 옳은 설명은 ③.

46

답 ①

해 완강기 사용 시 팔을 위로 들어 올리면 고정해둔 벨트가 빠져 추락의 위험이 있기 때문에 팔을 위로 들어서는 안 된다. 벽과의 충돌 위험을 줄이기 위해서는 가볍게 벽을 밀치면서 조속기로 속도를 조절해 하강할 수 있도록 한다. 따라서 옳지 않은 설명은 ①.

47

답 ③

해 ① 입원실이 있는 의원 등의 1층에서는 적응성이 있는 피난구조설비가 없으므로 옳지 않은 설명이다. (이 장소에서 피난트랩은 3층 이상에서 적응성이 있다.)
② 4층 이하의 다중이용업소에서 피난교는 적응성이 없으므로 옳지 않은 설명이다.
④ 3층 이상의 객실이 있는 숙박시설에서 간이완강기는 적응성이 있으므로 옳지 않은 설명이다(숙박시설의 3층 이상 객실에는 객실마다 완강기 또는 2 이상의 간이완강기를 추가로 설치).
따라서 옳은 설명은 ③.

> 실제 출제에서는 도표없이 서술형으로만 출제될 수 있으므로 한눈에 보기 좋게 정리해둔 도표와 도표 암기법을 참고하여 꼭 암기해두는 것이 좋습니다!

48

답 ①

해 유도표지의 설치기준은 (계단에 설치하는 것 제외) 각 층마다 복도 및 통로의 각 부분으로부터 하나의 유도표지까지의 보행거리가 15m 이하가 되는 곳(+구부러진 모퉁이 벽)에 설치해야 하므로 ①번에서 20m 이내라고 서술한 부분이 옳지 않다.

> 참고로 통로**유도등** 및 거실통로**유도등**의 설치기준에서는 구부러진 모퉁이 및 **보행거리 20m마다 설치**할 것으로 명시되어 있는데, 유도 '**표지**'의 경우에는 각 층마다 복도 및 통로의 각 부분으로부터 **보행거리 [15m] 이내**로 정하고 있다는 차이점이 있어요~!^^

49

답 ①

해 3선식 배선을 사용하는 유도등은 정전이 되거나 전원 선이 단선되었을 때에도 자동으로 점등되기 때문에 옳지 않은 설명이다.

50

답 ④

해 1) 공연장은 대형피난구유도등을 설치해야 하므로 (A)는 대형
2) 객석유도등 설치 개수를 계산하는 방법은, 객석통로의 직선 길이를 4로 나눈 값에서 1을 빼면 된다. 따라서 80÷4-1=19이므로 (A):대형/객석유도등 설치 개수:19개인 ④가 옳다.

MEMO

… PART 2

시험대비 연습 2회차

실제 시험장에서는 마킹과 검토할 시간이 필요하기 때문에
50분 내에 문제를 다 풀 수 있도록 연습해보세요.

Chapter 01 시험대비 연습 2회차

01 다음의 설명을 읽고 옳지 않은 것을 고르시오.

① 소방기본법은 국민의 신체 및 재산을 보호하고 공공의 안녕에 이바지하는 목적이 있다.
② 화재의 예방 및 안전관리에 관한 법률은 공공의 안녕과 질서유지를 확립하는 데에 목적이 있다.
③ 화재발생 요인 중 통계적으로 가장 많은 원인을 차지하는 것은 부주의이다.
④ 소방안전관리제도는 민간 소방의 최일선에서 관리자를 통해 재난에 효과적으로 대응하기 위해 만들어진 제도이다.

02 다음은 소방용어에 관한 설명이다. 옳지 않은 것을 고르시오.

① 소방대상물에 해당하는 것은 항구에 매어둔 선박이며, 항해 중인 선박은 소방대상물에 해당하지 않는다.
② 소방대에는 소방공무원, 의용소방대원, 의무소방원이 포함된다.
③ 소방시설등에 해당하는 것은 비상구, 방화문, 방화셔터이다.
④ 특정소방대상물은 소방시설을 설치하도록 소방서장 및 소방본부장령으로 정한 소방대상물이다.

03 다음의 설명이 지칭하는 것은 무엇인가?

화재 발생시 인파가 대피할 수 있도록 곧바로 지상으로 연결되는 출입문이 있는 층이다.

① 비상층
② 무창층
③ 피난층
④ 비상대피층

04 무창층에 관한 설명으로 옳은 것은?

① 외부의 연기를 차단하기 위해 개구부와 창문에 방염망과 창살 등을 설치해야 한다.
② 지상층에서 개구부 면적의 총합이 해당 층의 바닥면적 대비 1/30 이하인 층이다.
③ 개구부의 크기는 지름 50cm 이하의 원이 통과할 수 있어야 한다.
④ 개구부의 밑면은 바닥으로부터 1.5m 이내에 위치해야 한다.

05 한국소방안전원의 업무 및 설립목적으로 옳은 것은?

① 행정기관 등에서 위탁한 업무는 한국소방안전원의 업무와 무관하다.
② 대국민 홍보를 위해 간행물을 발간한다.
③ 극비의 소방기술을 보존하는 역할을 수행한다.
④ 소방 종사자의 기술을 평가하고 소방기술 아이디어를 취합한다.

06 소방안전관리 업무대행에 관한 설명으로 옳은 것은?

① 소방안전관리자를 선임하여 업무대행을 맡은 자를 감독할 수 있다.
② 소방안전관리자의 모든 업무는 소방시설관리업에 등록한 자가 대행할 수 있다.
③ 아파트를 제외한 높이 150m의 특정소방대상물은 업무대행이 가능한 대상물에 속한다.
④ 연면적 20,000m²의 특정소방대상물은 업무대행이 가능하도록 대통령령으로 지정한 소방안전관리 대상물이다.

07 다음 중 건축물의 주요구조부에 해당하는 것만을 모두 고르시오.

ㄱ. 외벽   ㄴ. 지붕틀
ㄷ. 바닥   ㄹ. 옥외계단
ㅁ. 보   ㅂ. 기둥

① ㄱ, ㄴ, ㅁ
② ㄴ, ㄷ, ㅁ
③ ㄴ, ㄷ, ㄹ, ㅁ
④ ㄴ, ㄷ, ㅁ, ㅂ

08 다음의 행위에 해당하는 행위자에게 부과되는 벌칙(벌금 또는 과태료)으로 가장 알맞은 것을 고르시오.

- 소방안전관리자를 겸하는 행위
- 피난안내정보를 제공하지 않음
- 소방훈련 및 교육을 하지 않는 행위
- 소방시설을 화재안전기준에 따라 설치·관리하지 않음

① 500만 원 이하의 벌금
② 300만 원 이하의 벌금
③ 300만 원 이하의 과태료
④ 100만 원 이하의 과태료

09 지상층의 층수가 15층이고, 연면적이 8,000m²인 특정소방대상물에 대한 설명으로 옳은 것을 고르시오. (단, 아파트는 제외한다.)

① 전기, 가스, 위험물 안전관리자가 소방안전관리자를 겸할 수 있다.
② 강습교육이 선임 기간 내에 없을 경우 소방안전관리자 선임의 연기신청이 가능하다.
③ 소방시설의 유지·관리 및 소방계획서 작성 등의 업무를 관리업자로 하여금 대행하게 할 수 있다.
④ 관계인은 소방훈련·교육 후 30일 내에 그 실시 결과를 소방본부장 또는 소방서장에게 제출해야 한다.

10 소방안전관리자 현황표에 포함해야 하는 내용에 해당하지 않는 것은?

① 소방안전관리자의 이름과 연락처가 포함되어야 한다.
② 소방안전관리자의 수료일자와 등급이 포함되어야 한다.
③ 소방안전관리대상물의 명칭이 포함되어야 한다.
④ 소방안전관리대상물의 등급이 포함되어야 한다.

11 산업안전보건기준에 관한 규칙의 주요 내용 중 화기취급 시 화재감시자의 배치에 대한 사항으로 다음의 (　)에 공통으로 들어갈 말을 고르시오.

> 다음의 어느 하나에 해당하는 장소에서 용접·용단 작업을 하도록 하는 경우에는 화재감시자를 지정하여 용접·용단 작업 장소에 배치해야 한다.
> 1) 작업반경 (　) 이내에 건물구조 자체나 내부(개구부 등으로 개방된 부분을 포함한다)에 가연성 물질이 있는 장소
> 2) 작업반경 (　) 이내의 바닥 하부에 가연성 물질이 (　) 이상 떨어져 있지만 불꽃에 의해 쉽게 발화될 우려가 있는 장소
> 3) 가연성 물질이 금속으로 된 칸막이·벽·천장 또는 지붕의 반대쪽 면에 인접해 있어 열전도나 열복사에 의해 발화될 우려가 있는 장소

① 9m　　② 10m
③ 11m　　④ 12m

12 건축물의 구조 및 재료의 구분에 대한 설명으로 옳지 아니한 것을 모두 고르시오.

> A. 난연재료란 불에 잘 타지 아니하는 성질을 가진 재료로서 가스 유해성, 열방출량 등이 국토교통부 장관이 정하여 고시하는 성능기준을 충족하는 것을 말한다.
> B. 화재에 견딜 수 있는 성능을 가진 철근콘크리트조, 연와조, 기타 이와 유사한 구조로서 화재 시 일정시간 동안 형태나 강도 등이 크게 변하지 않는 구조를 방화구조라고 한다.
> C. 화염의 확산을 막을 수 있는 성능을 가진 구조로서 철망모르타르 바르기, 회반죽 바르기 등은 내화구조에 해당한다.
> D. 불에 타지 아니하는 콘크리트·석재·벽돌·유리·알루미늄 등은 불연재료에 해당한다.

① A, D　　② B, C
③ A, B, C　　④ B, C, D

13 다음 중 산업안전보건기준에 관한 규칙에서 정하는 화재위험작업 시 화재발생 예방을 위한 안전수칙으로 옳지 아니한 것을 고르시오.

① 통풍이나 환기가 충분하지 않은 장소에서 화재위험작업을 하는 경우, 통풍 및 환기를 위해 별도의 산소를 사용한다.
② 위험물이 있어 폭발 및 화재 발생 우려가 있는 장소 또는 그 상부에서 불꽃이나 아크를 발생하거나 고온으로 될 우려가 있는 화기·기계·기구 및 공구 등을 사용해서는 안된다.
③ 위험물, 인화성 유류 및 인화성 고체가 있을 우려가 있는 배관이나 탱크, 드럼 등의 용기에 대해서는 해당 위험물질을 제거하는 등 예방조치를 한 후가 아니라면 화재위험작업을 할 수 없다.
④ 화재위험작업이 시작되는 시점부터 종료될 때까지 작업장소에 작업 내용, 작업 일시, 안전점검 및 조치에 관한 사항을 서면으로 작성하여 게시해야 한다.

14 다음 중 화재안전조사에 대한 설명으로 옳지 아니한 것을 고르시오.

① 화재안전조사의 실시 주체는 소방청장, 소방본부장 또는 소방서장이다.
② 화재예방안전진단이 불성실하다고 인정되는 경우 화재안전조사를 실시할 수 있다.
③ 화재안전조사 항목에 소방자동차 전용구역 등의 설치에 관한 사항이 포함된다.
④ 소방관서장은 전산시스템 또는 인터넷 홈페이지를 통해 조사계획을 14일 이상 공개해야 한다.

15 다음 중 자위소방대 조직 구성에 대한 설명으로 옳은 것을 고르시오.

① TYPE-Ⅰ에 해당하는 대상물은 둘 이상의 현장대응조직 운영이 가능하다.
② TYPE-Ⅱ 대상물의 현장대응조직은 본부대와 지구대로 구분한다.
③ 상시 근무인원이 50명 이상인 2급대상물은 TYPE-Ⅲ을(를) 적용한다.
④ TYPE-Ⅲ 대상물의 편성대원이 10인 이상인 경우 팀 구분 없이 현장대응조직의 운영이 가능하다.

16 다음 중 대수선에 해당하지 아니하는 사례를 고르시오.

① 기둥을 3개 이상 변경하는 것
② 다가구주택의 가구 간 경계벽을 증설하는 것
③ 옥외계단을 해체하는 것
④ 내력벽의 벽면적을 30m² 이상 수선하는 것

17 다음의 지역 또는 장소에서 화재로 오인할 만한 우려가 있는 불을 피우거나 연막소독을 실시하고자 하는 자가 신고를 하지 아니하여 소방자동차를 출동하게 한 경우 부과되는 벌칙으로 옳은 것을 고르시오.

- 시장지역
- 공장·창고가 밀집한 지역
- 목조건물이 밀집한 지역
- 위험물의 저장 및 처리시설이 밀집한 지역
- 석유화학제품을 생산하는 공장이 있는 지역
- 그 밖에 시·도조례로 정하는 지역 또는 장소

① 100만원 이하의 벌금
② 200만원 이하의 과태료
③ 100만원 이하의 과태료
④ 20만원 이하의 과태료

18 피난·방화시설의 유지·관리 및 금지행위에 해당하는 것을 고르시오.

① 방화문에 자동개폐장치를 설치했다.
② 비상구에 방범창을 설치하지 않았다.
③ 방화문을 닫아둔 상태로 관리한다.
④ 비상구에 잠금장치를 설치했다.

19 소방안전관리자 김○○씨의 최초의 실무교육 실시 일자로 가장 적절한 날짜를 고르시오.

- 소방안전관리자 성명 : 김○○
- 선임일자 : 2026년 3월 5일
- 강습교육 수료일자 : 2025년 1월 20일

① 2025년 7월 19일
② 2026년 9월 2일
③ 2027년 1월 17일
④ 2028년 3월 4일

20 다음 중 행위와 그에 따른 처벌이 옳게 짝지어진 것을 고르시오.

① 갑 : 소방시설의 기능에 지장을 주는 폐쇄 및 차단 행위 → 3년 이하의 징역 또는 3천만 원 이하의 벌금
② 을 : 소방안전관리자 미선임 → 300만 원 이하의 벌금
③ 병 : 화재 및 구조, 구급이 필요한 상황을 거짓으로 알림 → 300만 원 이하의 과태료
④ 정 : 소방차 전용구역에 주차하는 행위 → 200만 원 이하의 과태료

21 방염에 대한 설명으로 옳은 것은?

① 옥내 시설 중에서 수영장은 방염성능기준 이상의 실내장식물을 설치해야 하는 장소이다.
② 층수가 12층인 아파트는 방염성능기준 이상의 실내장식물을 설치하는 장소에서 제외된다.
③ 방염대상물품에 두께 2mm 미만의 종이벽지도 포함된다.
④ 섬유류 및 합성수지류 등을 원료로 한 소파와 의자는 숙박시설과 다중이용업소에 한하여 방염대상물품에 포함된다.

22 소방계획의 주요원리 및 설명으로 옳지 않은 것은?

① 종합적 안전관리 : 예방 및 대비, 대응, 복구 단계의 위험성을 평가해야 한다.
② 포괄적 안전관리 : 각 단계에서 포함할 수 있는 다양한 재난 범위를 설정한다.
③ 통합적 안전관리 : 정부와 대상처, 전문기관 등 안전관리 네트워크를 구축해야 한다.
④ 지속적 발전모델 : 계획, 운영, 모니터링, 개선 4단계의 PDCA 사이클을 따른다.

23 소방계획의 작성원칙을 제대로 설명한 사람을 고르시오.

① 민기 : 실제 현장은 변수가 많기 때문에 실현 가능한 계획만을 고려해서는 안 돼.
② 진기 : 실행이 가능한지를 따지는 것보다는 계획을 우선시해야 해.
③ 순기 : 작성하고 검토하고 승인하는 등 단계를 구조화하는 과정을 거쳐야 해.
④ 준기 : 너무 많은 사람의 의견을 수렴하기보다는 소방안전관리자가 단독으로 작성해야 해.

24 출혈의 처치 방법으로 옳은 것은?

① 지혈이 되지 않는 심한 출혈이 발생했을 때는 직접압박법을 써야 한다.
② 직접압박법을 시행할 때 출혈부위는 심장보다 높게 위치해야 한다.
③ 효과적인 지혈을 위해 지혈대는 가능한 장시간 착용한다.
④ 지혈대는 괴사의 위험이 있기 때문에 3cm 정도의 얇은 띠를 사용해야 한다.

25 다음은 일반인 심폐소생술 시행방법의 순서를 나타낸 것이다. 빈칸 (A)~(C)에 들어갈 순서로 옳은 것을 차례대로 고르시오.

(1) (　　A　　)
(2) (　　B　　)
(3) (　　C　　)
(4) 가슴압박 30회 시행
(5) 인공호흡 2회 시행
(6) 가슴압박과 인공호흡 반복
(7) 회복자세

㉠ 10초 내 호흡 확인
㉡ 119 신고
㉢ 의식 및 반응 확인

① ㉠ - ㉡ - ㉢
② ㉡ - ㉢ - ㉠
③ ㉡ - ㉠ - ㉢
④ ㉢ - ㉡ - ㉠

26 수신기에서 감지기 사이 회로의 단선 유무와 기기 등의 접속 상황을 확인하기 위한 시험을 하기 위해서는 다음 중 어떤 스위치를 조작하여야 하는지 고르시오.

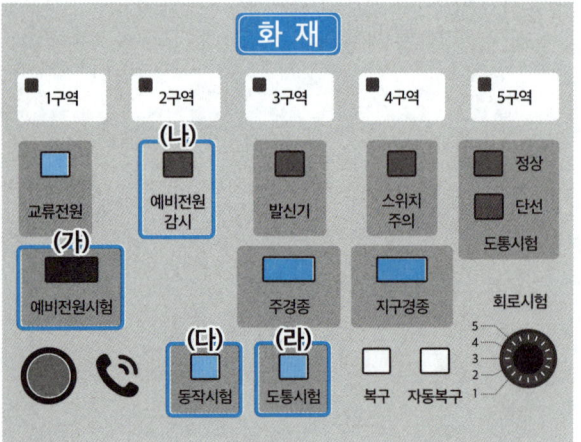

① (가)
② (나)
③ (다)
④ (라)

27 지상층의 층수가 12층이고 지하층의 층수가 3층인 건물의 지상 2층에서 화재가 발생했을 때 음향장치의 경보방식으로 옳은 설명을 고르시오. (단, 공동주택을 제외한 건물로 간주한다.)

① 지상 2층과 직상 4개 층에 우선 경보가 발령된다.
② 지상 1층부터 6층까지 우선 경보가 발령된다.
③ 모든 지하층 및 지상 1층부터 2층까지 우선 경보가 발령된다.
④ 모든 층에 일제히 경보가 발령된다.

28 가연물질의 특징으로 옳은 것은?

① 점화에너지값이 클수록 연소가 활발하다.
② 아르곤은 산소와 결합하지 못해서 가연물질이 될 수 없다.
③ 열전도율이 클수록 연소반응이 활발하다.
④ 질소산화물은 산소와 만나면 발열반응을 일으켜 연소를 돕는다.

29 펌프성능시험 중 정격부하운전 시, 그림의 (가)~(다) 밸브의 개폐상태로 옳은 것을 고르시오.

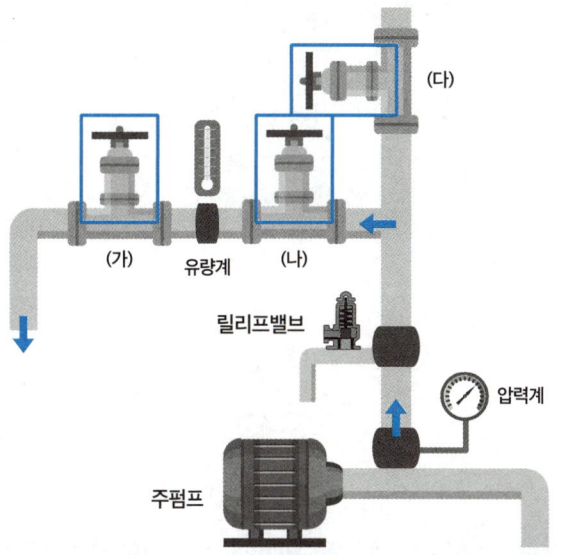

구분	(가)	(나)	(다)
①	개방	개방	개방
②	개방	개방	폐쇄
③	개방	폐쇄	폐쇄
④	폐쇄	폐쇄	폐쇄

30 연소(폭발) 범위에 대한 설명으로 옳은 것은?

① 공기와 섞였을 때 연소가 멈추고 폭발에 이르는 가연성 증기의 부피를 의미한다.
② 가연성 증기의 부피가 상한보다 짙어지면 연소가 더 활발하게 일어난다.
③ 하한 값이 클수록, 상한 값이 작을수록 위험성이 증가한다.
④ 압력과 온도가 상승하면 연소 범위가 확대되어 위험성이 증가한다.

31 철수는 아래 그림의 설명이 쓰여진 소화기를 발견했다. 철수가 발견한 소화기에 대한 설명으로 옳은 것만 모두 고른 것은?

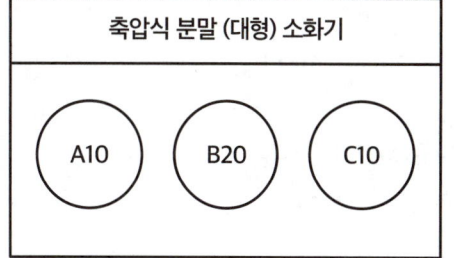

㉠ 축압식 소화기는 지시압력계가 없고 폭발 위험이 있어 발견 즉시 폐기하는 것이 좋다.
㉡ 위 소화기는 특정소방대상물의 각 부분으로부터 1개의 소화기까지의 보행거리가 50m 이내가 되도록 설치한다.
㉢ 금속화재에 대한 적응성은 없다.
㉣ 제1인산암모늄이 포함되어 있다.

① ㉠, ㉡, ㉢, ㉣
② ㉠, ㉡, ㉣
③ ㉡, ㉢, ㉣
④ ㉢, ㉣

32 화재성상의 단계별로 나타나는 주요 특징에 대한 설명으로 옳지 아니한 것을 고르시오.

① 초기는 실내 온도가 아직 높지 않은 시점이다.
② 성장기는 실내 전체가 화염에 휩싸이는 플래시오버 현상이 발생한다.
③ 목조건물은 최성기에 빨리 도달하는 고온단기형이다.
④ 내화구조는 최성기에 이른 온도를 빠르게 낮춰 감쇠기까지 빨리 도달하게 한다.

33 연기가 인체에 미치는 영향에 대한 설명으로 옳은 것을 모두 고르시오.

> ⓐ 정신적 긴장 또는 패닉현상에 빠지는 2차적 재해 우려가 있다.
> ⓑ 시야 감퇴로 피난 및 소화활동을 저해한다.
> ⓒ 일산화탄소, 포스겐 등 유독물을 발생시켜 생명이 위험할 수 있다.
> ⓓ 최근의 건물화재는 방염·난연 처리된 물질의 사용으로 연소가 억제되어 연기입자 및 유독가스가 발생하지 않는 것이 특징이다.

① ⓐ, ⓑ
② ⓑ, ⓒ
③ ⓐ, ⓑ, ⓒ
④ ⓐ, ⓑ, ⓒ, ⓓ

[34~35]
정수는 전기식 난로를 켜둔 채 깜빡 잠이 들었다. 그런데 타는 냄새가 나서 눈을 떠보니 난로 옆에 둔 가방에 불이 붙고 있었다. 정수는 소화기를 이용해 초기소화를 마치고 큰 사고를 막을 수 있었다.

34 가방이 화염과 직접 접촉하지 않고 불이 붙었던 이유는 전기난로에 의해 발생한 열의 (이것)이(가) 이루어졌기 때문이었다. (이것)은 무엇일까?

① 대류
② 전도
③ 복사
④ 이류

35 위 상황에서 발생한 화재의 종류와 적응성이 있는 소화기가 옳게 짝지어진 것은 무엇인가?

① K급화재 - 할론소화기
② A급화재 - 분말소화기
③ C급화재 - 이산화탄소 소화기
④ B급화재 - 이산화탄소 소화기

36 소화기 설치 기준에 대한 설명으로 옳은 것만을 고르시오.

> ㉠ 대형소화기의 능력단위는 A10, B10 이상인 소화기이다.
> ㉡ 소화기는 각 층마다 설치해야 한다.
> ㉢ 소화기 설치 높이는 바닥으로부터 1.2m 이하가 되어야 한다.
> ㉣ 위락시설의 소화기 설치 기준 면적은 30m²이다.
> ㉤ 사무실의 소화기 설치 기준 면적은 200m²이다.

① ㉠, ㉡, ㉣
② ㉡, ㉣
③ ㉡, ㉢, ㉣
④ ㉡, ㉢, ㉣, ㉤

37 다음은 어떤 소화기의 제원표와 구조부 사진이다. 표를 참고하여 이 소화기에 대한 설명으로 옳은 것을 고르시오.

혼 파손

주성분	이산화탄소
총중량	7kg
약제 중량	3kg
능력단위	B1, C1
제조일	2020.01.05

① 분말소화기이며 2030년 1월 4일까지 사용할 수 있다.
② 소화기의 무게를 쟀을 때 6.4kg이 나왔다면 이 소화기는 불량이다.
③ 혼이 파손되었지만 교체할 필요는 없다.
④ 일반화재에 사용 가능한 소화기이다.

38 다음은 주거용 주방자동소화장치의 구조를 나타낸 그림이다. 그림의 (빈칸)에 들어갈 구조부의 이름은 무엇인가?

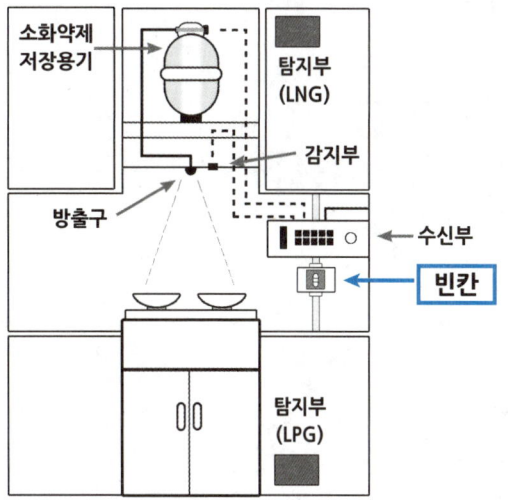

① 가스누설차단밸브
② 가스누설탐지밸브
③ 솔레노이드밸브
④ 일제개방밸브

39 자위소방대 인력편성 시 고려해야 하는 사항으로 가장 옳은 설명을 고르시오.

① 자위소방대원은 대상물 내의 상시 근무자 또는 거주자 중에서 자위소방활동이 가능한 인력으로 편성해야 한다.
② 자위소방대 조직 구성 시 각 팀별 최소 편성인원은 1명 이상으로 한다.
③ 소방안전관리대상물의 소방안전관리자를 자위소방대장으로 지정한다.
④ 초기대응체계 편성 시 3명 이상은 수신반에 근무하며 모니터링 및 지휘통제가 가능해야 한다.

40 층수가 10층인 A건물의 1층에는 4개, 2층 이상의 층에는 2개의 옥내소화전이 설치되어 있다. 이때 A건물의 옥내소화전 수원의 저수량을 구하시오.

① 5.2
② 10.4
③ 13
④ 15.6

41 옥내소화전설비의 점검을 위한 방수압력 및 방수량 측정 시 주의사항으로 옳은 설명을 모두 고르시오.

> ㉠ 피토게이지는 봉상주수 상태에서 직각으로 측정한다.
> ㉡ 반드시 방사형 관창을 사용하여 측정한다.
> ㉢ 초기 방수 시 물 속 이물질이나 공기 등을 완전히 배출한 후 측정하여 피토게이지의 막힘이나 고장을 방지할 수 있도록 한다.
> ㉣ 방수압력 측정 시 노즐의 선단에 피토게이지를 D/2만큼 근접시켜 측정한다.

① ㉠, ㉡
② ㉠, ㉡, ㉢
③ ㉠, ㉢, ㉣
④ ㉠, ㉡, ㉢, ㉣

42 다음은 (A)배관에 사용되는 (B)밸브의 단면을 나타낸 그림이다. 그에 대한 설명으로 옳지 않은 것을 고르시오.

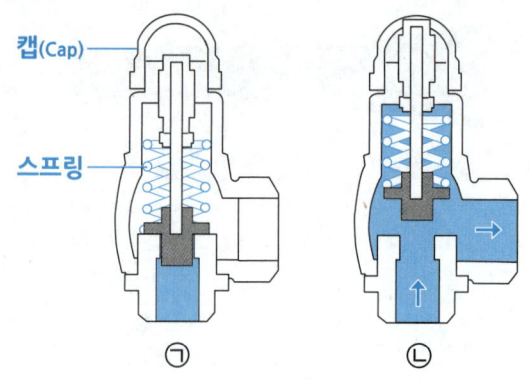

① (A)는 순환배관이며 (B)는 릴리프밸브이다.
② 이 장치는 수온을 상승시켜 압력을 최대치로 끌어올리는 역할을 한다.
③ ㉠은 (B)밸브의 동작 전, ㉡은 동작 후의 모습이다.
④ 이 장치를 통해 펌프에 무리가 가는 것을 방지할 수 있다.

43 스프링클러설비의 종류와 각 설명으로 옳은 것을 고르시오.

① 습식스프링클러설비의 클래퍼가 개방되면 화재표시등에 점등된다.
② 건식스프링클러설비는 동결이 우려되어 장소에 제한이 있다.
③ 준비작동식스프링클러설비의 감지기 A or B가 작동하면 펌프가 기동된다.
④ 일제살수식스프링클러설비는 신속한 대처가 어렵다는 단점이 있다.

44 다음의 평면도를 참고하여 정온식 스포트형 열감지기 1종을 몇 개 설치해야 하는지 개수를 구하시오. (단, 사무실은 내화구조이며 감지기 부착높이는 3m이다.)

① 2개
② 3개
③ 4개
④ 5개

45 다음 〈보기〉의 내용을 참고하여 이것이 어떤 위험물에 대한 설명인지 고르시오.

> • 이것은 산소를 함유하고 있어 자기연소가 가능하다.
> • 이것은 가열, 충격, 마찰에 의해 폭발할 수 있다.
> • 이것은 연소속도가 빠르고 소화에 어려움이 있다.
> • NG(니트로글리세린) 등이 이것에 포함된다.

① 제2류 위험물
② 제3류 위험물
③ 제4류 위험물
④ 제5류 위험물

46 LPG와 LNG에 대한 설명으로 옳은 것은?

① LPG의 주성분은 메탄(CH_4)이다.
② LNG 가스누설경보기는 연소기로부터 수평거리 4m 이내에 위치해야 한다.
③ LPG 가스누설경보기의 탐지기 상단이 바닥면으로부터 상방 30cm 이내에 위치해야 한다.
④ LNG 가스누설경보기의 탐지기 하단이 바닥면으로부터 하방 30cm 이내에 위치해야 한다.

47 감지기 점검을 위해 연기스프레이를 이용해 감지기를 작동시켰다. 이때 수신기에서 점등되어야 할 등을 모두 고른 것은?

> ㉠ 화재표시등
> ㉡ 지구표시등
> ㉢ 스위치주의등
> ㉣ 발신기등
> ㉤ 응답표시등

① ㉠, ㉡
② ㉠, ㉡, ㉣
③ ㉠, ㉡, ㉢, ㉣
④ ㉠, ㉡, ㉢, ㉣, ㉤

48 수신기 점검 중 도통시험에 대한 설명으로 옳은 것은?

① 도통시험은 각종 표시등 및 음향장치, 연동설비의 작동 여부를 확인하는 시험이다.
② 도통시험 전 축적스위치를 축적 위치에 둔다.
③ 전압계로 측정했을 때 19~29V가 나오면 정상이다.
④ 수신기에서 감지기 사이 회로의 단선 유무 및 기기 접속 상황을 확인하는 시험이다.

49 피난구조설비의 설치 장소별 기구와 적응성에 대한 설명으로 옳은 것은?

① 노유자시설의 3층에서 피난사다리는 적응성이 있다.
② 입원실이 있는 의원 등 의료시설의 3층에서 피난교는 적응성이 없다.
③ 다중이용시설의 3층에서 완강기는 적응성이 있다.
④ 3층의 공동주택에서 공기안전매트는 적응성이 없다.

50 유도등에 대한 설명으로 옳은 것은?

① 2선식 유도등은 항상 점등상태를 유지한다.
② 거실통로유도등은 바닥으로부터 1m 이내의 높이에 설치한다.
③ 피난구유도등은 바닥으로부터 1m 이내의 높이에 설치한다.
④ 계단통로유도등은 바닥으로부터 1.5m 이상의 높이에 설치한다.

Chapter 02 — 2회 정답 및 해설

정답

01	②	02	④	03	③	04	②	05	②
06	①	07	④	08	③	09	④	10	②
11	③	12	②	13	①	14	④	15	①
16	③	17	④	18	④	19	②	20	②
21	②	22	②	23	③	24	②	25	④
26	④	27	①	28	②	29	②	30	④
31	④	32	④	33	③	34	③	35	②
36	②	37	②	38	①	39	①	40	①
41	③	42	②	43	①	44	③	45	④
46	③	47	①	48	④	49	③	50	①

01

답 ②

해 「화재의 예방 및 안전관리에 관한 법률」은 화재로부터 국민의 생명과 신체, 재산을 보호하고 공공의 '안전'과 '복리 증진'에 이바지하는 목적이 있다.

> 공공의 '안녕'과 '질서유지'의 목적을 갖는 것은 「소방기본법」에 대한 설명이다.

소방기본법	화재예방법	소방시설법
공공의 안녕 및 질서유지 · 복리증진	화재로부터 국민의 생명 · 신체 · 재산 보호 → 공공의 안전 / 복리증진	국민의 생명 · 신체 · 재산 보호 → 공공의 안전 / 복리증진

02

답 ④

해 특정소방대상물은 소방시설을 설치하도록 대통령령으로 정한 소방대상물이므로 옳지 않은 설명이다.

03

답 ③

해 문제의 그림과 설명이 지칭하는 것은 피난층이다. 피난층은 곧바로 지상으로 갈 수 있는 출입구(출입문)가 있는 층으로 정의할 수 있다.

04

답 ②

해 ① 무창층에서 창문과 같은 개구부에 창살이나 장애물을 설치해서는 안 되기 때문에 옳지 않은 설명이다.
③ 개구부의 크기는 지름 50cm '이상'의 원이 통과할 수 있어야 하므로 옳지 않다.
④ 개구부의 밑면은 바닥으로부터 1.2m 이내에 위치해야 하므로 옳지 않다.
따라서 옳은 설명은 ②.

05

답 ②

해 ① 행정기관의 위탁업무를 수행하는 것도 소방안전원의 업무에 해당하므로 옳지 않은 설명이다.
③, ④ 소방 종사자의 기술 향상을 위해 회원에게 기술을 지원하거나, 소방기술의 향상을 위해 국제협력을 진행하거나 연구하고 조사하는 업무를 수행하지만 극비의 소방기술을 보존하거나 소방 종사자의 기술을 평가하고 소방기술 아이디어를 취합하는 업무는 수행하지 않는다.

따라서 옳은 것은 ②.

06

답 ①

해 ② 대통령령으로 정한 일부 업무(소방시설 유지관리, 피난·방화시설 유지관리)에 한하여 업무대행이 가능하기 때문에 옳지 않은 설명이다.
③ 높이 120m 이상의 특정소방대상물은 특급대상물로, 특급은 업무대행이 가능한 대상물의 조건에 속하지 않는다.
④ 아파트를 제외한 연면적 15,000㎡ 미만의 11층 이상 특정소방대상물, 또는 2, 3급 소방대상물만 업무대행이 가능한 소방안전관리대상물이므로 옳지 않은 설명이다.

관리업자로 하여금 업무를 대행하게 한 경우 관계인은 업무대행 감독을 위한 소방안전관리자를 지정 및 선임할 수 있고, 선임된 소방안전관리자는 업무대행 감독을 수행하므로 옳은 설명은 ①.

07

답 ④

해 주요구조부란, [기둥, 보, 지붕틀, 내력벽, 바닥, 주계단]을 의미하며 제시된 보기 중에서 '외벽'이나, '옥외계단'은 주요구조부에 해당하지 않는다.
ㄱ. 외벽(×) → 내력벽(○)
ㄹ. 옥외계단(×) → 주계단(○)

따라서 ㄱ과 ㄹ을 제외하고, 주요구조부에 해당하는 것만을 모두 고른 것은 ④ ㄴ, ㄷ, ㅁ, ㅂ.

08

답 ③

해 지문의 행위 또는 행위자에게 부과되는 벌칙은 300만 원 이하의 '과태료'에 해당한다.

> 📁 **Tip**
> 대체로, '해야 할 일을 제대로 하지 않고 뺀질거리는 행위가 300만 원 [과태료]에 들어간다고 생각하면 암기하기 수월해요~!

09

답 ④

해 문제의 대상물은 1급 소방안전관리대상물로 소방안전관리업무를 전담해야 하는 대상물이다. 따라서 전기, 가스, 위험물 안전관리자가 소방안전관리자를 겸할 수 없기 때문에 ①번의 설명은 옳지 않다. 또, 특급과 1급대상물의 소방안전관리자 등은 선임연기 신청이 불가하므로 ②번의 설명도 옳지 않다.

문제의 대상물은 11층 이상이면서 연면적이 15,000㎡ '미만'에 해당하므로 [대통령령으로 정하는 일부 업무]에 대해서 업무대행을 맡길 수 있는 조건에는 부합하지만, 업무대행을 맡길 수 있는 업무에 '소방계획서의 작성' 업무는 포함되지 않기 때문에 ③번은 옳지 않은 설명이다. (업무대행이 가능한 업무는 소방시설 및 소방관련시설의 유지관리와 피난/방화시설의 유지관리 업무이다.)

따라서 옳은 설명은 ④.

소방안전관리업무의 전담이 필요한 특급 및 1급의 관계인은 소방교육·훈련을 한 날부터 30일 이내에 소방훈련·교육 실시 결과를 소방본부장 또는 소방서장에게 제출해야 한다.

10

답 ②

해 소방안전관리자 현황표에는 소방안전관리자의 선임일자가 포함되어야 한다. 수료일자나 소방안전관리자의 등급은 포함해야 하는 사항이 아니므로 옳지 않은 설명이다. 참고로 소방안전관리자 현황표는 해당 소방대상물에 출입하는 사람들이 알 수 있도록 명시하는 것으로 다음의 정보들을 기입하도록 한다.

> ① 소방안전관리자의 성명(이름)
> ② 소방안전관리자 선임일자
> ③ 소방안전관리자의 연락처
> ④ 소방안전관리대상물의 명칭(건축물 명)
> ⑤ 소방안전관리대상물의 등급(특/1/2/3급)

11

답 ③

해 산업안전보건기준에 관한 규칙에서 정하는 화재감시자의 배치 규정은 11m를 기준으로 한다.

1) 작업반경 11m 이내에 건물구조 자체나 내부(개구부 등으로 개방된 부분을 포함한다)에 가연성 물질이 있는 장소
2) 작업반경 11m 이내의 바닥 하부에 가연성 물질이 11m 이상 떨어져 있지만 불꽃에 의해 쉽게 발화될 우려가 있는 장소
3) 가연성 물질이 금속으로 된 칸막이·벽·천장 또는 지붕의 반대쪽 면에 인접해 있어 열전도나 열복사에 의해 발화될 우려가 있는 장소

위와 같이 반경 11m 이내에 가연성 물질이 있거나, 11m 이상 떨어져 있더라도 쉽게 발화될 우려가 있는 장소 등에서는 화기취급작업 시 화재감시자를 지정하여 배치해야 한다. 따라서 정답은 ③.

12

답 ②

해 옳지 않은 이유
(1) 화재에 견딜 수 있는 성능을 가진 철근콘크리트·연와조 등 형태나 강도가 크게 변하지 않는 구조는 '내화구조'에 해당한다.
(2) 화염의 확산을 막을 수 있는 성능을 가진 구조로 인접 건축물에서의 화재에 의한 연소방지 및 건물 내 화재 확산을 방지할 수 있는 철망모르타르/회반죽 바르기 등은 '방화구조'에 해당한다. (참고로 방화구조는 상대적으로 내화구조보다는 성능이 약한 편이다.)

문제에서의 B와 C는 내화구조와 방화구조에 대한 설명을 반대로 서술하고 있으므로 옳지 않은 것은 ② B, C.

13

답 ①

해 통풍이나 환기가 충분하지 않은 장소에서 화재위험작업을 하는 경우에는 통풍 및 환기를 위한 산소 사용이 불가하다. 산소는 연소를 일으킬 수 있는 요소이기 때문에 산업안전보건기준에 관한 규칙에서는 밀폐된 공간에서의 화재위험작업 시 산소를 사용하지 않도록 정하고 있다.
따라서 화재예방 안전수칙으로 옳지 않은 설명은 ①.

14

답 ④

해 소방관서장은 조사대상, 조사기간, 조사사유 등이 포함된 조사계획을 소방관서 인터넷 홈페이지 또는 전산시스템을 통해 공개해야 하는데, 이때 공개 기간은 '7일 이상'이다. 따라서 14일 이상 공개해야 한다는 설명은 옳지 않다.

15

답 ①

해 옳지 않은 이유
② 현장대응조직을 본부대와 지구대로 구분하여 둘 이상의 현장대응조직을 운영할 수 있는 규모는 TYPE-Ⅰ에 해당하는 대상물이다. (그러니까 결국 ①의 설명이 옳은 설명이고, 이에 위배되는 ②의 설명은 옳지 않은 설명이다.).
③ 상시 근무인원이 50명 이상인 2급소방안전관리대상물은 TYPE-Ⅱ가 적용되므로 옳지 않은 설명이다.
④ TYPE-Ⅲ 대상물에서 개별 팀(비상연락팀/초기소화팀/피난유도팀 등)의 구분 없이 현장대응팀을 운영할 수 있는 경우는 편성대원이 10인 '미만'인 경우이므로 10인 이상이라고 서술한 부분이 잘못되었다.
따라서 옳은 설명은 ①.

16

답 ③

해 주계단·피난계단 또는 특별피난계단을 증설 또는 해체하거나 수선 또는 변경하는 것은 대수선에 해당하지만, 대수선의 범위에 '옥외계단'은 해당사항이 없으므로 옳지 않은 설명은 ③.

17

답 ④

해 '화재 등의 통지'에 따라 문제에서 제시된 해당 지역 및 장소에서 화재로 오인할 만한 우려가 있는 불을 피우거나 연막소독을 하고자 하는 사람이 미리 신고를 하지 않아 소방차가 출동하게 만들면 20만원 이하의 과태료가 부과될 수 있다. 따라서 정답은 ④.

18

답 ④

해 ① 방화문에 자동개폐장치를 설치하여 비상 상황 발생 시 자동으로 문이 열리고 닫히게 관리할 수 있다. 이런 상황은 주로 환자의 안전을 위해 방화문을 잠근 상태로 관리해야 하는 정신병동 등에서 사용하고 이럴 때는 잠금행위를 해도 위반사항이 아니므로 금지행위에도 해당하지 않는다.

② 비상구나 복도, 계단 등 탈출로로 활용할 수 있는 곳에 방범창과 같은 철책을 설치하면 피난이 필요한 상황에서 방해가 될 수 있기에 금지행위에 해당하지만, 문제에서는 비상구에 방범창을 설치하지 않았으므로 금지행위가 아니다.

③ 방화문을 닫아둔 상태로 관리하는 것이 옳다. 방화문이란 화재 발생 시 불길이나 연기가 번지는 것을 막아주는 용도로 설치된 문이기 때문에 기본적으로는 닫힌 상태로 관리하는 것이 맞다. 따라서 금지행위가 아니다.

단, 비상구를 잠그는 행위는 탈출로를 차단하는 것과 같은 행위이므로 ④의 행위는 금지행위에 해당한다.

19

답 ②

해 소방안전관리자로 선임이 되면 실무교육에 대한 강제성이 생긴다. 이때 김OO씨는 한국소방안전원에서 강습교육을 수료하긴 했으나, 강습교육을 수료한지 1년이 지나서 선임되었으므로, 강습 수료일에 실무교육을 이수한 것으로 인정해주는 면제 혜택을 받을 수 없는 경우에 해당한다.

따라서 [선임된 날]을 기점으로 최대한 빨리, '6개월 내'에 최초의 실무교육을 이수해야 한다. 그러므로 선임일자 2026년 3월 5일부터 6개월 내 (2026년 9월 4일까지) 최초의 실무교육을 이수해야 하므로 가장 적절한 날짜는 ② 2026년 9월 2일.

> **CHECK**
> - ①번은 선임일 이전이므로 실무교육 의무 발생 X
> - ③,④번은 최초의 실무교육 실시 기한을 초과하므로 X

20

답 ②

해 옳지 않은 이유

① 소방시설의 기능에 지장을 주는 폐쇄 및 차단 행위 → '5년 이하의 징역 또는 5천만 원 이하의 벌금'

③ 화재 및 구조, 구급이 필요한 상황을 거짓으로 알림 → '500만 원 이하의 과태료'

④ 소방차 전용구역에 주차하는 행위 → '100만 원 이하의 과태료'

따라서 옳은 것은 ②.

21

답 ②

해 ① 수영장은 물이 충분한 장소이므로 방염성능기준 이상의 실내장식물을 설치해야 하는 장소에서 '제외'된다. 따라서 옳지 않은 설명이다.
③ 두께 2mm 미만의 종이벽지는 방염대상물품에서 '제외'되므로 옳지 않은 설명이다.
④ 섬유류 및 합성수지류 등을 원료로 한 소파와 의자는 단란주점, 유흥주점, 노래방(노래연습장)에 한하여 방염대상물품에 포함되므로, '숙박시설과 다중이용업소에 한하여'라고 서술한 부분이 잘못되었다.
따라서 옳은 설명은 ②.
층수가 11층 이상인 장소는 방염성능기준 이상의 실내장식물을 설치해야 하는 장소에 포함되지만, '아파트'는 제외되므로 ②의 설명은 옳다.

22

답 ②

해 소방계획의 주요원리에 포괄적 안전관리의 개념은 없다. 소방계획의 주요원리는 총 3가지로 종합적 안전관리, 통합적 안전관리, 지속적 발전 모델이므로 옳지 않은 것은 ②.

23

답 ③

해 ① 실제 상황 발생 시 실현 가능한 소방계획을 작성해야 하므로 옳지 않은 설명이다.
② 실행 가능한 계획을 우선시해야 하므로 옳지 않은 설명이다.
④ 관계인(소유자, 점유자, 관리자)의 참여가 이루어져야 하므로 옳지 않은 설명이다.
따라서 옳은 것은 ③.

24

답 ②

해 ① 지혈로 해결되지 않는 심한 출혈에는 지혈대를 사용하는 것이 효과적이므로 옳지 않은 설명이다.
③ 지혈대는 단순 지혈로는 해결되지 않는 심한 출혈에 사용하는 방식으로, 순간적으로 강하게 압박을 가하기 때문에 장시간 착용 시 괴사의 위험이 있으므로 주의해야 한다. 따라서 장시간 착용하지 않도록 착용시간을 기록해두는 것이 옳기 때문에 '가능한 장시간 착용한다'는 설명은 옳지 않다.
④ 지혈대는 괴사의 위험이 있기 때문에 5cm 이상의 넓은 띠를 사용해야 하고 착용 시간을 기록해두어야 한다. 따라서 옳지 않은 설명이다. 옳은 설명은 ②.

25

답 ④

해 일반인 심폐소생술 시행방법(순서)은 먼저 환자의 어깨를 가볍게 두드리며 의식 및 반응이 있는지 확인한 후, 119에 즉시 신고하여야 한다. 이후 심폐소생술 시행 전 환자의 호흡 여부를 10초 내로 확인한 후 환자가 호흡이 없거나 비정상적이라면 심정지 상태로 판단, 가슴압박 및 인공호흡을 30 : 2의 비율로 반복 시행하도록 한다.
따라서 빈칸 A~C에 들어갈 순서로 옳은 것은 ④ ⓒ - ⓑ - ⓐ.

26

답 ④

해 수신기에서 감지기 사이 회로의 단선 유무와 기기 등의 접속 상황을 확인하기 위한 시험은 [도통시험]으로 (라)의 도통시험 스위치를 눌러 시험을 진행해야 한다.
참고로 도통시험 확인 결과, 녹색불이 점등되거나 전압계 측정 값이 4~8V면 정상으로 판정한다.

27

답 ①

해 11층 이상의 건물(공동주택의 경우 16층 이상)에서는 다음과 같이 우선 경보방식이 적용된다.
　① **지상 2층 이상에서 화재 시** : 발화층 + 직상 4개층
　② 지상 1층에서 화재 시 : 발화층(1층) + 직상 4개층 + 모든 지하층
　③ 지하층 화재 시 : 발화한 지하층 + 그 직상층 + 그 외 모든 지하층
문제의 경우는 ①번에 해당하므로 발화층인 지상 2층과 그 위로 4개 층(지상 6층까지) 우선 경보가 발령되므로 옳은 설명은 ①.

28

답 ②

해 ① 점화에너지값이 작을수록 연소가 활발하게 일어나므로 잘못된 설명이다.
　③ 열전도율이 크다는 것은, 열이 옮겨가는 성질이 크다는 뜻이다. 즉, 열전도도가 '작을수록' 열을 빼앗기지 않고 축적하기 좋기 때문에 연소반응이 일어나기 쉽다. 따라서 열전도율이 클수록 연소반응이 활발하다는 설명은 옳지 않다.
　④ 질소산화물은 산소와 만나면 흡열반응을 일으켜 연소가 일어나지 않기 때문에 가연물질이 될 수 없다. 따라서 옳지 않은 설명이다. 옳은 설명은 ②.

29

답 ②

해 그림의 (가)는 유량조절밸브, (나)는 성능시험배관 상의 개폐밸브, (다)는 펌프 토출측 밸브이다. 펌프성능시험을 위해서는 (다)토출측 밸브는 폐쇄하여 잠근 상태에서 성능시험배관 상의 (가)유량조절밸브와 (나)개폐밸브를 조작하게 되는데, 문제의 [정격부하운전]은 100% 유량 시의 시험을 위해 성능시험배관 상의 (나)개폐밸브를 완전히 개방하고, (가)유량조절밸브를 서서히 개방하며 유량계의 유량이 100%(정격토출량)일 때의 압력을 측정한다.
따라서 정격부하운전 시 그림의 각 밸브의 개폐 상태는 (가) 개방, (나) 개방, (다) 폐쇄로 정답은 ②번.

30

답 ④

해 ① 연소가 멈추면 폭발도 일어나지 않기 때문에 옳지 않은 설명이며, 연소(폭발) 범위의 옳은 개념 설명은 공기와 섞였을 때 연소가 계속될 수 있는 가연성 증기의 부피(농도)의 범위를 의미한다.
② 가연성 증기의 부피가 하한보다 옅어지거나 상한보다 짙어지면 오히려 연소가 잘 일어나지 않는다. 적정한 농도의 범위 내에 있을 때 연소가 더 잘 일어나기 때문에 옳지 않은 설명이다.
③ 하한 값이 작을수록, 상한 값이 클수록 범위가 확대되기 때문에 위험성이 증가한다. 따라서 옳지 않은 설명이다. 옳은 것은 ④.

31

답 ④

해 지시압력계가 없고, 현재는 생산을 중단했으며, 폭발 위험이 있어 발견 즉시 폐기해야 하는 소화기는 가압식 분말소화기의 특징이므로 ㉠은 옳지 않은 설명이다. 그림의 소화기는 대형소화기로 특정소방대상물의 각 부분으로부터 1개의 소화기까지의 보행거리가 30m 이내가 되도록 설치해야 하므로 ㉡도 옳지 않은 설명이다. 따라서 옳은 것은 ㉢과 ㉣이다.

> 📁 참고
> D급(금속)화재에 대한 명시가 없으며, ABC급 분말소화기의 경우 주성분이 제1인산암모늄이므로 ㉢과 ㉣은 옳은 설명이다.

32

답 ④

해 감쇠기는 화세가 기울고 온도가 내려가는 시점을 말하는데, 내화구조는 최성기에 도달하고 감쇠기하기까지 저온을 유지하며 시간이 오래 걸린다는 특징이 있다. 그래서 내화구조를 저온장기형으로 분류하는데, 최성기에 도달한 온도를 빠르게 식혀 감쇠기에 이르게 하는 것은 아니므로 옳지 않은 설명이다.

33

답 ③

해 연소 생성물인 연기는 시야 감퇴로 인한 피난·소화활동 저해, 일산화탄소나 포스겐과 같은 유독물의 발생으로 인한 위험성, 정신적 패닉으로 인한 2차적 재해 우려 등 인체에 악영향을 미칠 수 있으며, 최근의 건물화재 특징은 방염·난연 처리된 물질의 사용으로 연소 자체는 억제될 수 있으나, 다량의 연기입자 및 유독가스를 발생시킨다는 특징이 있다.
따라서 최근 건물화재의 특징으로 연기입자 및 유독가스가 발생하지 않는다고 서술한 ⓓ의 설명을 제외한 ⓐ,ⓑ,ⓒ의 설명이 옳으므로 정답은 ③번.

34

답 ③

해 화염과 직접적인 접촉 없이 열에너지의 파장형태로 연소가 확산되는 현상은 복사열 때문이다. 따라서 (이것)은 '복사'가 옳다.

35

답 ②

해 열의 축적은 전기식 난로에 의해 발생한 것이지만 불이 붙은 것은 가방이었으므로 A급 일반화재이며 분말소화기가 적응성이 있다.

36

답 ②

해 ㉠ 대형소화기는 능력단위 A10, B20 이상의 소화기를 대형소화기로 분류하기 때문에 옳지 않다.
㉢ 소화기 설치 기준 높이는 바닥으로부터 1.5m 이하이므로 옳지 않다.
㉤ 사무실(업무시설)의 소화기 설치 기준 면적은 100m²이다.
따라서 옳은 것만 고른 것은 ㉡과 ㉣이다.

37

답 ②

해 이산화탄소 소화기의 경우, 총중량에서 측정한 소화기의 무게를 뺀 손실량이 제원표에 명시된 약제중량의 5% 초과 시 불량으로 판정한다.
②번과 같이 측정한 무게가 6.4kg이었다면, 손실된 약제 중량은 총중량 7kg - 6.4kg = 0.6kg. 이때 제원표의 약제 중량(3kg)의 5%는 0.15kg이므로 손실 중량이 약제중량의 5%를 초과하여 해당 소화기는 불량에 해당한다. 따라서 옳은 설명은 ②.

[옳지 않은 이유]
① 제시된 소화기의 주성분이 이산화탄소이므로 해당 소화기가 이산화탄소 소화기임을 알 수 있다. 따라서 분말소화기라고 서술한 부분이 옳지 않다. (참고로 분말소화기의 경우 내용연수는 10년이다.)
③ 혼이나 노즐 등에 균열이 생기면, 화점으로 제대로 방사되지 않는 문제가 생길 수 있으므로 혼이 파손되면 교체 등의 조치가 필요하다.
④ 제시된 능력단위가 B급 유류화재 및 C급 전기화재에 적응성이 있는 것으로 명시되어 있으므로 일반화재(A급)에는 적응성이 없다.

38

답 ①

해 주방 자동소화장치의 핵심포인트인 이 구조부의 이름은 '가스누설차단밸브'이다. 감지부(탐지부)에서 화재 및 연기가 발생한 것을 감지하면 가스누설차단밸브가 자동으로 작동하여 가스의 지속적인 유출을 차단함과 동시에 소화약제 등을 방출하여 소화하도록 고안된 장치이다.

39

답 ①

해 [옳지 않은 이유]
- 자위소방대 인력 편성 시 각 팀별 최소 편성인원은 2명 이상으로 하고 각 팀별 책임자(팀장)를 지정해야 하므로 팀별 최소 편성 인원을 1명 이상이라고 서술한 ②번의 설명은 옳지 않다.
- 소방안전관리대상물의 소유주, 법인의 대표 또는 관리기관의 책임자를 자위소방대장으로 / 소방안전관리자를 부대장으로 지정하므로 ③번의 설명도 옳지 않다.
- 초기대응체계 편성 시 1명 이상은 수신반 또는 종합방재실에 근무하며 상황에 대한 모니터링이나 지휘통제가 가능해야 하므로, 모니터링 인원을 3명 이상이라고 서술한 ④번의 설명도 옳지 않다.

따라서 자위소방대 인력편성에 대한 설명으로 옳은 것은 ①번으로, 자위소방대원은 대상물 내 상시 근무자 또는 거주자 중 자위소방활동이 가능한 인력으로 편성해야 한다.

40

답 ①

해 A건물은 10층짜리 건물이므로 옥내소화전의 방수량 산정 시, 옥내소화전의 방수량 '130L/min'에 소방대가 도착하기 전까지 버텨야 하는 시간 '20분'을 곱한 값을 기준으로 계산한다. 그래서 130L/min X 20min = $2.6m^3$이므로 A건물의 옥내소화전 설치 최대개수 N에 $2.6m^3$를 곱하면 되는데, (2021년 4월 1일자로 바뀐 법령에 따라) 29층 이하의 건물은 옥내소화전의 최대개수 N을 2개까지만 인정하기 때문에 한 층에 설치된 개수가 3개, 4개가 되더라도 방수량 산정에 적용하는 최대개수는 2개까지만 곱한다. 따라서 설치된 옥내소화전의 최대개수 N은 2이므로 [2 X $2.6m^3$ = $5.2m^3$]로, A건물의 옥내소화전 수원의 저수량은 $5.2m^3$이다.

> **Tip**
> 29층 이하의 건물(가장 일반적인 건물)에서는 한 번에 옥내소화전을 3개 이상 틀어야 할 만큼의 커다란 화재가 발생한다면 초기소화를 하는 것보다는 대피를 우선시하는 것이 현명하다고 판단하여 최대개수 N을 2개까지로 변경했다고 이해하면 좋아요~!
> 그래서 29층 이하 건물에서는 한 층에 설치된 옥내소화전이 3개, 4개씩 되더라도 방수량 계산에 적용하는 최대개수 N은 2개까지만 적용한다는 점을 기억해 주세요! :)

41

답 ③

해 옥내소화전설비의 방수량 및 방수압력 측정 시, 반드시 '직사형' 관창을 사용해야 하므로 방사형 관창을 사용한다고 서술한 ⓒ의 설명이 옳지 않고, 이를 제외한 ㉠,ⓒ,㉣의 설명은 옳다. 따라서 정답은 ③번.

> **참고**
> 방수압력 측정 시 노즐의 선단에 피토게이지를 D/2만큼 근접시켜 측정하는데 여기서 D는 관경 또는 노즐의 구경으로 옥내소화전의 경우 13mm, 옥외소화전의 경우 19mm이다.

42

답 ②

해 순환배관은 펌프의 체절운전 시, 수온 상승 및 과압이 발생하여 펌프에 무리가 가는 일이 없도록 과압을 방출하고, 수온이 상승하지 않도록 조절(방지)하기 위해 설치하는 배관으로, 순환배관 상의 릴리프밸브는 과압을 방출하는 역할을 한다. 따라서 ②의 수온을 상승시키고 압력을 끌어올린다는 것은 잘못된 설명이다.

43

답 ①

해 ② 건식스프링클러설비는 배관내부가 가압수로 채워져있지 않기 때문에 동결이 우려되지 않는 설비이다. 그래서 설치 장소에 비교적 제한이 적은 설비이므로 옳지 않은 설명이다.
③ 준비작동식스프링클러설비의 감지기 A or B (A 또는 B) 둘 중에 하나만 작동하면 펌프는 기동하지 않는다. 감지기 A and B(A와 B) 모두 작동했을 때 비로소 펌프가 기동하는 것이 특징이므로 옳지 않은 설명이다.
④ 일제살수식스프링클러설비는 감지기가 작동하면 모든 헤드에서 일제히 방수하기 때문에 대량 살수로 신속한 대처가 가능하지만 그로 인해 수손피해가 크다는 단점이 있다.
따라서 옳지 않은 설명이므로 옳은 것은 ①.

44

답 ③

해 사무실 A, B, C를 모두 각각 계산해야 한다. 사무실 A의 면적 : 120m², 사무실 B, C의 면적 : 각 60m². 이때 정온식 스포트형 1종의 설치면적 기준은 60m²이므로 사무실 A에는 2개, B와 C에는 각각 1개씩 설치해야 하므로 총 4개를 설치해야 한다.

45

답 ④

해 〈보기〉의 내용이 공통적으로 설명하고 있는 것은 제5류 위험물-자기반응성 물질이다. 제5류 위험물은 산소를 함유하고 있고 충격과 마찰에 의해 불이 붙거나 폭발할 수 있는 위험이 있다. 또 연소되는 속도가 빨라 소화가 곤란하며 제5류 위험물에 해당하는 물질은 질산메틸, 질산에틸, 니트로글리세린(NG) 등이 있다.

46

답 ③

해 ① 메탄(CH_4)은 LNG의 주성분이다. LPG의 주성분은 부탄(C_4H_{10}), 프로판(C_3H_8)이므로 옳지 않다.

② LNG는 공기보다 가볍기 때문에 누출 시 천장으로 떠올라 체류한다는 특징이 있으며 수평으로 멀리 이동할 수 있다. 따라서 가스누설경보기는 연소기로부터 8m 이내에 위치하도록 설치해야 하므로 옳지 않은 설명이다.

④ LNG는 탐지기의 하단이 천장면으로부터 하방 30cm 이내에 위치하도록 설치해야 하므로 '바닥면'이라는 부분이 잘못되었다. 따라서 옳은 것은 ③.

47

답 ①

해 감지기가 작동하면 수신기는 화재가 난 것으로 인식하고 수신기의 [화재표시등]이 점등된다. 그리고 어느 구역에 위치한 감지기인지 [지구표시등]에 점등되어 해당 구역을 확인할 수 있다. 따라서 ㉠과 ㉡인 ①이 옳다.

추가적으로, [스위치주의등]은 수신기의 스위치가 하나라도 눌려있으면 스위치를 모두 원위치로 복구하도록 알려주는 역할을 한다. 수신기에서 인위적으로 스위치를 누르지 않았기 때문에 감지기 작동만으로는 수신기의 [스위치주의등]에는 점등되지 않는다. 또, 사람이 인위적으로 발신기의 누름버튼을 눌렀을 때 수신기의 [발신기등]에 점등된다. 감지기가 자동으로 화재 등을 감지하여 작동하면 수신기의 [발신기등]에는 점등되지 않는다.

마지막으로 [응답표시등]은 수신기가 아닌 발신기에 위치한 등이다. 발신기의 누름버튼을 눌러 수신기에서 화재를 인식하면 발신기의 [응답표시등]이 점등된다. 따라서 이번 문제에서 ㉢, ㉣, ㉤은 해당하지 않는 것이다.

48

답 ④

해 ①은 동작시험에 대한 설명이므로 도통시험에 대한 설명으로는 옳지 않고, ②의 축적스위치 설정도 동작시험 전에 하는 설정이기도 하고, [비축적] 위치에 두어야 하므로 옳지 않은 설명이다. 또 도통시험의 경우 전압계에서 4~8V 값이 측정되면 정상인데, ③에서 말하는 19~29V는 예비전원시험의 정상범위에 해당하므로 옳지 않은 설명이다. 따라서 도통시험에 대한 옳은 설명은 ④.

49

답 ③

해 ① 노유자시설의 1층부터 10층까지 층에서 피난사다리는 적응성이 없는 피난기구이므로 옳지 않은 설명이다.
② 입원실이 있는 의원 등의 의료시설 3층에서 피난교는 적응성이 있는 피난기구이므로 옳지 않은 설명이다.
④ 그 밖의 시설에 들어가는 공동주택의 경우, 추가로 설치할 경우 3층에서 10층의 층에서 공기안전매트는 적응성이 있는 피난기구이므로 옳지 않은 설명이다.
따라서 옳은 설명은 ③.

구조대/미끄럼대/피난교/다수인/승강식			
구분	노유	의원	다중이 (2~4층)	기타
4층~10층	구교다승	피난트랩 구교다승		구교다승 사다리 +완강 +간이완강 +공기안전매트
3층	구미교다승 (전부)	피난트랩 구미교다승 (전부)	구미다승 사다리 +완강	구미교다승(전부) 사다리 +완강 +간이완강 +공기안전매트 피난트랩
2층		x		x
1층			x	

1) 노유자 시설 4~10층에서 '**구조대**': 구조대의 적응성은 장애인 관련 시설로서 주된 사용자 중 스스로 피난이 불가한 자가 있는 경우 추가로 설치하는 경우에 한함
2) 기타(그 밖의 것) 3~10층에서 **간이완강기**: 숙박시설의 3층 이상에 있는 객실에 한함
3) 기타(그 밖의 것) 3~10층에서 **공기안전매트**: 공동주택에 추가로 설치하는 경우에 한함

50

답 ①

해 ② 거실통로유도등은 바닥으로부터 1.5m 이상의 높이에 설치해야 하므로 옳지 않은 설명이다.
③ 피난구유도등은 바닥으로부터 1.5m 이상의 높이에 설치해야 하므로 옳지 않은 설명이다.
④ 계단통로유도등은 바닥으로부터 1m 이내의 높이에 설치해야 하므로 옳지 않은 설명이다.
따라서 옳은 설명은 ①.

MEMO

PART 3
시험대비 연습 3회차

실제 시험장에서는 마킹과 검토할 시간이 필요하기 때문에
50분 내에 문제를 다 풀 수 있도록 연습해보세요.

Chapter 01 시험대비 연습 3회차

01 다음 작동기능점검표를 참고하여 소화기의 점검결과 세부사항에 대해 옳게 설명한 것을 고르시오.

구분	점검항목	점검내용
소화기구	1층 소화기 점검	• 외관 변경 여부 • 부식 여부 • 안전핀 고정 여부

점검결과		
① 결과	② 불량 내용	③ 조치
외관 변경 여부	(㉠)	/
부식 여부	(㉡)	/
안전핀 고정 여부	(㉢)	안전핀 교체 필요

① (㉠)에는 X 표시를 해야 한다.
② (㉡)에 X 표시를 했다면 소화기 외부에 부식의 흔적은 없을 것이다.
③ (㉢)에는 X 표시를 해야 한다.
④ 1층 소화기는 모든 상태가 정상이다.

02 소방안전관리자 및 소방안전관리보조자의 선임 연기에 대한 설명으로 옳지 아니한 것을 고르시오.

① 2급, 3급 및 소방안전관리보조자를 선임해야 하는 소방안전관리대상물의 관계인은 선임연기 대상에 해당한다.
② 소방안전관리자 선임 연기기간 중 소방안전관리 업무 수행자는 해당 소방안전관리대상물의 관계인이다.
③ 관계인은 선임연기 신청서를 소방본부장 또는 소방서장에게 제출해야 한다.
④ 소방본부장 또는 소방서장은 선임연기 신청서를 제출받은 경우 7일 이내에 소방안전관리(보조)자의 선임기간을 정하여 관계인에게 통보한다.

03 소방안전관리자의 업무 중, 소방안전관리업무 수행에 관한 기록·유지에 대한 설명으로 다음의 빈칸 (A, B)에 들어갈 말을 차례대로 고르시오.

> • 소방안전관리자는 소방안전관리업무 수행에 관한 기록을 시행규칙 별지 제12호 서식에 따라 (A) 작성·관리해야 한다.
> • 소방안전관리자는 업무 수행에 관한 기록을 작성한 날부터 (B) 보관해야 한다.

① A : 분기에 1회 이상, B : 1년간
② A : 분기에 1회 이상, B : 2년간
③ A : 월 1회 이상, B : 1년간
④ A : 월 1회 이상, B : 2년간

04 다음 중 소방관계법령에서 정하는 사항으로 옳은 설명을 모두 고르시오.

> ㉮ 소방기본법은 화재를 예방·경계하거나 진압하고 화재, 재난·재해, 그 밖의 위급한 상황에서의 구조·구급 활동 등을 통하여 국민의 생명·신체 및 재산을 보호함으로써 공공의 안전 및 질서 유지와 복리증진에 이바지함을 목적으로 한다.
> ㉯ 소방대상물에는 건축물·차량·항해 중인 선박·선박 건조 구조물· 산림 그 밖의 공작물 또는 물건 등이 포함된다.
> ㉰ 각종 소방활동을 행하기 위해 소방공무원, 의무소방원, 의용소방대원으로 구성된 조직체를 소방대라고 한다.
> ㉱ 소방관서장은 옮긴 물건 등을 보관하는 경우에는 그 날부터 14일 동안 해당 소방관서의 인터넷 홈페이지에 그 사실을 공고해야 하며, 보관기간은 공고기간의 종료일 다음 날부터 7일까지로 한다.

① ㉮, ㉰
② ㉯, ㉱
③ ㉰, ㉱
④ ㉮, ㉰, ㉱

05 건축에서 정하는 각 개념에 대한 설명이 옳지 아니한 것을 고르시오.

① 건축물이 없는 대지(기존 건축물이 철거 또는 멸실된 대지를 포함)에 새로이 건축물을 축조하는 것은 신축에 해당한다.
② 기존 건축물의 전부 또는 일부(내력벽·기둥·보·지붕틀 중 2개 이상이 포함되는 경우)를 철거하고 그 대지 안에 종전과 동일한 규모의 범위 안에서 건축물을 다시 축조하는 것은 개축에 해당한다.
③ 기존 건축물이 있는 대지 안에서 건축물의 건축면적·연면적·층수 또는 높이를 증가시키는 것은 증축에 해당한다.
④ 건축물의 주요구조부를 해체하지 않고 동일한 대지 안의 다른 위치로 옮기는 것은 이전에 해당한다.

06 1200세대의 아파트에는 소방안전관리보조자를 최소 몇 명 이상 선임해야 하는가?

① 3명
② 4명
③ 5명
④ 6명

07 다음 중 양벌규정이 부과될 수 있는 행위가 아닌 것을 고르시오.

① 소방차의 출동을 방해하는 행위
② 소방시설등의 자체점검 미실시
③ 소방차의 출동에 지장을 주는 행위
④ 소방대가 도착하기 전까지 인명구출 등의 조치를 하지 않은 관계인

08 다음 중 자체점검 시 종합점검 실시 대상이 되지 아니하는 대상물을 고르시오.

① 물분무등소화설비가 설치된 연면적 3,000㎡ 이상의 특정소방대상물
② 소방시설등이 신설된 특정소방대상물
③ 스프링클러설비가 설치된 특정소방대상물
④ 제연설비가 설치된 터널

09 자체점검 결과의 조치 등에 대한 설명으로 옳지 아니한 것을 고르시오.

① 관리업자등이 점검한 경우 종료일로부터 10일 내에 실시결과 보고서에 소방시설등 점검표를 첨부하여 관계인에게 제출한다.
② 소방시설등의 전부 또는 일부를 철거하고 새로 교체하는 경우 관계인은 보고일로부터 10일 내에 이행계획을 완료한다.
③ 보고를 마친 관계인은 보고일로부터 10일 내에 소방시설등 자체점검 기록표를 작성해야 한다.
④ 소방시설등 자체점검 기록표는 해당 대상물의 출입자들이 쉽게 볼 수 있는 장소에 30일 이상 게시한다.

10 다음 중 아크(Arc) 용접에 대한 설명에 해당하는 것을 모두 고르시오.

> ㉠ 백심은 휘백색을 띤다.
> ㉡ 일반적으로 3,500~5,000℃ 정도이며, 가장 높은 부분의 최고온도는 약 6,000℃에 이른다.
> ㉢ 가연성 가스와 산소의 반응으로 생성되는 가스 연소열을 이용하는 용접 방식이다.
> ㉣ 청백색의 강한 빛과 열을 낸다.

① ㉠, ㉡
② ㉡, ㉢
③ ㉡, ㉣
④ ㉡, ㉢, ㉣

11 다음 소방계획서의 일반현황을 참고하여 옳은 설명을 고르시오.

구분	점검항목
명칭	CN빌딩
도로명주소	서울특별시 노원구 123로 99
연락처	02-123-5678

규모/구조	• 연면적 : 20,000㎡
	• 층수 : 지상 15층/지하 5층
	• 높이 : 60m
	• 용도 :
	  1. 업무시설(지상 1층부터 10층)
	  2. 상업시설(지상 11층부터 15층)

계단	• 직통계단 : 전층 중앙 • 피난계단 : 전층 남쪽
인원현황	• 상시 근무인원 50명 • 고령자 : 4명 • 영유아 : 0명 • 장애인 : 1명

① CN빌딩은 특급소방안전관리대상물이다.
② 자위소방대 조직 구성 시 TYPE-Ⅰ을 적용해야 한다.
③ 자위소방대 조직 구성 시 현장대응조직은 지구대와 본부대로 구분하여 운영해야 한다.
④ 지상 2층 이상에서 화재 발생 시 발화층과 직상 4개층에 우선 경보를 발령한다.

12. 〈보기〉의 관리자들 중, 피난/방화시설 및 구획의 유지·관리를 바르게 한 행위만을 모두 고른 것은?

㉠ 비상구에 잠금장치를 설치하지 않았다.
㉡ 방화문에 도어스톱을 설치해서 관리한다.
㉢ 방화문을 유리문으로 교체했다.
㉣ 계단에 방범창을 설치하지 않았다.

① ㉠, ㉢
② ㉠, ㉣
③ ㉡, ㉣
④ ㉠, ㉡, ㉣

13. 다음의 내용을 참고하여 김소방씨의 실무교육에 대한 설명으로 옳은 것을 고르시오.

- 자격번호 : 2025 - 08 - 05 - 0 - 000001
- 자격등급 : 2급소방안전관리자
- 이름 : 김소방
- 강습 수료일 : 2025. 07. 05
- 2급소방안전관리대상물 선임일 : 2025.10.03~ (선임상태 유지 중)

① 실무교육을 받지 않아도 된다.
② 2026년 1월에 최초의 실무교육을 실시해야 한다.
③ 2027년 7월 4일까지 실무교육을 실시해야 한다.
④ 2027년 10월 2일까지 실무교육을 실시해야 한다.

14. 다음 중 벌칙(벌금 및 과태료)이 가장 큰 것을 고르시오.

① 화재안전조사를 거부하거나 방해, 기피하는 행위
② 화재예방안전진단을 받지 않음
③ 정당한 사유 없이 피난명령을 위반하는 행위
④ 화재예방안전진단 결과 미제출

15. 방염에 대한 설명으로 옳은 것은?

① 11층 이상의 아파트는 방염성능기준 이상의 실내장식물을 설치해야 한다.
② 방염성능기준 이상의 실내장식물을 설치해야 하는 옥내 시설은 집회시설, 종교시설, 수영장 등이 있다.
③ 방염처리물품 중에서 선처리물품의 성능검사 기관은 한국소방산업기술원이다.
④ 두께 2mm 미만의 종이벽지는 방염대상물품이다.

16 소방계획의 수립 절차 중 다음의 빈칸 (ㄱ)~(ㄷ)에 들어갈 말로 옳은 것을 순서대로 고르시오.

1단계 (사전계획)	2단계 (위험환경 분석)	3단계 (설계/개발)	4단계 (시행 및 유지관리)
작성 준비 ↓ 요구 검토 ↓ 작성 계획 수립	(ㄱ) ↓ (ㄴ) ↓ (ㄷ)	목표/전략 수립 ↓ 실행계획 설계 및 개발	수립/시행 ↓ 운영/유지관리

구분	(ㄱ)	(ㄴ)	(ㄷ)
①	위험환경 분석/평가	위험환경 식별	위험경감대책 수립
②	위험환경 분석/평가	위험경감대책 수립	위험환경 식별
③	위험환경 식별	위험환경 분석/평가	위험경감대책 수립
④	위험환경 식별	위험경감대책 수립	위험환경 분석/평가

17 응급처치에 대한 설명으로 옳지 않은 것은?

① 이물질이 눈에 보이더라도 손으로 빼내지 않는다.
② 의료비 절감의 목적도 응급처치의 중요성에 해당한다.
③ 구조자의 안전을 최우선에 두어야 한다.
④ 기도를 개방할 때는 머리를 옆으로 턱을 아래로 내린다.

18 화상에 대한 설명으로 옳은 것은?

① 부종, 홍반 등의 증상이 보이면 표피화상으로 분류할 수 있다.
② 발적, 수포의 증상이 보이면 전층화상으로 분류할 수 있다.
③ 부분층화상은 피하지방이 손상을 입는 것이다.
④ 모세혈관이 손상되는 화상에서는 통증을 느끼지 못한다.

19 성인을 대상으로 하는 심폐소생술에 대한 설명으로 옳은 것은?

① 환자의 갈비뼈가 손상될 수 있기 때문에 구조자의 체중을 실어서는 안 된다.
② 인공호흡에 자신이 없으면 시행하지 않아도 괜찮다.
③ 가슴압박은 분당 100~120회, 5cm 깊이로 강하게 누르고 압박과 이완의 비율은 30:2로 시행한다.
④ 환자의 맥박과 호흡의 정상여부를 판단하는 것은 최소 10초 이상의 시간을 들여야 한다.

20 다음의 소화방법 중 제거소화의 사례로 보기 어려운 것을 고르시오.

① 연소 중인 물질이 담긴 용기의 뚜껑을 덮어 산소를 차단하는 것
② 촛불을 입으로 강하게 불어 순간적으로 가연성 증기를 날려 보내는 것
③ 가스로 인한 화재 시 가스밸브를 잠그는 것
④ 화재 현장의 가연물을 파괴하는 것

21 다음에 제시된 각각의 설명을 참고하여 각 설명에 해당하는 연소 용어를 순서대로 고르시오.

> • 연소상태가 계속될 수 있는 온도로, 연소 상태가 5초 이상 유지될 수 있는 온도를 (㉠)이라고 한다.
> • 외부의 직접적인 점화원 없이 가열된 열의 축적에 의하여 발화에 이르는 최저 온도를 (㉡)이라고 한다.
> • 연소범위 내에서 외부의 직접적인 점화원에 의해 불이 붙을 수 있는 최저온도를 (㉢)이라고 한다.

구분	㉠	㉡	㉢
①	인화점	연소점	발화점
②	연소점	인화점	발화점
③	연소점	발화점	인화점
④	발화점	연소점	인화점

22 화재의 종류와 소화방법이 옳게 짝지어진 것은?

① A급화재: 마른모래를 사용한다.
② B급화재: 수계 소화약제를 사용한다.
③ C급화재: 이산화탄소 소화약제를 사용한다.
④ D급화재: 수계 소화약제를 사용한다.

23 다음 중 화재성상 단계별 특징에 대한 설명으로 옳지 아니한 설명을 고르시오.

① 초기는 실내 온도의 상승 폭이 크지 않은 시점으로 발화부위는 훈소현상으로부터 시작되는 경우가 많다.
② 내장재 등에 착화된 시점으로, 실내 온도가 급격히 상승하는 것은 성장기 단계의 특징이다.
③ 최성기는 연소가 최고조에 달한 시점으로, 최성기에 이르기까지 내화구조의 경우 20~30분, 목조건물의 경우 약 10분이 소요된다.
④ 감쇠기에서는 플래시오버(Flash Over) 상태가 되며 화세가 감쇠하고 온도가 점차 내려가기 시작한다.

24 열에너지의 파장 형태로 계속 방사되는 열의 이동방식으로 화염과 직접적인 접촉이 없어도 연소가 확산되는 현상의 원인은 (이것)이 원인이다. (이것)은 무엇인가?

① 대류
② 전도
③ 복사
④ 전이

25 제4류 위험물에 대한 설명으로 옳은 것은?

① 자기반응성 물질이다.
② 물보다 무겁고, 증기는 공기보다 가볍다.
③ 공기와 혼합되면 연소 및 폭발을 일으킨다.
④ 니트로글리세린 등이 포함된다.

26 전기화재에 대한 설명으로 옳지 않은 것은?

① 누전이 생기지 않도록 누전차단기를 설치한다.
② 단선이 되면 화재가 발생할 수 있기 때문에 오래된 전선은 교체한다.
③ 과전류를 막기 위해 과전류 차단장치를 설치한다.
④ 고열을 발생시키는 백열전구에는 고무코드 전선을 사용하는 것이 좋다.

27 다음은 LNG와 LPG를 비교한 표이다. 표에서 잘못된 부분을 찾으시오.

구분	LNG	LPG
①	메탄	부탄, 프로판
②	천장에 체류	바닥에 체류
③	8m	4m
④	탐지기 상단이 바닥으로부터 상방 30cm 이내에 위치하도록 설치	탐지기 하단이 천장으로부터 하방 30cm 이내에 위치하도록 설치

① 성분
② 체류위치
③ 수평 이동 거리
④ 탐지기 설치 위치

28 스프링클러설비의 설치장소가 지하층을 제외한 층수가 11층 이상인 특정소방대상물(아파트 제외), 지하가 또는 지하역사일 때의 기준개수를 고르시오.

① 30개
② 20개
③ 10개
④ 5개

29 다음 중 출혈의 증상에 대한 설명으로 가장 적절하지 아니한 것을 고르시오.

① 체내에는 성인 기준 체중의 약 7~8%의 혈액이 존재한다.
② 출혈이 발생하면 호흡과 맥박이 빨라진다.
③ 일반적으로 혈액량의 5분의 1이 출혈되면 생명을 잃는다.
④ 출혈의 증상으로 피부가 차고 축축해지는 증상이 동반될 수 있다.

30 다음의 제시된 자료를 참고하여 해당 분말소화기에 대한 설명으로 옳지 아니한 것을 고르시오.

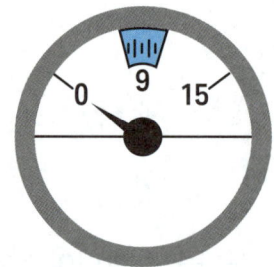

- ABC급 분말소화기
- A3, B5, C

① 축압식 분말소화기에 해당하며 특정소방대상물의 각 부분으로부터 1개의 소화기까지의 보행거리가 20m 이내가 되도록 배치한다.
② 주성분은 제1인산암모늄이다.
③ 폐기 시 생활폐기물 신고필증(스티커)을 구매하여 부착 후 지정된 장소에 배출해야 한다.
④ 지시압력계 범위는 0.7MPa~0.98MPa 내에 있다.

31 스프링클러설비 종류별 특징 중 옳은 것만을 모두 고른 것은?

구분	준비작동식 스프링클러설비	일제살수식 스프링클러설비
장점	㉠ 대량살수로 신속한 소화가 가능하다	㉡ 구조가 단순하고 유지관리가 용이하다
단점	구조가 복잡하다	㉢ 수손피해가 크다

구분	습식 스프링클러설비	건식 스프링클러설비
장점	구조가 간단하고 공사비가 저렴하다	장소제한이 없다
단점	장소제한이 크다	㉣ 초기에 화재를 촉진할 우려가 있다

① ㉠, ㉡
② ㉢, ㉣
③ ㉠, ㉢, ㉣
④ ㉡, ㉣

32 다음 그림의 감지기의 특징으로 옳은 것은?

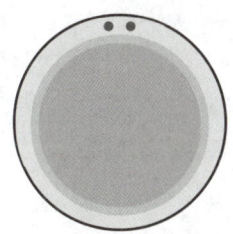

① 정온식 열감지기이다.
② 주방이나 보일러실에 설치하기에 적합하다.
③ 주요 구조부로는 다이아프램이 있다.
④ 부착 높이 4m 미만일 때 1종의 설치면적 기준은 70m²이다.

33 발신기의 누름버튼을 누를 경우 일어날 변화로 옳지 않은 것을 고르시오.

① 수신기의 화재표시등에 점등된다.
② 수신기의 발신기등에 점등된다.
③ 수신기의 음향장치는 작동하지 않는다.
④ 수신기의 스위치주의등에 점등되지 않는다.

34 평상 시 정상적인 동력제어반의 표시등 및 스위치 위치의 상태로 옳은 것만을 모두 고른 것은?

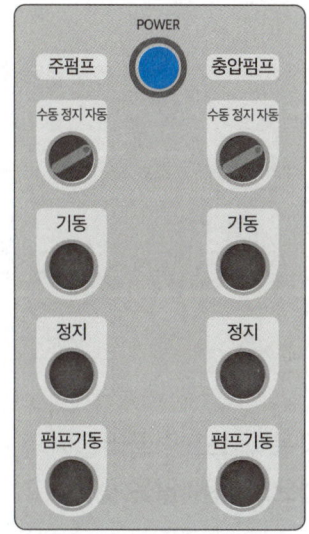

구분	명칭	점등 여부 또는 스위치 위치
ⓐ	전원표시등	소등
ⓑ	주펌프 및 충압펌프 스위치	[자동] 위치
ⓒ	주펌프 및 충압펌프 기동표시등 (기동버튼)	점등
ⓓ	주펌프 및 충압펌프 정지표시등	점등
ⓔ	주펌프 및 충압펌프 펌프기동 표시등	소등

① ⓐ, ⓑ, ⓒ
② ⓒ, ⓓ
③ ⓒ, ⓓ, ⓔ
④ ⓑ, ⓓ, ⓔ

35 준비작동식 스프링클러설비의 점검 중 감지기 A or B 작동 시 확인하는 사항에 해당하지 아니하는 것을 모두 고르시오.

> ㉮ 화재표시등 점등
> ㉯ 지구표시등 점등
> ㉰ 밸브개방표시등 점등
> ㉱ 펌프 자동 기동
> ㉲ 경종 또는 사이렌 경보 작동
> ㉳ 전자밸브(솔레노이드 밸브) 작동

① ㉮, ㉯, ㉲
② ㉮, ㉯
③ ㉰, ㉲
④ ㉰, ㉱, ㉳

36 준비작동식 스프링클러설비의 유수검지장치 점검 방식으로 옳지 않은 것은?

① 감지기 2개의 회로를 작동시켜본다.
② 수동조작함(SVP)에서 수동조작스위치를 작동시켜본다.
③ 말단시험밸브를 개방해 클래퍼가 개방되는지 확인해본다.
④ 밸브에 부착된 수동기동밸브를 개방시켜본다.

37 다음 그림처럼 내화구조로 이루어진 사무실에 정온식 스포트형 감지기 2종을 설치하려고 할 때 감지기는 최소 몇 개를 설치해야 하는지 구하시오. (단, 감지기 부착 높이는 4m 미만이다.)

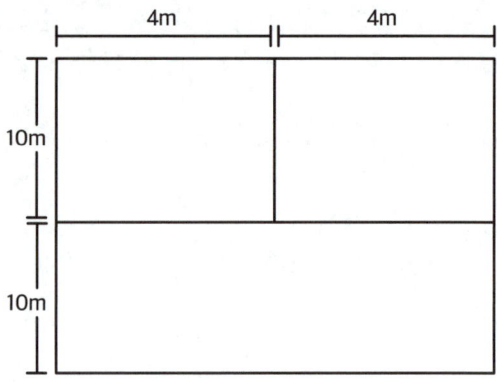

① 5개
② 6개
③ 7개
④ 8개

38 로터리방식의 수신기 점검 중 도통시험에 대한 설명으로 옳은 것을 고르시오.

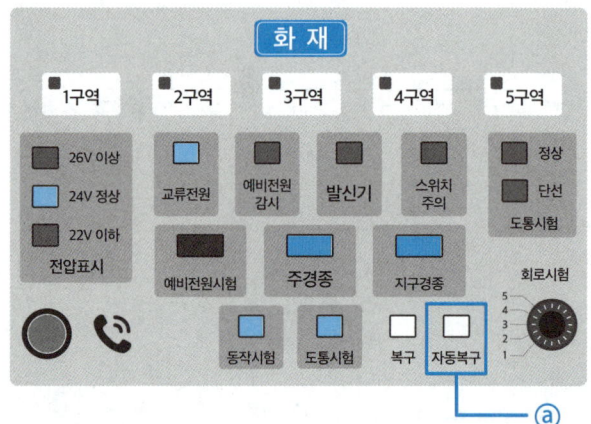

① 도통시험 스위치와 ⓐ 스위치를 누른다.
② 예비전원 전압지시 점등 상태를 확인한다.
③ 전압계가 있는 경우 4~8V가 측정되면 정상이며 0V 측정 시 단선을 확인한다.
④ 화재표시등 및 각 지구표시등의 점등과 음향장치의 작동을 확인한다.

39 다음 중 설치기준에 대한 설명으로 옳지 않은 것은?

① 수신기가 설치된 장소에는 경계구역 일람도를 비치해야 한다.
② 음향장치는 1m 떨어진 거리에서 최소 80dB 이상의 음량이 측정돼야 한다.
③ 수신기의 조작스위치는 바닥으로부터 0.8m 이상 1.5m 이하에 위치해야 한다.
④ 발신기는 각 층마다 설치하되, 수평거리가 25m 이하가 되도록 설치한다.

40 경계구역에 대한 설명으로 옳은 것은?

① 2개의 층을 합한 면적이 600m² 이하이면 하나의 경계구역으로 설정할 수 있다.
② 출입구에서 내부 전체가 보이는 시설은 한 변의 길이 100m 이내, 면적 1000m² 이하를 하나의 경계구역으로 설정할 수 있다.
③ 2개 이상의 건축물을 하나의 경계구역으로 설정할 수 없다.
④ 하나의 경계구역은 면적이 600m² 이하이면 모두 설정 가능하다.

41 수신기의 점검 방식으로 옳은 것을 고르시오.

① 동작시험을 하기 전에 축적스위치를 비축적 위치에 두어야 한다.
② 도통시험 결과 24V를 기준으로 19~29V 사이의 값이 나오면 정상이다.
③ 예비전원시험 결과 노란색 불이 들어오면 정상이다.
④ 예비전원시험 버튼을 누르면 예비전원감시등에 점등되어야 한다.

42 감지기가 화재를 인식했을 경우 수신기에서 점등되어야 할 표시등과 작동하는 연동설비로 옳은 것을 고르시오. (단, 주경종은 장치를 표시한 것으로, 조작 버튼은 누르지 않은 상태이다.)

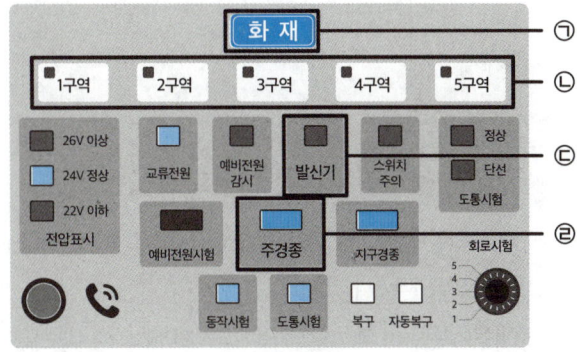

① ㉠, ㉢
② ㉠, ㉡, ㉢
③ ㉠, ㉡, ㉣
④ ㉠, ㉡, ㉢, ㉣

43 습식스프링클러설비의 유수검지장치의 작동 과정 중 빈칸에 들어갈 말로 옳게 짝지어진 것은?

> 클래퍼 개방
> → (A)를 통해 다량의 물이 유입 됨
> → (B) 작동으로 사이렌 작동, 화재표시등 점등, (C) 점등
> → 펌프 기동

① (A):프리액션밸브 / (B):릴리프밸브 / (C):방출표시등
② (A):프리액션밸브 / (B):압력스위치 / (C):밸브개방등
③ (A):시트링홀 / (B):릴리프밸브 / (C):방출표시등
④ (A):시트링홀 / (B):압력스위치 / (C):밸브개방등

44 펌프성능시험에 대한 설명으로 옳은 것은?

① 정격부하운전은 유량이 100%일 때 압력의 최대치를 확인하는 시험이다.
② 최대운전은 정격토출량의 140%에서 정격토출압력의 65% 이상이 되는지 확인해야 한다.
③ 체절운전 상태에서는 정격토출압력의 140% 이상인지 확인한다.
④ 펌프성능시험 시 유량계에 기포가 발생하면 안 된다.

45 화재발생 시 연기에 대한 설명으로 옳지 않은 것은?

① 수평방향으로 이동 시 0.5~1m/sec의 속도로 이동한다.
② 수직방향으로 이동 시 2~3m/sec의 속도로 이동한다.
③ 계단실 내에서 수평이동할 때 확산속도가 가장 빠르다.
④ 패닉에 의한 2차 재해가 우려된다.

46 비화재보가 울렸을 때, 이후의 대처 순서를 바르게 나열한 것은?

> 1. 수신기에서 화재표시등, 지구표시등을 확인한다.
> 2. 지구표시등의 위치로 가서 실제 화재 여부를 확인한다.
> 3. 확인 결과 비화재보 상황임을 확인했다.
> ㉮ 수신기에서 복구 버튼을 눌러 수신기를 복구한다.
> ㉯ 음향장치를 정지한다.
> ㉰ 음향장치를 복구한다.
> ㉱ 비화재보 원인을 파악한 뒤 원인을 해결한다.
> 8. 스위치주의등이 소등된 것을 확인한다.

① ㉮ - ㉯ - ㉰ - ㉱
② ㉯ - ㉱ - ㉮ - ㉰
③ ㉮ - ㉱ - ㉯ - ㉰
④ ㉱ - ㉯ - ㉮ - ㉰

47 다음과 같이 소방대상물의 옥내소화전 방수압력 측정 시 측정되어야 하는 피토게이지의 압력 범위로 옳은 것을 고르시오.

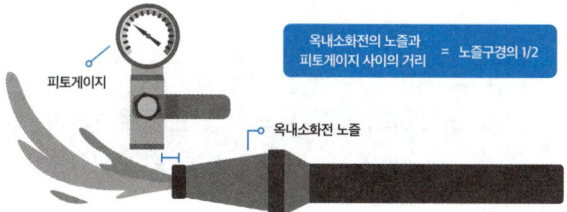

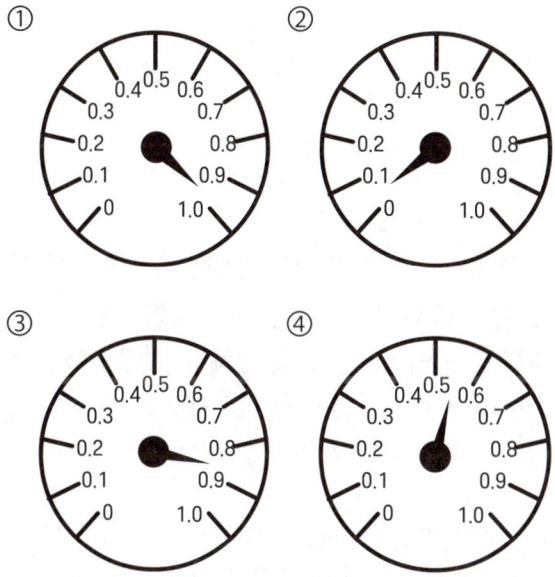

48 이산화탄소 소화설비에 대한 설명으로 옳지 아니한 것을 고르시오.

① 가스계 소화설비로 소음이 적다.
② 질식 및 동상의 우려가 있다.
③ 피연소물에 피해가 적으며 심부화재에 적합하다.
④ 비전도성으로 전기화재에 효과가 좋다.

49 지하층·무창층 또는 층수가 11층 이상인 특정소방대상물이나 오피스텔에 설치하는 유도등 및 유도표지의 종류가 옳게 짝지어진 것을 고르시오.

① 소피난구유도등, 통로유도등
② 중형피난구유도등, 통로유도등
③ 대형피난구유도등, 통로유도등
④ 대형피난구유도등, 통로유도등, 객석유도등

50 다음 중 화재 시 일반적인 피난행동으로 적절하지 아니한 것을 고르시오.

① 엘리베이터를 이용하여 신속하게 옥외로 대피한다.
② 아래층으로 대피가 불가능한 경우 옥상으로 대피한다.
③ 출입문을 열기 전 문 손잡이가 뜨거우면 문을 열지 않고 다른 길을 찾는다.
④ 옷에 불이 붙었을 때에는 눈과 입을 가린 상태에서 바닥에 뒹군다.

Chapter 02 3회 정답 및 해설

정답

01	③	02	④	03	④	04	③	05	②
06	②	07	③	08	①	09	②	10	③
11	④	12	②	13	③	14	②	15	③
16	③	17	④	18	①	19	②	20	①
21	③	22	②	23	④	24	③	25	③
26	②	27	④	28	①	29	③	30	④
31	②	32	③	33	③	34	④	35	④
36	③	37	④	38	③	39	②	40	③
41	①	42	②	43	④	44	④	45	③
46	②	47	④	48	①	49	②	50	①

01

답 ③

해 작동기능점검표 작성시 점검결과 및 불량내용에는 상태가 정상(양호)이면 ○로 동그라미 표시를 하고, 불량으로 문제가 있을 경우에 X 표시를 한다. 그 외 해당사항이 없는 것은 / 표시를 한다. 1층 소화기의 점검결과를 보면 '조치'에 해당하는 부분에 외관 변경 여부와 부식 여부에는 해당 없음으로 표시되어 있으므로(조치를 할 것이 없다는 의미) 둘 다 정상 상태라는 것을 유추할 수 있고 따라서 ㉠과 ㉡에는 ○ 표시가 들어갈 것이다.

①의 설명은 옳지 않으며, ②의 경우 ㉡에 X 표시를 했다면 부식 여부가 불량이라는 의미이므로 부식의 흔적이 없을 것이라는 설명은 옳지 않다.

안전핀 고정 여부에 해당하는 조치에 안전핀 교체가 필요하다고 명시되어 있으므로 ㉢에는 상태 불량에 해당하는 X 표시를 하는 것이 옳다. 따라서 옳은 것은 ③.

02

답 ④

해 소방안전관리(보조)자의 선임연기 신청서를 제출받은 경우, 소방본부장 또는 소방서장은 선임기간을 정하여 '3일 이내'에 해당 신청을 한 관계인에게 선임기간을 통보해야 하므로 7일 이내라고 서술한 ④번의 설명이 옳지 않다.

> 💬 **소방안전관리(보조)자 선임연기**
> - 대상 : 2급·3급 대상물 및 보조자 선임 대상물
> - 신청서 제출 : 관계인 → 소방본·서장에게 제출
> - 선임 연기기간 중에는 대상물의 관계인이 소방안전관리업무 수행

03

답 ④

해 소방안전관리자는 업무수행에 관한 기록을 월 1회 이상 작성·관리하여, 해당 기록을 작성한 날부터 2년간 보관해야 하므로 A와 B에 들어갈 말로 옳은 것은 ④ A : 월 1회 이상, B : 2년간.

04

답 ③

해 옳지 않은 이유

㉮ 소방기본법은 예방·경계·진압·구조·구급 활동을 통해 국민의 생명,신체,재산을 보호하는 것은 맞지만, 이를 통해 공공의 '안녕' 및 질서 유지와 복리증진에 이바지함을 목적으로 하므로 공공의 '안전'이라고 서술한 부분이 옳지 않다.

소방기본법	화재예방법 소방시설법
• 예방, 경계, 진압, 구조·구급 • 공공의 **안녕** (질서유지)	• 공공의 안전

㉯ 항해 중인 선박은 소방대상물에 포함되지 않으므로 옳지 않은 설명이다. 소방대상물에 포함되는 것은 항구에 매어둔 선박만 해당한다. 따라서 이를 제외한 ㉰와 ㉱의 설명만이 옳으므로 옳은 것은 ③.

05

답 ②

해 [개축]의 경우, 기존 건축물의 전부 또는 일부를 철거하고 종전과 같은 규모의 범위 안에서 다시 축조하는 것을 개축이라고 하는 것은 맞지만, 이 때 '일부'의 범위에 해당하는 것은 내력벽·기둥·보·지붕틀 중 '3개' 이상이 포함되는 경우를 말하므로 2개 이상이라고 서술한 ②번의 설명이 옳지 않다.

06

답 ②

해 300세대 이상의 아파트에서 소방안전관리보조자를 최소 1명 선임해야 하며, 이후 초과되는 300세대마다 1명 이상을 추가로 선임해야 한다. 따라서 1200세대 ÷ 300(기준) = 4로 계산하여 최소 4명의 소방안전관리보조자를 선임해야 한다.

> 💬 300 세대 이상의 '아파트'는 제시된 세대 수 ÷ 300으로 계산하고, 만약 소수점이 남는 경우에는 소수점을 버림한 값을 보조자 선임 인원수로 계산!
> (예 : 4.5명 → 4명)

07

답 ③

해 ① 소방차의 출동을 방해하는 행위
  = 5년 이하의 징역 또는 5천만 원 이하의 벌금
② 소방시설등의 자체점검 미실시
  = 1년 이하의 징역 또는 1천만 원 이하의 벌금
③ 소방차의 출동에 지장을 주는 행위
  = 200만 원 이하의 '과태료'
④ 소방대가 도착하기 전까지 인명구출 등의 조치를 하지 않은 관계인
  = 100만 원 이하의 벌금에 해당한다.

양벌규정이란 '벌금'형에 한해서 부과되는 규정이므로 [과태료] 행위에 해당하는 ③번은 양벌규정이 부과되지 않는다.

08

답 ①

해 물분무등소화설비가 설치된 연면적 '5,000m² 이상'의 특정소방대상물은 종합점검 실시 대상이 되는데, ①번에서는 연면적을 3,000m² 이상으로 서술했으므로 ①번이 옳지 않은 설명이다.

09

답 ②

해 관계인은 점검이 끝난 날부터 15일 내에 [실시결과 보고서]에 [이행계획서] 등을 첨부하여 소방본부장·서장에게 보고한다. 그러면 이렇게 보고를 받은 소방본부장·서장은 이러한 이행계획의 완료 기간을 정해 관계인에게 통보하는데, ②번에서 말하는 소방시설등의 전부 또는 일부를 철거하고 새로 교체하는 경우에는 보고일로부터 '20일 이내'에 완료하도록 하므로 '10일 이내'라고 서술한 부분이 잘못되었다. 따라서 옳지 않은 설명은 ②.

💬 참고로 소방시설등을 구성하고 있는 기계 및 기구를 수리하거나 정비하는 경우에 보고일로부터 10일 이내에 이행을 완료하도록 정하고 있다.

10

답 ③

해 아크(Arc) 용접은 전기용접 방식으로, 전기회로와 연결된 2개의 금속을 접촉, 전력을 가하여 (증기를 통해 통전상태 유지) 발생된 아크의 고열로 용접하는 방식을 말한다.

따라서 ⓒ의 가연성 가스와 산소의 반응으로 생성되는 가스 연소열을 이용하는 용접 방식은 '가스'용접에 해당하므로 ⓒ은 옳지 않은 설명이며, 또한 팁 끝 쪽 백심의 색이 휘백색을 띠는 것도 가스용접에 대한 설명이므로 ㉠의 설명도 옳지 않다. (참고로 '가스'용접 시 화염은 백심 : 휘백색 - 속불꽃 : 푸른색 - 겉불꽃 : 투명한 청색을 띤다.)

반면, 아크(Arc)는 청백색의 강한 빛과 열을 내는 것이 특징이며, 일반적으로 3,500~5,000°C, 가장 높은 부분의 최고온도는 약 6,000°C에 달하므로 ⓒ과 ㉣의 설명은 옳다.

따라서 아크(Arc) 용접에 대한 설명으로 옳은 것만을 모두 고른 것은 ③ ⓒ, ㉣.

11

답 ④

해 ① CN빌딩은 연면적으로 보아도 15,000m² 이상이고, 아파트가 아닌 특정소방대상물로서 지상층의 층수가 11층 이상이기도 하므로 1급소방안전관리대상물에 해당한다. 특급대상물의 기준에는 미치지 못하므로 틀린 설명이다.

② CN빌딩은 1급 대상물이기는 하나, TYPE-Ⅰ을 적용하는 1급은 연면적이 3만m² 이상일 때 적용되므로 연면적이 2만m²인 CN빌딩은 TYPE-Ⅱ가 적용된다.

마찬가지로 ③번의 현장대응조직을 둘 이상(지구대와 본부대)으로 구분하여 운영 가능한 것도 TYPE-Ⅰ에 적용되는 사항이므로 ②와 ③은 TYPE-Ⅱ에 해당하는 CN빌딩에는 해당하지 않는 설명이다.

(2022.05 개정으로) 11층 이상 건물의 지상 2층 이상에서 화재 발생 시 발화층과 그 직상 4개층에 우선 경보를 발령한다. 따라서 옳은 설명은 ④.

1. 전층 경보	2번 외 건물은 모든 층에 일제히 경보
2. 발화층 + 직상 4개 층 우선 경보	11층 이상 건물(공동주택은 16층 이상)
	• 지상2층 이상에서 화재 시: 발화층+직상 4개층 우선 경보 • 지상1층에서 화재 시: 발화층(1층)+직상4개층+모든 지하층 우선 경보 • 지하층 화재 시: 발화한 지하층+그 직상층+그 외 모든 지하층 우선 경보

12

답 ②

해 ⓒ 방화문에 도어스톱을 설치하거나 고임장치를 두어 관리하는 것은 피난/방화시설 및 구획의 유지·관리에 있어 금지행위에 해당한다. 방화문은 연기나 화재를 막아주는 역할을 하기 때문에 닫은 상태로 관리하는 것이 옳다. 따라서 ⓒ은 잘못된 관리 행위에 해당한다.

ⓒ 마찬가지로 방화문을 유리문으로 교체하면 연기와 화재를 막아주지 못하기 때문에 금지행위에 해당하므로 잘못된 관리 행위에 해당한다. 따라서 유지·관리를 바르게 한 것은 ㉠과 ㉣로 ②가 옳다.

13

답 ③

해 ① 김소방씨는 소방대상물에 선임이 되었으므로 실무교육을 받아야 한다. 따라서 옳지 않은 설명이다.

②, ④번의 설명이 타당하지 않은 이유는 김소방씨의 경우 강습교육을 수료했고, 강습 수료일로부터 1년이 지나기 전에 선임이 되었으므로 선임된 날부터 6개월 안에 받아야 했던 최초의 실무교육은 면제된다.('강습 수료일'에 실무교육을 받은 것으로 인정된다.)

이렇게 '강습 수료일'에 최초의 실무교육을 받은 것으로 인정되는 경우, 그 다음번 실무교육은 [강습 수료일]부터 2년 후가 되기 하루 전까지 실시하게 되므로 김소방씨의 실무교육에 대한 설명으로 가장 타당한 것은 ③.

14

답 ②

해 ① 화재안전조사를 거부하거나 방해, 기피하는 행위
→ 300만 원 이하의 벌금
② 화재예방안전진단을 받지 않음
→ 1년 이하의 징역 또는 1천만 원 이하의 벌금
③ 정당한 사유없이 피난명령을 위반하는 행위
→ 100만 원 이하의 벌금
④ 화재예방안전진단 결과 미제출
→ 300만 원 이하의 과태료
(1개월 미만 지연 시 : 100만 원 과태료 / 3개월 미만 지연 시 : 200만 원 과태료 / 3개월 이상 지연 또는 미제출 시 : 300만 원 과태료).
따라서 벌칙(벌금 또는 과태료)의 값이 가장 큰 행위는 ②.

15

답 ③

해 ① 아파트는 방염성능기준 이상의 실내장식물을 설치해야 하는 대상에서 제외되기 때문에 옳지 않은 설명이다.
② 방염성능기준 이상의 실내장식물을 설치해야 하는 옥내 시설에서 수영장은 제외되므로 옳지 않은 설명이다.
④ 두께 2mm 미만의 종이벽지는 방염대상물품에서 제외되므로 옳지 않은 설명이다.
따라서 옳은 것은 ③.

16

답 ③

해 소방계획의 수립절차 중 2단계인 위험환경 분석 단계에서의 활동을 순서대로 나타내면,
우선 대상물 내 위험요인 등 위험환경을 식별한 후, 그에 대한 분석/평가를 통해 위험요소를 경감시킬 수 있는 대책을 수립하는 것으로 나타낼 수 있다.
따라서 (ㄱ)부터 (ㄷ)까지의 활동을 순서대로 나타낸 것은 ③.

17

답 ④

해 이물질이 제거된 후 기도를 개방할 때는 머리는 뒤로, 턱은 위로 들어 올려야 한다. 따라서 ④의 설명이 옳지 않다.

18

답 ①

해 ② 발적, 수포의 증상이 보이면 2도 화상(부분층 화상)으로 분류할 수 있다. 따라서 옳지 않은 설명이다.
③ 부분층화상은 모세혈관이 손상을 입는 것이고, 피하지방과 근육층까지 손상을 입는 것은 3도 화상(전층 화상)이다. 따라서 옳지 않은 설명이다.
④ 모세혈관이 손상되는 화상은 2도 화상(부분층 화상)이고, 통증을 느끼지 못하는 수준의 화상은 3도 화상(전층 화상)이므로 옳지 않은 설명이다. 따라서 옳은 것은 ①.

19

답 ②

해 ① 환자의 갈비뼈가 손상될 수 있기 때문에 주의해야 하는 것은 맞지만 구조자의 체중을 실어서 강하게 압박해야 하므로 옳지 않은 설명이다.
③ 가슴압박은 분당 100~120회, 5cm 깊이로 강하게 누르고 압박과 이완의 비율은 50:50이 되어야 한다. 30:2의 비율인 것은 가슴압박과 인공호흡의 비율이므로 옳지 않은 설명이다.
④ 환자의 맥박과 호흡의 정상여부를 판단하는 것은 최소 10초 이상이 아니라, 10초 이내로 판별해야 하므로 옳지 않은 설명이다.
따라서 옳은 것은 ② 인공호흡 등 자신이 없거나 불확실한 처치는 하지 않아도 괜찮다. 인공호흡에 자신이 없을 때에는 가슴압박만 실시하도록 한다.

20

답 ①

해 연소 중인 물질이 담긴 용기의 뚜껑을 덮어 산소를 차단하는 것은 산소(공급원)를 차단하여 농도를 제어하는 방식으로, 이는 '질식소화'에 해당한다.
따라서 제거소화의 사례로 보기 어려운 것은 ①.

21

답 ③

해 (1) 연소상태가 5초 이상 계속 유지될 수 있는 온도를 '연소점'이라고 하며, 이러한 연소점은 일반적으로 인화점보다 대략 10°정도 높다. 따라서 ⊙은 연소점.
(2) 점화원 없이 축적된 열에 의해 발화에 이르는 온도를 '발화점'이라고 하며 보통 인화점보다 수 백도 이상 높다. 따라서 ⓒ은 발화점.
(3) 외부 점화원에 의해 불이 붙는(인화되는) 최저온도는 '인화점'으로 ⓒ은 인화점.
따라서 순서대로 나열한 것은 ③.

22

답 ③

해 ① A급화재는 일반화재로 재가 많이 남는 것이 특징이다. 이 화재에는 수계 소화약제를 사용해 냉각소화 시키는 것이 적응성이 있다. 따라서 옳지 않은 설명이다.
② B급화재는 유류화재로 불연성 포 등을 덮어서 소화하는 것이 적응성이 있으므로 옳지 않은 설명이다.
④ D급화재는 금속화재로 물이 닿으면 폭발할 위험이 있기 때문에 수계 소화약제를 사용하지 않고 금속화재용 특수분말이나 마른 모래 등을 덮는 질식소화 방법이 적응성이 있다. 따라서 옳지 않은 설명이다.
따라서 옳은 것은 ③.

23

답 ④

해 감쇠기에 이르면 대부분의 가연물이 타버리고 화세가 감쇠하며 온도가 점차 내려가는 양상을 보이는 것은 맞지만, 플래시오버(Flash Over) 현상은 성장기 단계에서 나타나는 현상이므로 감쇠기에서 플래시오버 상태가 된다는 ④번의 설명은 옳지 않다.

> 💬 **플래시오버(Flash Over)**
> 천장 부근에 축적되어 있던 가연성 가스에 불이 옮겨 붙으면서 실내 전체가 화염에 휩싸이는 현상

24

답 ③

해 '복사'는 열에너지가 파장 형태로 계속 방사되어 열이 이동하는 방식을 의미한다. 이러한 복사 현상은 화점과 직접적인 접촉이 없었는데도 복사열에 의해 열에너지가 이동하여 불이 붙거나 연소가 확산되어 화재를 일으키는 원인이 되기도 한다. 따라서 정답은 ③의 복사이다.

25

답 ③

해 ① 자기반응성 물질은 제5류 위험물이므로 옳지 않다.
② 제4류 위험물은 물보다 가볍고, 증기는 공기보다 무겁다. 따라서 옳지 않은 설명이다.
④ 니트로글리세린(NG), 질산메틸 등은 제5류 위험물인 자기반응성 물질에 해당하기 때문에 옳지 않은 설명이다.
따라서 옳은 것은 ③.

26

답 ②

해 오래된 전선은 안전상태를 수시로 확인하거나 교체하는 것이 좋지만, '단선'이 되면 전기가 통하지 않는 상태가 되기 때문에 단선은 전기화재의 원인이 될 수 없다. 전기화재의 원인이 되는 것은 '단락'이므로 옳지 않은 설명이다.

27

답 ④

해 LNG는 가벼워서 천장에 체류하기 때문에 탐지기의 아랫면(하단)이 천장으로부터 하방 30cm 이내에 위치하도록 설치해야 하며, LPG는 무겁기 때문에 바닥에 체류하여 탐지기의 윗면(상단)이 바닥으로부터 상방 30cm 이내에 위치하도록 설치해야 한다. 따라서 잘못된 것은 ④ 탐지기 설치 위치이다.

28

답 ①

해 설치장소가 지하층을 제외한 층수가 11층 이상인 특정소방대상물(아파트 제외), 지하가 또는 지하역사일 때의 기준개수는 30개로 정답은 ①번.

💬 **설치장소별 스프링클러설비 헤드의 기준개수**

설치 장소			기준개수
(지하 제외) 층수 10층 이하	공장	특수가연물 저장·취급	30
		그 밖의 것	20
	근생·판매· 운수·복합	판매시설 또는 복합건축물	30
		그 밖의 것	20
	그 밖의 것	부착높이 8m 이상	20
		부착높이 8m 미만	10
(지하 제외) 층수 11층 이상·지하가, 지하 역사			30

29

답 ③

해 일반적으로 혈액량의 '30%'가량 출혈 시 생명을 잃는데, ③에서 말한 5분의 1은 비율로 따지면 20%에 해당하므로 적절한 설명으로 보기 어렵다. (혈액량의 15~20% 출혈 시에는 '생명이 위험'한 정도에 해당한다.) 따라서 적절하지 않은 설명은 ③.
체내에는 성인 기준으로 체중의 약 7~8%의 혈액이 존재하며, 출혈의 증상에는 체온저하, 혈압저하, 호흡곤란 및 갈증 호소, 호흡과 맥박이 빠르고 불규칙해지며 반사작용 둔화, 피부가 창백해지고 차고 축축해지며 동공이 확대되고, 두려움 및 불안을 호소하는 증상 등이 동반될 수 있으므로 ①, ②, ④의 설명은 옳다.

30

답 ④

해 소화기의 지시압력계 정상 범위는 0.7MPa~0.98MPa인데 그림에서는 압력 미달의 범위를 향하고 있으므로 정상압력보다 미달인 상태임을 알 수 있다. 따라서 정상범위 내에 있다고 서술한 ④의 설명이 옳지 않다.

참고로 지시압력계가 부착된 분말소화기는 [축압식]이며, 능력단위가 A10/B20 미만이므로 소형소화기에 해당하여 보행거리 20m 이내 기준이 적용된다. 또한 ABC급의 주성분은 제1인산암모늄이며, 폐기 시 생활폐기물 스티커를 부착하여 지정된 장소에 배출해야 하므로 ①, ②, ③의 설명은 모두 옳다.

31

답 ②

해 ㉠ 대량살수로 신속한 소화가 가능하다는 점이 장점인 것은 일제살수식 스프링클러설비의 특징이므로 잘못되었다.
㉡ 일제살수식 스프링클러설비는 감지기를 별도로 설치해야 하기 때문에 비교적 구조가 복잡해진다. 구조가 단순하고 유지관리가 용이한 것은 습식 스프링클러설비의 특징이므로 잘못된 설명이다.
따라서 옳은 것은 ㉢, ㉣로 ②.

💬 건식스프링클러설비는 배관 내부에 압축된 공기가 들어있어서 화재 초기에 방출되면서 공기에 의해 화재가 촉진될 우려가 있다.

32

답 ③

해 ① 그림은 차동식 열감지기를 나타내고 있으므로 잘못된 설명이다.
② 차동식 열감지기는 거실이나 사무실에 설치하기에 적합하므로 잘못된 설명이다.
④ 부착 높이 4m 미만일 때 1종의 설치면적 기준은 90m²이므로 옳지 않다.
따라서 옳은 것은 ③.

33

답 ③

해 발신기의 누름버튼을 눌러 화재신호를 수신기로 보내면, 수신기에서는 화재표시등 점등, 발신기(작동)등 점등, 음향장치가 작동되고, 발신기에서는 응답표시등에 점등되어야 한다.
따라서 발신기의 누름버튼을 눌렀을 때 음향장치가 작동하지 않는다고 서술한 ③번의 설명이 옳지 않다.

> 📁 **참고**
> 스위치주의등은 조작스위치가 정상 위치에 있지 않을 때 주의를 요하기 위해 점등되는 표시등으로, 기본적으로 소등되어 있는 것이 정상 상태이다. 따라서 발신기의 작동으로 점등되는 표시등과는 무관하므로 스위치주의등이 점등되지 않는다는 설명은 옳다.

34

답 ④

해 평상시 동력제어반은 [자동]-[정지] 상태로 관리되어야 한다.
① '전원표시등': 동력제어반에 전원이 들어와 있어야 유사시 펌프를 자동으로 기동해 줄 수 있으므로 동력제어반의 전원이 들어와 있어야 한다. 따라서 '전원표시등'은 점등된 상태여야 하므로 ⓐ의 '소등'은 잘못되었다.
② 주펌프 및 충압펌프 스위치는 [자동]위치에 놓여 있어야 유사시 펌프를 자동으로 기동할 수 있으므로 [자동] 위치에 있는 것이 맞다.
③ 주펌프 및 충압펌프 기동표시등: 펌프 기동표시등은 펌프가 실제로 작동 중이라는 것을 표시해주는 표시등의 역할을 하거나 펌프를 기동할 수 있도록 누르는 버튼의 역할을 한다. 하지만 화재가 발생했거나 점검을 위해서 수동으로 펌프를 작동하지 않는 이상 평상시에는 펌프가 기동하지 않은 상태이기 때문에 주펌프 및 충압펌프 기동표시등은 '소등' 상태여야 한다. 따라서 ⓒ의 '점등'은 잘못되었다.
④ 주펌프 및 충압펌프 정지표시등: 현재 주펌프와 충압펌프가 [정지]한 상태로 기동 중이지 않다는 것을 나타내는 표시등이다. 평상시에는 주펌프 및 충압펌프가 기동 중이지 않으므로 주펌프 및 충압펌프 정지표시등은 '점등'된 상태인 것이 맞다.
⑤ 주펌프 및 충압펌프 펌프기동 표시등: 기동버튼(기동표시등)과 마찬가지로 화재가 발생했거나 점검을 위해서 수동으로 펌프를 작동한 경우에 점등되는 표시등이므로, 평상시에는 펌프가 기동하지 않은 상태이기 때문에 주펌프 및 충압펌프 기동표시등은 '소등' 상태인 것이 맞다.
따라서 옳은 것은 ⓑ, ⓓ, ⓔ로 정답은 ④.

주펌프 및 충압펌프의 [기동버튼(기동표시등)]과 [펌프기동표시등]은 세트로 묶어서 생각하면 좋다. 만약 펌프를 수동으로 작동시키기 위해 주펌프 및 충압펌프 스위치를 [수동]에 두고 주펌프 및 충압펌프의 [기동버튼]을 누르면 [기동버튼]의 표시등에도 점등이 되고, [펌프기동표시등]에도 점등이 될 것이다.

→ 주펌프 및 충압펌프를 수동-기동한 상태(점검)

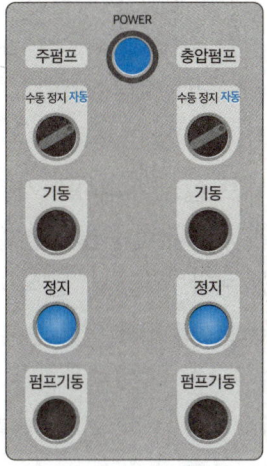

[평상 시] 자동-정지

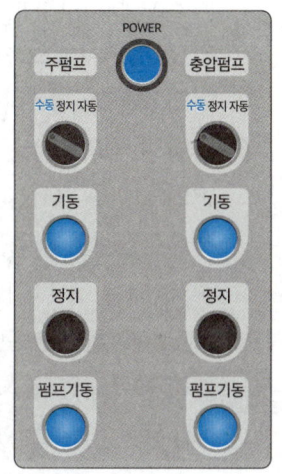

[점검 시] 수동-기동

35

답 ④

해 준비작동식 스프링클러설비의 점검 시 확인사항은 다음과 같다.

(1) 감지기 A or B 작동 시 : 화재표시등 점등, 지구표시등(감지기 A or B) 점등, 경종 또는 사이렌 경보 작동

(2) 감지기 A and B 작동 시 : 전자밸브(솔레노이드 밸브) 작동, 준비작동식밸브 개방 및 배수밸브로 배수, 밸브개방 표시등 점등, 사이렌 작동, 펌프 자동기동

따라서 전자밸브(솔레노이드 밸브) 작동과 밸브개방 표시등 점등, 펌프 자동기동은 감지기 A and B 작동 시 확인사항에 해당하므로 문제에서 묻고 있는 A or B 감지기 작동 시 확인사항에 해당하지 않는 것은 ④번.

36

답 ③

해 ③ 말단시험밸브를 개방해 클래퍼가 개방되고 그로 인해 압력스위치가 작동하여 화재표시등 및 밸브개방등이 점등되는지 확인하는 것은 습식스프링클러설비의 점검방식이다. 문제에서는 준비작동식 스프링클러설비의 유수검지장치인 프리액션밸브의 점검 방법을 물어보았으므로 옳지 않은 설명이다.

📂 참고

추가적으로 프리액션밸브(준비작동식 스프링클러설비의 유수검지장치)의 점검방식은 총 다섯가지가 있다.

① 감지기 2개를 모두 (감지기 A and B) 작동
② 수동조작함(SVP)에서 수동조작스위치 눌러서 작동
③ 수동기동밸브를 개방
④ 수신기(감시제어반)에서 스위치 '수동' 위치에 두고 작동(수동기동스위치를 작동해본다.)
⑤ 수신기에서 동작시험 스위치 + 회로선택스위치로 작동

37

답 ④

해 사무실에 구획된 공간이 3개이므로 각각의 면적을 따져보아야 한다. 윗 두 칸의 사무실은 각각 면적이 $40m^2$이고 정온식 스포트형 감지기 2종은 $20m^2$의 설치면적 기준이 적용되므로 각 실당 2개씩 설치하면 된다($40 \div 20 = 2$). 아래 한 칸의 사무실은 면적이 $80m^2$이므로 마찬가지로 정온식 스포트형 감지기 2종은 $20m^2$의 설치면적 기준이 적용되어 4개의 감지기를 설치하면 된다($80 \div 20 = 4$). 따라서 감지기는 총 8개를 설치하면 된다.

38

답 ③

해 도통시험은 수신기에서 감지기 간 단선 유무를 확인하기 위한 시험으로, 로터리 방식 수신기의 경우 도통시험 스위치를 누르고 각 경계구역에 해당하는 회로시험 스위치를 차례로 회전하며 시험을 진행한다. 이러한 시험 결과 전압계 측정 값이 4~8V이거나 도통시험 확인등에 녹색 불이 점등되면 정상이고, 측정 값이 0V이거나 적색 불이 점등되면 단선을 확인해야 한다.
따라서 도통시험에 대한 옳은 설명은 ③번.

[옳지 않은 이유]
① ⓐ 자동복구 스위치는 화재(신호) 상태를 유지하지 않고 수신기를 평상시 상태로 자동 복구하는 기능으로, 수동으로 화재신호를 입력하여 수신기의 정상 동작을 확인하는 '동작시험' 시 사용하게 되며 도통시험의 조작과는 무관하다.
② 예비전원시험 스위치를 누른 상태에서 전압 지시(정상,높음,낮음)의 점등 상태를 확인하는 것은 '예비전원시험'이다.
④ 화재표시등 및 각 지구표시등의 점등 여부와 음향장치의 작동을 확인하는 것은 동작시험에 대한 설명이므로 해당사항이 없다.

39

답 ②

해 ② 음향장치는 1m 떨어진 거리에서 최소 90dB 이상 출력되어야 하므로 옳지 않은 설명이다. 따라서 옳지 않은 것은 ②.

> 참고로 (2022.12 이후) 개정으로 수신기가 설치된 장소에는 경계구역 일람도를 비치하도록 규정되었다.

40

답 ③

해 ① 기본적으로 하나의 경계구역에는 2개의 층이 포함될 수 없지만, 2개의 층을 합한 면적이 500m² 이하일 때 하나의 경계구역으로 설정할 수 있으므로 보기의 '600m²'라는 부분이 잘못되었다.
② 출입구에서 내부 전체가 보이는 시설은 한 변의 길이 50m 이내, 면적 1000m² 이하를 하나의 경계구역으로 설정할 수 있다. 따라서 보기의 '100m 이내'라는 부분이 잘못되었다.
④ 하나의 경계구역은 면적이 600m² 이하, 한 변의 길이를 50m 이내로 설정해야 하며 기본적으로 2개의 건축물이나 2개의 층을 포함할 수 없다는 조건이 붙는다. 따라서 '면적이 600m² 이하이면 모두 설정 가능하다'라는 부분이 잘못되었다.
따라서 옳은 것은 ③.

41

답 ①

해 ② 도통시험 결과 전압계 측정 값이 4~8V가 나오면 정상이다. 측정 값이 19~24V 사이일 때 정상인 것은 예비전원시험에 대한 설명이므로 옳지 않다.
③ 예비전원시험 결과 정상은 초록색 불이며, 노란색은 낮은 전압, 빨간색은 과전압 상태를 나타내므로 옳지 않은 설명이다.
④ 예비전원감시등이 점등된 경우는 연결소켓이 분리되었거나 충전되어 있는 예비전원에 이상이 생겼을 경우이므로 정상 상태에서는 예비전원감시등이 소등되는 것이 맞다. 따라서 옳지 않은 설명이다. 옳은 것은 ①.

42

답 ③

해 감지기가 화재를 인식하였으므로 발신기등에는 점등되지 않는다. 따라서 ㉠ 화재표시등에 점등되고, ㉡ 지구표시등에 점등되어 어느 구역에서 일어난 화재인지 표시되고, ㉣ 주경종이 작동하여 화재 경보를 울릴 것이다. 추가로 지구경종 또한 작동한다. 따라서 옳은 것은 ㉠, ㉡, ㉣로 ③.

43

답 ④

해 습식스프링클러설비의 유수검지장치는 클래퍼가 개방되면 시트링홀을 통해 물이 유입되고, 그 과정에서 압력스위치를 작동시켜 사이렌이 울리고 화재표시등과 밸브개방등에 점등되는 과정을 거쳐 작동하게 된다. 따라서 (A):시트링홀 / (B):압력스위치 / (C):밸브개방등이 된다.

> 프리액션밸브는 준비작동식 스프링클러설비의 유수검지장치이고, 릴리프밸브는 과압을 방출해주는 역할을 하는 설비이며, 방출표시등은 가스계 소화설비에 해당하므로 옳지 않다.

44

답 ④

해 ① 정격부하운전은 유량이 100%일 때 압력이 정격 이상이 되는지를 확인하는 시험이므로 '압력의 최대치를 확인하는 시험'이라는 설명은 잘못된 설명이다.
② 최대운전은 정격토출량의 150%에서 정격토출압력의 65% 이상이 되는지 확인하는 것으로 '140%'라는 부분이 잘못되었다.
③ 체절운전 상태에서는 정격토출압력의 140% 이하인지 확인해야 하므로 '이상'이라는 부분이 잘못되었다.
따라서 옳은 것은 ④.

> 추가로 펌프성능시험 시 유량계에 기포가 발생하지 않기 위해서는 공기가 유입되지 않도록 유의하고 후드밸브와 수면이 너무 가까워지지 않도록 해야 한다. 또 펌프에 공동현상(떨림)이 생기지 않도록 해야 한다.

45

답 ③

해 연기의 이동 속도는 수평방향:0.5~1m/sec, 수직방향:2~3m/sec, 계단실 내 수직이동 시:3~5m/sec로 계단실 내에서 '수직이동' 할 때 가장 빠르다. 따라서 ③의 계단실 내 '수평이동'이라는 부분이 잘못되었다.

> 추가로, 화재 발생 시 연기가 끼치는 악영향으로는 패닉에 의한 2차 재해 우려 외에도 시야를 가려 피난 및 소화 활동을 방해할 수 있고 유독물에 의해 생명에 지장을 끼친다는 점 등이 있다.

46

답 ②

해 비화재보의 대처 요령 및 순서는 다음과 같다.
① 수신기에서 화재표시등, 지구표시등 확인(불이 난 건지, 어디서 난 건지 확인)
② 지구표시등 위치로(해당 구역으로) 가서 실제 화재인지 확인
→ (불이 났으면 초기소화 등 대처)
③ 비화재보 상황 : [음향장치] 정지(버튼 누름)
→ 실제 화재가 아닌데 경보 울리면 안 되니까 정지
④ 비화재보 원인별 대책(원인 제거)
⑤ 수신기에서 [복구]버튼 눌러서 수신기 복구
⑥ [음향장치] 버튼 다시 눌러서 복구(튀어나옴)
⑦ [스위치주의등] 소등 확인

따라서 3번의 과정 이후에 이어질 순서는 ㉯ 음향장치를 먼저 정지한 뒤, ㉱ 비화재보의 원인을 파악하여 해결하고 ㉮ 수신기를 복구한 다음, ㉰ 정지해두었던 음향장치를 다시 원상태로 복구하면 된다.

따라서 ② ㉯ - ㉱ - ㉮ - ㉰.

47

답 ④

해 피토게이지를 이용한 옥내소화전의 방수압력 측정 시 적정 방수압력 값은 0.17MPa 이상 0.7MPa 이하여야 하므로, 이 범위 안에 있는 값을 나타낸 그림은 ④.

①번은 0.9에서 1.0에 가깝고 / ②번은 0.1 미만 / ③번은 0.8~0.9 사이 값이므로 적정 방수압력 값에 충족하지 않는다.

48

답 ①

해 이산화탄소 소화설비가 가스계 소화설비인 것은 맞지만, 고압의 설비로 소음이 크며 주의와 관리가 필요하다는 단점이 있다.
따라서 소음이 적다고 서술한 ①의 설명은 옳지 않다.

49

답 ②

해 지하층·무창층 또는 층수가 11층 이상인 특정소방대상물이나, 또는 (관광숙박업을 제외한) 숙박시설과 오피스텔에는 '중형'피난구유도등과 통로유도등을 설치해야 한다. 따라서 정답은 ②.

설치장소별 유도등 및 유도표지 종류	
장소	유도등/표지 종류
공연장, 집회장, 관람장, 운동시설	대형피난구유도등, 통로유도등, 객석유도등
유흥주점 (카바레, 나이트클럽 - 춤!)	
판매, 운수, 방송, 장례, 전시, 지하상가	대형피난구유도등, 통로유도등
숙박, 오피스텔, 무창층, 11층 이상 건물	중형피난구유도등, 통로유도등
근린, 노유자, 업무, 발전, 교육, 공장, 기숙사, 다중이, 아파트, 복합	소형피난구유도등, 통로유도등

50

답 ①

해 화재 시 엘리베이터를 이용하면 오작동이나 멈춤 사고 등으로 이어질 수 있으므로 엘리베이터를 이용하지 않고 계단을 이용하여 옥외로 대피하는 것이 바람직하다. 따라서 옳지 않은 설명은 ①.

MEMO

PART 4

[개편] 추가 30문제!
MASTER CLASS

Chapter 01 추가 30문제! MASTER CLASS

01 다음 중 중대위반사항에 해당하는 경우로 보기 어려운 것을 고르시오.

① 방화문 또는 자동방화셔터가 훼손되거나 철거되어 본래의 기능을 못하는 경우
② 소화펌프, 동력제어반, 감시제어반 또는 소방시설용 전원의 고장으로 소방시설이 작동되지 아니하는 경우
③ 화재 수신기 고장으로 화재 경보음이 자동으로 울리지 않거나 또는 화재 수신기와 연결된 소방시설의 작동이 불가한 경우
④ 정당한 사유 없이 비상소화장치를 사용하거나 또는 소방용수시설의 정당한 사용을 방해하는 경우

02 건축물의 구조 및 재료에 대한 설명으로 옳지 아니한 것을 고르시오.

① 화염의 확산을 막을 수 있는 성능을 가진 것으로 철망 모르타르 바르기 등은 내화구조에 해당한다.
② 인접 건축물에서 발생한 화재에 의한 연소를 방지하고 건물 내 화재 확산을 방지하는 목적을 가지는 것은 방화구조의 설명에 해당한다.
③ 불에 타지 않는 성능을 가진 재료로 콘크리트, 석재, 벽돌 등은 불연재료에 해당한다.
④ 난연재료는 불에 잘 타지 않는 성질을 가진 재료를 말한다.

03 다음 중 건축법에서 규정하는 사항을 모두 고르시오.

ⓐ 방화구획
ⓑ 피난
ⓒ 실내 마감재
ⓓ 제연
ⓔ 내화구조

① ⓐ, ⓒ, ⓔ
② ⓐ, ⓑ, ⓒ, ⓔ
③ ⓐ, ⓒ, ⓓ, ⓔ
④ ⓐ, ⓑ, ⓒ, ⓓ, ⓔ

04 방염성능검사 합격표시가 그림과 같은 방염물품은 무엇인지 고르시오. (단, 단위는 mm이며 바탕색채는 흰 바탕, 검인 및 글자색은 남색이다.)

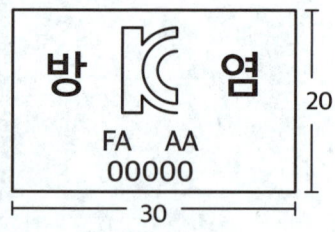

① 카페트, 소파·의자, 섬유판
② 합판, 목재, 합성수지판, 목재 블라인드
③ 세탁 가능한 섬유류
④ 세탁 불가한 섬유류

05 건축 용어에 대한 설명이 바르지 아니한 것을 고르시오.

① 지하층이란 건축물의 바닥이 지표면 아래에 있는 층으로 그 바닥으로부터 지표면까지의 평균 높이가 해당 층 높이의 1/2 이상인 것을 말한다.
② 건축물 안에서 거주, 집무, 작업, 집회, 오락 등의 목적을 위해 사용되는 방을 거실이라고 한다.
③ 주요구조부에는 기둥, 보, 지붕틀, 내력벽, 주 계단, 옥외계단이 포함된다.
④ 건축물에 부수되는 대문이나 담장과 같은 시설물도 건축물에 포함된다.

06 다음의 설명을 참고하여 빈칸에 들어갈 말을 순서대로 고르시오.

> 기존 건축물의 전부 또는 일부(지붕틀, 내력벽, 기둥, 보 중 (A) 이상 포함되는 경우)를 철거하고, 그 대지 안에서 이전과 동일한 규모의 범위 내에서 건축물을 다시 축조하는 것을 (B)라고 한다.

① (A) : 3개, (B) : 대수선
② (A) : 3개, (B) : 개축
③ (A) : 5개, (B) : 재축
④ (A) : 5개, (B) : 개축

07 그림과 같은 건축물의 용적률과 건폐율로 옳은 것을 고르시오.

① 용적률 : 85%, 건폐율 : 90%
② 용적률 : 180%, 건폐율 : 88.5%
③ 용적률 : 200%, 건폐율 : 87.5%
④ 용적률 : 210%, 건폐율 : 86%

08 다음 제시된 자료를 참고하여 해당 건축물의 높이를 산정하시오.

- 지표면으로부터 건축물 상단까지의 높이 : 60m
- 옥상부분의 높이 : 20m

① 60m
② 68m
③ 78m
④ 80m

09 자동방화셔터의 설치기준에 대한 설명으로 옳은 것을 고르시오.

① 셔터는 전동방식으로만 개폐할 수 있어야 한다.
② 피난이 가능한 60분+방화문 또는 60분방화문으로부터 3m 이내에 별도로 설치해야 한다.
③ 불꽃 또는 연기 감지 시 완전폐쇄가 이루어져야 한다.
④ 열 감지 시 일부 폐쇄가 이루어지는 구조여야 한다.

10 다음 제시된 자료를 참고하여 해당 건물의 면적별 방화구획에 대한 설명으로 옳지 아니한 것을 고르시오. (단, 해당 건축물에는 스프링클러설비가 설치되어 있으며 내장재는 불연재이다.)

| 11층 바닥면적 : 4,500m² |
| 10층 바닥면적 : 4,500m² |
| 9층 바닥면적 : 4,000m² |

① 9층은 2개의 방화구획으로 나눌 수 있다.
② 10층은 최소 2개 이상의 방화구획으로 나눌 수 있다.
③ 11층은 500m² 이내로 방화구획한다.
④ 11층의 방화구획은 3개로 할 수 있다.

11 방화구획에 대한 설명으로 옳은 것을 모두 고르시오.

㉠ 주요구조부가 내화구조 또는 난연재료로 된 건축물로 연면적이 1,000m²를 넘는 것은 방화구획해야 한다.
㉡ 외벽과 바닥 사이에 틈이 생긴 경우 일반 실리콘으로 틈새를 메워야 한다.
㉢ 방화구획을 관통하는 덕트에는 방화댐퍼가 설치되어 있는지 확인한다.
㉣ 방화구획의 구조는 60분+방화문 또는 60분방화문으로 하며 닫힌 상태를 유지해야 한다.

① ㉠, ㉡
② ㉢, ㉣
③ ㉠, ㉣
④ ㉠, ㉢, ㉣

12 다음 중 소방시설 중에서 소화활동설비에 포함되는 것을 모두 고르시오.

ⓐ 자동화재탐지설비
ⓑ 연결송수관설비
ⓒ 연결살수설비
ⓓ 무선통신보조설비
ⓔ 자동화재속보설비
ⓕ 소화수조 및 저수조

① ⓑ, ⓒ, ⓓ
② ⓐ, ⓑ, ⓓ, ⓕ
③ ⓑ, ⓒ, ⓓ, ⓔ
④ ⓑ, ⓓ, ⓔ, ⓕ

13 그림을 참고하여 버튼 방식 P형 수신기의 동작시험 시 조작 방법과 표시등의 점등 상태에 대한 설명으로 옳지 아니한 것을 고르시오.

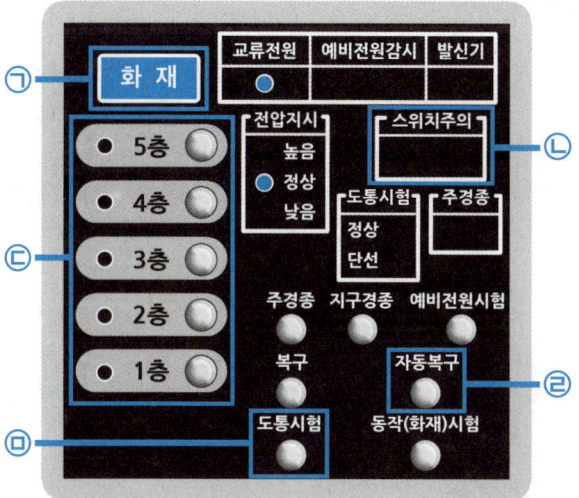

① 동작(화재)시험 스위치와 ㉣ 스위치를 누르고, ㉢의 경계구역별 버튼을 누르며 시험을 진행한다.
② 동작시험 중 ㉤ 스위치는 누르지 않는다.
③ ㉠ 표시등과 ㉢의 경계구역별 표시등의 점등 및 음향장치의 작동이 확인되어야 한다.
④ 시험 종료 시 모든 스위치를 복구한 후 ㉡ 표시등의 점등이 확인되어야 한다.

14 가스용접(용단)에 대한 설명으로 옳지 아니한 것을 고르시오.

① 산소-아세틸렌은 용이한 화염조절 및 높은 화염온도로 일반적으로 사용된다.
② 산소와 가연성 가스와의 반응으로 생기는 가스 연소열을 열원으로 사용하는 방식이다.
③ 화염은 팁 끝 쪽에는 휘백색 백심이, 백심 주위로는 푸른 속불꽃과 투명한 청색의 겉불꽃 형태를 띤다.
④ 청백색의 강한 빛과 열을 내며 가장 높은 부분의 최고온도는 약 6,000℃에 이른다.

15 용접 및 용단 작업 시 발생하는 비산 불티의 특성으로 옳은 것을 고르시오.

① 고온으로 작업과 동시에 주의를 요하지만 수 분 후에는 급격히 온도가 내려간다.
② 적열 시 불티의 온도는 약 1,600℃ 정도로 비산 불티에 의한 화재 및 폭발 가능성이 매우 높다.
③ 실내 무풍 시 불티의 비산거리는 약 8m이며 발화원이 될 수 있는 불티의 직경은 약 0.3~3mm 이다.
④ 비산거리에 영향을 미칠 수 있는 조건에 철판두께는 해당사항이 없다.

16 감지기의 동작으로 이산화탄소 소화설비가 작동한 경우 동작 순서로 가장 적절한 것을 고르시오.

① 감지기 작동 → 솔레노이드 작동 및 기동용기 개방 → 제어반 → 선택밸브 및 저장용기 개방 → 약제 방사
② 감지기 작동 → 선택밸브 및 저장용기 개방 → 제어반 → 솔레노이드 작동 및 기동용기 개방 → 약제 방사
③ 감지기 작동 → 제어반 → 솔레노이드 작동 및 기동용기 개방 → 선택밸브 및 저장용기 개방 → 약제 방사
④ 감지기 작동 → 선택밸브 및 저장용기 개방 → 솔레노이드 작동 및 기동용기 개방 → 제어반 → 약제 방사

17 화재감시자 배치 및 업무 등에 대한 설명으로 옳은 것을 모두 고르시오.

> ㉮ 사업주는 배치된 화재감시자에게 업무 수행에 필요한 확성기, 휴대용 조명기구, 대피용 마스크 등 대피용 방연장비를 지급해야 한다.
> ㉯ 같은 장소에서 상시·반복적으로 작업할 때 경보설비가 설치되어 있다면 화재감시자 지정 및 배치가 면제된다.
> ㉰ 화재감시자는 화재 발생 시 사업장 내 근로자의 대피유도와 가연성 물질이 있는지 여부 확인, 그리고 가스 검지 및 경보장치의 작동 여부를 확인하는 업무를 수행해야 한다.
> ㉱ 작업반경 11m 이내에 건물구조 자체나 내부에 가연성 물질이 있는 장소에는 화재감시자를 배치해야 한다.

① ㉮, ㉯, ㉰
② ㉯, ㉱
③ ㉰, ㉱
④ ㉮, ㉰, ㉱

18 자동화재탐지설비의 점검 중 수신기의 상태가 그림과 같고 이때 3층의 지구경종이 작동하지 않은 경우, 유추할 수 있는 상황으로 가장 적절한 설명을 고르시오.

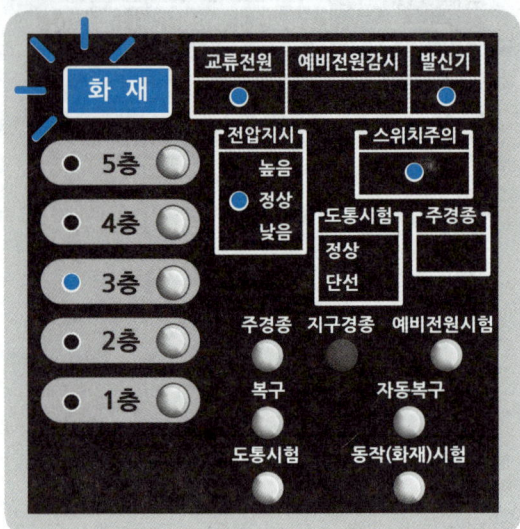

① 3층의 감지기가 작동했을 것이다.
② P형 수신기의 도통시험 중이며 감지기 사이 회로의 접속 상태는 양호하다.
③ 지구경종 정지 스위치가 눌려있는 상태로, 지구경종이 작동하지 않았다.
④ 예비전원시험 결과 배터리의 충전 상태는 양호하다.

19 다음의 자료를 참고하여 화기취급작업의 일반적인 절차 중 안전조치 단계에서 수행하는 (가)의 업무내용에 들어갈 사항에 해당하지 아니하는 것을 고르시오.

단계	업무내용
1. 사전허가	• 작업요청 • 승인·검토 및 허가서 발급
2. 안전조치	(가)
3. 작업 및 감독	• 화기취급감독 • 현장 상주 및 화재 감시 • 작업종료 확인

① 화재감시자 입회
② 화재안전교육
③ 소방시설 작동 확인
④ 용접·용단장비, 보호구 점검

20 화기취급작업 완료 시 화재감시자는 해당 작업구역 내에 일정 시간 이상 더 상주하면서 발화 및 착화 발생 여부를 감시해야 하며 이때 작업구역의 직상·직하층에 대해서도 점검을 병행해야 한다. 이 과정에서 화재감시자가 머무르도록 하는 최소한의 시간은 얼마인지 고르시오.

① 30분 이상
② 1시간 이상
③ 2시간 이상
④ 3시간 이상

21 다음 중 산업안전보건기준에 관한 규칙에 따라 화재 감시 업무 수행을 위해 사업주가 화재감시자에게 지급해야 하는 장비로 보기 어려운 것을 고르시오.

① 확성기
② 안전화 및 안전벨트
③ 손전등
④ 대피용 마스크

22 명판상 토출량이 200L/min이고, 전양정이 100m인 펌프의 성능시험결과표를 참고하여, 제시된 결과표의 값 (가) ~ (라) 중 적정하지 아니한 것을 고르시오.

구분	펌프성능시험 결과표(실측치)		
	체절운전	정격운전 (100%)	최대운전
토출량 (L/min)	0	(가) 200	300 (다)
토출압력 (MPa)	1.3	0.5 (나)	0.7 (라)

① (가)
② (나)
③ (다)
④ (라)

23

다음 제시된 특정소방대상물에 설치해야 하는 소방시설의 적용기준 표를 참고하여 빈칸 (가), (나)에 들어갈 설치대상 길이 및 면적을 고르시오.

소방시설		적용기준	설치대상
경보설비	자동화재탐지설비	지하가 중 터널로서 길이	(가)
소화활동설비	제연설비	지하가(터널 제외)로 연면적	(나)

① (가): 500m 이상, (나): 500m² 이상
② (가): 1,000m 이상, (나): 500m² 이상
③ (가): 1,000m 이상, (나): 1,000m² 이상
④ (가): 전부, (나): 1,000m² 이상

24

펌프성능시험 시 주의사항으로 옳지 아니한 설명을 고르시오.

① 토출측 개폐밸브를 완전히 개방한 후 점검을 진행한다.
② 후드밸브와 수면 사이가 너무 가까우면 기포가 통과할 수 있으므로 유량계에 기포가 통과하지 않도록 주의한다.
③ 수격현상이 발생할 수 있기 때문에 개폐밸브를 급격하게 개폐하지 않아야 한다.
④ 펌프 및 모터의 회전축 근처에 있지 않도록 한다.

25

다음은 화재의 예방 및 안전관리에 관한 법률 시행규칙 별지 제 12호 서식으로 고시하는 업무수행 기록표의 일부이다. 표의 내용을 참고하여 옳지 아니한 설명을 고르시오. (단, 아파트가 아닌 특정소방대상물로 간주한다.)

수행일자	2023. 08. 16		수행자(서명)	(가)
소방안전관리대상물	상호	행복빌딩	상호	(나)
	소재지	서울특별시 중구 세종대로 00		
	지하층	지상층	연면적(m²)	바닥면적(m²)	동수
	2	8	15,720	1,980	1
항목	확인내용		확인결과	조치
피난·방화시설	(다)		[ ] 양호 [V] 불량	복도에 적재된 장애물 제거
불량사항개선보고	조치방법(라)	[ ] 이전 [ ] 제거 [ ] 수리·교체 [ ] 기타		

① (가)에는 소방안전관리자의 서명을 기재한다.
② (나)는 1급소방안전관리대상물로 표시한다.
③ (다)는 피난경로 상 장애물 적치 여부에 대한 항목일 것이다.
④ (라) 조치방법은 이전에 V표시 한다.

26 업무수행 기록의 작성·유지를 위한 작성요령 및 주요내용 등에 대한 설명으로 옳지 아니한 것을 고르시오.

① 소방안전관리자는 소방안전관리업무를 수행한 날을 포함하여 월 1회 이상 작성해야 한다.
② 소화설비의 제어반 및 가압송수장치, 경보설비의 발신기를 중점적으로 확인하여 작성한다.
③ 소방안전관리자는 업무수행에 관한 기록을 작성한 날부터 2년간 보관해야 한다.
④ 당해연도 소방계획서 및 소방시설등 자체점검 점검표에 따른 점검 항목을 참고하여 작성한다.

27 화재위험작업 관리감독 절차 중 다음 〈보기〉의 단계에서 해당 업무를 수행하는 대상(주체)으로 빈칸에 들어갈 사람을 고르시오.

〈보기〉
- ☐☐☐☐ 는 예상되는 화기작업의 위치를 확정하고, 화기작업의 시작 전 작업현장의 화재안전조치 상태 및 예방책을 확인한다.
- 주요확인사항: 소화기 및 방화수 배치, 불꽃방지포 설치, 작업현장 주변 가연물 및 위험물 이격 상태, 전기를 이용한 화기작업 시 전기인입 상태 등

① 화재감시자
② 화기 작업자
③ 화재안전 감독자(감독관)
④ 사업주

28 다음의 유도등 그림을 참고하여 표의 빈칸에 대한 설명으로 옳은 것을 고르시오.

유도등	(가)	(나)
예시	←	←
설치 장소	(다)	주차장, 도서관 등 상부 설치
설치 높이	(라)	(마)

① (가)는 거실통로유도등, (나)는 복도통로유도등이다.
② (다)는 일반 계단 하부에 해당한다.
③ (라)는 바닥으로부터 높이 1m 이상에 해당한다.
④ (마)는 바닥으로부터 높이 1.5m 이상에 해당한다.

29 다음의 설명에 부합하는 소화방법으로 옳은 것을 고르시오.

연소의 4요소 중 연속적인 산화반응을 약화시켜 연소가 계속되려는 것을 불가하게 하여 소화하는 방식으로 화학적 작용에 의한 소화방법을 말한다.

① 제거소화
② 억제소화
③ 질식소화
④ 냉각소화

30 증축·개축 또는 재축에 해당하지 아니하는 것으로 다음 중 대수선의 범위에 해당하지 아니하는 경우를 고르시오.

① 기둥 5개를 수선하는 경우
② 보를 해체하는 경우
③ 다가구주택의 가구 간 경계벽을 수선하는 경우
④ 옥외계단을 증설하는 경우

Chapter 02 MASTER CLASS 정답 및 해설

정답

01	④	02	①	03	②	04	①	05	③
06	②	07	③	08	②	09	②	10	③
11	②	12	①	13	④	14	④	15	②
16	③	17	④	18	③	19	①	20	①
21	②	22	②	23	③	24	①	25	④
26	②	27	③	28	④	29	②	30	④

01

답 ④

해 중대위반사항은 ①~③의 설명처럼 방화문·셔터의 철거나 훼손으로 인한 기능 상실, 소방시설의 고장으로 인한 작동 불가 상태, 또는 고장 등으로 인해 경보음이 울리지 않거나, 또는 폐쇄 및 차단으로 인해 소화약제(소화수)가 자동 방출되지 않는 상태로 놓여 있는 경우를 중대위반사항으로 볼 수 있다.

그래서 ①~③의 행위와 더불어 중대위반사항에 해당하는 경우는 [소화배관 등이 폐쇄·차단되어 소화수 또는 소화약제가 자동으로 방출되지 않는 경우]를 중대위반사항으로 볼 수 있는데, 보기 ④번은 5년 이하의 징역 또는 5천만원 이하의 벌금에 해당하는 행위이기는 하나, 문제에서 묻고 있는 '중대위반사항'에는 들어가지 않는다.

따라서 옳지 않은 설명은 ④번.

02

답 ①

해 화염의 확산을 막을 수 있는 성능을 가진 것으로 철망 모르타르 바르기, 회반죽 바르기 등은 '방화구조'에 해당하므로 내화구조라고 서술한 ①의 설명은 옳지 않다.

'내화구조'는 화재에 견디는 성능을 가진 철근콘크리트조, 연와조 등과 같이 화재 시 일정 시간 동안 형태 및 강도가 크게 변하지 않는 구조를 말한다.

> 📂 CHECK!
> '**불연재료**'는 불에 타지 않는 성능을 가진 재료, '**준불연재료**'는 불연재료에 준하는 성질을 가진 재료, '**난연재료**'는 불에 잘 타지 않는 성질을 가진 재료를 의미한다.

03

답 ②

해 연기의 확산을 제어하기 위한 '제연'은 「소방법」에 위임하는 사항이므로 이를 제외한 ⓐ 방화구획, ⓑ 피난, ⓒ 실내 마감재, ⓔ 내화구조가 건축법에서 규정하는 사항에 해당한다. 따라서 답은 ②.

04

답 ①

해 그림의 방염성능검사 합격표시는 카페트, 소파·의자, 섬유판과 같은 방염물품에 부착하는 표시에 해당한다. 규격은 가로 30mm, 세로 20mm에 바탕색채는 흰 바탕, 검인 및 글자색은 남색으로 이루어져 있다.

📂 CHECK! 물품별 방염성능검사 합격표시

합성수지 벽지류	은색 바탕 + 검정 글씨	15mm X 15mm
합판, 목재, 합성수지판, 목재 블라인드	금색 바탕 + 검정 글씨	
세탁 가능한 섬유류	은색 바탕 + 검정 글씨	25mm X 15mm
세탁 불가한 섬유류	투명 바탕 + 검정 글씨	

05

답 ③

해 '주요구조부'란 건축물의 구조상 주요 부분을 뜻하는 것으로 여기에는 기둥, 보, 지붕틀, 내력벽, 바닥, 주 계단이 포함된다. 구조상 중요하지 않은 사잇기둥, 최하층 바닥, 작은 보, 차양, 옥외계단은 포함되지 않는데 ③의 설명에서는 옥외계단을 포함하는 것으로 서술하고 있으므로 옳지 않은 설명이다. 따라서 옳지 않은 설명은 ③.

06

답 ②

해 문제의 설명이 성립되려면 (B)는 '개축'에 대한 설명으로, 기존 건축물의 전부 또는 일부(지붕틀, 내력벽, 기둥, 보 중 '3개 이상' 포함되는 경우)를 철거하고, 그 대지 안에서 이전과 동일한 규모의 범위 내에서 건축물을 다시 축조하는 것을 개축이라고 하므로 (A)는 '3개'가 들어가는 것이 옳다. 따라서 정답은 ②.

07

답 ③

해 (1) **용적률**: (연면적/대지면적) × 100 = 연면적은 1,400 + 900 + 900으로 3,200m²
따라서 (3,200 ÷ 1,600) × 100 = **200%**

> 💬 참고로 이번 문제에서는 제시된 조건 중에 없는 내용이지만, 용적률 계산을 위한 연면적 산정 시 지하층의 면적이나 또는 지상층 중에서는 부속용도인 주차장으로 사용되는 면적, 피난안전구역의 면적, 경사 지붕 아래에 설치하는 대피공간의 면적은 산입되지 않는다는 점 체크!^^

(2) **건폐율**: (건축면적/대지면적) × 100 = 건축면적은 1층 바닥면적으로 보고,
(1,400 ÷ 1,600) × 100 = **87.5%**
따라서 정답은 ③.

08

답 ②

해 건축물의 높이 산정 시 '대지면적'은 고려하는 조건이 아니므로 무시한다. 해당 건축물의 높이 산정 과정은 다음과 같다.
  (1) 우선 지표면부터 건축물 상단까지의 (기본적인) 높이는 60m.
  (2) 그 다음 옥상부분이 있으므로 옥상부분의 수평투영면적의 합계를 '건축면적'과 비교해 보아야 하는데, 건축면적은 2,400m²이고 이 건축면적의 8분의 1 값(옥상부분과 비교할 기준값)은 300m²가 된다.
  (3) 그렇다면 옥상부분 수평투영면적의 합계인 280m²는 건축면적의 8분의 1인 300m² '이하'인 경우에 해당하므로, 옥상부분의 높이가 12m를 넘는 부분만 건축물의 높이에 산입한다.
  (4) 따라서 건축물의 기본 높이인 60m에 + 옥상부분의 높이 20m 중 12m를 넘는 부분인 8m만 산입하여 건축물의 높이는 총 68m가 된다.

09

답 ②

해 [옳지 않은 이유]
  ① 셔터는 전동 또는 수동으로 개폐할 수 있어야 하므로 전동방식으로만 개폐될 수 있어야 한다는 설명은 옳다고 보기 어렵다. ③, ④ **불꽃·연기 감지 시: 일부폐쇄 / 열 감지 시: 완전폐쇄**가 이루어지는 구조여야 하므로 반대로 서술한 ③, ④번의 설명은 옳지 않다. 따라서 옳은 설명은 ②.

10

답 ③

해 (1) 면적별 구획 시 10층 이하의 층은 바닥면적 1,000m² 이내마다 구획하는데, 이때 스프링클러설비(또는 자동식 소화설비)를 설치했다면 기준 면적의 X3배를 한 3,000m² 이내마다 구획할 수 있게 된다. 따라서 9층과 10층은 2개의 방화구획으로 구획할 수 있으므로 ①번과 ②번의 설명은 옳다.
  (2) 11층 이상의 층은 내장재가 불연재일 경우 500m² 이내마다 구획하는데, 역시나 이때도 스프링클러설비가 설치되어 있으므로 X3배를 한 1,500m²마다 구획하여 11층은 3개로 방화구획할 수 있다. 따라서 ④의 설명도 옳은 설명이다.
  (3) 스프링클러설비(또는 자동식 소화설비)를 설치한 경우에는 기준 면적의 곱하기 3배를 한 (완화된) 기준이 적용되므로, 이를 적용하지 않은 기준인 500m² 이내마다 구획한다고 서술한 ③의 설명이 바르지 않다.

11

답 ②

해 [옳지 않은 이유]
  ㉠ 방화구획을 해야 하는 조건은 주요구조부가 **내화구조 또는 '불연재료'로 된 건축물로 연면적이 1,000m²를 넘는 것**이므로 난연재료라고 서술한 부분이 옳지 않다.
  ㉡ 외벽과 바닥 사이에 틈이 생기거나, 급수관·배전관 등이 관통하여 틈이 생긴 경우에는 '내화'충전성능이 인정된 것으로 메워야 하므로 내화성능이 없는 일반 실리콘으로 메우는 것은 옳지 않은 설명이다.
  따라서 이를 제외하고 옳은 설명은 ㉢, ㉣로 ②.

12

답 ①

해 ⓐ 자동화재탐지설비, ⓔ 자동화재속보설비 = 소방시설 중 '경보설비'/ ⓕ 소화수조 및 저수조 = 소방시설 중 '소화용수설비'.

따라서 이를 제외한 ⓑ 연결송수관설비, ⓒ 연결살수설비, ⓓ 무선통신보조설비가 소방시설 중 '소화활동설비'에 포함되므로 정답은 ①.

> **CHECK!**
> **소화활동설비**에는 연결송수관설비, 연결살수설비, 무선통신보조설비 외에도 제연설비, 비상콘센트설비, 연소방지설비 등이 포함된다.

13

답 ④

해 동작시험을 위해 동작(화재)시험 스위치를 누르면 [스위치주의]등이 점멸하게 되고, 이후 시험을 종료하며 모든 스위치를 정상 위치로 복구하면 각종 표시등 및 스위치주의등(ⓒ)이 '소등'된 것이 확인되어야 하므로 옳지 않은 설명은 ④번.

> **참고**
> - 동작시험 시 : '동작(화재)시험' 스위치와 + '자동복구(ⓔ)' 스위치를 누르고, 각 경계구역에 해당하는 동작버튼(ⓒ)을 누르며 시험을 진행한다.
> - 이러한 동작시험을 통해 화재표시등(ⓐ)과 각 경계구역의 지구표시등(ⓒ)에 점등되고, 음향장치의 작동이 확인되면 정상 판정한다.
> - 도통시험(ⓜ) 스위치는 동작시험 시 조작과는 무관하다.

14

답 ④

해 ④번의 설명은 아크(Arc)용접의 열적 특성에 해당하므로 '가스'용접(용단)의 설명으로 보기 어렵다. 따라서 옳지 않은 설명은 ④.

> **CHECK! 아크(Arc)용접 vs 가스용접(용단)**
>
> | 아크(Arc) | 가스 |
> |---|---|
> | • 2개의 금속을 접촉, 전류를 흘려보내 아크(Arc) 발생 → 고열 → 용융·용착
• 기화되며 전류 흐름 유지
• 아크(Arc) : 청백색 빛 + 열, 최고온도 6,000℃(일반적 온도 3,500~5,000℃). | • 산소 + 가연성 가스 → 가스 연소열
• 주로 산소 - 아세틸렌
• 백심(휘백색) - 속불꽃(푸른색) - 겉불꽃(투명한 청색) 형태의 화염 |

15

답 ②

해 [옳지 않은 이유]

용접 및 용단 작업으로 발생하는 비산 불티는 고온으로 작업과 동시에 **수 시간 이후까지 화재 가능성**이 있으므로 작업이 종료된 이후로도 관찰 및 감시가 필요하다. 따라서 ①의 설명은 옳지 않다.

또한 발화원이 될 수 있는 **불티의 크기는 직경 약 0.3~3mm**인 것이 맞지만, 실내 무풍 시 불티의 **비산거리는 약 '11m'** 정도이므로 ③의 설명도 옳지 않다.

이러한 비산 불티의 비산거리는 **작업높이, 철판두께, 풍속, 풍향** 등에 따라 달라질 수 있으므로 철판두께가 영향을 미치지 않는다고 서술한 ④의 설명도 옳지 않다. 따라서 옳은 설명은 ②.

16

답 ③

해 이산화탄소 소화설비와 같은 가스계 소화설비의 동작 순서는 다음과 같다.
(1) 감지기 작동(또는 수동조작함 기동)
(2) 제어반 전달, 지연시간 후 솔밸브 작동
(3) 기동용기 개방(기동용 가스 이동)
(4) 선택밸브 및 저장용기 개방
(5) 저장용기의 소화약제 헤드로 방출(약제 방사)

따라서 이산화탄소 소화설비의 동작 순서로 옳은 것은 ③번.

> 📁 **참고**
> 이후 압력스위치의 동작으로 방출표시등 점등, 화재표시등 점등, 경보 작동, 자동폐쇄장치 작동 및 환기팬 정지 등이 이루어진다.

17

답 ④

해 [옳지 않은 이유]

> **화재감시자 배치 장소**
> (1) 작업반경 11m 이내에 건물구조 자체나 내부(개구부 등으로 개방된 부분을 포함)에 가연성물질이 있는 장소
> (2) 작업반경 11m 이내의 바닥 하부에 가연성물질이 11m 이상 떨어져 있지만 불꽃에 의해 쉽게 발화될 우려가 있는 장소
> (3) 가연성물질이 금속으로 된 칸막이·벽·천장 또는 지붕의 반대쪽 면에 인접해 있어 열전도나 열복사에 의해 발화될 우려가 있는 장소

위와 같은 장소에서는 화재감시자를 지정하여 배치해야 하는데 다만, 같은 장소에서 상시·반복적으로 작업할 때 **경보용 설비·기구, 소화설비 또는 소화기**가 갖추어진 경우에는 화재감시자를 지정 및 배치하지 않을 수 있다. ㉲에서는 경보설비만을 언급하고 있으므로 옳지 않은 설명인 ㉲를 제외하고 나머지 ㉮, ㉯, ㉰가 옳은 설명에 해당한다.

18

답 ③

해 그림에서 화재표시등과 경계구역 3층에 해당하는 지구표시등이 점등되었고, 발신기(작동)표시등에 점등된 것으로 보아, 3층의 발신기 조작을 통해 화재신호가 전달된 상황임을 알 수 있다. 그렇다면 이때 원칙적으로 주경종 및 지구경종이 작동되어야 하는데, 제시된 수신기의 '스위치 주의등'이 점등되어 있는 것으로 보아 버튼(스위치)이 눌려 비활성화 되어 있는 상태임을 알 수 있고, 이때 지구경종이 작동하지 않았으므로 수신기의 지구경종 정지 스위치가 눌려있는 상황임을 유추할 수 있다. 따라서 가장 적절한 설명은 ③번.

[옳지 않은 이유]

① '발신기' (작동) 표시등이 점등된 것으로 보아, 3층의 발신기가 작동했음을 알 수 있다. 따라서 감지기가 작동했을 것이라는 유추는 적절하지 않다.

② 도통시험 확인등(정상/단선 여부)이 평상시와 같은 소등 상태이므로 도통시험 상황이 아님을 알 수 있고, 또한 화재표시등의 점등과 도통시험은 무관하므로 도통시험 결과 및 감지기 회로의 단선/정상 여부는 해당 그림만으로는 유추하기 어렵다.

④ 예비전원의 충전 상태 등을 점검하기 위해서는 예비전원 시험스위치를 누르고 있는 동안 확인되는 전압지시(높음,정상,낮음) 상태를 통해 알 수 있으므로, 상용전원(교류전원 점등) 상태인 문제의 그림만으로는 예비전원시험 결과를 유추하기 어렵다.

19

답 ①

해 '화재감시자 입회'는 3단계인 [작업 및 감독] 단계에서 수행하는(동반하는) 업무에 해당한다. 실질적으로 화재감시자가 입회하여 화기취급감독 작업 및 현장에 상주하면서 화재를 감시하고, 작업종료까지 확인하는 업무는 1단계 사전허가와 2단계 안전조치 이후로, 작업·감독이 이루어지는 단계의 업무에 해당한다. 따라서 (가)에 들어갈 업무내용이 아닌 것은 ①.

20

답 ①

해 화기취급작업 '완료'시 화재감시자는 해당 작업구역 내에 30분 이상 상주하면서 감시해야 하며, 이때는 직상층 및 직하층에 대해서도 점검을 병행해야 한다. 이렇게 점검이 확인되면 허가서의 확인란에 서명하고 화재안전 감독자(감독관)에게 작업 '종료'통보를 해야 한다. 따라서 화기취급작업 완료 시 화재감시자가 머무르도록 하는 시간은 30분 이상으로 답은 ①.

> 비교:감독관에게 작업 '종료'통보 후 3시간 이후까지는 순찰점검 및 추가적인 현장관리 필요!

21

답 ②

해 사업주는 배치된 화재감시자에게 업무 수행을 위해 확성기, 휴대용 조명기구(손전등), 화재 대피용 마스크 등 대피용 방연장비를 지급해야 한다. 이에 ①, ③, ④번은 지급 장비에 해당되지만 규정에 안전화 및 안전벨트는 포함되지 않으므로 (의무적인) 지급 장비로 보기 어려운 것은 ②.

22

답 ②

해 문제에서 제시된 펌프 명판상 토출량과 전양정을 기준으로, 토출량이 정격유량상태(100%)인 200L/min일 때, 정격토출압력인 1MPa(= 양정 100m) 이상 측정되면 정상이다. 그러나 정격운전 시 토출압력 값인 (나)의 결과 값이 정격토출압인 1MPa에 못 미치는 0.5MPa로 측정되었다면 이는 적합하지 않으므로, 성능시험결과표에서 적정하지 않은 값은 ②번 (나).

📂 **[참고 1] 펌프 전양정에 따른 MPa 변환(약식)**

전양정	10m	30m	60m	**100m**
MPa	0.1	0.3	0.6	**1**

📂 **[참고 2]**

(1) 체절운전 : (꼭꼭 걸어 잠근) 토출량 0의 상태에서 체절압력이 정격토출압력(1MPa)의 140% 이하 (x1.4 이하)여야 하므로, 체절운전 시 토출량은 0, 그리고 그 때의 체절압력이 1.3MPa로 측정되었다면 (**정격압력인 1MPa의 140% 이하인 1.4MPa 이하이므로**) (가)의 결과는 적정하다.

(2) 정격(100%)운전 : 유량계의 유량이 (**펌프 명판상**) 정격유량상태(100%)인 200L/min일 때, 압력이 정격토출압 이상 측정되면 정상이므로, (나)는 전양정 100m를 MPa로 변환한 1MPa(정격토출압) 이상으로 측정되어야 적합하다.

(3) 최대(150%)운전 : 유량계의 유량이 정격토출량의 150%(x1.5)일 때, 압력이 정격토출압력의 65% 이상이면 정상 판정한다. 즉, 최대운전 시 토출량인 (다)가 (200 x 1.5) = 300L/min일 때, 토출압력 (라)는 정격압력의 65% (1 x 0.65) = 0.65MPa 이상으로 측정되면 정상이므로, (다)는 300L/min, 그리고 그 때의 압력 (라)는 (0.65MPa 이상인) 0.7MPa로 측정되었다면 적합하다.

📂 **Tip**
펌프성능시험과 관련된 더 많은 예제는 2025 챕스랜드 소방안전관리자 2급 <찐득한 FINAL 문제집>을 통해서도 풀어보실 수 있답니다~! (0.<)

23

답 ③

해 특정소방대상물에 설치해야 하는 소방시설의 적용기준 표에 따르면 지하가 중 터널로서 길이가 1,000m 이상이면 경보설비 중 자동화재탐지설비를 설치해야 하는 대상이 된다. 또한 특정소방대상물이 (터널을 제외한) 지하가로 연면적이 1,000m² 이상이면 소화활동설비 중 제연설비를 설치하는 대상이 된다.
따라서 (가)에 들어갈 설치대상 단위는 1,000m 이상 / (나)에 들어갈 설치대상 단위는 1,000m² 이상으로 답은 ③.

24

답 ①

해 펌프성능시험 시 토출측 개폐밸브가 폐쇄되어 있지 않으면 정확한 측정 및 시험이 어려워지므로 토출측 개폐밸브는 완전히 '폐쇄'한 후 점검을 진행해야 한다. 따라서 개폐 여부를 반대로 서술한 ①의 설명이 옳지 않다.

25

답 ④

해 문제의 표는 화재예방법 시행규칙 별지 서식으로 고시하는 소방안전관리자 업무 수행 기록표에 해당하며 (가)수행자에는 소방안전관리자의 서명이 들어가므로 ①은 옳은 설명이다.

또 행복빌딩은 연면적이 만오천 제곱미터 이상인 특정소방대상물로 1급소방안전관리대상물에 해당하기 때문에 (나)등급 란에 1급으로 표시한다는 ②의 설명도 옳다.

피난·방화시설 확인 결과 불량으로 그에 대한 조치로 복도에 적재된 장애물을 제거한 것으로 보아 (다)확인내용은 피난경로 상에 놓인 장애물 등의 적치 여부일 것임을 추측할 수 있으므로 ③의 설명도 옳은 설명인데, 조치방법이 '제거'에 해당하므로 이전에 표시한다고 서술한 ④의 설명은 옳지 않다. 따라서 답은 ④.

26

답 ②

해 업무수행 기록의 작성·유지를 위한 작성요령은 소화설비의 제어반 및 가압송수장치(펌프 등), 경보설비의 '수신기'를 중점적으로 확인하여 작성해야 한다는 내용을 포함한다. 따라서 ②번의 설명 중 경보설비의 발신기를 중점으로 확인하여 작성한다는 설명이 옳지 않다.

📂 CHECK! 업무수행 기록의 작성·유지

주요내용	• 소방안전관리자는 업무수행 기록 월 1회 이상 작성·관리 • 보수·정비 필요한 사항은 관계인에게 즉시 보고·기록 • 소방안전관리자는 작성 날부터 2년간 기록 보관
작성요령	• 업무수행일 포함 월 1회 이상 작성 • 소방시설등 자체점검표 - 점검항목 참고하여 작성 • 대상물 특성에 따라 기타(추가항목) 작성 • 소화설비 - 제어반·가압송수장치 경보설비 - 수신기 중점 확인·작성

27

답 ③

해 화재위험작업 관리감독 절차 중 〈보기〉의 내용은 첫 단계로, 화기작업의 위치를 확정하고 작업 시작 전 현장의 안전조치 및 예방책을 확인하는 것은 화재안전 감독자(감독관)이 해야 하는 업무에 해당한다.
이러한 작업현장의 준비상태가 확인되고 화재감시자가 현장에 배치되면 감독자(감독관)는 서명 후 화기작업 허가서를 발급하고 → 허가서는 작업구역 내에 게시하여 작업자 및 관리자 등이 내용을 확인할 수 있도록 한다. 이후 화기작업이 이루어지는 중에 화재감시자는 작업 중+휴식 및 식사시간에도 감시활동을 진행하고 비상시 초동대처를 위한 대응준비를 갖추어야 한다.
따라서 〈보기〉 단계의 대상(주체)는 ③ 화재안전 감독자(감독관).

28

답 ④

해 [옳지 않은 이유]
예시 그림으로 보아 (가)는 '복도'통로유도등, (나)는 '거실'통로유도등으로 둘을 반대로 서술한 ①의 설명은 옳지 않다. 또한 복도통로유도등을 설치하는 (다)설치장소는 일반 '복도'하부에 해당하므로 계단이라고 서술한 ②의 설명도 옳지 않다. (참고로 설치장소가 일반 계단 하부인 것은 계단통로유도등이다.)
복도통로유도등(가)의 경우 바닥으로부터 높이 1m 이하의 위치에, 그리고 거실통로유도등(나)의 경우에는 바닥으로부터 높이 1.5m 이상의 위치에 설치하므로, 1m 이상의 높이라고 서술한 ③의 설명은 옳지 않다. 따라서 옳은 설명은 ④.

29

답 ②

해 연속적인 산화반응은 다시 말해서 '연쇄반응'에 해당하는데 이러한 연쇄반응을 약화시켜 소화하는 '**화학적**' 작용의 소화방법은 **억제소화**에 해당한다. 참고로, 억제소화를 제외한 제거·냉각·질식소화는 모두 물리적 작용에 의한 소화방법이므로, 화학적 작용에 의한 소화방법은 억제소화만 해당한다는 점을 같이 체크하는 것도 꿀팁!^^

30

답 ④

해 (1) 기둥을 증설 또는 해체하거나 3개 이상 수선 또는 변경하는 경우 대수선의 범위에 포함되므로 ①은 대수선의 범위에 포함한다.
(2) 보를 증설 또는 해체하거나 3개 이상 수선 또는 변경하는 것도 대수선에 해당하므로 ②의 경우도 옳다.
(3) 다가구주택의 가구 간 경계벽 또는 다세대주택의 세대 간 경계벽을 증설 또는 해체하거나 수선 또는 변경하는 것도 대수선에 해당하므로 ③의 경우도 해당한다.
(4) 그러나 대수선의 범위에 '옥외계단'의 증설·해체 또는 수선·변경은 포함되지 않으므로 ④번은 대수선으로 볼 수 없다. 따라서 답은 ④.

💡 옥외계단이 아닌 '**주계단·피난계단 또는 특별피난계단**'을 증설/해체하거나 수선/변경하는 것이 대수선에 해당한다.

IV

쉽게 뜯어보는 총정리

PART1 쉽게 뜯어보는 총정리

PART2 전설비책

MEMO

PART 1
쉽게 뜯어보는 총정리

Chapter 01 쉽게 뜯어보는 총정리

✓ 소방관계법령

■ 주요 발화 요인

① 부주의 > ② 전기적 요인 > ③ 기계적 요인

→ 2025년 기준, 발화 요인 중에서 '부주의'가 가장 많은 비율을 차지했다.

■ 소방기본법 & 화재예방법 & 소방시설법

구분	소방기본법	화재의 예방 및 안전관리에 관한 법률	소방시설 설치 및 관리에 관한 법률
의의	화재를 예방·경계하거나 진압하고 화재, 재난·재해, 그 밖의 위급한 상황에서의 구조·구급 활동 등을 통하여 국민의 생명·신체 및 재산을 보호함으로써	화재의 예방과 안전관리에 필요한 사항을 규정함으로써	특정소방대상물 등에 설치해야 하는 소방시설등의 설치·관리와 소방용품 성능관리에 필요한 사항을 규정함으로써
주목적	공공의 안녕 및 질서 유지와 복리증진에 이바지함	화재로부터 국민의 생명·신체, 재산을 보호하고 공공의 안전과 복리 증진에 이바지함	국민의 생명·신체, 재산을 보호하고 공공의 안전과 복리증진에 이바지함을 목적으로 한다.
공통 목적	국민의 생명·신체, 재산을 보호 및 복리증진에 이바지		

■ 소방용어의 정리

1) **소방대상물**: 건축물, 차량, 산림, 인공구조물(물건), 항구에 매어둔 선박, 선박 건조 구조물

　　└ 항해중인 선박과 헷갈리지 말기! : 항해 중인 선박은 소방대상물 아님

2) **소방시설등**: 소방시설 + 비상구, 방화문, 방화셔터

3) **관계인**: 소.관.점 (소유자, 관리자, 점유자)

4) **소방대**: 소방공무원 / 의무소방원 / 의용소방대원

■ 피난층이란?

곧장 __지상__ 으로 갈 수 있는 __출입구(출입문)__ 가 있는층

■ 무창층의 조건

① 지상층 개구부 면적의 총합이 해당 층 바닥면적의 1/30 이하인 층
② 개구부의 크기는 지름 50cm 이상의 원이 통과할 수 있어야 한다.
③ 개구부의 하단(밑부분)이 해당 층의 바닥으로부터 1.2m 이내의 높이에 위치해야 한다.
④ 빈터를 향할 것, 창살 및 장애물이 없을 것, 쉽게 부술 수 있을 것

■ 특정소방대상물/소방안전관리자 선임 및 응시자격 기준

등급	소방대상물 기준	관리자로 바로 선임!	시험 응시자격만 줌
특급	• (지하 제외) 50층 이상 또는 높이 200m 이상 [아파트] • (지하 포함) 30층 이상 또는 높이 120m 이상 특상물(아파트 X) • 연면적 10만m² 이상 특상물 (아파트 X)	• 소방기술사/소방시설관리사 • 소방설비기사 + 1급에서 관리자 5년 이상 근무 경력 • 소방설비산업기사 + 1급에서 관리자 7년 이상 • 소방공무원 경력 20년 이상 • 특급소방안전관리자 시험 합격자 어느 하나에 해당하면서 특급소방안전관리자 자격증을 발급받은 사람	가. 소방공무원 경력 10년 이상 나. 1급대상물 안전관리자 근무 경력 5년 이상 다. 1급 안전관리자 선임자격 있고, 특/1급 보조자 7년 이상 라. 대학에서 관련 교과목 이수 + 안전관리자 경력 3년 이상
1급	• (지하 제외) 30층 이상 또는 높이 120m 이상의 [아파트] • (지상층) 11층 이상의 특상물 (아파트X) • 연면적 15,000m² 이상의 특상물(아파트 및 연립주택X) • 1천톤 이상의 가연성 가스를 취급/저장하는 시설	• 소방설비(산업)기사 • 소방공무원 경력 7년 이상 • 1급소방안전관리자 시험 합격자 어느 하나에 해당하면서 특급 또는 1급 소방안전관리자 자격증을 발급받은 사람	가. 소방안전학과 졸업 및 전공 졸업 + 2/3급 안전관리자 2년 이상 나. 소방안전 교과목 이수(또는 졸업) + 2/3급 관리자 경력 3년 이상 다. 2급대상물 '관리자' 5년 이상 또는 특/1급 '보조자' 5년 이상 또는 2급 '보조자' 7년 이상 라. 산업안전(산업)기사 자격 + 2/3급 안전관리자 2년 이상
2급	• 옥내소화전/스프링클러/물분무등 설치 • 가연성 가스 100t~1천톤 '미만' 저장/취급 하는 시설 • 지하구, 공동주택, 국보지정 목조건물	• 위험물(기능장/산업기사/기능사) • 소방공무원 경력 3년 이상 • 2급소방안전관리자 시험 합격자 • 기업활동 규제완화로 선임된 자 어느 하나에 해당하면서 특·1·2급 소방안전관리자 자격증을 발급받은 자	가. 소방안전관리학과 졸업(전공자) 나. 의용소방대원 또는 경찰공무원 또는 소방안전 '보조자' 3년↑ 다. 3급대상물 안전관리자 2년↑ 라. 건축사, 산업안전(산업)기사, 건축(산업)기사, 전기(산업)기사, 전기공사(산업)기사 자격 보유자

등급	소방대상물 기준	관리자로 바로 선임!	시험 응시자격만 줌
3급	• 간이스프링클러/자동화재탐지설비 설치	• 소방공무원 경력 1년 이상 • 3급소방안전관리자 시험 합격자 • 기업활동 규제완화로 선임된 자 어느 하나에 해당하면서 특·1·2·3급 소방안전관리자 자격증을 발급받은 자	의용소방대원 또는 경찰공무원 근무 경력 2년↑
보조자	- 300세대 이상의 아파트 - (아파트X) 연면적 만오천 이상 특상물 - 기숙사, 의료시설, 노유자시설, 수련시설, 숙박시설은 기본 1명 선임(단, 숙박시설 바닥면적 합이 천오백 미만이고 관계인 24시간 상주 시 제외)	- 특·1·2·3급 소방안전관리자 자격이 있거나, 강습교육을 수료한 자 - 소방안전관리대상물에서 관련 업무 2년 이상 근무 경력자	

■ 소방안전관리자 및 보조자 선임 기준

1) 선임 : 30일 내(위반 시 300 벌금)
2) 신고 : 14일 내 → 소방본부장 또는 소방서장(위반 시 200 과태료)
3) 선임 연기 : 특/1급은 연기신청 불가!

■ (단독주택, 공동주택)주택에는 소화기, 단독경보형감지기 설치!

■ 소방안전관리자 실무교육

1) 강습교육 수료하고 1년 안에 선임 : '강습수료일' 기준, 2년째 되기 하루 전까지 실무교육!
2) 강습교육 수료한지 1년 지나서 선임 : '선임된 날' 기준, 6개월 안에 실무교육!

■ 소방안전관리 업무대행

1) 소방시설 유지관리, 피난·방화시설 유지관리 업무대행 가능
2) 2, 3급 또는 연면적 15,000m² 미만+11층 이상인 1급

■ 자체점검

1) **작동점검**: 인위적 조작으로 소방시설등이 정상 작동하는지 여부를 〈소방시설등 작동점검표〉에 따라 점검
2) **종합점검**: (작동점검 포함) 설비별 주요 구성 부품의 구조기준이 화재안전기준과 「건축법」 등 법령 기준에 적합한지 여부를 〈소방시설등 종합점검표〉에 따라 점검하는 것으로, 최초점검/그 밖의 종합점검으로 구분
① **최초점검**: 해당 특정소방대상물의 소방시설등이 신설된 경우
② **그 밖의 종합점검**: 최초점검을 제외한 종합점검

구분	점검 대상	점검자 자격(주된 인력)
작동점검	① 간이스프링클러설비 또는 자탐설비에 해당하는 특정소방대상물(3급 소방안전관리대상물)	(1) 관리업에 등록된 기술인력 중 소방시설관리사 (2) 소방안전관리자로 선임된 소방시설관리사 및 소방기술사 (3) 특급점검자(「소방시설공사업법」 따름) (4) 관계인
작동점검	② 위 (① 항목)에 해당하지 않는 특정소방대상물	(1) 관리업에 등록된 기술인력 중 소방시설관리사 (2) 소방안전관리자로 선임된 소방시설관리사 및 소방기술사
	③ 작동점검 제외 대상 - 소방안전관리자를 선임하지 않는 대상 - 특급소방안전관리대상물 - 위험물제조소등	
종합점검	① 소방시설등이 신설된 특정소방대상물 ② 스프링클러설비가 설치된 특정소방대상물 ③ 물분무등소화설비(호스릴 방식만 설치한 곳은 제외)가 설치된 연면적 5천m² 이상인 특정소방대상물 [단, 위험물제조소등 제외] ④ 단란주점영업, 유흥주점영업, 노래연습장업, 영화상영관, 비디오물감상실업, 복합영상물제공업, 산후조리업, 고시원업, 안마시술소의 다중이용업 영업장이 설치된 특정소방대상물로 연면적 2천m² 이상인 것 (「다중이용업소 특별법 시행령」 따름) ⑤ 제연설비가 설치된 터널 ⑥ 공공기관 중 연면적(터널, 지하구의 경우 그 길이와 평균 폭을 곱하여 계산된 값)이 1천m² 이상인 것으로 옥내소화전설비 또는 자탐설비가 설치된 것 (단, 소방대가 근무하는 공공기관은 제외)	(1) 관리업에 등록된 기술인력 중 소방시설관리사 (2) 소방안전관리자로 선임된 소방시설관리사 및 소방기술사

3) 점검 횟수 및 시기

구분	점검 횟수 및 시기 등
작동점검	작동점검은 연 1회 이상 실시하는데, • 작동점검만 하면 되는 대상물 : 특정소방대상물의 사용승인일이 속하는 달의 말일까지 실시 • 종합점검까지 해야 하는 큰 대상물 : 큰 규모의 '종합점검'을 먼저 실시하고, 종합점검을 받은 달부터 6개월이 되는 달에 작동점검 실시
종합점검	① 소방시설등이 신설된 특정소방대상물 : 건축물을 사용할 수 있게 된 날부터 60일 내 ② 위 ①항 제외한 특정소방대상물 : 건축물의 사용승인일이 속하는 달에 연 1회 이상 실시 　[단, 특급은 반기에 1회 이상] → 이때, 소방본부장 또는 소방서장은, 소방청장이 '소방안전관리가 우수하다'고 인정한 대상물에 대해서는 3년의 범위에서 소방청장이 고시하거나 정한 기간 동안 종합점검을 면제해줄 수 있다. 단, 면제 기간 중 화재가 발생한 경우는 제외함. ③ 학교 : 해당 건축물의 사용승인일이 1~6월 사이인 경우에는 6월 30일까지 실시할 수 있다.
종합점검	④ 건축물 사용승인일 이후「다중이용업소 특별법 시행령」에 따라 종합점검 대상에 해당하게 된 때 (다중이용업의 영업장이 설치된 특정소방대상물로서 연면적 2천㎡ 이상인 것에 해당하게 된 때)에는 그 다음 해부터 실시한다. ⑤ 하나의 대지경계선 안에 2개 이상의 자체점검 대상 건축물 등이 있는 경우에는 그 건축물 중 사용승인일이 가장 빠른 연도의 건축물의 사용승인일을 기준으로 점검할 수 있다.

• 작동점검 및 종합점검은 건축물 사용승인 후 그 다음해부터 실시한다.
• 공공기관의 장은 소방시설등의 유지·관리 상태를 맨눈이나 신체감각을 이용해 점검하는 '외관점검'을 월 1회 이상 실시한 후, 그 점검 결과를 2년간 자체보관해야 한다. (단, 작동·종합점검을 실시한 달에는 외관점검 면제 가능!)
　→ 외관점검의 점검자 : 관계인, 소방안전관리자 또는 소방시설관리업자

4) 자체점검 결과의 조치 등

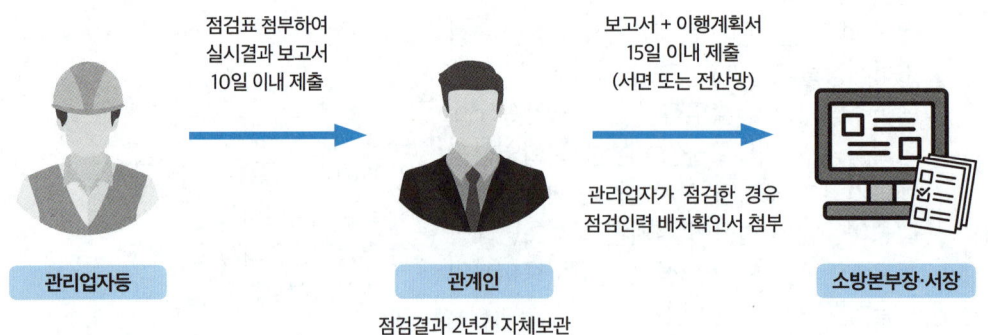

① 관리업자등이 자체점검을 실시한 경우 : 점검이 끝난 날부터 10일 이내에 [소방시설등 자체점검 실시결과 보고서]에 [소방시설등 점검표]를 첨부하여 관계인에게 제출한다.

② **관계인** : 점검이 끝난 날부터 15일 이내에 [소방시설등 자체점검 실시결과 보고서]에 소방시설등의 자체점검결과 [이행계획서]를 첨부하여 서면 또는 전산망을 통해 소방본부장·소방서장에게 보고하고, 보고 후 그 점검결과를 점검이 끝난 날부터 2년간 자체 보관한다. (단! 관리업자가 점검한 경우에는 +점검인력 〈배치확인서〉도 첨부!)

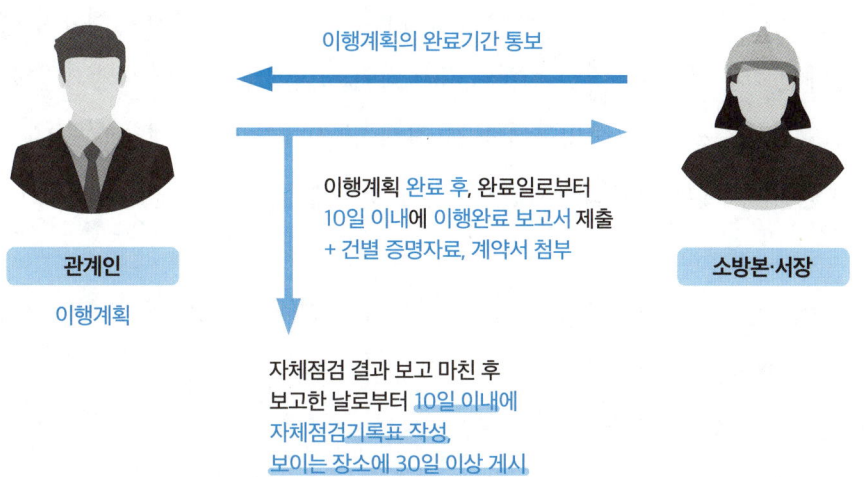

③ 〈이행계획서〉를 보고받은 소방본부장 또는 소방서장은 이행계획의 완료 기간을 다음과 같이 정하여 관계인에게 통보해야 하는데, 다만 소방시설등에 대한 수리·교체·정비의 규모 또는 절차가 복잡하여 기간 내에 이행을 완료하기 어려운 경우에는 그 기간을 다르게 정할 수 있다.
- 소방시설등을 구성하고 있는 기계·기구를 수리하거나 정비하는 경우 : 보고일로부터 10일 이내
- 소방시설등의 전부 또는 일부를 철거하고 새로 교체하는 경우 : 보고일로부터 20일 이내

④ 이행계획을 완료한 관계인은 이행을 완료한 날로부터 10일 이내에 소방시설등의 자체 점검결과 〈이행완료 보고서〉에 〈이행계획 건별 전·후사진 증명자료〉와 〈소방시설공사 계약서〉를 첨부하여 소방본부장 또는 소방서장에게 보고해야 한다.

⑤ 자체점검결과 보고를 마친 관계인은 보고한 날로부터 10일 이내에 소방시설등 자체점검 〈기록표〉를 작성하여 특정소방대상물의 출입자들이 쉽게 볼 수 있는 장소에 30일 이상 게시해야 한다.

■ 금지행위

화재 등 비상상황 발생 시 안전 확보를 위해 소방대상물의 관계인으로 하여금 피난시설과 방화구획 및 방화시설을 유지·관리하도록 「화재예방, 소방시설 설치·유지 및 안전관리에 관한 법률」로 규정하고 있다.
- **피난시설** : 계단(직동계단, 피난계단 등), 복도, (비상구를 포함한)출입구, 그 밖의 옥상광장, 피난안전구역, 피난용 승강기 및 승강장 등의 피난 시설
- **방화시설** : 방화구획(방화문, 방화셔터, 내화구조의 바닥 및 벽), 방화벽 및 내화성능을 갖춘 내부마감재 등

가. ⟨피난·방화시설 관련 금지행위⟩에 해당하는 내용은 다음과 같다.

① **폐쇄(잠금 포함)행위**: 계단, 복도 등에 방범철책(창) 설치로 피난할 수 없게 하는 행위, 비상구에 (고정식) 잠금장치 설치로 쉽게 열 수 없게 하거나, 쇠창살·용접·석고보드·합판·조적 등으로 비상(탈출)구 개방이 불가하게 하는 행위 - 건축법령에 의거한 피난/방화시설을 쓸 수 없게 폐쇄하는 행위

② **훼손행위**: 방화문 철거(제거), 방화문에 도어스톱(고임장치) 설치 또는 자동폐쇄장치 제거로 그 기능을 저해하는 행위, 배연설비 작동에 지장주는 행위, 구조적인 시설에 물리력을 가해 훼손한 경우

③ **설치(적치)행위**: 계단·복도(통로)·출입구에 물건 적재 및 장애물 방치, 계단(복도)에 방범철책(쇠창살) 설치(단, 고정식 잠금장치 설치는 폐쇄행위), 방화셔터 주위에 물건·장애물 방치(설치)로 기능에 지장주는 행위

④ **변경행위**: 방화구획 및 내부마감재 임의 변경, 방화문을 목재(유리문)로 변경, 임의구획으로 무창층 발생, 방화구획에 개구부 설치

⑤ **용도장애 또는 소방활동 지장 초래 행위**:
  ㄱ. ①~④에서 적시한 행위로 피난·방화시설 및 방화구획의 용도에 장애를 유발하는 행위
  ㄴ. 화재 시 소방호스 전개 시 걸림·꼬임 현상으로 소방활동에 지장을 초래한다고 판단되는 행위
  ㄷ. ①~④에서 적시하지 않았더라도 피난·방화시설(구획)의 용도에 장애를 주거나 소방활동에 지장을 준다고 판단되는 행위

■ 건설현장 소방안전관리자-선임 신고 시 첨부 서류

⟨건설현장 소방안전관리자⟩ 선임 신고 시 첨부 서류

공사시공자는 ⟨건설현장 소방안전관리자⟩를 선임한 날로부터 14일 내에 다음의 서류를 첨부하여 소방본부장 또는 소방서장에게 선임 신고 한다.

- 건설현장 소방안전관리자 선임신고서
- 소방안전관리자 자격증
- 건설현장 소방안전관리자 강습교육 수료증
- 건설현장 공사 계약서 (사본)

■ 벌칙(벌금 및 과태료) - 진짜 핵심키워드만!

구분		소방기본법	예방 및 안전관리법	소방시설법
벌금	5년 / 5천 이하	• 위력·폭행(협박)으로 화재진압 및 인명구조(구급활동) 방해 • 고의로 소방대 출입 방해, 소방차 출동 방해 • 장비파손 • 인명구출 및 화재진압(번지지 않게 하는 일)을 방해 • 정당한 사유없이 소방용수시설 또는 비상소화장치 사용하거나 효용을 해치거나 사용 방해		소방시설 폐쇄·차단 행위자 - 상해: 7년 / 7천 - 사망: 10년 / 1억
	3년 / 3천 이하	소방대상물 또는 토지의 강제처분 방해(사유 없이 그 처분에 따르지 않음)	• 화재안전조사 결과에 따른 조치명령 위반 • 화재예방안전진단 결과 보수·보강 등의 조치명령 위반	소방시설이 기준에 따라 설치·관리가 안 됐을 때 관계인에게 필요한(요구되는) 조치명령을 위반, 유지·관리를 위한 조치명령 위반, 자체점검 결과에 따른 이행계획을 완료하지 않아 조치의 이행 명령을 했지만 이를 위반한 자
	1년 / 1천 이하		소방안전관리자 자격증을 타인에게 빌려주거나 빌리거나 이를 알선한 자, 화재예방안전진단을 받지 않음	점검 미실시 (점검 1년마다 해야 되니까 1년/1천)
	300 이하		• 화재안전조사를 거부·방해, 기피 • 화재예방 조치명령을 따르지 않거나 방해 • (총괄)소방안전관리(보조)자 미선임 • 법령을 위반한 것을 발견하고도 조치를 요구하지 않은 소방안전관리자 ↔ 소방안전관리자에게 불이익 준 관계인	자체점검 결과 소화펌프 고장 등 중대한 위반사항이 발견된 경우 필요한 조치를 하지 않은 관계인 또는 중대위반사항을 관계인에게 알리지 않은 관리업자 등
	100 이하	• 생활안전활동 방해 • 소방대 도착 전까지 인명 구출 및 화재진압 등 조치하지 않은 관계인 • 피난명령 위반, 긴급조치 방해 • 물·수도 개폐장치의 사용 또는 조작 방해		

구분		소방기본법	예방 및 안전관리법	소방시설법
과태료	500 이하	화재·구조·구급이 필요한 상황을 거짓으로 알림		

	300 이하		• 화재예방조치를 위반한 화기 취급자
			• 소방안전관리자를 겸한 자 (겸직)
			• 건설현장 소방안전관리 업무 이행하지 않음
			
			| 1차 | 2차 | 3차 |
			|---|---|---|
			| 100 | 200 | 300 |
			
			• 소방안전관리업무 안한 관계인 또는 소방안전관리자
			• 피난정보 미제공, 소방훈련 및 교육 하지 않음
				• 소방시설을 화재안전기준에 따라 설치·관리하지 않음
				• 공사현장에 임시소방시설을 설치·관리하지 않음
				• 관계인에게 점검 결과를 제출하지 않은 관리업자 등
				
				• 피난·방화시설(구획)을 폐쇄·훼손·변경함
				• 점검기록표 기록X 또는 쉽게 볼 수 있는 장소에 게시하지 않은 관계인
				
				| 1차 | 2차 | 3차 |
				|---|---|---|
				| 100 | 200 | 300 |
				
				• 점검결과를 보고하지 않거나 거짓으로 보고한 관계인
				• 자체점검 이행계획을 기간 내에 완료하지 않거나 이행계획 완료 결과 미보고 또는 거짓 보고한 관계인
				  (1) 지연 10일 미만 : 50
				  (2) 1개월 미만 : 100
				  (3) 1개월 이상 / 미보고 : 200
				  (4) 거짓 보고 : 300

	200 이하	소방차 출동에 '지장'을 줌, 소방활동구역에 출입, 안전원 사칭	선임 '신고'를 하지 않음 (1개월 미만 50 / 3개월 미만 100 / 3개월 이상 또는 미신고 200) 또는 소방안전관리자 성명 등을 게시하지 않음	
	100 이하	소방차 전용구역에 주차하거나 전용구역으로의 진입을 가로막는 등 방해함	실무교육 받지 않은 소방안전관리(보조)자 : 50만원	
	20 이하	다음의 장소에서 화재로 오인할 수 있는 불을 피우거나 연막소독을 하기 전 미리 신고를 하지 않아서 소방차가 출동하게 함		

구분		소방기본법	예방 및 안전관리법	소방시설법
과태료	20 이하	〈화재 등의 통지〉: • 시장지역 • 석유화학제품 생산공장이 있는 지역 • 공장·창고 / 목조건물 / 위험물 저장·처리시설이 '밀집한' 지역 • 그 밖에 시·도조례로 정하는 지역 및 장소		

■ 방염

1) 방염물품 종별 표시의 양식

방염물품 종별	표시 양식(mm단위)
합격표시를 <u>바로</u> 붙일 수 있는 것(합판, 섬유판, 소파·의자 등)	KC 8
합격표시를 <u>가열하여</u> 붙일 수 있는 것 (커튼 등)	KC 5

📢 **암기 Tip!**
바로 붙이는 건 빨리빨리! = 8mm / 가열하는 건 오! 뜨거워 = 5mm

2) 방염성능검사 합격표시 부착방법

분류별 부착방식	카펫, 소파·의자, 섬유판	합성수지 벽지류	합판, 목재 (블라인드)	섬유류	
				세탁O	세탁X
바탕색채	흰 바탕	은색 바탕	금색 바탕	은색 바탕	투명 바탕
검인 및 글자색	남색	검정색			
표시 (규격mm)	방 KC 염 FA AA 00000 20 / 30	방 KC 염 TA AA 00000 15 / 15	방 염 KC (세탁 가능여부) (GA)HA AA 00000 15 / 25		
부착 위치	• 합격표시는 시공·설치 이후에 확인하기 쉬운 위치에 부착한다. • 포장단위가 두루마리인 방염물품은 제품 폭의 끝으로부터 중앙 방향으로 최소 20cm 이상 떨어진 지점에 부착한다. • 그 밖의 포장단위가 장인 방염물품이나 또는 시공·설치 과정에서 합격표시 훼손의 우려가 없는 경우는 제품 폭의 끝으로부터 20cm 이내에 부착할 수 있다. • 섬유류는 표면에 가열 부착한다.				

✓ 소방계획의 수립/소방안전교육 및 훈련 & 응급처치개요

■ 소방계획 주요원리

종합적	통합적	지속적
• 모든 형태 위험 포괄 • 예방, 대비, 대응, 복구	• 거버넌스(정부, 대상처, 전문기관) 네트워크 구축 • 파트너십 구축, 전원참여	• PDCA Cycle

■ 소방계획 작성원칙

① 실현가능한 계획

② 관계인 참여 (방문자 등 전원 참여)

③ 계획수립의 구조화 (작성 – 검토 – 승인)

④ 실행우선 (문서로 작성된 계획X, 훈련 및 평가 이행 과정 필수)

■ 소방계획 수립절차

1단계 사전기획	2단계 위험환경 분석	3단계 설계/개발	4단계 시행 및 유지관리
• 작성준비(임시조직 구성) 요구사항 검토 • 의견 수렴 작성계획 수립	위험환경 • 식별 • 분석/평가 • 경감대책 수립	• 목표 및 전략 수립 • 세부 실행계획 수립 (설계 및 개발)	• 구체적인 소방계획 수립 • 검토 및 최종 승인 이행, 유지관리(개선)

■ 자위소방활동 및 자위소방대 구성

비상연락	화재 상황 전파, 119 신고 및 통보연락 업무
초기소화	초기소화설비 이용한 조기 화재진압
응급구조	응급조치 및 응급의료소 설치·지원
방호안전	화재확산방지, 위험물시설 제어 및 비상 반출
피난유도	재실자·방문자의 피난유도 및 화재안전취약자 피난보조

① TYPE – Ⅰ	• 특급, 연면적 30,000m² 이상을 포함한 1급(공동주택 제외) [지휘조직] 화재상황을 모니터링하고 지휘통제 임무를 수행하는 '지휘통제팀' [현장대응조직] '본부대' : 비상연락팀, 초기소화팀, 피난유도팀, 응급구조팀, 방호안전팀(필요 시 가감) [현장대응조직] '지구대' : 각 구역(Zone)별 현장대응팀(구역별 규모,인력에 따라 편성)
② TYPE – Ⅱ	• 1급 (단, 연면적 3만 이상은 Type – Ⅰ), 상시 근무인원 50명 이상의 2급 [지휘조직] 화재상황을 모니터링하고 지휘통제 임무를 수행하는 '지휘통제팀' [현장대응조직] 비상연락팀, 초기소화팀, 피난유도팀, 응급구조팀, 방호안전팀(필요 시 가감)

③ TYPE – Ⅲ	• 2급 (단, 상시 근무인원 50명 이상은 Type - Ⅱ), 3급 - (10인 미만) 현장대응팀 - 개별 팀 구분 없음 - (10인 이상) 현장대응조직 - 비상연락팀, 초기소화팀, 피난유도팀(필요 시 가감 편성)	

■ 자위소방대 편성

가. 팀별 최소인원 2명 이상 – 각 팀별 팀장(책임자) 지정

나. 상시 근무인 or 거주인 중 자위소방활동 가능한 인력으로 편성

다. 자위소방대장 : 소유주 or 법인 대표 및 기관 책임자

  / 부대장 : 소방안전관리자

라. 대장 및 부대장 부재 시 대리자 지정

마. 초기대응체계(즉각 출동 가능자)는 소방안전관리보조자, 경비(보안) 근무자, 대상물 관리인 등 상시근무자

바. 대원별 개별임무 부여, 복수 및 중복 가능!

■ 지구대 구역(Zone) 설정

가. 5층 이내 또는 단일 층을 하나의 구역으로 수직구역 설정

나. 하나의 층 1,000m² 초과 시 구역 추가, 또는 방화구획 기준으로 구분하는 수평구역 설정

• 비거주용도(주차장, 강당, 공장)은 구역설정에서 제외

■ 화재 대응 및 피난

화재 대응	① 화재전파	• "불이야!" 육성 전파 • 발신기(화재경보장치) 누름 → 작동되면 수신반으로 화재 신호 자동 접수
	② 초기소화	• 소화기 or 옥내소화전 사용해 초기 소화 작업 • 화세의 크기 등을 고려해 초기대응 여부 결정 → 초기소화 어려울 경우, 열 연기 확산방지를 위해 출입문 닫고 즉시 피난
	③ 화재 신고	• 건물 주소, 명칭 등 현재위치와 화재 사실, 화재 진행 상황, 피해현황 등을 소방기관(119)에 신고 • 소방기관 OK할 때까지 전화 끊지 말기
	④ 비상방송	• 비상방송설비(확성기) 이용해 화재 전파 및 피난개시 명령
	⑤ 관계기관 통보, 연락	• 소방안전관리자 or 자위소방 담당 대원은 유관기관 및 협력업체 등에 화재사실 전파
	⑥ 대원소집 및 임무부여	• 초기대응체계로 신속 대응 → 지휘통제, 초기소화, 응급구조, 방호안전

피난	• 엘베 이용 금지, 계단으로 대피 • 아래층 대피 어려우면 옥상으로 대피 • 아파트에서 세대 밖 탈출 어려우면 경량칸막이 통해 옆세대(대피공간)로 이동 • 유도등(표지) 따라 '낮은 자세'로 이동, 젖은 수건 등으로 입과 코 막기 • 문 손잡이 뜨거우면 문 열지 말고 다른 길 찾기 • 옷에 불 붙으면 바닥에 뒹굴고, 탈출 시 재진입 금지

■ 소방안전 교육 및 훈련

- 관계인은 근무자 등에게 소방훈련 및 교육을 해야 하고 피난훈련은 대피 유도 훈련을 포함한다.
- 특급 및 1급의 관계인은 소방훈련 및 교육을 한 날부터 30일 내에 소방훈련·교육 실시 결과를 소방본·서장에게 제출한다.
- 연 1회 이상 실시(단, 소방본·서장이 필요를 인정하여 2회의 범위에서 추가로 실시할 것을 요청하는 경우에는 소방훈련과 교육을 실시) / 결과기록부에 기록하고 실시한 날로부터 2년간 보관
- 소방본·서장이 불시에 소방훈련과 교육을 실시하는 경우
- **사전통지기간**: 불시 소방훈련 실시 10일 전까지 관계인에게 통지
- **결과통보**: 소방본·서장은 관계인에게 불시 소방훈련 종료일로부터 10일 이내에 불시 소방훈련 평가결과서를 통지

> **📢 Tip**
> 불시는 실시 전, 후로 10일 이내!

① **학습자중심 원칙**: 한번에 한가지씩 / 쉬운 것 → 어려운 것 순서로 진행
② **동기부여 원칙**: 중요성 전달, 초기성공에 대한 격려, 보상 제공, 재미 부여, 전문성 공유 등
③ **목적원칙**: 어떤 '기술'을 어느 정도까지 익힐 것인지, 습득하려는 '기술'이 전체 중 어느 위치에 있는지 인식
④ **현실원칙**: 비현실적인 훈련 X
⑤ **실습원칙**: 목적을 생각하고 정확한 방법으로 한다.
⑥ **경험원칙**: 현실감 있는 훈련, 교육
⑦ **관련성 원칙**: 실무적인 접목과 현장성 필요

■ 응급처치의 중요성

- 생명유지   • 고통경감   • 치료기간 단축   • 의료비 절감

(2차적인 합병증 예방, 환자의 불안 경감, 회복 빠르게 돕기)

→ 즉각적이고 임시적인 처치 제공, '영구적'인 '치료'는 절대 불가!

■ 응급처치 기본사항

1) **기도확보**(유지) : 이물질 보여도 손으로 제거X / 환자 구토하면 머리 옆으로 / 기도 개방은 머리 뒤로 턱 위로
2) **상처보호** : 소독거즈로 응급처치, 붕대로 드레싱(1차 사용한 거즈 사용 금지, 청결거즈 사용)
3) **지혈처리** : 혈액량 15~20% 출혈 시 생명 위험, 30% 출혈 시 생명 잃음

- 출혈 증상
  ① 호흡, 맥박 빠르고 약하고 불규칙＋동공 확대, 불안 호소＋호흡곤란
  ② 혈압과 체온 떨어지고＋피부가 차고 축축, 창백해짐
  ③ 탈수, 갈증 호소＋구토발생＋반사작용 둔해짐

- 출혈 응급처치
  ① **직접압박** : 상처부위 직접 압박, 소독거즈로 출혈부 덮고 4~6인치 압박붕대로 압박. 출혈부위 심장보다 높게.
  ② **지혈대** : 절단같은 심한 출혈(괴사 위험) → 5cm 이상의 넓은 띠 사용, 출혈부위에서 5~7cm 상단부 묶기. 무릎이나 팔꿈치같은 관절부위 사용X, 착용시간 기록해두기

■ 응급처치 일반원칙

가. 긴박해도 나 먼저! 구조자 자신의 안전이 최우선(환자 최우선X)
나. 본인 또는 보호자 동의 얻기
다. 응급처치와 [동시에] 구조요청(처치하고 나서 요청X)
라. 무료는 119, 앰뷸런스는 요금 징수
마. 불확실한 처치 금물!

■ 화상

1도(표피화상)	2도(부분층화상)	3도(전층화상)
• 피부 바깥층 화상 • 부종, 홍반, 부어오름 • 흉터없이 치료 가능	• 피부 두 번째 층까지 손상 • 발적, 수포, 진물 • **모세혈관** 손상	• 피부 전층 손상 • 피하지방 / 근육층 손상 • 피부가 검게 변함 • **통증이 없다**

■ 심폐소생술

- 순서 : C-A-B (가슴압박-기도유지-인공호흡)

① 어깨 두드리며 질문, 반응 확인
② 반응없고 비정상호흡 시 도움 요청, 특정인 지목해 119 신고 및 AED 요청

③ 맥박과 호흡 비정상 여부 판단은 10초 내
④ **가슴압박**: 가슴뼈 아래쪽 절반 위치 체중 실어 강하게 압박, 환자와 나는 수직, 팔은 일직선으로 뻗기 분당 100~120회 속도로 5cm 깊이 압박(압박과 이완 비율 50:50), 갈비뼈 조심
⑤ **인공호흡**: 기도 개방, 엄지와 검지로 코 막고 가슴이 올라오도록 1초간 인공호흡. *인공호흡 자신 없으면 시행X
⑥ **가슴압박, 인공호흡 반복**: 비율은 30:2. 2인 이상이 번갈아가며 시행(5주기로 교대)
⑦ **회복자세**: 환자 반응 있으면 호흡 회복됐는지 확인, 회복 시 옆으로 돌려 기도 확보(반응 및 정상호흡 없으면 심정지 재발로 가슴압박과 인공호흡 재시행)

■ **AED(자동심장충격기) 사용법**

① 전원 켜기 → ② 환자의 오른쪽 쇄골 아래, 왼쪽 가슴과 겨 중간에 패드 부착 → ③ 음성지시 나오면 심폐소생술 멈추고, 환자에게서 모두 떨어져 심장리듬 분석(필요 시 기계가 알아서 충전, 불필요 시 심폐소생술 다시 시작) → ④ 제세동 필요 환자의 경우 심장충격 버튼 깜빡이면 눌러서 심장충격 시행(이때도 모두 떨어져야 함) → ⑤ 심장충격 실시 후 심폐소생술 재시행 → ⑥ 2분 주기로 심전도 자동 분석, 119 구급대 도착 전까지 심폐소생술과 심장충격 반복.

✓ 건축관계법령

■ **건축(용어)**

1) **주요구조부**: 기둥, 지붕틀, 보, 내력벽, 바닥, 주계단
2) **건축물**: 지붕+기둥, 지붕+기둥+벽/부수되는 시설물(대문, 담장)/지하 or 고가 공작물에 사무소, 공연장, 점포, 차고 등
3) **건축설비**: 국토교통부령 - 전기, 전화, 초고속 정보통신, 지능형 홈네트워크, 배연, 냉난방, 소화 배연, 오물처리, 굴뚝
4) **피난**: 대피공간, 발코니, 복도, 직통계단, (특별)피난계단의 구조 및 치수 규정
5) **대수선**

증설, 해체		수선, 변경	
		3개 이상	30m² 이상
• 내력벽 • 기둥 • 지붕틀	• 보 • 외벽 마감재료	• 기둥 • 지붕틀 • 보	• 내력벽 • 외벽 마감재
• 방화벽(구획) 벽, 바닥 • 주계단, (특별)피난계단 • 다가구(세대)주택 경계벽			

6) **내화구조**: (철근콘크리트, 연와조) 화재 후 재사용 가능

　vs **방화구조**: (철망모르타르, 회반죽) 화염의 확산 막는 성능

7) 용적률과 건폐율

용적률	건폐율
대지면적에 모든 층 다 쌓아서 업어!(연면적)	대지면적에 차지하고 있는 덩어리(건축면적)
$\dfrac{연면적}{대지면적} \times 100 =$ 용적률	$\dfrac{건축면적}{대지면적} \times 100 =$ 건폐률

8) **높이 산정**: 지표면~건축물 상단

① **전부 산입** - 옥상부분 면적 총합이 건축면적 **1/8 초과**

② **12m 넘는** 부분만 산입 - 옥상부분 면적 총합이 건축면적 **1/8 이하**

9) **층수 산정**: 옥상부분 면적 총합이 건축면적 1/8 이하면 제외! 기본 한 층에 4m

10) 방화구획

- 방화구획 바닥, 벽: 내화구조+갑종방화문
- 갑종(비차 1시간+차 30): 60분+방화문
- 갑종(비차 1시간): 60분 방화문
- 을종(비차 30): 30분 방화문

✓ 소방학개론 & 화기취급감독

■ **연소**: 열과 빛을 동반하는 산화현상(가연물+산소 결합)

■ **정전기 예방**

1) 접지시설 설치

2) 전도체 물질 사용

3) 공기의 이온화

4) 습도 70% 이상 유지

■ 가연물질 구비조건

1) 활성화E 작아야
2) 열 축적 위해 열전도도 작아야
3) 조연성 가스(산소,염소)와 친화력 강해야
4) 산소와 접촉하는 비표면적 커야 (기체 > 액체 > 고체)
5) 산소와 결합 시 발열량 커야
6) 연쇄반응 일으키는 물질이어야

■ 인화점/연소점/발화점

용어	특징	예시
인화점	• 점화원 갖다 댔을 때 불 붙는 온도! • 액체는 증발과정(에너지 적음) • 고체는 열분해(에너지 큼)	등유: 39˚ 이상
연소점	• 연소상태가 5초 이상 유지되는 온도 • 인화점보다 약 10˚ 높음 • 증기 발생이 연소 속도보다 빠름	등유: 약 49˚ 이상 (인화점보다 10도 높을 때 연소상태 지속)
발화점 (착화점)	• 점화원 없이 (자연)발화! • 열의 축적으로 발화되는 최저온도 • 산소친화력 클수록 발화점 낮아 쉽게 발화 • 화재 진압 후에도 계속 물 뿌리는 이유:발화점 이상으로 높아진 물체에 다시 자연적으로 불 붙지 않게 하기 위함	등유: 210˚
	온도 높은 순: 발화점 > 연소점 > 인화점	

■ 연소범위

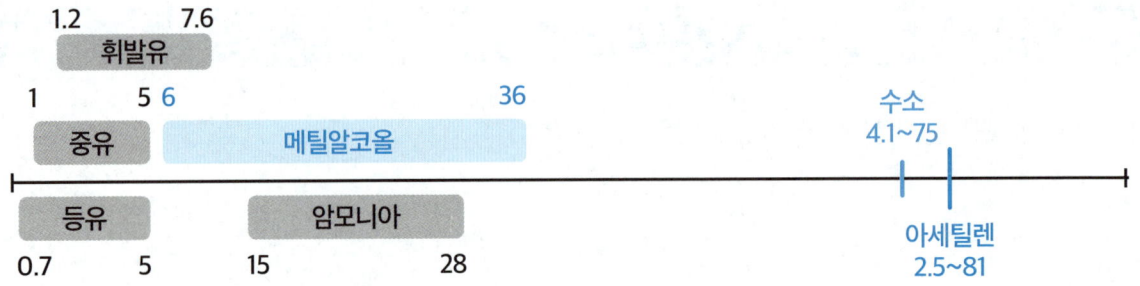

■ 화재종류 및 특징

A급 : 일반화재	재가 남음	냉각소화 : 수계 소화약제
B급 : 유류화재	재가 남지 않음	질식소화 : 불연성 포 덮기
C급 : 전기화재	감전 위험 (물 사용 X)	질식소화 : 가스 소화약제(이산화탄소)
D급 : 금속화재	폭발 위험 (물 사용 X)	질식소화 : 건조사(모래), 금속화재용 분말소화약제
K급 : 주방화재	기름(식용유) 화재	냉각소화 : 비누화

■ 소화방법

1) **제거소화** : 가연물 제거 → 연소 중지 (예 가스밸브 잠금, 가연물 파괴, 촛불 불어서 끄기, 산불 나무 제거)
2) **질식소화** : 산소(공급원) 차단 → 산소 15% 이하로 억제 (예 불연성 기체/포(Foam)/고체로 덮기)
3) **냉각소화** : 가연물의 열을 착화온도 이하로 떨어트림(가장 일반적 소화방법) (예 주수(물 뿌리기), 이산화탄소 소화약제)
4) **억제소화[화학적 소화]** : 연소가 계속되지 못하도록 '연쇄반응' 약화 (예 할론, 할로겐화합물 등 억제(부촉매)작용)

■ 화재성장 단계

1) **실내화재 성상** : 초기 – 성장기(플래시오버) – 최성기 – 감쇠기
2) **플래시오버(Flash Over)** : 천장에 축적된 가스에 불이 옮겨 붙으며 일순간 실내 전체가 폭발적으로 화염에 휩싸이는 현상
3) **최성기**(연소 최고조 단계) : (1) 목조건물 : 고온단기형 / (2) 내화구조 : 저온장기형

■ 열 전달

1) **전도** : 다른 물체와 직접 접촉, 전도에 의한 화염 확산 흔치 않음
2) **대류** : (기체, 액체) 유체 흐름, 순환하며 열 전달(뜨거운 공기 위로, 찬 공기 아래로)
3) **복사** : 파장 형태로 방사, 화염 접촉 없이 연소 확산, 차단물 있으면 확산 X(풍상이 풍하보다 복사열 전달 용이)

■ 연기

1) **연기의 (악)영향** : 시야 가려서 피난 및 소화활동 방해, 패닉에 의한 2차 재해 우려, 유독물로 인한 생명의 지장 우려
2) **연기 확산 속도**

수평방향 ↔	수직방향 ↑	계단실 내 수직이동 |↑|
0.5~1m/sec (초)	2~3m/sec (초)	3~5m/sec (초)

■ 위험물

'대통령령'으로 정한 (인화성), (발화성) 갖는 것

1) 지정수량

유황	휘발유	질산	알코올류	등·경유	중유
100Kg	200L	300Kg	400L	1,000L	2,000L

💬 백 단위를 숫자 순서대로 외우면 쉬워요~! **황발질코 1,2,3,4 / 등경천 / 중이천**(기름(유)이 아닌 유황, 질산은 Kg)

2) 위험물의 종류별 특성

제1류	제6류	제5류	제2류	제3류	제4류
산화성 고체	산화성 액체	자기반응성 물질	가연성 고체	자연발화성 금수성 물질	인화성 액체
강산화제→ 가열, 충격, 마찰로 분해, 산소 방출	강산(자체는 불연, 산소 발생) : 일부는 물과 접촉 시 발열	산소 함유 → 자기연소 : 가열, 충격, 마찰로 착화 및 폭발! 연소속도 빨라 소화 곤란	저온착화, 유독가스 발생	자연발화, 물과 반응해 발열 가연성가스 발생/ 용기파손 및 누출에 주의	인화 용이 물보다 가볍고 증기는 공기보다 무거움, 주수소화 대부분 불가

가연물질의 산소공급원 (제6류, 제5류)

■ 제4류 위험물의 성질

1) 인화가 쉽다(불이 잘 붙는다).

2) 물에 녹지 않으며 물보다 가볍고, 증기는 공기보다 무겁다(기름은 물과 안 섞이고, 물보단 가벼워서 물 위에 뜬다! 반면, 증발하면서 생기는 증기는 공기보다 무거워 낮은 곳에 체류한다).

3) 착화온도가 낮은 것은 위험하다(불이 쉽게 붙기 때문에!).

4) 공기와 혼합되면 연소 및 폭발을 일으킨다.

■ 전기화재 원인

1) 전선의 합선(단락) / 누전(누전차단기 고장) / 과전류 or 과부하(과전류 차단장치 고장)

2) 규격미달의 전선, 전기기계기구의 과열, 절연불량, 정전기의 불꽃

💬 주의! '절연'이 아닌 '절연 불량'이 원인! '단선'은 전기 공급 X. 따라서 '절연'과 '단선'은 원인이 될 수 없음!

■ LPG/LNG

구분	LPG	LNG(Natural)
성분	부탄(C_4H_{10}), 프로판(C_3H_8)	메탄(CH_4)
비중 (기준:1)	무겁!(1.5~2) = 가라앉음(바닥체류)	가볍!(0.6) = 위로 뜸(천장체류)
수평거리	4m	8m
폭발범위	부탄: 1.8~8.4% 프로판: 2.1~9.5%	5~15%
탐지기	상단이 바닥부터 상방 30cm 이내	하단이 천장부터 하방 30cm 이내

💬 네츄럴인 LNG는 주성분도 깔끔하게 CH_4, 범위도 5~15. 가벼워서 멀리 8m, 천장에 있으니까 하단이 천장부터 하방 30cm 이내!

무거운 Pig 같은 LPG는 주성분도 3, 8 or 4, 10뭐가 많이 붙고 범위도 소수점. 무거워서 4m밖에 못 가서 바닥에 기어 다니니까 상단이 바닥으로부터 상방 30cm 이내!

■ 가스사용 주의사항

- **전**: 메르캅탄류 냄새로 확인, 환기. 가연성물질 두지 말고, 콕크와 호스 조이기. 낡거나 손상 시 교체. 불구멍 청소.
- **중**: 점화 시 불 붙었는지 확인, 파란불꽃으로 조절. 장시간 자리 비움X
- **후**: 콕크와 중간밸브 잠금, 장기간 외출 시 중간밸브, 용기밸브, 메인밸브 잠금

1) 가스화재 주요원인[사용자]

- **전**: 환기불량, 호스접속 불량 방치, 인화성물질(연탄) 동시 사용, 성냥불로 누설확인 폭발, 콕크 조작 미숙
- **중**: 점화 미확인 누설 폭발, 장시간 자리 이탈
- **후**: 실내에 용기보관 중 누설, 조정기 분해 오조작

■ 용접 방법에 따른 분류

분류	아크(Arc)용접	가스용접
용접방법	• 전기회로에 2개 금속 연결, 약간 거리를 벌리고 접촉하여 전류 흐름 • 청백색의 아크 발생·고열 → 금속에 기화 발생·통전 유지 • 용융 및 용착	• 가연성 가스+산소 → 가스 연소열 이용 • 주로 산소-아세틸렌(C_2H_2): 화염온도 높고 조절 용이

분류	아크(Arc)용접	가스용접
열적 특성	• 아크(Arc)는 청백색 • 강한 빛과 열 • 최고온도 6,000℃	• 가스용접 품질은 가스 불꽃에 달려 있다. • 화염: 　- 팁 끝 쪽: 휘백색(백심) 　- 백심 주위: 푸른색(속불꽃) 　- 바깥: 투명한 청색(겉불꽃)

■ 비산불티의 특성

- **실내 무풍 시 불티의 비산거리**: 약 11m (단, 풍향/풍속·작업높이·철판두께 등 환경에 따라 비산거리 상이)
- **불티 적열 시 온도**: 약 1,600℃
- **직경**: 약 0.3~3mm
- 용접(용단) 시 비산 불티 수천 개 발생
- 고온으로 작업과 동시부터 수 분, 길게는 수 시간 이후에도 화재 가능성 있음

■ 산업안전보건기준에 관한 규칙(일부)

- 통풍·환기 충분치 않은 장소에서 **산소 사용 불가**
- 화재위험작업 시작부터 종료까지 **작업내용/일시, 안전점검 및 조치에 관한 사항을 서면으로 게시**
- 건축물, 화학설비나 위험물 건조설비 장소, 그 밖에 위험물이 아닌 인화성 유류 등 폭발·화재 우려가 있는 물질 취급 장소에는 적합한 **소화설비 설치**
- 화로·가열로·가열장치·소각로·철제굴뚝·화재를 일으킬 위험이 있는 설비 및 건축물과 **인화성 액체 사이에는 안전거리 유지·불연성 물체를 차열재료**로 하여 방호
- 소각장 설치 시 **불연성 재료**로 설치(또는 화재 위험 없는 위치에 설치)

■ 화재감시자 배치

1) 작업반경 11m 이내에 건물구조 자체나 내부(개구부 등으로 개방된 부분을 포함)에 가연성물질이 있는 장소
2) 작업반경 11m 이내의 바닥 하부에 가연성물질이 11m 이상 떨어져 있지만 불꽃에 의해 쉽게 발화될 우려가 있는 장소
3) 가연성물질이 금속으로 된 칸막이·벽·천장 또는 지붕의 반대쪽 면에 인접해 있어 열전도나 열복사에 의해 발화될 우려가 있는 장소

(단, 같은 장소에서 상시·반복적으로 작업할 때 **경보용** 설비·기구, **소화설비 또는 소화기**가 갖추어진 경우에는 화재감시자 **지정·배치 면제**)

■ 화재감시자 업무 및 지급 장비

- 위의 (1)~(3)의 장소에 **가연성물질**이 있는지 여부 확인
- 「산업안전보건기준에 관한 규칙」에 따른 가스 검지, 경보 성능을 갖춘 **가스 검지 및 경보장치의 작동 여부 확인**
- 화재 발생 시 사업장 내 근로자의 **대피 유도**

▶ **사업주는 배치된 화재감시자에게 업무 수행에 필요한 확성기·휴대용 조명기구·화재 대피용 마스크 등 대피용 방연장비** 지급할 것

▶ 비상통신장비를 갖추고 적절한 소화기를 구비한 화재감시인 배치

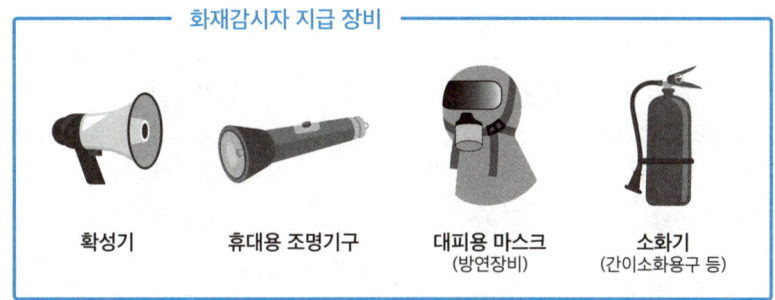

화재감시자 지급 장비 — 확성기, 휴대용 조명기구, 대피용 마스크(방연장비), 소화기(간이소화용구 등)

■ 용접·용단 작업자의 주요 재해발생 원인별 대책

구분	주요 원인	대책
화재	불꽃 비산(불꽃 날림)	• 불꽃받이·방염시트 사용 • 불꽃이 튀기는 구역(비산구역) 내 가연물 제거 및 정리·정돈 • 소화기 비치
	가열된 용접부 뒷면에 있는 가연물	• 용접부 뒷면 점검 • 작업종료 후 점검
폭발	토치나 호스에서 누설	• 가스누설이 없는 토스·호치 사용 • 좁은 구역에서 사용할 때 : 휴게시간에는 토치를 통풍이 잘 되는 곳에 둠 • 접속 실수 방지 : 호스에 명찰 부착
	드럼통이나 탱크를 용접·절단 시 잔류 가연성 가스의 폭발	• 내부에 가스(증기) 없는지 확인
	역화*	• 정비된 토치·호스 사용 • 역화방지기 설치
화상	토치·호스에서 산소 누설	• 산소 누설이 없는 호스 사용
	공기 대신 산소를 환기나 압력 시험용으로 사용	• 산소의 위험성 교육 실시 • 소화기 비치

*역화? 내부에서 연료를 연소시켜 에너지를 만드는 기관(내연기관)에서 불꽃이 거꾸로 역행하는 현상

■ 화기취급작업의 일반 절차

구분	처리 절차	업무내용
1. 사전허가	• 작업 허가	• 작업요청 • 승인·검토 및 허가서 발급
⇩		
2. 안전조치	• 화재예방조치 • 안전교육	• 소방시설 작동 확인 • 용접·용단장비·보호구 점검 • 가연물 이동(치우기) 및 보호조치 • 화재안전교육 • 비상시 행동요령 교육
⇩		
3. 작업·감독	• 화재감시자 입회 및 감독 • 최종 작업 확인	• 화재감시자 입회 • 화기취급감독 • 현장 상주 및 화재 감시 • 작업 종류 확인

✓ 설비파트

■ 소방시설의 종류(분류)

▶ **소방시설**: 대통령령으로 정하는 **소화설비, 경보설비, 피난구조설비, 소화용수설비, 소화활동설비**

1) 소화설비
① 소화기구(소화기, 간이소화용구, 자동확산소화기) ② 자동소화장치 ③ 옥내소화전설비
④ 옥외소화전설비 ⑤ 스프링클러설비 ⑥ 물분무등소화설비

물분무등소화설비		
• 물분무소화설비 • 포소화설비 • 할론소화설비	• 분말소화설비 • 고체에어로졸 소화설비 • 미분무소화설비	• 이산화탄소 소화설비 • 할로겐화합물 소화설비 • 강화액소화설비

2) 경보설비
① 자동화재탐지설비(감지기, 수신기, 발신기, 음향장치, 표시등, 전원, 배선, 시각경보기, 중계기 등)
② 단독경보형 감지기 ③ 비상경보설비 ④ 화재알림설비
⑤ 시각경보기 ⑥ 비상방송설비 ⑦ 자동화재속보설비
⑧ 통합감시시설 ⑨ 누전경보기 ⑩ 가스누설경보기

3) 피난구조설비
① 피난기구   ② 인명구조기구(방열복, 방화복, 공기호흡기, 인공소생기)
③ 유도등   ④ (휴대용)비상조명등

4) 소화용수설비
① 상수도 소화용수설비   ② 소화수조 및 저수조

5) 소화활동설비
① 제연설비   ② 연결송수관설비   ③ 연결살수설비
④ 비상콘센트설비   ⑤ 무선통신보조설비   ⑥ 연소방지설비

■ 특정소방대상물에 설치해야 하는 소방시설의 적용기준(일부)

1) 지하가 중 '터널'에 적용되는 소방시설 적용기준 및 설치대상

소방시설		적용기준	설치대상
소화설비	옥내소화전설비	지하가 중 터널로서 '터널'	1,000m 이상
		행안부령으로 정하는 터널	전부
경보설비	비상경보설비	지하가 중 터널로서 길이	500m 이상
	자탐설비	지하가 중 터널로서 길이	1,000m 이상
피난구조설비	비상조명등	지하가 중 터널로서 길이	500m 이상
소화활동설비	연결송수관	지하가 중 터널로서 길이	1,000m 이상
	비상콘센트		500m 이상
	무선통신 보조설비		

2) 제연설비를 설치하는 특정소방대상물

소방시설		적용기준	설치대상
소화활동설비	제연설비	영화상영관으로 수용인원	100인 이상
		지하가(터널 제외)로 연면적	1,000m² 이상
		지하층이나 무창층에 설치된 근생·판매·운수·의료·노유자·숙박·위락·창고시설로서 바닥면적 합계	

■ 소화설비 - 소화기구

1) 분말소화기

① **내용물**: [ABC급] 제1인산암모늄(담홍색) / [BC급] 탄산수소나트륨(백색)

② **내용연수**: 10년으로 하고 내용연수가 지난 제품은 교체하거나, 또는 성능검사에 합격한 소화기는 내용연수가 경과한 날의 다음 날부터 다음의 기간 동안 사용 가능하다.

- **내용연수 경과 후 10년 미만**(생산된지 20년 미만이면): 3년 연장 가능
- **내용연수 경과 후 10년 이상**(생산된지 20년 이상이면): 1년 연장 가능

③ 종류

가. 축압식 분말소화기: 지시압력계 있음 / 0.7MPa~0.98MPa

나. 가압식 분말소화기: 지시압력계 X(사가지가 없다) / 사고 위험으로 생산 중단

2) 할론소화기

① **할론1211, 2402**: 지시압력계 있음

② **할론 1301**: 지시압력계 없음, 소화능력 가장 뛰어나고 독성 적고 냄새 없음

3) 소화기 설치기준 및 사용순서

위락시설	공연, 집회장/장례/의료	근린/판매/숙박, 노유자/업무/공장, 창고
30m²	50m²	100m²

ㄴ, 바닥면적 / 내화구조+불연재는 x2배 적용 / 33m² 이상 실은 별도(복도: 보행 소형 20m, 대형 30m)

- **사용**(실습): 소화기 화점 이동(2~3m 거리두기) → 몸통 잡고 안전핀 제거(레버 잡으면X) → 손잡이&노즐 잡고 소화될 때까지 방사(바람 등지고 쓸 듯이 골고루)

■ 소화설비 - 옥내소화전

방수량	130L/min	방수압력	0.17~0.7MPa	방수구	높이 1.5m 이하, 수평거리 25m 이하
수원 저수량	1~29층(기본) = N(최대 2개) X 2.6m³ / 30층~49층: N(최대 5개)X5.2 / 50층↑: N(최대 5개)X7.8					
방수압측정계	피토게이지 -노즐 구경 **D/2** 거리두고 수직으로 근접, 직사관창 봉상주수(2개 이상은 동시개방) (D : 옥내소화전 13mm ☞ D/2 = 6.5)					

■ 소화설비-옥외소화전

방수량	350L/min	방수압력	0.25~0.7MPa	호스 구경	65mm, 호스접결구까지 수평거리 40m 이하
옥외소화전 마다 5m 이내에 소화전함 설치	* 10개 이하 : 옥외소화전마다 5m 이내에 소화전함 1개 이상 설치 * 11~30개 이하 : 11개 이상의 소화전함 분산 설치 * 31개 : 3개마다 소화전함 1개 이상				

■ 소화설비-스프링클러설비

- 초기소화에 절대적 [자동식소화설비]
- 구조

① **프레임** : 연결 이음쇠 부분

② **디플렉타** : 물 세분

③ **감열체** : 일정한 온도에서 파괴 or 용해

- 감열체 있으면 폐쇄 / 감열체 없으면 뚫려있으니까 개방형

방수량	80L/min	방수압력	0.1~1.2MPa
헤드 기준개수	특수, 판매, 11층 이상(APT X), 지하는 30개 / 부착 높이 8m 미만은 10개		
저수량	~29층(기본) : 기준개수×1.6m³(80L×20분) 30층~49층 : 기준개수×3.2 50층↑ : 기준개수×4.8		
배관	① [가지배관]에 헤드 달려있음 - 토너먼트방식X ② [교차배관]은 가지배관에 급수해야 해서 수평 또는 밑에		

구분	폐쇄형			개방형
	습식	건식	준비작동식	일제살수식
내용물	• 배관 내 '가압수'	• 1차측 - 가압수 • 2차측 - 압축공기(질소)	• 1차측 - 가압수 • 2차측 - 대기압	• 1차측 - 가압수 • 2차측 - 대기압
작동순서	① 화재발생 ② 헤드 개방 및 방수 ③ 2차측 배관 압력 ↓ ④ [알람밸브] 클래퍼 개방 ⑤ 압력스위치 작동, 사이렌, 화재표시등 밸브개방표시등 점등 ⑥ 압력저하되면 기동용 수압&압력스위치 자동으로 펌프 기동	① 화재발생 ② 헤드개방, 압축공기 방출 ③ 2차측 공기압 ↓ ④ [드라이밸브] 클래퍼 개방, 1차측 물 2차측으로 급수 → 헤드로 방수 ⑤ 압력스위치 작동, 사이렌, 화재표시등, 밸브개방표시등 점등 ⑥ 압력 저하되면 기동용 수압&압력스위치 자동으로 펌프 기동	① 화재발생 ② A or B 감지기 작동 *사이렌, 화재표시등 점등 ③ A and B 감지기 작동 또는 수동기동장치 작동 ④ [프리액션밸브] 작동 → 솔밸브, 중간챔버 감압 밸브 개방 압력스위치 작동 - 사이렌, 밸브개방표시등 점등 ⑤ 2차측으로 급수, 헤드 개방 및 방수 ⑥ 압력저하되면 기동용 수압&압력스위치 자동으로 펌프 기동	① 화재발생 ② A or B 감지기 작동 (경종/사이렌, 화재표시등 점등) ③ A and B 감지기 작동 또는 수동기동장치 작동 ④ [일제개방밸브] 작동 → 솔밸브, 중간챔버 감압 밸브 개방 압력스위치 → 사이렌, 밸브개방표시등 점등 ⑤ 2차측으로 급수, 헤드를 통해 방수 ⑥ 압력저하되면 기동용 수압&압력스위치 자동으로 펌프 기동
유수검지장치	알람밸브	드라이밸브	프리액션밸브	일제개방밸브
장점	• 구조 간단, 저렴 • 신속 소화(물!) • 유지관리 용이	• 동결 우려 없고 옥외 사용 가능	• 동결 우려 없음 • 오동작해도 수손피해 X • 헤드 개방 전 경보로 조기 대처 용이(빠른 대피)	• 신속 소화(물 팡!) • 층고 높은 곳도 소화 가능
단점	• 동결우려, 장소 제한 • 오작동 시 수손피해	• 살수 시간 지연 및 초기 화재촉진 우려(공기) • 구조 복잡	• 감지기 별도 시공 • 구조 복잡, 비쌈 • 2차측 배관 부실공사 우려	• 대량살수→수손피해 • 감지기 별도 시공

1) **습식 점검**: 말단시험밸브 개방으로 가압수 배출 → 클래퍼 개방, 지연장치 시간(4~7초) 지연 후 압력스위치 작동

2) **습식 확인사항**: 화재표시등·밸브개방표시등 점등, 해당구역 사이렌(경보), 펌프 자동기동

3) 준비작동식 점검 : 준비작동식 유수검지장치 작동

① 감지기 2개 회로 작동

② SVP(수동조작함) 수동조작스위치 작동

③ 밸브의 수동기동밸브 개방

④ 수신기 준비작동식 유수검지장치 수동기동스위치 작동

⑤ 수신기 동작시험 스위치 + 회로선택 스위치 작동

4) 준비작동식 확인사항

① **A 또는 B 감지기 작동** : 화재표시등 · 지구표시등(감지기A 또는 B) 점등, 경종(사이렌)

② **A 와 B 둘다 작동** : 화재표시등 · 지구표시등(감지기A, B) 점등, 경종(사이렌), 밸브개방표시등 점등, 솔밸브 개방, 펌프 자동기동

■ 펌프성능시험

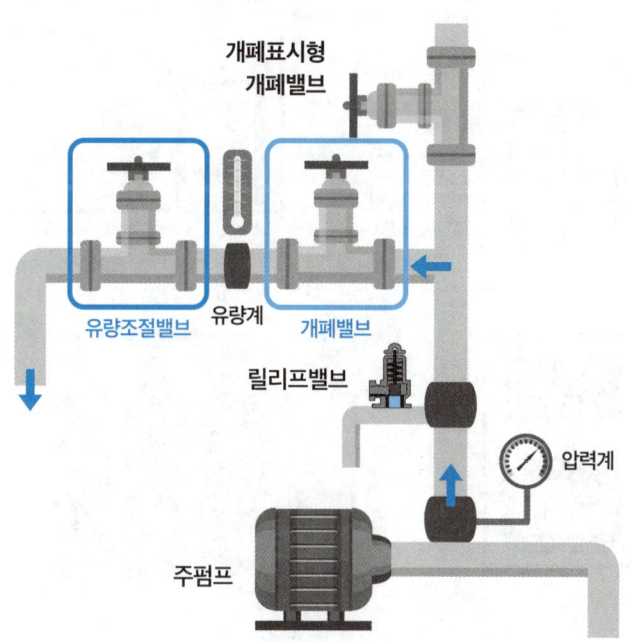

체절운전	[개폐밸브] 폐쇄 상태 → '릴리프밸브' 시계방향으로 돌려 작동압력 최대로 설정 → 주펌프 수동기동, 펌프 최고 압력 기록 → '릴리프밸브' 반시계방향으로 돌려 풀어준다. *토출량 0 / 정격토출압력의 140% 이하 / 체절압력 미만에서 릴리프밸브 작동
정격부하 운전	[개폐밸브] 완전 개방, [유량조절밸브] 약간 개방 → 주펌프 수동기동 → [유량조절밸브] 서서히 개방하면서 유량계 100% 유량일 때 압력 측정 → 펌프 정지 *유량이 정격유량(100%)일 때 정격토출압 이상
최대운전	주펌프 수동기동 → [유량조절밸브] 더욱 개방하여 정격토출량의 150%일 때 압력 측정 → 펌프정지 *유량이 정격토출량의 150%일 때 정격토출압력의 65% 이상

■ 소화설비 – 물분무등소화설비(가스계)

(1) 이산화탄소 소화설비

장점	단점
• 심부화재(가연물 내부에서 연소)에 적합하다. • 진화 후에 깨끗하고, 피연소물에 피해가 적다. • 전기화재에 적응성이 좋다.	• 질식 및 동상우려 • 소음이 크다. • 고압설비로 주의·관리 필요

+ 할론(불연성가스) 소화약제, 할로겐화합물(불활성기체) 소화약제

1) 약제방출 방식: ① 전역방출 ② 국소방출 ③ 호스릴방식

(2) 가스계소화설비 구성 및 작동원리

- **구성**: 저장용기, 기동용가스, 솔레노이드밸브(격발), 선택밸브, 압력스위치, 수동조작함, 방출표시등, 방출헤드

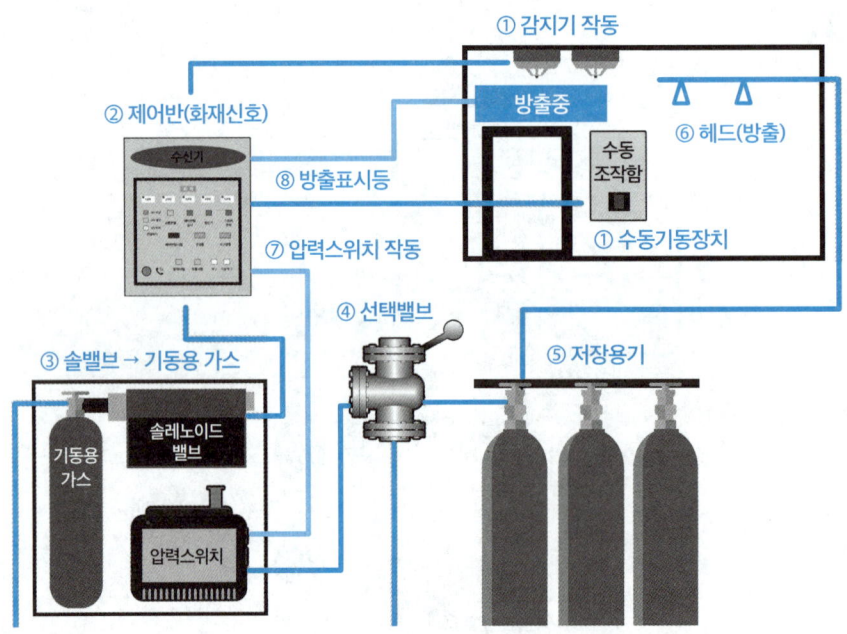

1) 작동순서

① 감지기 동작 또는 수동기동장치 작동으로

② 제어반 화재신호 수신

③ 지연시간(30초) 후 솔레노이드밸브 격발, 기동용기밸브 동판 파괴로 기동용가스 방출되어 이동

④ 기동용가스가 선택밸브 개방 및 저장용기 개방

⑤ 저장용기의 소화약제 방출 및 이동

⑥ 헤드를 통해 소화약제 방출 및 소화

⑦ 소화약제 방출로 발생한 압력에 의해 압력스위치 작동

⑧ 압력스위치의 신호에 의해 방출표시등 점등(화재구역 진입 금지), 화재표시등 점등, 음향경보 작동, 자동폐쇄장치 작동 및 환기팬 정지 등

2) 가스계소화설비 점검 및 확인 - 솔레노이드밸브 격발시험

① 감지기 A, B를 동작시킨다.

② 수동조작함에서 기동스위치 눌러 작동시킨다.

③ 솔레노이드밸브의 수동조작버튼 눌러 작동시킨다. (즉시 격발)

④ 제어반에서 솔밸브 스위치를 [수동], [기동] 위치에 놓고 작동시켜본다.

→ 솔레노이드 격발!

→ 동작 확인 사항: 제어반의 화재표시등 + 경보 발령 확인, 지연장치의 지연시간(30초) 체크, 솔밸브 작동 여부 확인, 자동폐쇄장치 작동 확인, *환기장치 정지 확인(환기장치가 작동하면 가스가 누출될 수 있으므로 환기장치는 정지되어야 함!)

■ 경보설비

✓ 자탐설비: 감지기, 발신기, 수신기, 시각경보기 등

(1) 감지기

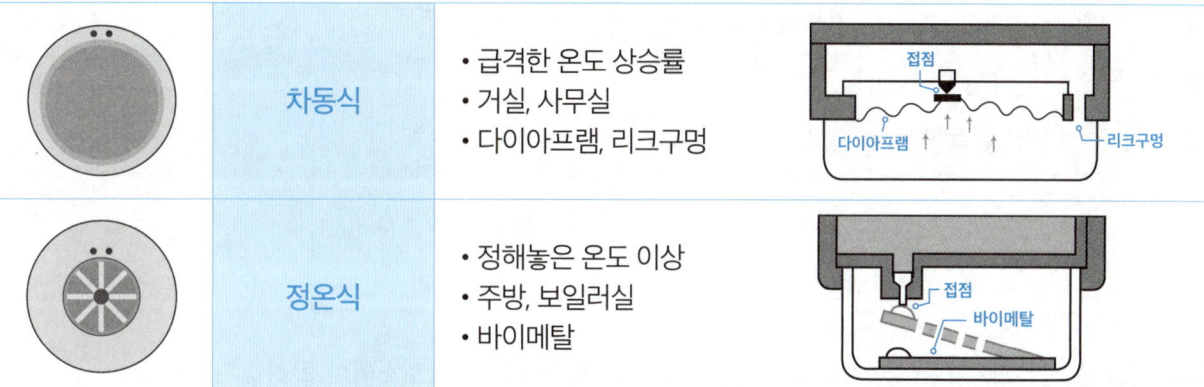

| | 차동식 | • 급격한 온도 상승률
• 거실, 사무실
• 다이아프램, 리크구멍 | |
| | 정온식 | • 정해놓은 온도 이상
• 주방, 보일러실
• 바이메탈 | |

1) 감지기 설치면적 기준

내화구조	차동식		보상식		정온식		
	1종	2종	1종	2종	특종	1종	2종
4m 미만	90	70	90	70	70	60	20
4~8m (나누기2)	45	35	45	35	35	30	-

+ 감지기 배선은 [송배전식]: '도통시험'을 위해서! 회로 단선 여부 확인하기 좋다.

2) 감지기 점검

① 전압측정계로 전압 측정시 전압이 0V(볼트)인 경우

→ 전압 자체가 안 들어오면 단선이 의심되므로 회로를 보수한다.

② 전압측정계 측정값이 정격전압의 80% 이상인 경우

→ 회로는 정상이지만 감지기가 불량일 수 있으므로 감지기를 교체한다.

(2) 발신기&수신기

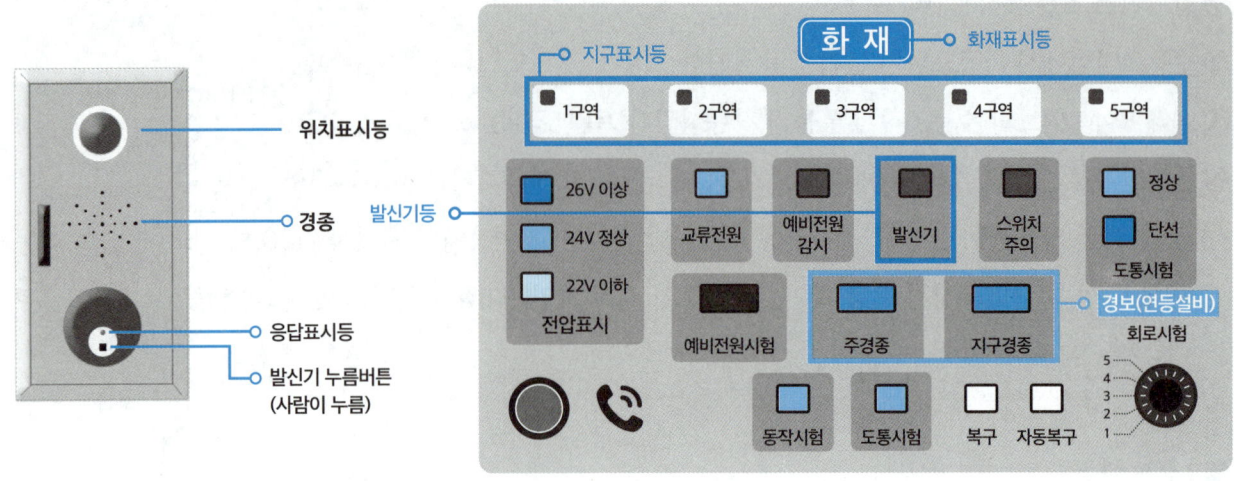

① '발신기' [누름버튼] 수동으로 누름
② '수신기'에서 [화재표시등], [지구표시등] 점등+[발신기등]에 점등
③ '발신기'에서 [응답표시등] 점등
④ 주경종, 지구경종(음향장치) 경보설비 등 작동

1) 수신기 동작시험

① 로터리방식

가. 시험순서: [동작시험] 버튼 누르고, [자동복구] 스위치 누름 → 회로스위치 돌리면서 확인

나. 복구순서: 회로스위치 원위치 → [동작시험] 버튼 누름, [자동복구] 스위치 누름

② 버튼 방식

가. 시험순서: [동작(화재)시험] 스위치 누르고, [자동복구] 스위치 누름 → 회로별로 버튼 눌러서 확인

나. 복구순서: [동작(화재)시험] 스위치 및 [자동복구] 스위치 눌러서 복구, 표시등 '소등' 확인

2) 수신기 도통시험

① **정상 전압**: 4~8V 또는 녹색등 점등(단선은 빨간불)

② [도통시험] 버튼 누르고 회로스위치 돌리면서 확인(버튼방식은 구역별로 버튼 눌러서 확인)

3) 수신기 예비전원시험(예비전원시험 스위치 누르고 있기!)

① **정상**: 19~29V 또는 녹색 점등

② **비정상**: 전압지시 상태가 빨간불(높거나 낮음) 또는 [예비전원감시등] 점등

→ [예비전원감시등] 점등은 연결소켓이 분리됐거나 예비전원 불량 상태로 조치해야 함

(3) 비화재보

1) 원인

① 비적응성 감지기가 설치되었다(주방에 차동식 설치한 경우). → 주방 = '정온식'으로 교체

② 온풍기에 근접 설치된 경우 → 이격설치(온풍기 기류를 피해 감지기 위치를 옮겨 설치한다.)

③ 장마철 습도 증가로 오동작이 잦다. → [복구] 스위치 누르기 / 감지기 원상태로 복구하기

④ 청소불량 먼지로 오동작 → 깨끗하게 먼지 제거

⑤ 건물에 누수(물 샘)로 오동작 → 누수부에 방수처리 / 감지기 교체

⑥ 담배연기로 오동작 → 환풍기 설치

⑦ 발신기 누름버튼을 장난으로 눌러서 경보 울렸다. → 입주자 대상으로 소방안전교육

2) 비화재보 발생 시 대처순서

실제 화재인지 확인 후, 진짜 화재가 아니면 혼란을 막기 위해 제일 먼저 음향장치부터 끈다!

① 수신기에서 화재표시등, 지구표시등 확인(불이 난 건지, 어디서 난 건지 확인)

② 지구표시등 위치로 가서 실제 화재인지 확인

③ **비화재보 상황**: [음향장치] 정지(버튼 누름) → 실제 화재가 아닌데 경보 울리면 안 되니까 정지

④ 비화재보 원인별 대책(원인 제거)

⑤ 수신기에서 [복구]버튼 눌러서 수신기 복구

⑥ [음향장치] 버튼 다시 눌러서 복구(버튼 튀어나옴)

⑦ [스위치주의등] 소등 확인

(4) 경계구역

- 2개층 또는 2개 건물 안 됨! 기본적으로 한 변 50m 이하 + 면적 600m² 이하가 1개 구역
- 단, 2개 '층' 합쳐서 500m² 이하면 1개로 설정 가능(한 변 50m 이하)
- 출입구에서 내부 다 보이면 1개 구역 1,000m² 이하로 설정 가능(한 변 50m 이하)

■ 피난구조설비 & 비상조명등 & 유도등

1) 피난구조설비 장소별 적응성

① 시설(설치장소)

- 노유자시설 = 노인
- (근린생활시설, 의료시설 중) 입원실이 있는 의원 등 = 의원
- 4층 이하의 다중이용업소 = 다중이
- 그 밖의 것 = 기타

② 가장 기본이 되는 피난기구 5종 세트: 구조대, 미끄럼대, 피난교, 다수인(피난장비), 승강식(피난기)

③ 1층, 2층, 3층, 4층~10층: 총 4단계의 높이

구조대/미끄럼대/피난교/다수인/승강식				
구분	노인	의원	다중이(2~4층)	기타
4층~10층	구교다승	피난트랩 구교다승		구교다승 사다리+완강 +간이완강 +공기안전매트
3층	구미교다승 (전부)	피난트랩 구미교다승 (전부)	구미다승 사다리+완강	구미교다승(전부) 사다리+완강 +간이완강 +공기안전매트 피난트랩
2층		X		X
1층			X	

1) 노유자 시설 4~10층에서 '구조대': 구조대의 적응성은 장애인 관련 시설로서 주된 사용자 중 스스로 피난이 불가한 자가 있는 경우 추가로 설치하는 경우에 한함
2) 기타(그 밖의 것) 3~10층에서 간이완강기: 숙박시설의 3층 이상에 있는 객실에 한함
3) 기타(그 밖의 것) 3~10층에서 공기안전매트: 공동주택에 추가로 설치하는 경우에 한함

2) 완강기 주의사항

① **간이완강기**: 연속사용불가

② **완강기 사용 시**: 하강 시 만세 X(벨트 빠져서 추락 위험), 사용 전 지지대를 흔들어보기, 벽을 가볍게 밀면서 하강

3) 인명구조기구

방열복(은박지)	방화복	인공소생기	공기호흡기
복사열 근접 가능 복사'열' 반사하니까 방'열'복	헬멧, 보호장갑, 안전화 세트로 포함	유독가스 질식으로 심폐기능 약해진 사람 '인공'으로 '소생'시키는 기기	유독가스로부터 인명보호 용기에 압축공기 저장, 필요시 마스크로 호흡(산소통)

4) 비상조명등: 1럭스(lx) 이상 - [조도계] 필요

- 기본 20분/지하를 제외하고 11층 이상 층이거나 지하(무창)층인 도·소매시장, 터미널, 지하역사(상가)는 60분

5) 휴대용비상조명등 - 점검 시 조도계 필요

- 설치: 숙박시설 또는 수용인원 100명 이상의 영화관, 대규모점포, 지하역사 및 지하상가 등

6) 객석유도등

$$\text{객석유도등 설치개수} = \frac{\text{객석통로 직선길이(m)}}{4} - 1$$

CHECK POINT 헷갈리는 설치기준 단위 한 번에 정리하기!

구분	옥내 소화전	옥외 소화전	소화기	스프링클러	자동화재탐지설비 (발·수신기/감지기/음향/시각)	
압력 MPa	0.17~0.7	0.25~0.7	0.7~0.98	0.1~1.2	수신기	• 4층: 발신기와 전화 가능 • 사람 상시 근무 [조작스위치] 바닥 0.8~1.5m 이하
설치기준	(수평) 25m 이하 130L/min	(수평) 40m 이하 350L/min	(보행) 소형 20m 이내 대형 30m 이내	80L/min	발신기	(수평) 25m 이하 [조작스위치] 바닥 0.8~1.5m 이하
					음향장치	(수평) 25m 이하 [음량계] 1m: 90dB
	(방수구 높이) 바닥 1.5m 이하		바닥 1.5m 이하		시각경보기	(청각장애인을 위한 설비) 무대부, 공용거실 바닥: 2~2.5m 천장높이가 2m 안 될 때: 천장에서 0.15m 이내

유도등				
	피난구유도등	통로유도등 (보행 20m)		
		거실통로	복도통로	계단통로
예시				
설치장소 (위치)	출입구 (상부)	주차장, 도서관 등 (상부)	일반 복도 (하부)	일반 계단 (하부)
바닥으로부터 높이	1.5m 이상		1m 이하 (수그리고 피난)	

+ 비상콘센트설비 설치위치 : 0.8~1.5m 이하

■ 예외적으로 3선식 배선 유도등을 사용하는 경우

1) 외부광이 충분하여 (원래 밝은 장소라서) 피난구나 피난방향이 뚜렷하게 식별 가능한 경우(장소)
2) 공연장이나 암실처럼 어두워야 하는 장소
3) 관계인, 종사자 등 사람이 상시 사용하는 장소

■ 3선식 유도등 점검

1) 수신기에서 [수동]으로 점등스위치 ON, 건물 내 점등이 안된 유도등을 확인
2) 유도등 절환스위치 연동(자동) 상태에서 감지기·발신기·중계기·스프링클러설비 등을 현장에서 작동, 동시에 유도등 점등 여부 확인

■ 소방시설의 종류

- **소방시설**: 대통령령으로 정하는 소화설비, 경보설비, 피난구조설비, 소화용수설비, 소화활동설비.

소방시설 종류	하위 설비 (시설, 장치, 설비 등)	포함되는 것	
소화설비	소화기구	• 소화기 • 간이소화용구 • 자동확산소화기	
	자동소화장치	주거용, 상업용, 캐비닛형, 가스자동, 분말, 고체에어로졸 자동소화장치	
	옥내소화전설비(호스릴옥내소화전설비 포함)		
	옥외소화전설비		
	스프링클러설비등	• 스프링클러설비 • 간이스프링클러설비 • 화재조기진압용SPR설비	
	물분무등소화설비	• 물분무소화설비 • 미분무소화설비 • 포소화설비 • 이산화탄소소화설비 • 할론소화설비	• 할로겐화합물 및 불활성기체소화설비 • 분말소화설비 • 강화액소화설비 • 고체에어로졸소화설비
경보설비	• 자동화재탐지설비(감지기, 발신기, 수신기, 음향장치 등) • 화재알림설비 • 시각경보기 • 비상경보설비: 비상벨설비, 자동식사이렌설비	• 비상방송설비 • 단독경보형감지기 • 통합감시시설 • 가스누설경보기, 누전경보기	
피난구조설비	피난기구	구미교다승+피난사다리, 완강기, 공기안전매트 등	
	인명구조기구	방열복, 방화복, 공기호흡기, 인공소생기	
	유도등	피난구유도등, 통로유도등, 객석유도등, 유도표지 등	
	비상조명등 및 휴대용 비상조명등		
소화용수설비	• 상수도 소화용수설비 • 소화수조, 저수조 및 그 밖의 소화용수설비		
소화활동설비	제연설비, 연결송수관설비, 연결살수설비, 비상콘센트설비, 무선통신보조설비, 연소방지설비		

MEMO

Chapter 02 전략적인 설비 파트 비장의 묘책

1. 수신기 동작시험

☑ **목적**(왜?)

수신기에서 각 구역마다 수동으로 화재 신호를 입력했을 때, 각종 표시등(화재표시등·경계구역 지구표시등) 점등 및 음향장치 작동 등 수신기의 정상 작동 여부를 확인하기 위해 실시하는 시험 ⇒ 화재시험

☑ **절차**(어떻게?)

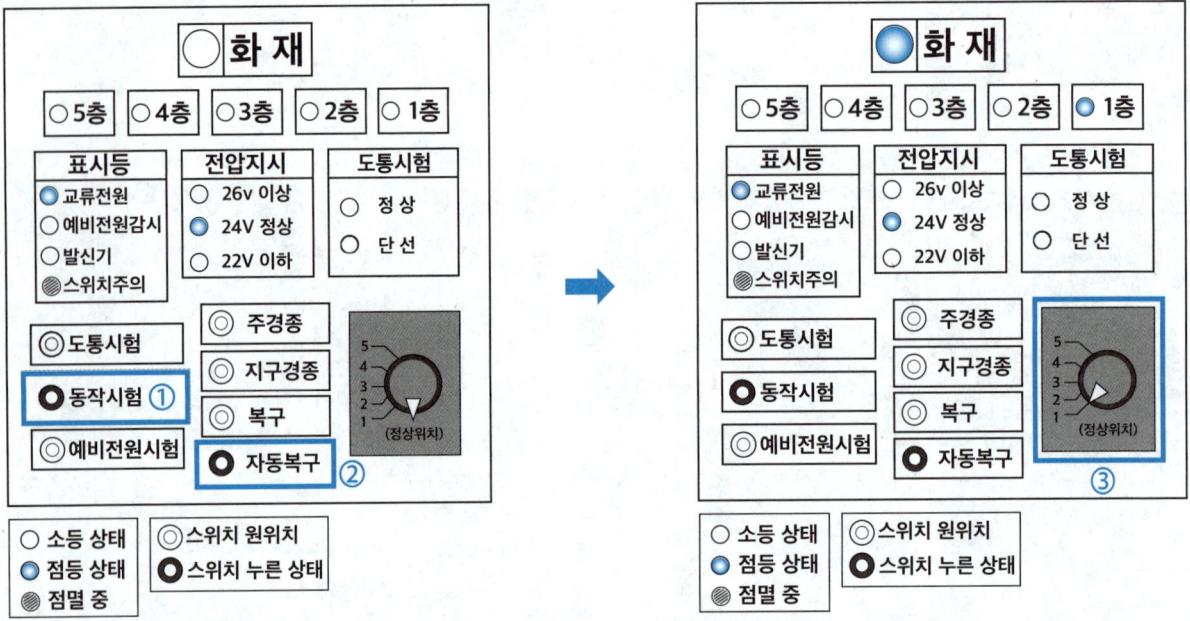

- 오동작 방지 기능이 있는 축적형 수신기는 : '비축적'으로 놓고 시험 진행(즉각 반응 확인)

① [동작(화재)시험] 스위치 + ② [자동복구] 스위치 누름 ············ 버튼 조작 : 스위치주의등 점멸
          └ 동작시험 시, 편의성을 위해 활용하는 기능

③ 각 경계구역별로 회로선택 스위치를 회전하며 구역 지정 (버튼타입의 경우에는 각 경계구역 버튼 누름)
→ 화재표시등·각 경계구역(지구)표시등 점등, 음향장치 작동 등 수신기의 정상 동작 확인

☑ **복구**(시험 종료)

- [동작(화재)시험] 스위치 + [자동복구] 스위치 원상복구(초기의 누르지 않은 상태로 복구)
- 로터리 타입 수신기 : 회로선택 스위치도 초기의 원점 상태로 복구

→ 각종 표시등 소등 확인

2. 도통시험

✅ 목적(왜?)

수신기에서 (각 구역) 감지기 사이 회로 단선 유무 확인을 위해 실시하는 시험 (길이 통하고 있는지!)

☞ 이러한 도통시험을 원활하게 하기 위해서, 감지기 배선은 송배선식으로 함

✅ 절차(어떻게?)

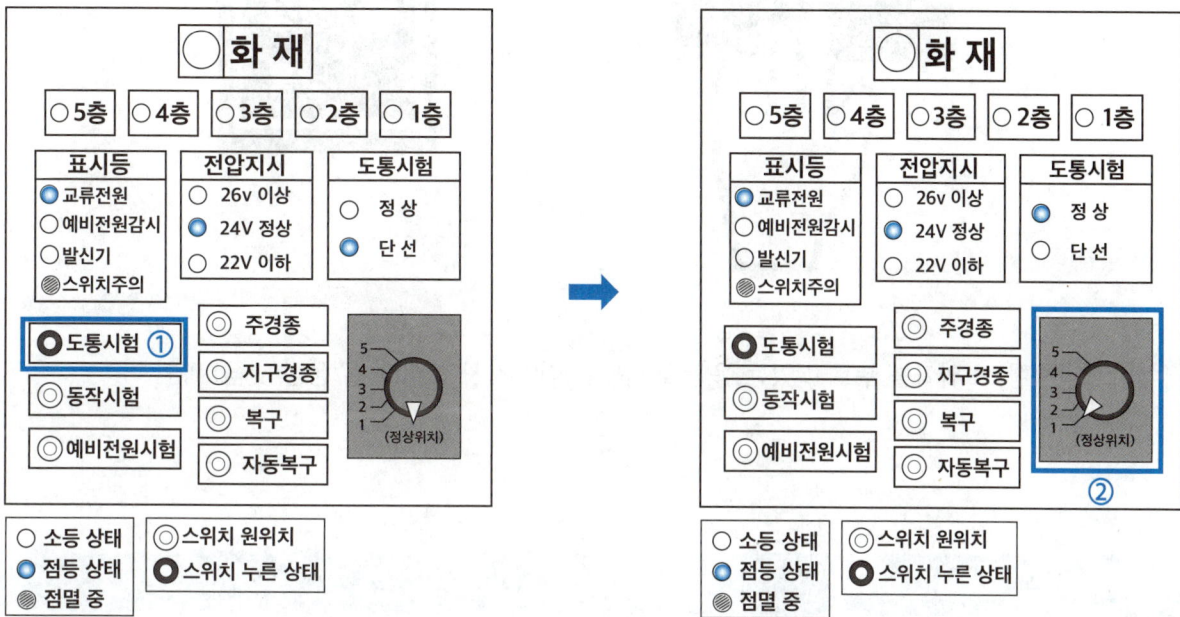

① [도통시험] 스위치 누름 (누른 시점에는 '단선' 표시) ········ 버튼 조작 : 스위치주의등 점멸

② 각 경계구역별로 회로선택 스위치를 회전하며 구역 지정 (버튼타입의 경우에는 각 경계구역 버튼 누름)

→ 도통시험 확인등	→ 전압계
정상 / 단선 결과 확인 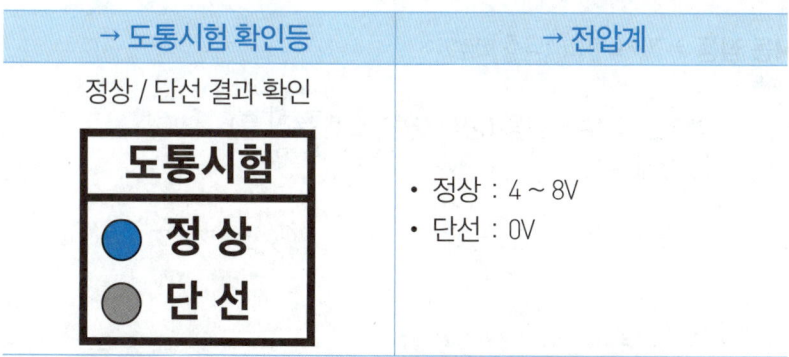	• 정상 : 4 ~ 8V • 단선 : 0V

• 단선일 경우, 보수 등 조치

✅ 복구(시험 종료)

[도통시험] 스위치 원상복구(초기의 누르지 않은 상태로 복구)

• 로터리 타입 수신기 : 회로선택 스위치도 초기의 원점 상태로 복구

3-1. 예비전원시험

(상용전원 정전 시를 대비하여) 예비전원으로 절환 및 예비전원의 적정 전압 확인

- [예비전원시험] 스위치를 누르고 있는 동안 표시되는 전압지시 상태(높음/정상/낮음) 확인

3-2. 예비전원감시등 점등?

연결소켓 분리 등 예비전원에 이상이 있는 경우에 점등되는 예비전원 [감시]등

예비전원감시등 점등 = 감시 필요! (나를 봐줘!)

- 예비전원에 이상이 있는 경우에 점등 (충전 불량, 소켓 분리 등)
→ 평상시에는 : 소등 상태여야 함

4. 스프링클러설비

■ 종류

헤드	종류	1차측	2차측	유수검지장치
폐쇄형	습식	가압수	가압수	알람밸브
	건식		압축 공기	건식(드라이)밸브
	준비작동식		대기압	프리액션밸브
개방형	일제살수식			일제개방밸브

■ 습식

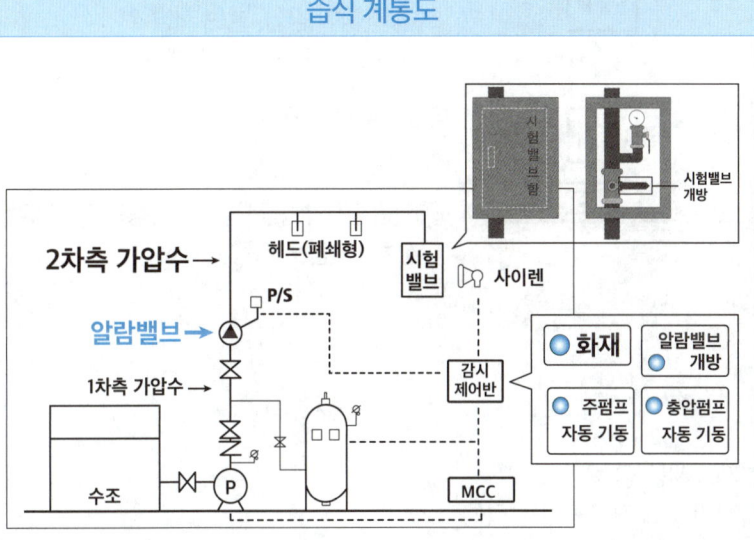

습식 계통도	주요 특징

주요 특징
- 폐쇄형 헤드
- 2차측 : 가압수
- 유수검지장치 : 알람밸브

습식 작동순서
① 화재 → 헤드 개방·방수
② 2차측 배관 압력 저하
③ (1차측 압력으로) 클래퍼 개방
④ 알람밸브 압력스위치 작동
▷ 화재표시등·밸브개방표시등 점등, 사이렌 경보 작동
⑤ 배관 내 압력 저하 시, 기동용수압개폐장치 → 펌프 기동

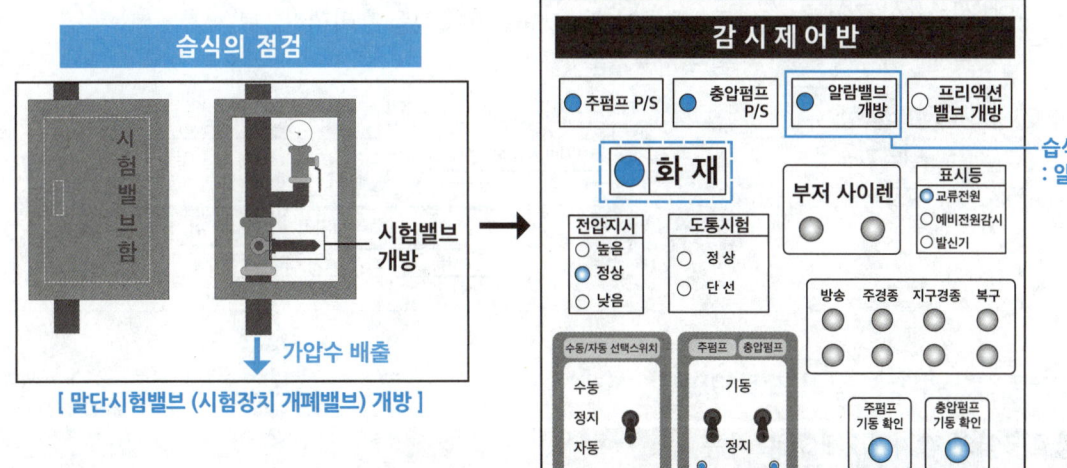

[말단시험밸브 (시험장치 개폐밸브) 개방]

습식 : 알람밸브

■ 습식 점검

① 시험밸브함(시험장치 개폐밸브) 개방 → 가압수 배출
② 2차측 압력 저하되어, 클래퍼 개방 → 압력스위치 작동

☑ 감시제어반(수신기) 확인 사항
- 화재표시등, (알람)밸브개방표시등 점등
- 해당 구역 경보(사이렌) 작동
- 펌프 자동 기동

■ 준비작동식

준비작동식 계통도	주요 특징
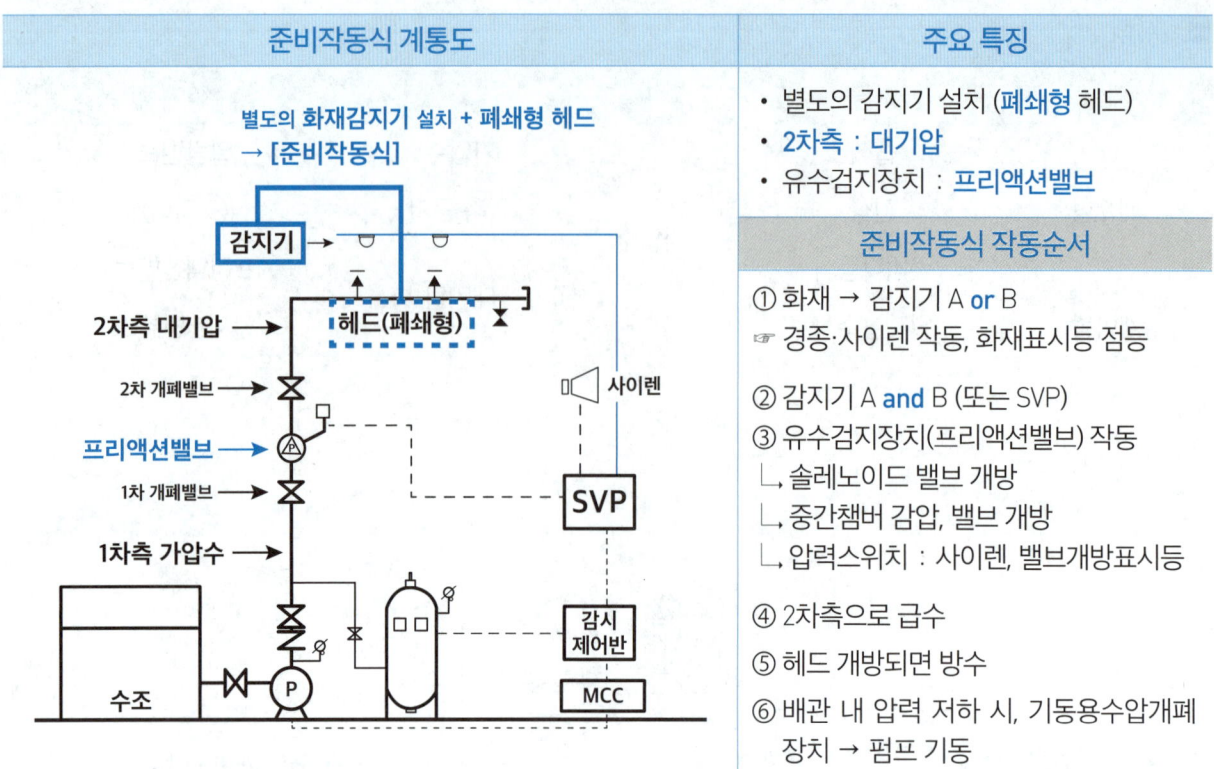	• 별도의 감지기 설치 (폐쇄형 헤드) • **2차측 : 대기압** • 유수검지장치 : **프리액션밸브**
	준비작동식 작동순서

	① 화재 → 감지기 A **or** B
	☞ 경종·사이렌 작동, 화재표시등 점등
	
	② 감지기 A **and** B (또는 SVP)
	③ 유수검지장치(프리액션밸브) 작동
	  └ 솔레노이드 밸브 개방
	  └ 중간챔버 감압, 밸브 개방
	  └ 압력스위치 : 사이렌, 밸브개방표시등
	
	④ 2차측으로 급수
	⑤ 헤드 개방되면 방수
	⑥ 배관 내 압력 저하 시, 기동용수압개폐장치 → 펌프 기동

■ 준비작동식 점검

감지기 A or B (둘 중 하나) 작동	감지기 A and B (둘 다) 작동
• 화재표시등 점등 • 감지기 A or B 지구표시등 점등 • 경종 또는 사이렌 경보 작동 ✓ A or B (둘 중 하나만) 작동한 경우 : 밸브개방 X, 펌프 기동 X	• 화재표시등 점등 • 감지기 A, B 지구표시등 점등 • 사이렌 경보 작동 • 솔레노이드 밸브 작동(개방) • 준비작동식 **밸브개방표시등** 점등(프리액션밸브) • **펌프 자동기동**

☑ 준비작동식 유수검지장치 작동 방법

1) 해당 방호구역의 감지기 2개 회로 작동

2) 수동조작함(SVP)의 수동조작 스위치 눌러 작동

3) 밸브 자체의 수동기동밸브 개방

4) 감시제어반에서 준비작동식 유수검지장치(프리액션밸브) 수동기동 스위치 작동

5) 감시제어반에서 동작시험 + 회로선택 스위치로 2개 회로 작동

5. 옥내소화전 설비

■ 방수압력 측정

방수구에 호스를 결속한 상태로 노즐 선단에 피토게이지(방수압력측정계)를 근접(D/2)하여 측정

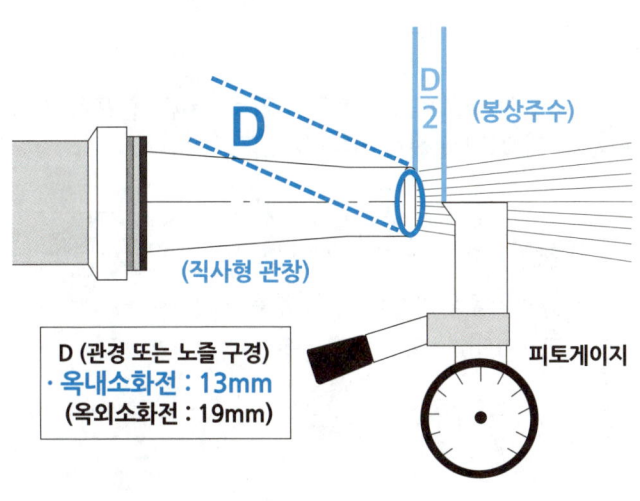

[측정 방법 및 주의사항]

- 어느 층에 있어서도 2개 이상 설치된 경우에는 2개(설치 개수가 1개인 경우에는 1개)를 개방시켜 놓고 측정할 것
- 직사형 관창 사용
- 피토게이지는 봉상주수 상태에서 직각으로 측정
- 초기 방수 시, 물 속의 이물질이나 공기 등을 완전히 배출한 후 측정할 것

☑ 주요 수치 (거리, 방수량, 방수압력)

- 근접 거리 : 6.5mm (D/2 = 13mm/2 = 6.5)
- 방수량 : 130L/min 이상
- 방수압력 : 0.17 MPa 이상 0.7MPa 이하

■ 동력제어반 & 감시제어반

(1) 평상시

- 동력제어반(MCC) : 주펌프 및 충압펌프 '자동/수동 선택스위치' → [자동] 위치
- 감시제어반(수신기) : 펌프 '자동/수동 선택스위치' → [자동(연동)] 위치

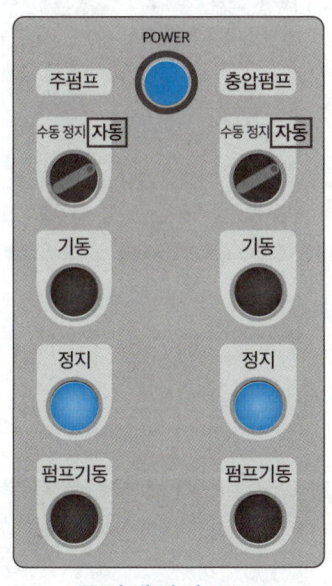

동력제어반 MCC

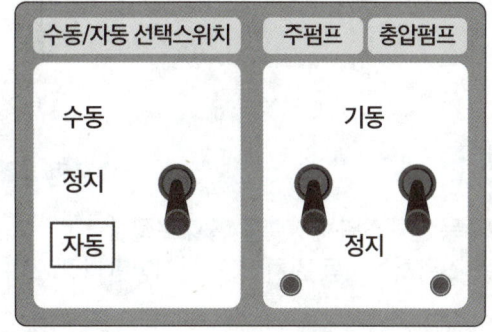

감시제어반(수신기)

(2) 동력제어반(MCC)에서 펌프 수동 기동

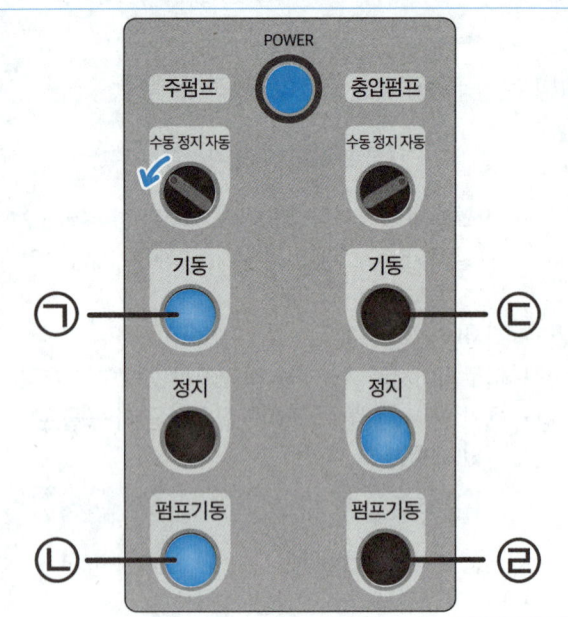

주요 특징

- [주펌프] 자동/수동 선택스위치 : 수동 위치로 절환
- 펌프 기동등(기동 버튼) ㉠ 누름 → 점등
- 펌프기동 표시등 ㉡에도 점등

☞ 이렇게 주펌프를 수동으로 기동시키면, 펌프가 기동되어 '정지등(정지 버튼)'은 소등됨

만약 '충압펌프'를 수동 기동한다면?

- [충압펌프] 자동/수동 선택스위치 : 수동 위치
- 펌프 기동등(기동 버튼) ㉢ 누름 → 점등
- 펌프기동 표시등 ㉣에도 점등

☞ '정지등(정지 버튼)'은 소등

(3) 감시제어반에서 펌프 수동 기동

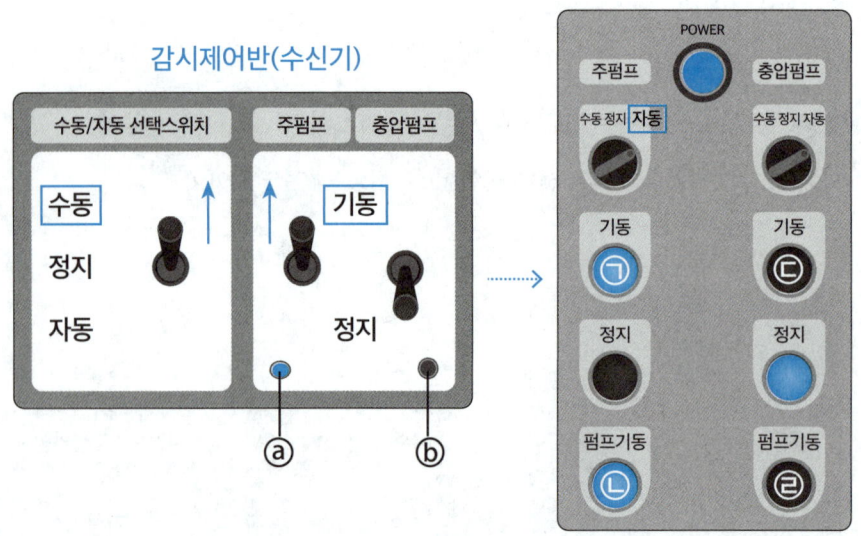

주펌프만 수동 기동

- 펌프 자동/수동 선택스위치 : 수동 위치로 절환
- 주펌프 기동 스위치 : 기동 위치 → 감시제어반의 펌프기동표시등 ⓐ 점등

→ 이때 동력제어반(MCC)이 '자동' 상태라면, 감시제어반의 이러한 신호를 받아 → 주펌프 기동(㉠, ㉡ 점등)

만약 '충압펌프'를 수동 기동한다면?

- 펌프 자동/수동 선택스위치 : 수동 위치 상태에서
- 충압펌프 기동 스위치 : 기동 위치 → 감시제어반의 펌프기동표시등 ⓑ 점등

→ 이때 동력제어반(MCC)이 '자동' 상태라면, 감시제어반의 이러한 신호를 받아 충압펌프 기동(㉢, ㉣ 점등)

6. 펌프성능시험

■ 펌프성능시험

체절(0%)	정격(100%)	최대(150%)
• 토출량 0일 때의 체절압력이 정격 토출압력의 140% 이하일 것	• 100% 유량일 때의 토출압력이 정격토출압 이상일 것	• 유량이 150%일 때의 압력이 정격 압력의 65% 이상일 것

■ 성능시험배관 밸브의 명칭과 개폐상태

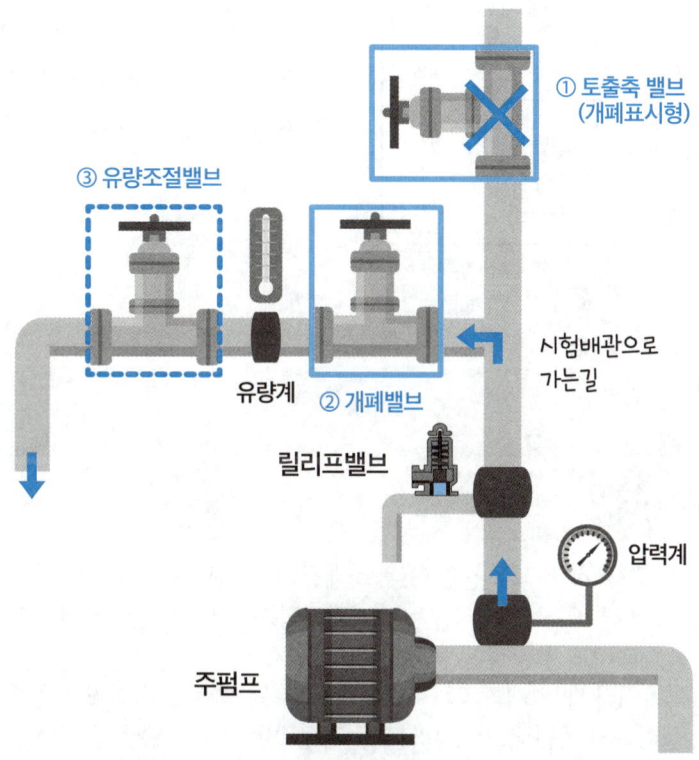

구분		체절	정격	최대
① 토출측 (개폐표시형) 개폐밸브		(시험을 위해 토출측 폐쇄)		
성능 시험배관	② 개폐밸브	폐쇄	완전 개방	완전 개방
	③ 유량조절 밸브	폐쇄	개방 (100%)	더 개방 (150%)

① **토출측 밸브** : 시험 중 실제 건물과 연결된 토출측 배관으로 물이 나가지 않도록 폐쇄

② **성능시험배관 상의 개폐밸브** : 체절운전 시 폐쇄 / 이후 정격·최대운전은 시험배관으로 토출할 수 있도록 개방

③ **유량조절밸브** : 체절운전 시 폐쇄(토출량 0) / 정격 : 100% 유량 → 최대 : 150% 유량 상태로 조절, 개방

그림으로 추론해 보기 I

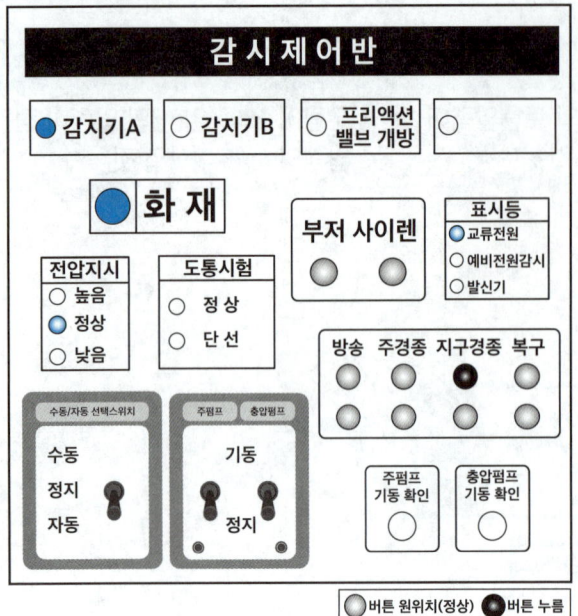

그림의 감시제어반을 참고하여 현재 상황에 대한 설명으로 옳은 것만을 모두 고른다면?

ⓐ 방호구역 내 지구경종은 울리지 않고 있다.
ⓑ 1차측의 물이 2차측으로 급수되었다.
ⓒ 준비작동식 유수검지장치가 작동하였다.
ⓓ 솔레노이드 밸브는 개방되지 않았다.
ⓔ 펌프는 기동하지 않았다.

✓ 현재 감시제어반에서 특징적인 부분

- 화재표시등 점등
- 감지기 A 지구표시등 점등 (감지기 A만 작동)
- 지구경종 정지 버튼 누른 상태

☞ 그림의 감시제어반은 **감지기 A or B 작동** 상황으로, **화재표시등**과 **지구표시등**(감지기 A) 점등, 그리고 **경종 또는 사이렌 경보 작동**이 확인되어야 하는데, 다만 이때 '지구경종 정지' 버튼을 누른 상태이므로 방호구역 내 **지구경종은 작동하지 않을 것**이라고 말한 ⓐ는 옳은 설명.

☞ 또한 솔레노이드밸브 작동이나 밸브 개방, 2차측으로의 급수 등 방수로 이어질 수 있는 연계동작은 감지기 A and B로 둘 다 작동한 상황에서 동반되므로, 현재 그림과 같이 감지기 A만 작동한(**A or B**) 상황에서는 솔밸브가 개방(작동)되지 않고, 펌프도 기동하지 않으므로 ⓓ, ⓔ도 옳은 설명.

✓ 옳지 않은 추론은?

- 그림에서는 감지기 A만 작동한 상태로, 감지기 A and B 2개 회로 교차감지 조건이 아직 성립되지 않았으므로, 솔레노이드밸브 미작동 - 프리액션밸브도 개방되지 않음 - 2차측으로 물이 넘어가지 않았을 것이고, 펌프도 기동하지 않은 상태일 것이다.

→ 따라서, 현재 그림에 대한 설명으로 물이 2차측으로 급수되었을 것이라고 서술한 ⓑ와, 준비작동식 유수검지장치(프리액션밸브)가 작동하였을 것으로 추론한 ⓒ는 옳지 않은 설명이다.

감지기 A and B (둘 다) 작동 시 확인사항

- 화재표시등 점등
- 감지기 A, B (2개 회로) 지구표시등 점등
- 솔레노이드밸브 작동
- (프리액션)밸브개방표시등 점등
- 사이렌 경보 작동
- 펌프 자동기동

📖 그림으로 추론해 보기 II

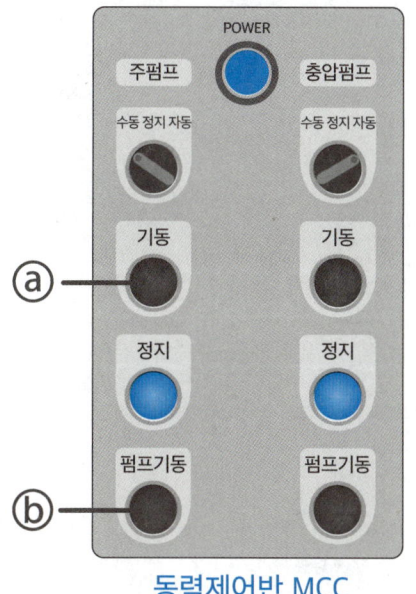

동력제어반 MCC

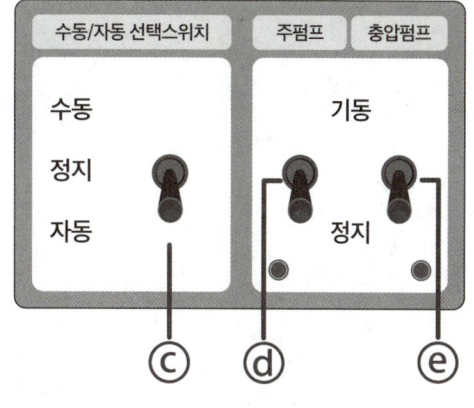

감시제어반(수신기)

동력제어반과 감시제어반의 상태가 그림과 같을 때 다음의 설명 중 옳은 것은?

① ⓐ를 누르면 주펌프는 즉시 기동되고, ⓐ와 ⓑ에 점등될 것이다.
② 현재 충압펌프는 수동으로 정지시킨 상태이다.
③ ⓒ를 수동 위치로 두고 ⓓ를 기동 위치로 두면 주펌프는 즉시 기동될 것이다.
④ ⓒ를 수동 위치로 두고 ⓔ를 기동 위치로 두어도 충압펌프는 기동되지 않을 것이다.

✓ 현재 상황(전제 조건) 확인
- 동력제어반(MCC) - 수동 운전의 최우선권을 가짐 : [주펌프] '수동' / [충압] '자동' (펌프는 정지 상태)
- 감시제어반 : 평상시의 [자동(연동)] 상태 유지 중

옳은 이유	옳지 않은 이유
• ① : ⓐ를 누르면 주펌프는 즉시 기동되고, ⓐ와 ⓑ에 점등될 것이다. ▶ 펌프의 최종적·우선적 수동 운전 권한은 [동력제어반(MCC)]에 있다. 제시된 그림에서 동력제어반의 [주펌프]가 '수동' 모드로 설정되어 있기 때문에, 이 상태에서 주펌프 기동버튼(ⓐ)을 누르면 주펌프는 즉시 기동되며, 이에 따라 ⓐ와 ⓑ(주펌프 펌프기동 표시등)에 점등될 것이다. ☞ 동력제어반에서 펌프를 '수동' 기동하면, 감시제어반의 조작과는 상관 없이 펌프를 즉시 기동할 수 있다.	• ② : 현재 [동력제어반]에서 충압펌프가 '자동' 모드이므로, 충압펌프를 '수동'으로 정지시킨 상태라는 설명은 옳지 않다. (충압펌프는 [자동] - 정지 상태 • ③ : 최우선적인 수동 운전 권한을 가진 [동력제어반]에서 주펌프가 '수동' +정지로 설정되어 있기 때문에, 감시제어반을 조작하더라도 주펌프는 반응(기동)하지 않는다. • ④ : 반면, 동력제어반에서 '충압'펌프는 '자동' 모드로 설정되어 있으므로, 감시제어반에서 충압펌프를 수동-기동시킨다면 MCC가 그 신호를 받아 충압펌프를 기동할 수 있는데, ④번에서는 기동되지 않는다고 서술하여 옳지 않은 설명이다.

서 채 빈

약력 및 경력

- 유튜브 챕스랜드 운영
- 소방안전관리자 1급 자격증 취득(2022년 4월)
- 소방안전관리자 2급 자격증 취득(2021년 2월)
- H 레포트 공유 사이트 자료 판매 누적 등급 A+

2026 챕스랜드 소방안전관리자 2급 찐정리 문신 이론서 전체무료강의

발행일　초판 2023년 8월 30일
　　　　　개정판(1쇄) 2026년 1월 2일
발행인　조순자
편저자　서채빈
편집·표지디자인　서시영
발행처　인성재단(종이향기)

※ 낙장이나 파본은 교환해 드립니다.
※ 이 책의 무단 전제 또는 복제행위는 저작권법 제136조에 의거하여 처벌을 받게 됩니다.

정　가　32,000원　　　**ISBN**　979-11-7491-045-5